진짜 시험에 나오는
필수 문제로 리허설

KB007110

R
Rehearsal

험직전

All in one!!! 책 한 권 속에 모든 게 담겨 있어서 놀라지 않을 수 없었습니다. 매 단원마다 개념을 정립했다면 이 책 한 권으로 내신도 수능도 잡을 수 있게 구성되어 있는데, 그 구성력이 현 트렌드를 잘 반영하고 있어 매우 탁월합니다. 내신에 필요한 기술들과 수능에 필요한 사고력까지 모두 담은 듯합니다.
제자들에게도 나눠주고 싶습니다.

메가스터디 온라인 양승진

군더더기 없이 깔끔한 '유형편', 대치동 혹은 대형 학원에서 볼법한 '스페셜 특강', 상위권들의 필수 관문 '킬링 파트'까지 대치동 현장 강의가 들어 있는 듯한 어느 책에서도 보지 못할 내용!

메가스터디 온라인 장미리

책의 저자분들이 수능 콘텐츠로 탁월한 능력을 보유하신 팀으로 알고 있다가 내신에서도 이런 형태의 교재를 쓰는지 꿈에도 몰랐습니다. 기존 내신 문제집들보다 훨씬 깔끔한 문항들과 내신에서 필요한 특유의 스킬들이 적혀있는 것도 신선하고요. 왜 이런 내용을 담은 책이 이제 나왔는가 하는 생각이 듭니다.
내신 상위권으로 가기 위한 필수 교재가 될 것입니다.

대성마이맥 온라인 이정환

스페셜 특강과 킬링 파트가 특히 좋았습니다.
킬링 파트는 고등학교 내신 등급을 가르는 고난도 문제들 중에서도 꼭 풀어 봐야 할 문제들로 구성되어 있습니다. 또 내신은 시간 싸움인데 스페셜 특강의 내용들은 내신에서 빈번하게 나오는 문제들의 풀이 시간을 확연히 단축시켜줄 내용이네요. 내신 1, 2등급을 목표로하는 중위권부터 상위권까지 모두에게 추천합니다.

이투스 온라인 박하나

수능 수학 최고의 출제진이 처음 선보이는 내신 문제집!
시험 직전에는 꼭 풀어야 할 교재네요. 남다른 퀄리티를 느껴보시기 바랍니다.

서울대 졸업, 분당대찬, 미래탐구, 이투스 앤써 권구승

유형편에서부터 문제의 선별에 신경을 많이 쓴 교재이고 스페셜 특강도 매우 유용합니다. 그리고 뒤의 킬러 문제들은 내신과 수능을 모두 잡을 사고력 향상과 계산 훈련에 좋습니다. 문항 수도 적절합니다. 강력 추천!

목동 사과나무 김한이

준킬러 대세의 입시 수학에서 가장 정제된 고난도 내신 문제집이라고 생각합니다. 각 문제에 사용된 개념의 흐름과 테크닉에 주안점을 두고 공부하기에 최적화된 문제집입니다.

인재와고수 서용훈

시험직전 Rehearsal
R
371제
수학Ⅱ

| 집필진 |

CSM 17

성민 (CSM17대표)
김우현 (CSM17, 서울대물리교육학과)
최형락 (CSM17, 한양대수학교육학과)
이경로 (CSM17, 중앙대전자전기공학과)

백승정 (CSM17, 인하대화학공학과)
정완철 (CSM17, 고려대수학교육학과)
박수빈 (CSM17, 한양대경영학과)
용홍주 (CSM17, 조선대의예과)

송승형 (CSM17, 경희대치의학과)
김은아 (CSM17, 홍익대회계학과)
박병민 (CSM17, 연세대수학과)

메가스터디

장미리T (메가스터디온라인)

| 감수 |

수학에 심장을 달다 교육연구소

| 검토진 |

강민영	선재수학	권희선	울산국과수단과학원	김동원	POSTMATH	김세나	한국UPI
김용환	수지마타수학	김현이	일산브레인리그	남정순	탄탄수학	류형찬	다온영어국어
문재웅	성북메가스터디	박경보	상계최고수	박재철	12월의영광	서보성	뉴파인
서정규	디딤돌학원	서지원	연산코어영수	양성진	중계세일학원	오치윤	수학의힘의대관
이고은	리엔학원	이상헌	이상수학전문학원	이성빈	감천K2아카데미	이재성	선재수학
이창현	파인만수학	임신옥	KS수학	장우일	화명플라즈마	정민지	센텀이젠수학
정석	정석수학학원	정화진	진화수학	진혜원	오미크론수학전문학원	채수용	대치상상
최수영	MFA수학학원	허욱	다원교육				

시험직전

R

Rehearsal

수학Ⅱ

STRUCTURE 구성과 특징

내신 상위권에 최적화된 탁월한 문제

» PART 1

1등급을 위한 필수 유형

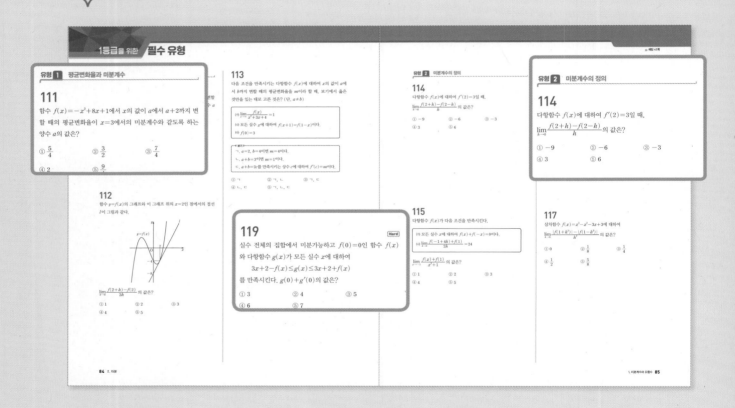

내신 상위권 도약을 위한 필수 유형 점검

☑ 내신에서 상위권으로 도약하기 위해 꼭 풀어야 하는 문항들을 유형별로 나누어 구성하였습니다.

☑ 상위권 내신 기출 문항들을 수집, 분석하고 내신에 최적화된 형태로 변형하였습니다.

☑ 고난도 문제로 자주 출제되는 핵심 문제를 빠르고 효과적으로 풀어 볼 수 있습니다.

시험 직전, 고난도 핵심만!
진짜 시험에 나오는 문제로 리허설

내신 만점을 위한 **특별한 구성**

›PART 2
스페셜 특강

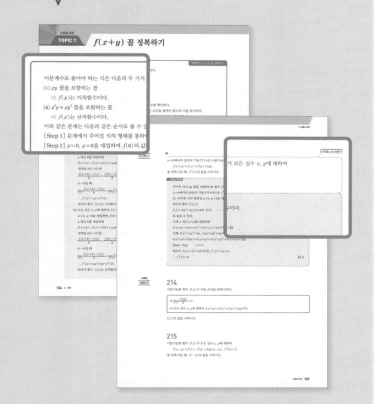

›PART 3
킬링 파트

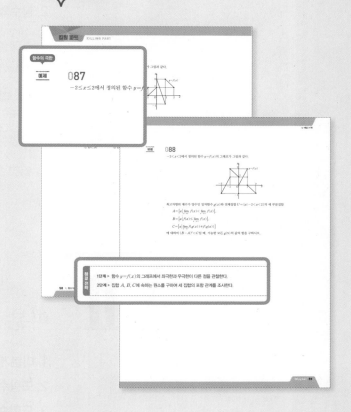

● **실전에서 시간 단축을 위한 비법 전수**

☑ 실전에서 문제 풀이 시간을 줄여 주는 유용한 풀이 비법과 그 원리를 제시하였습니다. 풀이가 복잡하고 어려운 문제도 쉽고 빠르게 해결할 수 있습니다.

☑ 앞에서 풀어 본 문제를 스페셜 특강의 풀이 비법을 적용하여 풀어 볼 수 있도록 한 번 더 수록하였습니다. 두 가지 풀이 방법을 직접 비교하고 풀이 전략을 세울 수 있습니다.

● **1등급 쟁취를 위한 킬러 문제 훈련**

☑ 상위 4 % 이내의 1등급 문제를 엄선하여 수록하였습니다.

☑ 출제 유형별로 대표 예제와 복습 문제인 유제로 구성하여 두 번 풀어 볼 수 있도록 하였습니다.

CONTENTS 차례

Ⅲ 적분

I

함수의 극한과 연속

1. 함수의 극한

유형 1 함수의 극한

001

스페셜 특강 50쪽 ∥EXAMPLE

함수 $y=f(x)$의 그래프가 그림과 같을 때, $\lim_{x \to 2+} f(x)+\lim_{x \to 0} f(2)f(x)$의 값은?

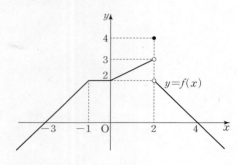

① 6   ② 7   ③ 8

④ 9   ⑤ 10

002

$0<x<6$에서 정의된 함수 $y=f(x)$의 그래프가 그림과 같을 때, $\lim_{x \to n} f(|x|)$의 값이 존재하도록 하는 정수 n의 개수는?

(단, $-6<n<6$)

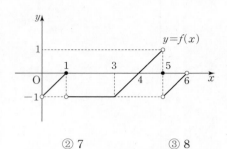

① 6   ② 7   ③ 8

④ 9   ⑤ 10

003

실수 전체의 집합에서 정의된 함수 $f(x)$에 대하여
$-2 \leq x \leq 2$에서 함수 $y=f(x)$의 그래프가 그림과 같다. 함수
$f(x)$가 모든 실수 x에 대하여 $f(x+2)=f(x-2)$를 만족시
킬 때, $\lim\limits_{x \to -3+} f(x) - \lim\limits_{x \to 5-} f(x)$의 값은?

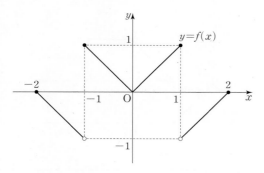

① -2 ② -1 ③ 0

④ 1 ⑤ 2

004

$-2 < x < 2$에서 정의된 함수 $y=f(x)$의 그래프가 그림과 같
을 때, $\lim\limits_{x \to -1-} f^{-1}(x) - \lim\limits_{x \to 1+} f^{-1}(x)$의 값을 구하시오.

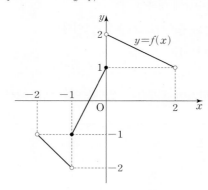

005

두 함수 $f(x)$, $g(x)$가 다음 조건을 만족시킨다.

> (가) 모든 실수 x에 대하여
>
> $x-f(x)=\{g(x)\}^2\{2x+f(x)\}$이다.
>
> (나) $\displaystyle\lim_{x\to 0}g(x)=1$

보기에서 극한값이 존재하는 것만을 있는 대로 고른 것은?

> ┤ 보기 ├
>
> ㄱ. $\displaystyle\lim_{x\to 0}\frac{f(x)}{x}$
>
> ㄴ. $\displaystyle\lim_{x\to 0}xf(x)$
>
> ㄷ. $\displaystyle\lim_{x\to 0}\frac{x^3-f(x)}{x^3+f(x)}$

① ㄱ   ② ㄷ   ③ ㄱ, ㄴ

④ ㄴ, ㄷ   ⑤ ㄱ, ㄴ, ㄷ

유형 2 합성함수의 극한

006

함수 $y=f(x)$의 그래프가 그림과 같을 때, $x=1$에서 극한값이 존재하는 함수인 것만을 보기에서 있는 대로 고른 것은?

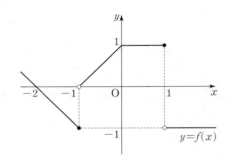

> ┤ 보기 ├
>
> ㄱ. $(f\circ f)(x)$
>
> ㄴ. $(f\circ f)(x-1)$
>
> ㄷ. $(f\circ f)(-x)$

① ㄱ   ② ㄴ   ③ ㄷ

④ ㄱ, ㄴ   ⑤ ㄴ, ㄷ

007

[Hard]

$-10<x<10$에서 정의된 두 함수 $y=f(x)$, $y=g(x)$의 그래프의 일부가 그림과 같고, 두 함수 $f(x)$, $g(x)$는 각각 $-10<x<7$인 모든 실수 x에 대하여 $f(x+3)=f(x)$, $g(x+3)=g(x)$를 만족시킨다.

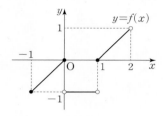 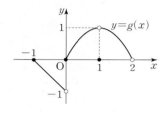

$\lim\limits_{x \to a+} f(-x)g(-x) = \lim\limits_{x \to a-} f(g(x))$가 성립하도록 하는 정수 a의 개수를 구하시오. (단, $-10<a<10$)

유형 3 극한의 성질

008

상수함수가 아닌 두 다항함수 $f(x)$, $g(x)$가

$$\lim_{x \to \infty} \{5f(x)-4g(x)\}=50$$

을 만족시킬 때, $\lim\limits_{x \to \infty} \dfrac{4f(x)-3g(x)}{2g(x)}$의 값은?

① $-\dfrac{1}{2}$ ② $-\dfrac{1}{10}$ ③ $\dfrac{1}{10}$

④ $\dfrac{2}{5}$ ⑤ $\dfrac{1}{2}$

009

모든 실수 x에 대하여 $f(x) \neq 0$이고 $f(x) \neq g(x)$인 두 함수 $f(x)$, $g(x)$가 다음 조건을 만족시킬 때, $\lim\limits_{x \to \infty} \dfrac{2f(x)-g(x)}{5f(x)+3g(x)}$의 값을 구하시오.

> (가) $\lim\limits_{x \to \infty} f(x)=\infty$
>
> (나) $\lim\limits_{x \to \infty} \dfrac{f(x)+g(x)}{f(x)-g(x)}=-2$

010

두 함수 $f(x)$, $g(x)$에 대하여

$$\lim_{x \to 1} \frac{f(x)-4}{x-1}=5,$$

$$\lim_{x \to 1} \frac{f(x)g(x)+3f(x)-4g(x)-12}{(x-1)^2}=10$$

일 때, $\lim_{x \to 1} \dfrac{g(x)+3}{x-1}$ 의 값은?

① 1   ② 2   ③ 3

④ 4   ⑤ 5

011

함수 $f(x)$에 대하여 $\lim_{x \to \infty}\{x-f(x)\}=-2$일 때,

$\lim_{x \to \infty} \dfrac{\sqrt{x+3}-\sqrt{f(x)}}{\sqrt{x}-\sqrt{f(x)}}$의 값은?

① $-\dfrac{2}{3}$ ② $-\dfrac{1}{2}$ ③ 0

④ $\dfrac{1}{2}$ ⑤ $\dfrac{2}{3}$

012

스페셜 특강 47쪽 ∥EXAMPLE

모든 실수 x에 대하여 $f(x) \neq g(x)$인 두 함수 $f(x)$, $g(x)$가

$$\lim_{x \to \infty} f(x)=\infty, \quad \lim_{x \to \infty} \frac{f(x)+g(x)}{f(x)-g(x)}=5$$

를 만족시킬 때, $\lim_{x \to \infty} \dfrac{-3f(x)+g(x)}{2f(x)-g(x)}$의 값은?

① $-\dfrac{11}{4}$ ② $-\dfrac{5}{2}$ ③ $-\dfrac{9}{4}$

④ -2 ⑤ $-\dfrac{7}{4}$

유형 4 극한에 대한 명제의 참, 거짓

013

두 함수 $f(x)$, $g(x)$에 대하여 보기에서 옳은 것만을 있는 대로 고른 것은? (단, a는 실수이다.)

┤보기├

ㄱ. $\lim\limits_{x \to a} f(x)$의 값이 존재하고, $\lim\limits_{x \to a} f(x)g(x)$의 값이 존재하지 않으면 $\lim\limits_{x \to a} g(x)$의 값은 존재하지 않는다.

ㄴ. $\lim\limits_{x \to a} \{-f(x)+2g(x)\}$와 $\lim\limits_{x \to a} \{2f(x)-3g(x)\}$의 값이 각각 존재하면 $\lim\limits_{x \to a} f(x)$의 값도 존재한다.

ㄷ. $\lim\limits_{x \to a} \{f(x)+g(x)\}=0$이면 $\lim\limits_{x \to a} f(x)=-\lim\limits_{x \to a} g(x)$이다.

① ㄱ   ② ㄷ   ③ ㄱ, ㄴ

④ ㄴ, ㄷ   ⑤ ㄱ, ㄴ, ㄷ

014

두 함수 $f(x)$, $g(x)$에 대하여 보기에서 옳은 것만을 있는 대로 고른 것은? (단, a는 실수이다.)

┤보기├

ㄱ. $\lim\limits_{x \to a} f(x)$, $\lim\limits_{x \to a} f(x)g(x)$의 값이 각각 존재하고, $\lim\limits_{x \to a} f(x) \neq 0$이면 $\lim\limits_{x \to a} g(x)$의 값도 존재한다.

ㄴ. $\lim\limits_{x \to a} f(x)$, $\lim\limits_{x \to a} \dfrac{g(x)}{f(x)}$의 값이 각각 존재하면 $\lim\limits_{x \to a} g(x)$의 값도 존재한다.

ㄷ. $\lim\limits_{x \to a} f(x)$, $\lim\limits_{x \to a} g(x)$의 값이 각각 존재하면 $\lim\limits_{x \to a} f(g(x))$의 값도 존재한다.

① ㄱ   ② ㄴ   ③ ㄷ

④ ㄱ, ㄴ   ⑤ ㄱ, ㄴ, ㄷ

유형 **5** 치환

015

두 함수 $f(x)$, $g(x)$에 대하여 $\lim_{x \to 2} f(x) = 3$,

$\lim_{x \to 2} \dfrac{g(x)}{f(x)} = 5$일 때, $\lim_{x \to 0} \dfrac{2x-3}{g(x+2)}$의 값은?

① $-\dfrac{1}{5}$　　　　② $-\dfrac{2}{5}$　　　　③ $-\dfrac{3}{5}$

④ $-\dfrac{4}{5}$　　　　⑤ -1

016

다항함수 $f(x)$에 대하여

$$\lim_{x \to 0+} \frac{(x^3-3x^2)f\left(\dfrac{1}{x}\right)+3}{5x^2-x} = 8$$

이다. $\lim_{x \to 0} \dfrac{f(x)-5}{x} = \alpha$일 때, 상수 α의 값은?

① -3　　　　② -2　　　　③ 1

④ 2　　　　⑤ 3

017

함수 $f(x) = \dfrac{|x^3|-1}{x^3+x^2+2|x|-2}$에 대하여 보기에서 옳은 것

만을 있는 대로 고른 것은?

┤ 보기 ├

ㄱ. $\lim_{x \to 2} f(x) = \dfrac{1}{2}$

ㄴ. $\lim_{x \to -\infty} f(x) = -1$

ㄷ. $\lim_{x \to -1} f(x) = 3$

① ㄱ　　　　② ㄱ, ㄴ　　　　③ ㄱ, ㄷ

④ ㄴ, ㄷ　　　　⑤ ㄱ, ㄴ, ㄷ

018

Hard

삼차함수 $f(x)$가

$$\lim_{x \to 0} \frac{f(x)}{x} = \lim_{x \to 2} \frac{f(x)}{x-2} = 5$$

를 만족시킬 때, $\lim_{x \to 2} \dfrac{\{(f \circ f)(x)-2\}f(x-2)}{x^2-4}$ 의 값은?

① $-\dfrac{5}{2}$ ② $-\dfrac{1}{2}$ ③ $\dfrac{1}{2}$

④ $\dfrac{5}{2}$ ⑤ 3

>> 해답 6쪽

유형 6 $\dfrac{0}{0}$ 꼴의 부정형의 계산: 유리식

019

다항식 $f(x)$를 $x-2$로 나누었을 때의 몫을 $g(x)$라 하자.

$\lim_{x \to 2} \dfrac{f(x)-4x}{x-2} = 3$일 때, $\lim_{x \to 2} \dfrac{\{f(x)-8\}g(x)}{x-2}$ 의 값을 구하시오.

020

최고차항의 계수가 1인 이차함수 $f(x)$가

$$\lim_{x \to a} \frac{f(x)+(x-a)}{f(x)-(x-a)} = \frac{7}{2}$$

을 만족시킨다. 방정식 $f(x)=0$의 서로 다른 두 근을 α, β라 할 때, $5|\alpha-\beta|$의 값은? (단, a는 상수이다.)

① 5   ② 6   ③ 7

④ 8   ⑤ 9

021

Hard

두 자연수 a, b에 대하여

$$\lim_{x \to 3} \frac{|x^2 - a^2| - |a^2 - 9|}{x^2 - 9} = b$$

일 때, $a-b$의 최댓값을 구하시오.

022

두 상수 a, b에 대하여

$$\lim_{x \to 0} \frac{\sqrt{x^2 + 2x + 4} + ax - 2}{x^2} = b$$

일 때, $a+b$의 값은?

① $\frac{1}{4}$ ② $\frac{1}{16}$ ③ $-\frac{1}{8}$

④ $-\frac{5}{16}$ ⑤ $-\frac{1}{2}$

023

두 양수 a, b와 자연수 n에 대하여

$$\lim_{x \to 0} \frac{\sqrt{a^2 - 2x^2 + x^3} - 3b}{x^n} = -2$$ 일 때, abn의 값은?

① $\dfrac{1}{6}$ ② $\dfrac{1}{3}$ ③ $\dfrac{1}{2}$

④ 2   ⑤ 3

024

양수 a에 대하여 이차방정식 $ax^2 + 6x - 4 = 0$의 서로 다른 두 실근 중 큰 근을 $\alpha(a)$라 할 때, $\lim\limits_{a \to 0+} \alpha(a)$의 값은?

① $\dfrac{1}{12}$ ② $\dfrac{1}{6}$ ③ $\dfrac{1}{3}$

④ $\dfrac{1}{2}$ ⑤ $\dfrac{2}{3}$

유형 8 $\frac{\infty}{\infty}$, $\infty - \infty$, $\infty \times 0$ 꼴의 부정형의 계산

025

이차방정식 $x^2 - 5x - 4 = 0$의 두 실근을 α, β라 하자.
$\lim\limits_{x \to \infty} \sqrt{x}(\sqrt{x-\alpha} - \sqrt{x-\beta}) = k$일 때, $2k$의 값은? (단, $\alpha < \beta$)

① $\sqrt{37}$ ② $\sqrt{38}$ ③ $\sqrt{39}$

④ $2\sqrt{10}$ ⑤ $\sqrt{41}$

026

$\lim\limits_{x \to \infty} (4x-3)\left\{ \left(\frac{4}{x}\right)^{10} + \left(\frac{4}{x}\right)^{9} + \left(\frac{4}{x}\right)^{8} + \cdots + \left(\frac{4}{x}\right)^{2} + \frac{4}{x} \right\}$의

값은?

① 0   ② 4   ③ 8

④ 12   ⑤ 16

027

$\lim\limits_{x \to -\infty} x\left(\sqrt{\frac{4x+1}{4x-1}} - 1 \right)$의 값은?

① $-\frac{1}{2}$ ② 0   ③ $\frac{1}{4}$

④ 1   ⑤ $\frac{3}{2}$

028

$-1 \leq x \leq 2$에서 함수 $f(x)$가

$$f(x) = \lim_{t \to -\infty} \frac{x^2 + 4t(x^2 - 2x - 8)}{\sqrt{25t^2 + 64x^2}}$$

로 정의될 때, 함수 $f(x)$의 최댓값과 최솟값의 합을 구하시오.

유형 9 함수의 극한의 대소 관계

029

함수 $f(x)$가 모든 양의 실수 x에 대하여

$$3x + 1 < f(x) < 3x + 7$$

을 만족시킬 때, $\lim_{x \to \infty} \dfrac{\{f(x)\}^3}{6x^3 + 1}$의 값은?

① 4   ② $\dfrac{9}{2}$ ③ 5

④ $\dfrac{11}{2}$ ⑤ 6

030

스페셜 특강 45쪽 &EXAMPLE

다항식 $f(x)$가 모든 실수 x에 대하여

$$4x^2 + 8x + 5 < f(x) < 4x^2 + 8x + 9$$

를 만족시킬 때, $\lim_{x \to \infty} \{\sqrt{f(x)} - 2x + 2\}$의 값은?

① 1   ② 2   ③ 3

④ 4   ⑤ 5

031

스페셜 특강 45쪽 ❘079

$\lim\limits_{x \to \infty}(\sqrt{[x^2+4x+5]}-x)$의 값은?

(단, $[x]$는 x보다 크지 않은 최대의 정수이다.)

① 1   ② 2   ③ 3

④ 4   ⑤ 5

유형 10 미정계수의 결정

032

함수 $f(x)=x^3+ax^2+bx$에 대하여 $\lim\limits_{x \to 1}\dfrac{f(x)}{x-1}=5$가 성립할 때, $f(3)$의 값을 구하시오. (단, a, b는 상수이다.)

033

$\lim\limits_{x \to 1}\dfrac{9x^2+a^2x-6a}{-3x^2+a^2x-2a}$의 값이 존재하지 않도록 하는 상수 a의 값을 구하시오.

034

$\lim\limits_{x \to 3} \dfrac{x^2-9}{x^2+2ax+b}$ 의 값이 0이 아닌 정수가 되도록 하는 정수 a, b에 대하여 ab의 최솟값은?

① -180 ② -171 ③ -162

④ -153 ⑤ -144

035

$\lim\limits_{x \to 0} \dfrac{\sqrt{x^2+x+4}+px+q}{x^2}=r$를 만족시키는 상수 p, q, r에 대하여 $\dfrac{8qr}{p}$의 값을 구하시오.

036

[Hard]

양수 p와 자연수 n에 대하여

$$\lim_{x \to 0} \frac{p - x^n - \sqrt{p^2 - x^4}}{x^4} = -\frac{1}{2}$$

일 때, $p+n$의 값을 구하시오.

037

$\displaystyle\lim_{x \to 1} \frac{f(x)}{x-1} = -2$, $\displaystyle\lim_{x \to 2} \frac{f(x)}{x-2} = 6$을 만족시키는 다항식 $f(x)$ 중 차수가 가장 낮은 것을 $g(x)$라 할 때, 방정식 $g(x) = 0$의 모든 실근의 곱은?

① 1   ② 2   ③ 3

④ 4   ⑤ 5

038

다항함수 $f(x)$가 다음 조건을 만족시킬 때, $f(3)$의 값은?

> (가) $\displaystyle\lim_{x \to \infty} \frac{f(x)-x^3}{10x^2}=0$
>
> (나) $\displaystyle\lim_{x \to 1} \frac{f(x)}{x-1}=4$

① 27   ② 28   ③ 29

④ 30   ⑤ 31

039

삼차함수 $f(x)=x^3+ax^2+bx+4$와 최고차항의 계수가 1인 이차함수 $g(x)$가 다음 조건을 만족시킨다.

> (가) $\displaystyle\lim_{x \to 2} \frac{f(x)}{g(x)}=0$, $\displaystyle\lim_{x \to 4} \frac{g(x)}{f(x)}=4$
>
> (나) $g(2)=0$

$g(3)$의 값을 구하시오. (단, a, b는 상수이다.)

040

다항함수 $f(x)$가 다음 조건을 만족시킨다.

> (가) $\displaystyle\lim_{x \to \infty} \frac{f(x)}{x^3} = 2$
>
> (나) $\displaystyle\lim_{x \to 3} \frac{f(x-3)}{x-3} = 8$

방정식 $f(x) = 0$의 서로 다른 모든 실근의 합이 -5일 때, $f(-1)$의 값은?

① 0   ② 1   ③ 2

④ 3   ⑤ 4

041

그림과 같이 좌표평면 위의 세 점 $A(2, 0)$, $B(2, 2)$, $C(0, 2)$에 대하여 정사각형 OABC가 있다. 선분 AB 위의 점 P의 y좌표가 t일 때, 점 P를 지나고 직선 OP와 수직인 직선이 선분 BC와 만나는 점을 Q라 하자. 삼각형 PBQ의 넓이를 $S(t)$라 할 때, $\displaystyle\lim_{t \to 0+} \frac{S(t)}{t}$의 값은? (단, O는 원점이다.)

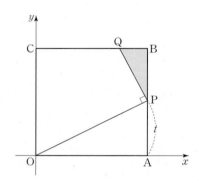

① $\dfrac{3}{4}$ ② 1   ③ $\dfrac{5}{4}$

④ $\dfrac{3}{2}$ ⑤ $\dfrac{7}{4}$

042

함수 $f(x)=\sqrt{x+2}$의 역함수를 $g(x)$라 하고 두 함수 $y=f(x)$, $y=g(x)$의 그래프와 직선 $y=k\ (k>2)$가 만나는 점을 각각 P, Q라 할 때, $\lim\limits_{k \to 2+}\dfrac{\overline{\text{PQ}}}{k-2}$의 값을 구하시오.

043

그림과 같이 반지름의 길이가 2이고 중심각의 크기가 60°인 부채꼴 AOB가 있다. 두 선분 OA, OB의 연장선 위에 각각 $\overline{\text{AA}'}=\overline{\text{BB}'}=x$인 두 점 A′, B′을 잡고 선분 A′B′의 중점을 P, 직선 A′B′과 평행하고 호 AB에 접하는 직선이 두 선분 OA′, OB′과 만나는 점을 각각 Q, R라 하자. 삼각형 PQR의 넓이를 $S(x)$라 할 때, $\lim\limits_{x \to \infty}\dfrac{S(x)}{x+1}$의 값을 구하시오.

$$\left(\text{단, } \overline{\text{OA}'}>\dfrac{4\sqrt{3}}{3}\right)$$

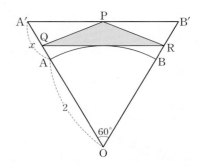

044

모의고사 기출

그림과 같이 곡선 $y=x^2$ 위의 점 $P(t, t^2)(t>0)$에 대하여 x축 위의 점 Q, y축 위의 점 R가 다음 조건을 만족시킨다.

> (가) 삼각형 POQ는 $\overline{PO}=\overline{PQ}$인 이등변삼각형이다.
>
> (나) 삼각형 PRO는 $\overline{RO}=\overline{RP}$인 이등변삼각형이다.

삼각형 POQ와 삼각형 PRO의 넓이를 각각 $S(t)$, $T(t)$라 할 때, $\displaystyle\lim_{t \to 0+}\frac{T(t)-S(t)}{t}$의 값은? (단, O는 원점이다.)

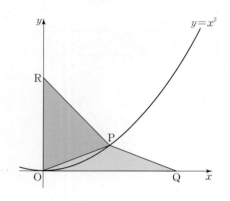

① $\dfrac{1}{8}$ ② $\dfrac{1}{4}$ ③ $\dfrac{3}{8}$

④ $\dfrac{1}{2}$ ⑤ $\dfrac{5}{8}$

045

모의고사 기출

그림과 같이 무리함수 $f(x)=\sqrt{x}$의 그래프가 직선 $y=x$와 만나는 두 점 중에서 원점 O가 아닌 점을 A라 하고, 점 A를 지나고 직선 $y=x$와 수직인 직선이 x축과 만나는 점을 B라 하자. 직선 $x=t$가 직선 $y=x$와 만나는 점을 P, 직선 $x=t$가 함수 $y=f(x)$의 그래프와 만나는 점을 Q, 직선 $y=t$가 직선 AB와 만나는 점을 R라 하자. 삼각형 OAQ와 삼각형 PBR의 넓이를 각각 $S(t)$, $T(t)$라 할 때, $\displaystyle\lim_{t \to 1-}\frac{T(t)}{S(t)}$의 값을 구하시오. (단, $0<t<1$)

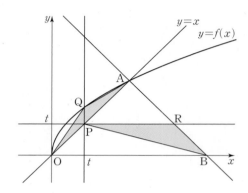

유형 1 함수의 연속과 그래프

046

두 함수 $y=f(x)$, $y=g(x)$의 그래프가 그림과 같을 때, 보기에서 옳은 것만을 있는 대로 고른 것은?

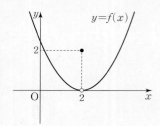 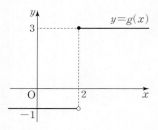

┤ 보기 ├

ㄱ. $\lim\limits_{x\to 2} f(x)g(x)$의 값이 존재한다.

ㄴ. 함수 $f(x)+g(x)$는 $x=2$에서 연속이다.

ㄷ. 함수 $f(x)g(x)$는 $x=2$에서 불연속이다.

① ㄱ 　　　② ㄴ 　　　③ ㄱ, ㄴ

④ ㄱ, ㄷ 　　　⑤ ㄱ, ㄴ, ㄷ

047

열린구간 $(-2, 2)$에서 정의된 함수 $y=f(x)$의 그래프가 그림과 같을 때, 보기에서 옳은 것만을 있는 대로 고른 것은?

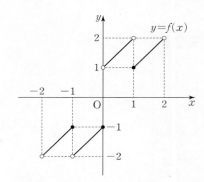

┤ 보기 ├

ㄱ. $\lim\limits_{x\to 1^-} f(-x)=-2$

ㄴ. 함수 $f(x)+f(-x)$는 $x=-1$에서 연속이다.

ㄷ. 함수 $f(x)+f(-x)$가 불연속인 x의 값의 개수는 1이다.

① ㄱ 　　　② ㄴ 　　　③ ㄱ, ㄴ

④ ㄴ, ㄷ 　　　⑤ ㄱ, ㄴ, ㄷ

048

함수 $y=f(x)$의 그래프가 그림과 같을 때, 함수 $|f(x)-1|$이 $x=k$에서 불연속이 되도록 하는 서로 다른 실수 k의 값의 합은?

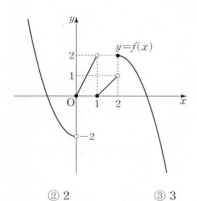

① 1   ② 2   ③ 3

④ 4   ⑤ 5

049

실수 전체의 집합에서 연속인 함수 $f(x)$에 대하여 $f(a)=2$, $(x-a)f(x)=x^2-4x+b$일 때, $f(ab)$의 값은?

(단, a, b는 상수이다.)

① 6   ② 7   ③ 8

④ 9   ⑤ 10

050

다항함수 $f(x)$에 대하여 양의 실수 전체의 집합에서 연속인 함수 $g(x)$를

$$g(x)=\begin{cases} \dfrac{2xf(x)+4}{x^2-4} & (0<x<2 \text{ 또는 } x>2) \\ k & (x=2) \end{cases}$$

라 하자. $\displaystyle\lim_{x\to\infty}g(x)=4$일 때, 상수 k의 값을 구하시오.

051

함수 $f(x)=\begin{cases} x^2+2 & (x\leq -1) \\ ax(x-2) & (-1<x\leq 1) \\ \sqrt{x+8}+b & (x>1) \end{cases}$ 에 대하여 함수

$g(x)=\dfrac{|f(x)|+f(x)}{2}$ 가 실수 전체의 집합에서 연속이 되도

록 두 실수 a, b의 값을 정할 때, a^2+b^2의 최솟값은?

① 7   ② 8   ③ 9

④ 10   ⑤ 11

유형 3   합성함수의 연속과 그래프

052

$-2\leq x\leq 2$에서 정의된 두 함수 $y=f(x)$, $y=g(x)$의 그래프

가 그림과 같다.

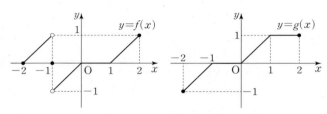

$x=-1$에서 연속인 함수인 것만을 보기에서 있는 대로 고른

것은?

┌─ 보기 ┐

ㄱ. $f(x)g(x)$

ㄴ. $f(g(x))$

ㄷ. $g(f(x))$

① ㄱ   ② ㄴ   ③ ㄱ, ㄴ

④ ㄱ, ㄷ   ⑤ ㄱ, ㄴ, ㄷ

053

실수 전체의 집합에서 정의된 함수 $y=f(x)$의 그래프가 그림과 같다.

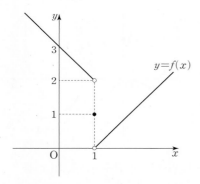

함수 $g(x)=x^3+ax^2+bx+3$에 대하여 함수 $g(f(x))$가 실수 전체의 집합에서 연속일 때, $a+b$의 값을 구하시오.

(단, a, b는 상수이다.)

054

두 함수 $y=f(x)$, $y=g(x)$의 그래프가 그림과 같을 때, 보기에서 옳은 것만을 있는 대로 고른 것은?

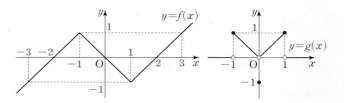

┤ 보기 ├

ㄱ. $\lim\limits_{x \to 0} f(g(x))=0$

ㄴ. 함수 $(g \circ f)(x)$는 $x=-1$에서 연속이다.

ㄷ. 함수 $(g \circ f)(x)$가 불연속인 x의 값의 개수는 3이다.

① ㄱ   ② ㄴ   ③ ㄱ, ㄴ

④ ㄱ, ㄷ   ⑤ ㄱ, ㄴ, ㄷ

055

두 함수

$$f(x)=1-|x|,$$

$$g(x)=\begin{cases} -\dfrac{|x+1|}{x+1} & (|x|>1) \\ x & (|x|\le 1) \end{cases}$$

에 대하여 보기에서 옳은 것만을 있는 대로 고른 것은?

┤ 보기 ├

ㄱ. $\lim\limits_{x\to -1}(f\circ g)(x)$의 값이 존재한다.

ㄴ. 함수 $(g\circ f)(x)$는 $x=-1$에서 연속이다.

ㄷ. 함수 $(f\circ g)(x)$는 실수 전체에서 연속이다.

① ㄱ　　　　　② ㄴ　　　　　③ ㄱ, ㄴ

④ ㄱ, ㄷ　　　　⑤ ㄱ, ㄴ, ㄷ

056

모의고사 기출　Hard

닫힌구간 $[-1,\ 2]$에서 정의된 함수 $y=f(x)$의 그래프가 다음과 같다.

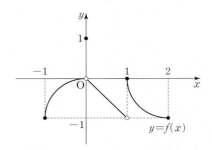

닫힌구간 $[-1,\ 2]$에서 두 함수 $g(x)$, $h(x)$를

$$g(x)=\frac{f(x)+|f(x)|}{2},\quad h(x)=\frac{f(x)-|f(x)|}{2}$$

으로 정의할 때, 옳은 것만을 **보기**에서 있는 대로 고른 것은?

┤ 보기 ├

ㄱ. $\lim\limits_{x\to 1}h(x)$는 존재한다.

ㄴ. 함수 $(h\circ g)(x)$는 닫힌구간 $[-1,\ 2]$에서 연속이다.

ㄷ. $\lim\limits_{x\to 0}(g\circ h)(x)=(g\circ h)(0)$

① ㄴ　　　　　② ㄷ　　　　　③ ㄱ, ㄴ

④ ㄱ, ㄷ　　　　⑤ ㄴ, ㄷ

유형 4 곱셈으로 정의된 함수의 연속

057

함수 $f(x)=\begin{cases} -x+3 & (x \leq 0) \\ -2x+k & (x>0) \end{cases}$ 에 대하여 함수 $f(x)f(x+1)$

이 $x=0$에서 연속이 되도록 하는 모든 상수 k의 값의 합을 구하시오.

058

함수

$$f(x)=\begin{cases} -x & (x<0) \\ -1 & (0 \leq x<2) \\ x-1 & (x \geq 2) \end{cases}$$

와 다항함수 $g(x)$는 다음 조건을 만족시킨다.

(가) $\lim\limits_{x \to \infty} \dfrac{g(x)}{(2x+1)(x+1)}=1$

(나) 함수 $f(x)g(x)$는 실수 전체의 집합에서 연속이다.

$g(5)$의 값을 구하시오.

059

함수 $f(x)=\begin{cases} x^2+6x-4 & (x<0) \\ k & (x=0) \\ -6x+6 & (x>0) \end{cases}$ 에 대하여 함수

$f(x)\{f(x)+a\}$가 실수 전체의 집합에서 연속일 때, $a+k$의 최댓값을 구하시오. (단, a, k는 상수이다.)

060

함수 $f(x)$가 다음 조건을 만족시킨다.

(가) $\lim\limits_{x \to 2} f(x)=4$

(나) $\lim\limits_{x \to 0-} f(x)=2$, $\lim\limits_{x \to 0+} f(x)=8$

함수 $f(x)+f(-x)$가 $x=0$에서 연속이고, 함수
$f(x-2)\{f(x)-4\}$가 $x=2$에서 연속일 때, $f(0)f(2)$의 값을 구하시오.

061

두 함수

$$f(x)=\begin{cases} -x & (x<1) \\ 0 & (x=1), \\ -x+3 & (x>1) \end{cases}$$

$$g(x)=\begin{cases} x & (x<1) \\ 0 & (x=1) \\ -\dfrac{1}{2}x-\dfrac{3}{2} & (x>1) \end{cases}$$

에 대하여 보기에서 옳은 것만을 있는 대로 고른 것은?

┤ 보기 ├

ㄱ. $\displaystyle\lim_{x\to\frac{1}{2}} f(x)g(x)=-\dfrac{1}{4}$

ㄴ. 함수 $f(x)+g(x)$는 $x=1$에서 연속이다.

ㄷ. 함수 $f(x-a)g(x)$가 $x=1$에서 연속이 되도록 하는 a
   의 개수는 2이다.

① ㄱ   ② ㄴ   ③ ㄱ, ㄴ

④ ㄴ, ㄷ   ⑤ ㄱ, ㄴ, ㄷ

062

두 함수 $y=f(x)$, $y=g(x)$의 그래프가 그림과 같다.

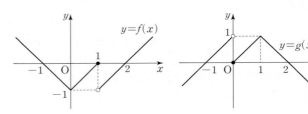

보기에서 옳은 것만을 있는 대로 고른 것은?

┤ 보기 ├

ㄱ. $\displaystyle\lim_{x\to1-} f(x)g(x)=0$

ㄴ. 함수 $f(x+1)$은 $x=0$에서 연속이다.

ㄷ. 함수 $|f(x)|g(x-1)$은 $x=1$에서 연속이다.

① ㄱ   ② ㄴ   ③ ㄷ

④ ㄱ, ㄷ   ⑤ ㄱ, ㄴ, ㄷ

063

$0 \le |a| \le 5$, $0 \le |b| \le 5$인 두 정수 a, b에 대하여 두 함수

$$f(x) = \begin{cases} x^2 + b & (x < 2) \\ 6 - ax & (x \ge 2) \end{cases}, \; g(x) = x^2 + ax + b$$

라 하자. 함수 $f(x)g(x)$가 실수 전체의 집합에서 연속일 때, 가능한 순서쌍 (a, b)의 개수는?

① 7   ② 8   ③ 9

④ 10   ⑤ 11

064

두 함수

$$f(x) = \begin{cases} 3x + 4 & (x < 0) \\ -4x + 2 & (0 \le x \le 1), \\ 4x - 2 & (x > 1) \end{cases}$$

$$g(x) = \begin{cases} (x - 1)^2 & (x \le 0) \\ x^2 + 4x - 1 & (x > 0) \end{cases}$$

에 대하여 함수 $f(x+a)g(x)$가 $x = 0$에서 연속이 되도록 하는 모든 실수 a의 개수는?

① 1   ② 2   ③ 3

④ 4   ⑤ 5

유형 5 새롭게 정의된 함수의 연속

065

양의 실수 r에 대하여 원점을 중심으로 하고 반지름의 길이가 r인 원이 직선 $y=-2x+4$와 만나는 점의 개수를 $f(r)$라 하자. 함수 $(r-k)f(r)$가 양의 실수 전체의 집합에서 연속일 때, 상수 k의 값은?

① $\dfrac{2\sqrt{5}}{5}$ ② $\dfrac{3\sqrt{5}}{5}$ ③ $\dfrac{4\sqrt{5}}{5}$

④ $\sqrt{5}$ ⑤ $\dfrac{6\sqrt{5}}{5}$

066

그림과 같이 실수 t에 대하여 곡선 $y=\sqrt{x}$와 직선 $y=\dfrac{1}{2}x+t$가 만나는 점의 개수를 $f(t)$라 하자. 함수 $(2t^2+at+b)f(t)$가 실수 전체의 집합에서 연속일 때, $a+b$의 값은? (단, a, b는 상수이다.)

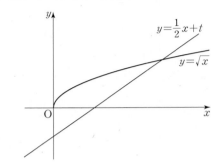

① -1 ② $-\dfrac{1}{2}$ ③ $-\dfrac{1}{3}$

④ $-\dfrac{1}{4}$ ⑤ $-\dfrac{1}{5}$

067

정수 전체의 집합의 두 부분집합 A, B가

$$A = \{x \mid (x+2)(x-2) < 0\},$$

$$B = \{x \mid a-2 < x < a+2\}$$

이다. 집합 $A \cap B$의 원소의 개수를 $f(a)$라 할 때, 보기에서 옳은 것만을 있는 대로 고른 것은? (단, a는 실수이다.)

┌ 보기 ├

ㄱ. $\lim\limits_{a \to 2} f(a) = 1$

ㄴ. $\lim\limits_{a \to 1+} f(a) = f(1)$

ㄷ. 함수 $f(a)$가 불연속이 되도록 하는 a의 개수는 6이다.

① ㄱ   ② ㄴ   ③ ㄷ

④ ㄴ, ㄷ   ⑤ ㄱ, ㄴ, ㄷ

068

연립부등식 $\begin{cases} x^2 - x - 12 < 0 \\ x^2 - (a-1)x - a \le 0 \end{cases}$ 을 만족시키는 정수 x의 개수를 $f(a)$라 할 때, 보기에서 옳은 것만을 있는 대로 고른 것은? (단, a는 실수이다.)

┌ 보기 ├

ㄱ. 모든 실수 a에 대하여 $f(a) \le 5$이다.

ㄴ. $-2 < n < 3$인 정수 n에 대하여 $\lim\limits_{a \to n} f(a) = f(n)$을 만족 시키는 n의 개수는 1이다.

ㄷ. 방정식 $f(a) - a - 2 = 0$의 실근의 개수는 5이다.

① ㄱ   ② ㄴ   ③ ㄱ, ㄴ

④ ㄱ, ㄷ   ⑤ ㄱ, ㄴ, ㄷ

069

좌표평면 위에서 원 $x^2+y^2=r^2\ (r>0)$과 도형 $|x-2|+|y|=4$의 교점의 개수를 $f(r)$라 하자. 함수 $f(r)$가 $r=k$에서 불연속이 되게 하는 모든 k의 합이 $a+b\sqrt{2}+c\sqrt{5}$일 때, $a+b+c$의 값을 구하시오. (단, a, b, c는 유리수이다.)

유형 6 연속함수의 성질

070

함수의 연속에 대한 설명으로 **보기**에서 옳은 것만을 있는 대로 고른 것은?

┌ **보기** ├
 ㄱ. 두 함수 $f(x)$, $g(x)$가 각각 $x=1$에서 불연속이면 함수 $f(x)-g(x)$는 $x=1$에서 불연속이다.
 ㄴ. 두 함수 $f(x)$, $g(x)$가 각각 $x=1$에서 연속이면 함수 $f(x)g(x)$는 $x=1$에서 연속이다.
 ㄷ. 함수 $|f(x)|$가 $x=1$에서 연속이면 $f(x)$도 $x=1$에서 연속이다.

① ㄱ   ② ㄴ   ③ ㄷ
④ ㄱ, ㄷ   ⑤ ㄴ, ㄷ

071

함수 $f(x)$가 다음 조건을 만족시킨다.

(가) $f(0)=0$

(나) $\lim\limits_{x \to 0} \dfrac{f(x)}{x}$의 값이 존재한다.

실수 전체의 집합에서 정의된 두 함수 $f(x)$와 $g(x)$에 대하여 보기에서 옳은 것만을 있는 대로 고른 것은?

| 보기 |

ㄱ. 함수 $f(x)$는 $x=0$에서 연속이다.

ㄴ. $\lim\limits_{x \to 0}\{f(x)-g(x)\}=f(0)-g(0)$이면 함수 $g(x)$는 $x=0$에서 연속이다.

ㄷ. 함수 $g(x)$가 $x=0$에서 연속이면 합성함수 $(f \circ g)(x)$는 $x=0$에서 연속이다.

① ㄱ   ② ㄴ   ③ ㄱ, ㄴ

④ ㄱ, ㄷ   ⑤ ㄱ, ㄴ, ㄷ

072

두 함수 $f(x)$, $g(x)$가 다음 조건을 만족시킬 때, 보기에서 옳은 것만을 있는 대로 고른 것은?

(가) 함수 $f(x)$는 $x=a$에서 연속이다.

(나) $\lim\limits_{x \to a} \dfrac{f(x)}{g(x)}=\dfrac{f(a)}{g(a)}$

| 보기 |

ㄱ. 함수 $\dfrac{\{f(x)\}^2}{g(x)}$은 $x=a$에서 연속이다.

ㄴ. 함수 $\{f(x)\}^2\left\{1+\dfrac{1}{g(x)}\right\}$은 $x=a$에서 연속이다.

ㄷ. 함수 $g(x)$는 $x=a$에서 연속이다.

① ㄱ   ② ㄴ   ③ ㄱ, ㄴ

④ ㄱ, ㄷ   ⑤ ㄱ, ㄴ, ㄷ

유형 **7** 최대 · 최소 정리

073

닫힌구간 $[-4, -1]$에서 함수 $f(x)=x^2+6x+3$의 최댓값을 M, 최솟값을 m이라 할 때, $M-m$의 값은?

① 1   ② 2   ③ 3

④ 4   ⑤ 5

074

두 함수 $f(x)=x-2$, $g(x)=\dfrac{1}{x+1}$에 대하여 보기의 함수 중 닫힌구간 $[0, 3]$에서 최댓값과 최솟값을 모두 갖는 것만을 있는 대로 고른 것은?

┤ 보기 ├
ㄱ. $f(x)+g(x)$
ㄴ. $f(g(x))$
ㄷ. $g(f(x))$

① ㄱ   ② ㄱ, ㄴ   ③ ㄱ, ㄷ

④ ㄴ, ㄷ   ⑤ ㄱ, ㄴ, ㄷ

유형 8 사잇값의 정리

075

다음 중 방정식 $x^3+4x+1=0$의 실근이 존재하는 구간은?

① $(-3, -2)$ ② $(-2, -1)$ ③ $(-1, 0)$

④ $(0, 1)$ ⑤ $(1, 2)$

076

다항함수 $g(x)$에 대하여 함수

$$f(x)=\begin{cases} \dfrac{g(x)-4}{4x} & (x \neq 0) \\ -2 & (x=0) \end{cases}$$

가 닫힌구간 $[-3, 3]$에서 연속일 때, 보기에서 옳은 것만을 있는 대로 고른 것은?

┤ 보기 ├

ㄱ. $\lim\limits_{x \to 0} g(x)=4$

ㄴ. 두 함수 $f(x)$, $g(x)$는 닫힌구간 $[-3, 3]$에서 최댓값과 최솟값을 갖는다.

ㄷ. $g(-1)g(1)<0$이면 방정식 $f(x)=0$은 열린구간 $(-1, 1)$에서 적어도 하나의 실근을 갖는다.

① ㄱ ② ㄴ ③ ㄱ, ㄴ

④ ㄱ, ㄷ ⑤ ㄱ, ㄴ, ㄷ

077

다항함수 $f(x)$에 대하여

$$\lim_{x \to 3} \frac{f(x)}{x-3} = 6, \ \lim_{x \to 9} \frac{f(x)}{x-9} = 12$$

이고, 닫힌구간 $[3, 9]$에서 방정식 $f(x)=0$이 적어도 a개의 실근을 가질 때, a의 값을 구하시오.

078

연속함수 $f(x)$가 다음 조건을 만족시킬 때,

㈎ 모든 실수 x에 대하여 $f(3+x)=f(1-x)$이다.

㈏ $f(0)f(1)<0$, $f(5)f(6)<0$

보기에서 옳은 것만을 있는 대로 고른 것은?

┌ 보기 ├

ㄱ. 방정식 $f(x)=0$은 열린구간 $(5, 6)$에서 적어도 하나의 실근을 갖는다.

ㄴ. 방정식 $f(x)=0$은 열린구간 $(3, 4)$에서 적어도 하나의 실근을 갖는다.

ㄷ. 방정식 $f(x)=0$은 적어도 4개의 실근을 갖는다.

① ㄱ   ② ㄴ   ③ ㄱ, ㄴ

④ ㄱ, ㄷ   ⑤ ㄱ, ㄴ, ㄷ

I

함수의 극한과 연속

실전에서 *시간 단축을 위한*

스페셜 특강
SPECIAL LECTURE

TOPIC 1   부정형 정복하기 $-\sqrt{(\text{이차식})}-\sqrt{(\text{이차식})}$의 극한

$\infty-\infty$ 꼴의 극한에서 함수가 $\sqrt{(\text{이차식})}-\sqrt{(\text{이차식})}$의 꼴로 나타날 때, 이를 $\sqrt{(\text{완전제곱식})}-\sqrt{(\text{완전제곱식})}$의 꼴로 변형하여 극한값을 계산할 수 있다.

예 $\displaystyle\lim_{x\to\infty}(\sqrt{x^2+4x+3}-\sqrt{x^2+2x+5})$

[Step 1] 근호 안의 이차식을 완전제곱 꼴로 변형한다.

$$\lim_{x\to\infty}\{\sqrt{(x+2)^2-1}-\sqrt{(x+1)^2+4}\}$$

[Step 2] 완전제곱 꼴로 변형한 식의 상수항을 제거한다.

$$\lim_{x\to\infty}\{\sqrt{(x+2)^2}-\sqrt{(x+1)^2}\}$$

[Step 3] 근호 안의 완전제곱식을 일차식으로 꺼낸다.

$$\lim_{x\to\infty}(|x+2|-|x+1|)=\lim_{x\to\infty}\{(x+2)-(x+1)\}=1$$

➡ $\sqrt{(\text{이차식})}-\sqrt{(\text{이차식})}$에서 이차항의 계수가 같으면 극한값이 존재함을 알 수 있다.

예 ① $\displaystyle\lim_{x\to\infty}(\sqrt{2x^2+8x+3}-\sqrt{2x^2-2x+1})=\lim_{x\to\infty}\left\{\sqrt{2}(x+2)-\sqrt{2}\left(x-\frac{1}{2}\right)\right\}=\frac{5\sqrt{2}}{2}$

   ② $\displaystyle\lim_{x\to\infty}(\sqrt{x^2+8x}-x)=\lim_{x\to\infty}\{(x+4)-x\}=4$

PROOF

🖊 **방법1** 유리화하기

$$\begin{aligned}
\lim_{x\to\infty}(\sqrt{x^2+2ax+b}-\sqrt{x^2+2a'x+b'})&=\lim_{x\to\infty}\frac{(x^2+2ax+b)-(x^2+2a'x+b')}{\sqrt{x^2+2ax+b}+\sqrt{x^2+2a'x+b'}}\\
&=\lim_{x\to\infty}\frac{2(a-a')x+(b-b')}{\sqrt{x^2+2ax+b}+\sqrt{x^2+2a'x+b'}}\\
&=\lim_{x\to\infty}\frac{2(a-a')+\dfrac{b-b'}{x}}{\sqrt{1+\dfrac{2a}{x}+\dfrac{b}{x^2}}+\sqrt{1+\dfrac{2a'}{x}+\dfrac{b'}{x^2}}}\\
&=\frac{2(a-a')}{2}\\
&=a-a'
\end{aligned}$$

방법2 완전제곱 꼴로 변형하기

$$\begin{aligned}
\lim_{x\to\infty}(\sqrt{x^2+2ax+b}-\sqrt{x^2+2a'x+b'})&=\lim_{x\to\infty}\{\sqrt{(x+a)^2+b-a^2}-\sqrt{(x+a')^2+b'-(a')^2}\}\\
&=\lim_{x\to\infty}(|x+a|-|x+a'|)\\
&=\lim_{x\to\infty}\{x+a-(x+a')\}\\
&=a-a'
\end{aligned}$$

참고 **방법1**과 **방법2**의 결과는 동일하다.

19쪽 *30번

스페셜
EXAMPLE

다항식 $f(x)$가 모든 실수 x에 대하여

$$4x^2+8x+5 < f(x) < 4x^2+8x+9$$

를 만족시킬 때, $\lim\limits_{x \to \infty}\{\sqrt{f(x)}-2x+2\}$의 값은?

① 1   ② 2   ③ 3   ④ 4   ⑤ 5

♪ SOLUTION

$4x^2+8x+5=4(x+1)^2+1>0$, $4x^2+8x+9=4(x+1)^2+5>0$이므로

$$\sqrt{4x^2+8x+5} < \sqrt{f(x)} < \sqrt{4x^2+8x+9}$$

$$\therefore \sqrt{4x^2+8x+5}-2x+2 < \sqrt{f(x)}-2x+2 < \sqrt{4x^2+8x+9}-2x+2$$

이때

$$\lim_{x \to \infty}(\sqrt{4x^2+8x+5}-2x+2)=\lim_{x \to \infty}\{2(x+1)-2x+2\}=4,$$

$$\lim_{x \to \infty}(\sqrt{4x^2+8x+9}-2x+2)=\lim_{x \to \infty}\{2(x+1)-2x+2\}=4$$

이므로 함수의 극한의 대소 관계에 의하여

$$\lim_{x \to \infty}\{\sqrt{f(x)}-2x+2\}=4$$

답 ④

스페셜
적용하기

079

20쪽 *31번

$\lim\limits_{x \to \infty}(\sqrt{[x^2+4x+5]}-x)$의 값은? (단, $[x]$는 x보다 크지 않은 최대의 정수이다.)

① 1   ② 2   ③ 3   ④ 4   ⑤ 5

080

$\lim\limits_{x \to \infty}\dfrac{1}{\sqrt{x^2+x+1}-x}$의 값은?

① 1   ② 2   ③ 3   ④ 4   ⑤ 5

TOPIC 2 부정형 정복하기 - 분수 꼴의 극한

① 상수 a에 대하여 $\lim\limits_{x \to a} f(x) = \infty$이고 $\lim\limits_{x \to a} \{mf(x) - ng(x)\}$의 값이 존재하면

$$\lim_{x \to a} \frac{g(x)}{f(x)} = \frac{m}{n} \text{ (단, } m \neq 0, \ n \neq 0)$$

② $\lim\limits_{x \to a} \dfrac{m'f(x) + n'g(x)}{mf(x) + ng(x)} = k$이면 $\dfrac{m'f(x) + n'g(x)}{mf(x) + ng(x)} = k$로 놓고 $f(x)$와 $g(x)$의 비를 구할 수 있다.

$$\left(\text{단, } k \neq \frac{m'}{m}, \ k \neq \frac{n'}{n} \right)$$

참고 $x \to \infty$일 때도 같은 방법으로 문제 풀이가 가능하다.

③ $\lim\limits_{x \to a} \dfrac{x^n + f(x)}{x^n - f(x)} = \alpha$이면 $\dfrac{1 + \dfrac{f(x)}{x^n}}{1 - \dfrac{f(x)}{x^n}} = \alpha$로 놓고 $\dfrac{f(x)}{x^n}$의 값을 구할 수 있다. (단, $\alpha \neq 1, \ \alpha \neq -1$)

참고 ②, ③은 극한을 취하는 구간을 관찰하여 근삿값으로 처리하는 방식이다.

PROOF

① $\lim\limits_{x \to a} \{mf(x) - ng(x)\} = \alpha$ (α는 상수)라 하고, $h(x) = mf(x) - ng(x)$로 놓으면

$\lim\limits_{x \to a} h(x) = \alpha$, $\lim\limits_{x \to a} f(x) = \infty$

이므로 $\lim\limits_{x \to a} \dfrac{h(x)}{f(x)} = 0$

이때 $g(x) = \dfrac{mf(x) - h(x)}{n}$이므로

$$\lim_{x \to a} \frac{g(x)}{f(x)} = \lim_{x \to a} \frac{mf(x) - h(x)}{nf(x)} = \lim_{x \to a} \left\{ \frac{m}{n} - \frac{1}{n} \times \frac{h(x)}{f(x)} \right\} = \frac{m}{n} - \frac{1}{n} \times 0 = \frac{m}{n}$$

② 예 $\lim\limits_{x \to a} \dfrac{2f(x) - g(x)}{f(x) + 2g(x)} = 1$일 때, $\lim\limits_{x \to a} \dfrac{f(x) - g(x)}{f(x) + g(x)}$의 값을 구해 보자.

$\dfrac{2f(x) - g(x)}{f(x) + 2g(x)} = 1$에서 $2f(x) - g(x) = f(x) + 2g(x)$ $\quad \therefore f(x) = 3g(x)$

$\therefore \lim\limits_{x \to a} \dfrac{f(x) - g(x)}{f(x) + g(x)} = \lim\limits_{x \to a} \dfrac{2g(x)}{4g(x)} = \dfrac{1}{2}$

③ 예 $\lim\limits_{x \to 0} \dfrac{x + f(x)}{x - f(x)} = 2$일 때, $\lim\limits_{x \to 0} \dfrac{3x - f(x)}{2x + f(x)}$의 값을 구해 보자.

$\dfrac{1 + \dfrac{f(x)}{x}}{1 - \dfrac{f(x)}{x}} = 2$에서 $1 + \dfrac{f(x)}{x} = 2 - \dfrac{2f(x)}{x}$ $\quad \therefore \dfrac{f(x)}{x} = \dfrac{1}{3}$

$\therefore \lim\limits_{x \to 0} \dfrac{3x - f(x)}{2x + f(x)} = \lim\limits_{x \to 0} \dfrac{3 - \dfrac{f(x)}{x}}{2 + \dfrac{f(x)}{x}} = \dfrac{3 - \dfrac{1}{3}}{2 + \dfrac{1}{3}} = \dfrac{8}{7}$

12쪽 #12번

스페셜
EXAMPLE

모든 실수 x에 대하여 $f(x) \neq g(x)$인 두 함수 $f(x)$, $g(x)$가

$$\lim_{x \to \infty} f(x) = \infty, \quad \lim_{x \to \infty} \frac{f(x) + g(x)}{f(x) - g(x)} = 5$$

를 만족시킬 때, $\displaystyle\lim_{x \to \infty} \frac{-3f(x) + g(x)}{2f(x) - g(x)}$의 값은?

① $-\dfrac{11}{4}$ ② $-\dfrac{5}{2}$ ③ $-\dfrac{9}{4}$ ④ -2 ⑤ $-\dfrac{7}{4}$

♪ SOLUTION

$\dfrac{f(x) + g(x)}{f(x) - g(x)} = 5$에서 $f(x) + g(x) = 5f(x) - 5g(x)$ $\therefore g(x) = \dfrac{2}{3}f(x)$

$\therefore \displaystyle\lim_{x \to \infty} \frac{-3f(x) + g(x)}{2f(x) - g(x)} = \lim_{x \to \infty} \frac{-\dfrac{7}{3}f(x)}{\dfrac{4}{3}f(x)} = -\dfrac{7}{4}$ 답 ⑤

스페셜
적용하기

081

두 함수 $f(x)$, $g(x)$에 대하여 $\displaystyle\lim_{x \to 2} f(x) = \infty$, $\displaystyle\lim_{x \to 2} \{2f(x) - 3g(x)\} = 3$일 때, $\displaystyle\lim_{x \to 2} \frac{3f(x) - g(x) + x}{f(x) + (x+1)g(x)}$의 값을 구하시오.

082

두 함수 $f(x)$, $g(x)$가 다음 조건을 만족시킨다.

(가) $\displaystyle\lim_{x \to 0} g(x) = -3$
(나) 모든 실수 x에 대하여 $x + f(x) = g(x)\{x - f(x)\}$이다.

$\displaystyle\lim_{x \to 0} \frac{2x + f(x)}{3x - f(x)}$의 값은?

① 1 ② 2 ③ 3 ④ 4 ⑤ 5

TOPIC 3

근삿값으로 극한을 관찰하기

함수의 그래프가 주어지고 극한값을 구하는 문제에서 좌극한과 우극한에 대하여 ± 0.1을 연산하여 다음과 같은 순서로 극한값을 확인할 수 있다.

[Step 1] $\lim\limits_{x \to a+} f(x)$에서는 x에 $a+0.1$을 대입한다.

$\qquad \lim\limits_{x \to a-} f(x)$에서는 x에 $a-0.1$을 대입한다.

[Step 2] 함수의 그래프에서 Step 1에서 대입한 함숫값의 근삿값을 확인한다.

(단, 연속·불연속은 신경 쓰지 않는다.)

[Step 3] 합성함수의 경우 함숫값을 읽을 때 함수의 그래프가 올라가는지, 내려가는지, 일정한지 확인한다.

$\quad$ 3-1. 함숫값을 향해 함수의 그래프가 올라가고 있으면 좌극한을, 함숫값을 향해 함수의 그래프가 내려
$\qquad$ 가고 있으면 우극한을 다시 취한다.

$\quad$ 3-2. 함수의 그래프가 올라가거나 내려가지 않고 일정하면 함숫값 자체로 읽는다.

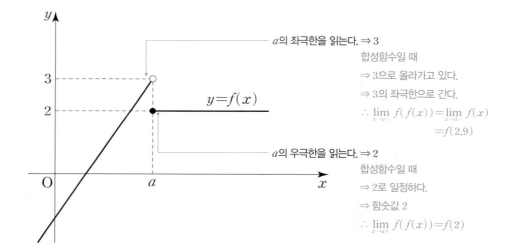

예

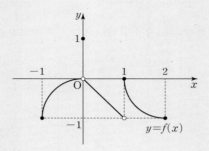

① $\lim\limits_{x\to 1+} f(x)$

   ➡ 1의 우극한이므로 x에 $1+0.1$을 대입한다.

   ➡ 그래프에서 $f(1.1)$의 근삿값이 0임을 확인한다.

   ➡ $\lim\limits_{x\to 1+} f(x)=0$

② $\lim\limits_{x\to 1-} f(x)$

   ➡ 1의 좌극한이므로 x에 $1-0.1$을 대입한다.

   ➡ 그래프에서 $f(0.9)$의 근삿값이 -1임을 확인한다.

   ➡ $\lim\limits_{x\to 1-} f(x)=-1$

③ $\lim\limits_{x\to 1+} f(f(x))$

   ➡ 1의 우극한이므로 x에 $1+0.1$을 대입한다.

   ➡ 그래프에서 $f(1.1)$의 근삿값이 0으로 올라감을 확인한다.

   ➡ 0의 좌극한을 취한다.

   ➡ $\lim\limits_{x\to 1+} f(f(x))=\lim\limits_{x\to 0-} f(x)$

   ➡ 0의 좌극한이므로 x에 $0-0.1$을 대입한다.

   ➡ 그래프에서 $f(-0.1)$의 근삿값이 0임을 확인한다.

   ➡ $\lim\limits_{x\to 1+} f(f(x))=0$

8쪽 ∅1번

스페셜
EXAMPLE

함수 $y=f(x)$의 그래프가 그림과 같을 때, $\displaystyle\lim_{x \to 2+} f(x) + \lim_{x \to 0} f(2)f(x)$의 값은?

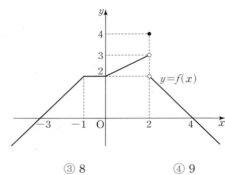

① 6　　　② 7　　　③ 8　　　④ 9　　　⑤ 10

SOLUTION

$\displaystyle\lim_{x \to 2+} f(x)$에서 x가 $2+0.1$일 때의 함숫값의 근삿값은 2이다.

$\therefore \displaystyle\lim_{x \to 2+} f(x)=2$

또, $\displaystyle\lim_{x \to 0} f(2)f(x)=f(2) \times \lim_{x \to 0} f(x)=4\lim_{x \to 0} f(x)$이므로

$\displaystyle\lim_{x \to 0} f(x)$에서 x가 0 ± 0.1일 때의 함숫값의 근삿값은 2이다.

따라서 $\displaystyle\lim_{x \to 0} f(x)=2$이므로

$\displaystyle\lim_{x \to 0} f(2)f(x)=4\lim_{x \to 0} f(x)=4 \times 2=8$

$\therefore \displaystyle\lim_{x \to 2+} f(x) + \lim_{x \to 0} f(2)f(x)=2+8=10$

답 ⑤

083

함수 $f(x)$가

$$f(x) = \begin{cases} -x & (x < 0) \\ 1 & (0 \le x < 1) \\ x-1 & (x \ge 1) \end{cases}$$

이고, 그 그래프는 그림과 같다. 이때 보기의 설명 중 옳은 것을 모두 고른 것은?

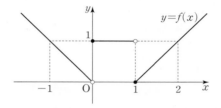

┤ 보기 ├

ㄱ. $\lim_{x \to 1} f(x) = 0$　　　　　ㄴ. $\lim_{x \to 1+} f(f(x)) = 1$　　　　　ㄷ. $\lim_{x \to 1-} f(f(x)) = 0$

① ㄴ　　　　② ㄷ　　　　③ ㄱ, ㄴ　　　　④ ㄱ, ㄷ　　　　⑤ ㄴ, ㄷ

084

구간 $(-4, 4)$에서 정의되고 $f(x) = f(-x)$를 만족시키는 함수 $y = f(x)$의 그래프가 $x \ge 0$에서 그림과 같다.

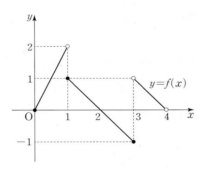

$\lim_{x \to a+} f(f(x)) = \lim_{x \to a+} f(x)$인 정수 a의 개수는?

① 4　　　　② 5　　　　③ 6　　　　④ 7　　　　⑤ 8

TOPIC 4 극한과 연속의 성질에 대한 진위 판단

1. 반드시 알아야 하는 참인 명제

① $\lim\limits_{x \to a} f(x)$와 $\lim\limits_{x \to a} g(x)$의 값이 존재하면 $\lim\limits_{x \to a} \{f(x) \pm g(x)\}$, $\lim\limits_{x \to a} f(x)g(x)$, $\lim\limits_{x \to a} \dfrac{f(x)}{g(x)}$ $(\lim\limits_{x \to a} g(x) \neq 0)$의 값도 존재한다.

② $\lim\limits_{x \to a} f(x)$와 $\lim\limits_{x \to a} \{f(x) \pm g(x)\}$의 값이 존재하면 $\lim\limits_{x \to a} g(x)$의 값도 존재한다.

③ $\lim\limits_{x \to a} g(x)$와 $\lim\limits_{x \to a} \dfrac{f(x)}{g(x)}$의 값이 존재하면 $\lim\limits_{x \to a} f(x)$의 값도 존재한다.

④ $\lim\limits_{x \to a} f(x)$의 값이 존재하고 $\lim\limits_{x \to a} g(x)$의 값이 존재하지 않으면 $\lim\limits_{x \to a} \{f(x) \pm g(x)\}$의 값은 존재하지 않는다.

⑤ $\lim\limits_{x \to a} f(x) = \infty$이면 $\lim\limits_{x \to a} \dfrac{1}{f(x)} = 0$이다.

⑥ 세 함수 $f(x)$, $g(x)$, $h(x)$에 대하여 어떤 실수 a를 포함하는 구간의 모든 실수 x에 대하여

$f(x) < h(x) < g(x)$이고, $\lim\limits_{x \to a} f(x) = \lim\limits_{x \to a} g(x) = L$이면 $\lim\limits_{x \to a} h(x) = L$이다. (단, L은 상수이다.)

⑦ 함수 $f(x)$와 $g(x)$가 $x = a$에서 연속이면 함수 $f(x) \pm g(x)$, $f(x)g(x)$, $\dfrac{f(x)}{g(x)}$ $(g(x) \neq 0)$도 $x = a$에서 연속이다.

⑧ 함수 $f(x)$와 $g(x)$가 실수 전체의 집합에서 연속이면 함수 $(g \circ f)(x)$도 실수 전체의 집합에서 연속이다.

　　주의 명제 "함수 $f(x)$와 $g(x)$가 $x = a$에서 연속이면 함수 $(g \circ f)(x)$도 $x = a$에서 연속이다."는 거짓이다.

[반례] $f(x) = x - 1$, $g(x) = \begin{cases} 1 & (x \geq 0) \\ -1 & (x < 0) \end{cases}$ 일 때, 두 함수 $f(x)$와 $g(x)$는 $x = 1$에서 연속이지만 함수

$(g \circ f)(x) = \begin{cases} 1 & (x \geq 1) \\ -1 & (x < 1) \end{cases}$ 은 $x = 1$에서 연속이 아니다.

　　참고 위의 명제 ①~⑧의 역은 모두 거짓이다.

2. 반례가 $f(x) = \begin{cases} 1 & (x < a) \\ -1 & (x \geq a) \end{cases}$, $g(x) = \begin{cases} -1 & (x < a) \\ 1 & (x \geq a) \end{cases}$인 거짓인 명제

① $\lim\limits_{x \to a} \{f(x) + g(x)\}$의 값이 존재하면 $\lim\limits_{x \to a} f(x)$, $\lim\limits_{x \to a} g(x)$의 값도 존재한다.

② $\lim\limits_{x \to a} f(x)g(x)$의 값이 존재하면 $\lim\limits_{x \to a} f(x)$, $\lim\limits_{x \to a} g(x)$의 값도 존재한다.

③ $x = a$에서 두 함수 $f(x)$, $g(x)$가 각각 불연속이면 함수 $f(x) + g(x)$도 $x = a$에서 불연속이다.

④ $x = a$에서 두 함수 $f(x)$, $g(x)$가 각각 불연속이면 함수 $f(x)g(x)$도 $x = a$에서 불연속이다.

3. $\lim\limits_{x \to a} \{f(x) - g(x)\} = 0$이 포함된 거짓인 명제

① $\lim\limits_{x \to a} \{f(x) - g(x)\} = 0$이면 $\lim\limits_{x \to a} f(x) = \lim\limits_{x \to a} g(x)$이다.

② $g(x) < h(x) < f(x)$이고 $\lim\limits_{x \to \infty} \{f(x) - g(x)\} = 0$이면 $\lim\limits_{x \to \infty} h(x)$는 수렴한다.

③ $\lim\limits_{x \to \infty} \dfrac{f(x)}{g(x)} = 1$이고, $\lim\limits_{x \to \infty} g(x) = \infty$이면 $\lim\limits_{x \to \infty} \{f(x) - g(x)\} = 0$이다.

④ $\lim\limits_{x \to 0} \dfrac{f(x) - a}{x} = L$이면 $f(0) = a$이다. (단, L은 상수이다.)

1. 반드시 알아야 하는 참인 명제

① $\lim\limits_{x \to a} f(x) = \alpha$, $\lim\limits_{x \to a} g(x) = \beta$ $(\alpha, \beta$는 실수$)$라 하면

$\lim\limits_{x \to a} \{f(x) \pm g(x)\} = \alpha \pm \beta$, $\lim\limits_{x \to a} f(x)g(x) = \alpha\beta$, $\lim\limits_{x \to a} \dfrac{f(x)}{g(x)} = \dfrac{\alpha}{\beta}$ (단, $\beta \neq 0$)

② $h_1(x) = f(x) + g(x)$로 놓고 $\lim\limits_{x \to a} f(x) = \alpha_1$, $\lim\limits_{x \to a} h_1(x) = \beta_1$ $(\alpha_1, \beta_1$은 실수$)$이라 하면

$\lim\limits_{x \to a} g(x) = \lim\limits_{x \to a} \{h_1(x) - f(x)\} = \lim\limits_{x \to a} h_1(x) - \lim\limits_{x \to a} f(x) = \beta_1 - \alpha_1$

마찬가지 방법으로 $h_2(x) = f(x) - g(x)$로 놓고 $\lim\limits_{x \to a} f(x) = \alpha_2$, $\lim\limits_{x \to a} h_2(x) = \beta_2$ $(\alpha_2, \beta_2$는 실수$)$라 하면

$\lim\limits_{x \to a} g(x) = \alpha_2 - \beta_2$

③ $\lim\limits_{x \to a} g(x) = \alpha$, $\lim\limits_{x \to a} \dfrac{f(x)}{g(x)} = \beta$ $(\alpha, \beta$는 실수$)$라 하면

$\lim\limits_{x \to a} f(x) = \lim\limits_{x \to a} \left\{ g(x) \times \dfrac{f(x)}{g(x)} \right\} = \lim\limits_{x \to a} g(x) \times \lim\limits_{x \to a} \dfrac{f(x)}{g(x)} = \alpha\beta$

주의 명제 "$\lim\limits_{x \to a} f(x)$와 $\lim\limits_{x \to a} \dfrac{f(x)}{g(x)}$의 값이 존재하면 $\lim\limits_{x \to a} g(x)$의 값도 존재한다."는 거짓이다.

[반례] $f(x) = x$, $g(x) = \dfrac{1}{x}$이면 $\lim\limits_{x \to 0} f(x) = 0$, $\lim\limits_{x \to 0} \dfrac{f(x)}{g(x)} = 0$이지만 $\lim\limits_{x \to 0} g(x)$의 값은 존재하지 않는다.

④ $\lim\limits_{x \to a} \{f(x) + g(x)\}$의 값이 존재한다고 가정하자.

$\lim\limits_{x \to a} \{f(x) + g(x)\} = \alpha$ $(\alpha$는 실수$)$, $\lim\limits_{x \to a} f(x) = \beta$ $(\beta$는 실수$)$라 하면

$\lim\limits_{x \to a} g(x) = \lim\limits_{x \to a} [\{f(x) + g(x)\} - f(x)] = \lim\limits_{x \to a} \{f(x) + g(x)\} - \lim\limits_{x \to a} f(x) = \alpha - \beta$

즉, $\lim\limits_{x \to a} g(x)$의 값이 존재하므로 가정에 모순이다.

따라서 $\lim\limits_{x \to a} \{f(x) + g(x)\}$의 값은 존재하지 않는다.

마찬가지 방법으로 $\lim\limits_{x \to a} \{f(x) - g(x)\}$의 값도 존재하지 않는다.

⑤ $f(x) = X$라 할 때, 함수 $y = \dfrac{1}{X}$에서 X의 값이 커질수록 y의 값은 0에 가까워지므로

$\lim\limits_{x \to \infty} \dfrac{1}{f(x)} = 0$

⑥ $f(x) < h(x) < g(x)$이므로 $\lim\limits_{x \to a} f(x) \leq \lim\limits_{x \to a} h(x) \leq \lim\limits_{x \to a} g(x)$

따라서 $\lim\limits_{x \to a} f(x) = \lim\limits_{x \to a} g(x) = L$이면 $\lim\limits_{x \to a} h(x) = L$이다.

⑦ 함수 $f(x)$와 $g(x)$가 $x = a$에서 연속이므로

$\lim\limits_{x \to a} f(x) = f(a)$, $\lim\limits_{x \to a} g(x) = g(a)$

$\therefore \lim\limits_{x \to a} \{f(x) \pm g(x)\} = \lim\limits_{x \to a} f(x) \pm \lim\limits_{x \to a} g(x) = f(a) - g(a)$

즉, 함수 $f(x) \pm g(x)$도 $x = a$에서 연속이다.

마찬가지 방법으로 함수 $f(x)g(x)$, $\dfrac{f(x)}{g(x)}$ $(g(x) \neq 0)$도 $x = a$에서 연속이다.

2. 반례가 $f(x)=\begin{cases} 1 & (x<a) \\ -1 & (x\geq a) \end{cases}$, $g(x)=\begin{cases} -1 & (x<a) \\ 1 & (x\geq a) \end{cases}$인 거짓인 명제

$f(x)=\begin{cases} 1 & (x<a) \\ -1 & (x\geq a) \end{cases}$, $g(x)=\begin{cases} -1 & (x<a) \\ 1 & (x\geq a) \end{cases}$이면 $\lim\limits_{x\to a}f(x)$, $\lim\limits_{x\to a}g(x)$의 값은 존재하지 않고 두 함수

$f(x)$, $g(x)$는 $x=a$에서 불연속이다.

그런데 $f(x)+g(x)=0$, $f(x)g(x)=-1$이므로 $\lim\limits_{x\to a}\{f(x)+g(x)\}$, $\lim\limits_{x\to a}f(x)g(x)$의 값은 존재하고

두 함수 $f(x)+g(x)$, $f(x)g(x)$는 $x=a$에서 연속이다.

따라서 ①~④는 모두 거짓인 명제이다.

이를 반례로 하는 또 다른 명제로는

"$x=a$에서 $f(x)g(x)$가 연속이면 $f(x)$, $g(x)$가 연속이다."

"$x=a$에서 $f(x)+g(x)$가 연속이면 $f(x)$, $g(x)$가 연속이다."

가 있고, 이는 각각 명제 ③, ④의 대우이다.

3. $\lim\limits_{x\to a}\{f(x)-g(x)\}=0$이 포함된 거짓 명제

부정형의 개념을 이용하여 반례를 찾을 수 있다.

① $f(x)=g(x)=\dfrac{1}{|x-a|}$로 놓으면 $\lim\limits_{x\to a}\{f(x)-g(x)\}=0$이지만 $\lim\limits_{x\to a}f(x)$, $\lim\limits_{x\to a}g(x)$가 발산하므로

극한값이 존재하지 않는다.

> **참고** $\lim\limits_{x\to a}f(x)=\infty$, $\lim\limits_{x\to a}g(x)=\infty$인 두 함수 $f(x)$, $g(x)$의 차, 즉 $\infty-\infty$가 수렴할 수 있음을 이
> 용하여 반례를 찾아낸다.

② $g(x)=x$, $h(x)=x+\dfrac{1}{x}$, $f(x)=x+\dfrac{2}{x}$로 놓으면 양수 x에 대하여 $g(x)<h(x)<f(x)$이고,

$\lim\limits_{x\to\infty}\{f(x)-g(x)\}=\lim\limits_{x\to\infty}\dfrac{2}{x}=0$이지만 $\lim\limits_{x\to\infty}h(x)$는 발산한다.

> **참고** $\lim\limits_{x\to\infty}f(x)=\infty$, $\lim\limits_{x\to\infty}g(x)=\infty$인 두 함수 $f(x)$, $g(x)$의 차, 즉 $\infty-\infty$가 수렴할 수 있음을 이
> 용하여 반례를 찾아낸다.

③ $f(x)=x^2+x$, $g(x)=x^2$으로 놓으면 $\lim\limits_{x\to\infty}\dfrac{f(x)}{g(x)}=1$이고, $\lim\limits_{x\to\infty}g(x)=\infty$이지만

$\lim\limits_{x\to\infty}\{f(x)-g(x)\}=\lim\limits_{x\to\infty}x=\infty$이다.

> **참고** $\lim\limits_{x\to\infty}f(x)=\infty$, $\lim\limits_{x\to\infty}g(x)=\infty$인 두 함수 $f(x)$, $g(x)$의 차, 즉 $\infty-\infty$가 발산할 수 있음을 이
> 용하여 반례를 찾아낸다.

④ $f(x)=\begin{cases} x+a & (x\neq 0) \\ a-1 & (x=0) \end{cases}$로 놓으면 $\lim\limits_{x\to 0}\dfrac{f(x)-a}{x}=1$이지만 $f(0)=a-1$이다.

> **참고** $\lim\limits_{x\to 0}\{f(x)-a\}=0$이면 $\lim\limits_{x\to 0}f(x)=a$이지만, 함수 $f(x)$가 $x=0$에서 연속이 아닌 경우
> $\lim\limits_{x\to 0}f(x)\neq f(0)$이므로 이를 이용하여 반례를 찾아낸다.

085

다음 문장이 참이면 '참'에, 거짓이면 '거짓'에 ○표를 하시오.

(1) $\lim\limits_{x \to a} f(x)$와 $\lim\limits_{x \to a} f(x)g(x)$의 값이 각각 존재하면 $\lim\limits_{x \to a} g(x)$의 값도 존재한다.　　　　(참, 거짓)

(2) $\lim\limits_{x \to a} f(x)$와 $\lim\limits_{x \to a} \dfrac{f(x)}{g(x)}$의 값이 각각 존재하면 $\lim\limits_{x \to a} g(x)$의 값도 존재한다. (단, $g(x) \neq 0$)　　(참, 거짓)

(3) $\lim\limits_{x \to a} \{f(x) + g(x)\}$의 값이 존재하면 $\lim\limits_{x \to a} f(x)$와 $\lim\limits_{x \to a} g(x)$ 중 적어도 하나의 값이 존재한다.　(참, 거짓)

(4) $\lim\limits_{x \to a} \{f(x) - g(x)\} = 0$이면 $\lim\limits_{x \to a} f(x) = \lim\limits_{x \to a} g(x)$이다.　　　　　　　　　　(참, 거짓)

(5) $\lim\limits_{x \to a} \{f(x) + g(x)\}$와 $\lim\limits_{x \to a} \{f(x) - g(x)\}$의 값이 각각 존재하면 $\lim\limits_{x \to a} f(x)$의 값도 존재한다.　(참, 거짓)

(6) $\lim\limits_{x \to a} f(x)$와 $\lim\limits_{x \to a} g(x)$의 값이 모두 존재하지 않으면 $\lim\limits_{x \to a} \{f(x) + g(x)\}$의 값도 존재하지 않는다.

　　　　　　　　　　　　　　　　　　　　　　　　　　　　　　　(참, 거짓)

(7) $\lim\limits_{x \to a} \{f(x) + g(x)\}$와 $\lim\limits_{x \to a} f(x)g(x)$의 값이 각각 존재하면 $\lim\limits_{x \to a} \{f(x) - g(x)\}$의 값도 존재한다.

　　　　　　　　　　　　　　　　　　　　　　　　　　　　　　　(참, 거짓)

(8) 세 함수 $f(x)$, $g(x)$, $h(x)$에 대하여 0을 포함한 어떤 구간에서 $f(x) < h(x) < g(x)$이고

　$\lim\limits_{x \to 0} f(x) = 0$, $\lim\limits_{x \to 0} g(x) = 0$이면 $\lim\limits_{x \to 0} h(x) = 0$이다.　　　　　　　(참, 거짓)

(9) $\lim\limits_{x \to a} \dfrac{f(x)}{g(x)} = \alpha$ ($\alpha \neq 0$인 실수)이고 $\lim\limits_{x \to a} f(x) = 0$이면 $\lim\limits_{x \to a} g(x) = 0$이다.　　(참, 거짓)

(10) $\lim\limits_{x \to a} f(x)$와 $\lim\limits_{x \to a} f(x)g(x)$의 값이 각각 존재하고 $\lim\limits_{x \to a} f(x) \neq 0$이면 $\lim\limits_{x \to a} g(x)$의 값이 존재한다.

　　　　　　　　　　　　　　　　　　　　　　　　　　　　　　　(참, 거짓)

(11) 모든 양수 x에 대하여 $f(x) < g(x)$이고 $\lim\limits_{x \to a} f(x)$와 $\lim\limits_{x \to a} g(x)$의 값이 존재할 때,

　$\lim\limits_{x \to a} f(x) < \lim\limits_{x \to a} g(x)$이다.　　　　　　　　　　　　　　　　　　(참, 거짓)

(12) $\lim\limits_{x \to a} f(x)$와 $\lim\limits_{x \to a} g(x)$의 값이 모두 존재하면 $\lim\limits_{x \to a} \dfrac{f(x)}{g(x)}$의 값도 존재한다. (단, $g(x) \neq 0$)　　(참, 거짓)

(13) $\lim\limits_{x \to a} f(x) = b$, $\lim\limits_{x \to b} g(x) = \alpha$이면 $\lim\limits_{x \to a} g(f(x)) = \alpha$이다.　　　　　　(참, 거짓)

(14) $\lim\limits_{x \to a} f(x)$의 값이 존재하고 $\lim\limits_{x \to a} \{f(x) + g(x)\}$의 값이 존재하지 않으면 $\lim\limits_{x \to a} g(x)$의 값은 존재하지 않는다.

　　　　　　　　　　　　　　　　　　　　　　　　　　　　　　　(참, 거짓)

(15) $\lim\limits_{x \to a} f(x) = \infty$이고, $\lim\limits_{x \to a} f(x)g(x)$의 값이 존재하면 $\lim\limits_{x \to a} g(x) = 0$이다.　　(참, 거짓)

(16) $\lim\limits_{x \to \infty} f\!\left(\dfrac{1}{x}\right) = L$일 때, $\lim\limits_{x \to 0} f(x) = L$이다. (단, L은 실수이다.)　　　(참, 거짓)

스페셜
적용하기

086

다음 문장이 참이면 '참'에, 거짓이면 '거짓'에 ◯표를 하시오.

(1) 합성함수 $(g \circ f)(x)$가 $x=a$에서 연속이면 함수 $g(x)$는 $x=f(a)$에서 연속이다.　　　　（ 참, 거짓 ）

(2) 함수 $f(x)$가 $x=a$에서 불연속이면 합성함수 $(g \circ f)(x)$도 $x=a$에서 불연속이다.　　　（ 참, 거짓 ）

(3) 함수 $f(x)$가 $x=0$에서 연속이면 함수 $f(x)+f(-x)$도 $x=0$에서 연속이다.　　　　（ 참, 거짓 ）

(4) 함수 $f(x)+g(x)$가 $x=0$에서 연속이면 함수 $f(x)-g(x)$도 $x=0$에서 연속이다.　　（ 참, 거짓 ）

(5) 함수 $f(x)$가 $x=0$에서 연속이면 함수 $f(x-2)$는 $x=2$에서 연속이다.　　　　　（ 참, 거짓 ）

(6) 함수 $f(x)$, $f(x)g(x)$가 $x=0$에서 연속이면 함수 $g(x)$도 $x=0$에서 연속이다.　　（ 참, 거짓 ）

(7) 함수 $f(x)$가 $x=0$에서 연속이면 함수 $\dfrac{f(x^2)}{f(x)}$도 $x=0$에서 연속이다.　　　　　（ 참, 거짓 ）

(8) 함수 $|f(x)|$가 $x=0$에서 연속이면 함수 $f(x)$도 $x=0$에서 연속이다.　　　　　（ 참, 거짓 ）

(9) 합성함수 $(f \circ g)(x)$가 $x=a$에서 연속이면 함수 $g(x)$도 $x=a$에서 연속이다.　　（ 참, 거짓 ）

(10) 합성함수 $(f \circ f)(x)$가 $x=a$에서 연속이면 함수 $f(x)$도 $x=a$에서 연속이다.　　（ 참, 거짓 ）

(11) 함수 $\{f(x)\}^2$이 $x=a$에서 연속이면 함수 $f(x)$도 $x=a$에서 연속이다.　　　　（ 참, 거짓 ）

(12) 함수 $|f(x)|$가 $x=0$에서 연속이면 함수 $\{f(x)\}^2$도 $x=0$에서 연속이다.　　　　（ 참, 거짓 ）

(13) 함수 $f(x^2)$이 $x=0$에서 연속이면 함수 $f(x)$도 $x=0$에서 연속이다.　　　　　（ 참, 거짓 ）

(14) 함수 $f(x)$, $g(x)$가 $x=a$에서 불연속이면 함수 $f(x)g(x)$도 $x=a$에서 불연속이다.　　（ 참, 거짓 ）

(15) 함수 $f(x)$와 $g(x)$가 $x=a$에서 연속이면 합성함수 $(g \circ f)(x)$도 $x=a$에서 연속이다.　（ 참, 거짓 ）

I

함수의 극한과 연속

1등급 쟁취를 위한

킬링 파트

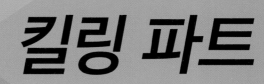

예제 **087**

$-2 \leq x \leq 2$에서 정의된 함수 $y=f(x)$의 그래프가 그림과 같다.

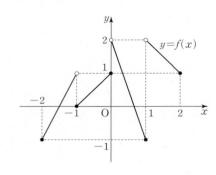

세 집합

$$A=\left\{a \,\middle|\, \lim_{x\to a+} f(x) < \lim_{x\to a-} f(x)\right\},$$

$$B=\left\{a \,\middle|\, \lim_{x\to a-} f(x) \leq f(a)\right\},$$

$$C=\left\{a \,\middle|\, \lim_{x\to a+} \{f(x)\}^2 < \lim_{x\to a-} f(x)\right\}$$

에 대하여 다음 중 옳은 것은? (단, $-2<a<2$)

① $B \subset A$ 　　　 ② $B \subset C$ 　　　 ③ $C \subset B$ 　　　 ④ $A \subset C$ 　　　 ⑤ $C \subset A$

해결 전략

1단계 ▶ 함수 $y=f(x)$의 그래프에서 좌극한과 우극한이 다른 점을 관찰한다.

2단계 ▶ 집합 A, B, C에 속하는 원소를 구하여 세 집합의 포함 관계를 조사한다.

유제 088

$-2<x<2$에서 정의된 함수 $y=f(x)$의 그래프가 그림과 같다.

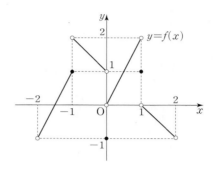

최고차항의 계수가 양수인 일차함수 $g(x)$와 전체집합 $U=\{a\,|\,-2<a<2\}$의 세 부분집합

$$A=\left\{a\,\middle|\,\lim_{x\to a-}f(x)<\lim_{x\to a+}f(x)\right\},$$

$$B=\left\{a\,\middle|\,f(a)\leq\lim_{x\to a+}f(x)\right\},$$

$$C=\left\{a\,\middle|\,\lim_{x\to a}f(g(x))\neq f(g(a))\right\}$$

에 대하여 $(B-A)^C\subset C$일 때, 가능한 모든 $g(5)$의 값의 합을 구하시오.

예제 **089**

다항함수 $f(x)$가 다음 조건을 만족시킨다.

> (가) $\lim\limits_{x \to \infty} \dfrac{2f(x)}{x^4 + 2x^2 + 3} = 2$
>
> (나) $\lim\limits_{x \to 1} \dfrac{f(x)}{x-1} = \alpha$, $\lim\limits_{x \to 2} \dfrac{f(x)}{x-2} = \beta$라 하면 $\alpha\beta = 0$이다. (단, α, β는 상수이다.)
>
> (다) 1, 2가 아닌 어떤 실수 γ에 대하여 $\lim\limits_{x \to \gamma} \dfrac{1}{f(x)}$의 값은 존재하지 않는다.

$f(3) = 8$일 때, $f(5)$의 값을 구하시오.

해결전략

1단계 ▶ 다항함수 $f(x)$의 차수와 최고차항의 계수를 파악한다.

2단계 ▶ 다항식 $f(x)$의 인수를 파악하고 식을 세운다.

3단계 ▶ $f(3) = 8$임을 이용하여 다항함수 $f(x)$의 식을 구한다.

090

최고차항의 계수가 양수인 다항함수 $f(x)$가 다음 조건을 만족시킨다.

> (가) $\lim\limits_{x \to \infty} \{\sqrt{f(x)} - x^2\} = 2$
>
> (나) $\lim\limits_{x \to 0} \dfrac{x}{f(x)}$의 값이 존재하지 않는다.

$f(1)$의 값을 구하시오.

예제   **091**

최고차항의 계수가 1인 두 삼차함수 $f(x)$, $g(x)$가 다음 조건을 만족시킨다.

> (가) $f(0)=g(0)=2$
>
> (나) $\displaystyle\lim_{x\to 1}\frac{f(x)+g(x)-4}{x-1}=1$
>
> (다) $\displaystyle\lim_{x\to\infty}\frac{f(x)-g(x)}{x^2}=3$

$f(1)g(1)=4$일 때, $f(g(2))$의 값을 구하시오.

해결 전략

1단계 ▶ 조건 (나)에서 $f(1)+g(1)=4$임을 파악하고, $f(1)g(1)=4$임을 이용하여 $f(1)$과 $g(1)$의 값을 각각 구한다.

2단계 ▶ 두 삼차함수 $f(x)-2$, $g(x)-2$의 인수를 파악하고 식을 세운다.

3단계 ▶ 2단계에서 구한 식을 $\displaystyle\lim_{x\to 1}\frac{f(x)+g(x)-4}{x-1}=1$, $\displaystyle\lim_{x\to\infty}\frac{f(x)-g(x)}{x^2}=3$에 대입하여 $f(x)$, $g(x)$의 식을 구한다.

유제 092

최고차항의 계수가 모두 1인 이차함수 $f(x)$와 삼차함수 $g(x)$가 다음 조건을 만족시킨다.

> ㈎ 모든 실수 x에 대하여 $f(x) \geq 0$이다.
>
> ㈏ $\displaystyle\lim_{x \to 2} \frac{f(x)-g(x)}{f(x)+g(x)} = \frac{2}{3}$

$g(2)=0$일 때, $g(7)$의 값을 구하시오.

예제 **093**

최고차항의 계수가 3인 일차함수 $f(x)$와 최고차항의 계수가 2인 삼차함수 $g(x)$에 대하여

$$\lim_{x \to a} \frac{g(x+1)}{f(x-2)g(x-1)}$$

의 값이 존재하지 않도록 하는 실수 a는 -2, 0, 2뿐일 때, $f(4)+g(2)$의 값을 구하시오.

해결전략

1단계 ▶ (분모)→0일 때 $\lim\limits_{x \to a} \dfrac{g(x+1)}{f(x-2)g(x-1)}$의 값이 존재하지 않음을 이용하여 $f(x-2)g(x-1)$의 식을 세운다.

2단계 ▶ 1단계에서 구한 식을 이용하여 두 함수 $f(x-2)$, $g(x-1)$의 식을 세우고, 주어진 조건을 만족시키는지 조사한다.

3단계 ▶ 2단계에서 구한 $f(x-2)$, $g(x-1)$의 식에서 $f(x)$, $g(x)$의 식을 구하여 $f(4)+g(2)$의 값을 구한다.

094

최고차항의 계수가 1인 이차함수 $f(x)$에 대하여 함수 $g(a)$를

$$g(a) = \lim_{x \to a} \frac{f(x^2)}{(x-2)f(x+3)}$$

이라 하자. 함수 $g(a)$가 실수 전체의 집합에서 정의될 때, $f(5)$의 값을 구하시오.

예제 095

그림과 같이 한 변의 길이가 4인 정사각형 ABCD와 점 A가 중심이고 선분 AB를 반지름으로 하는 원 C가 있다. 원 C 위를 움직이는 점 P에 대하여 사각형 APQR가 정사각형이 되도록 원 C 위에 점 R와 원 C 외부에 점 Q를 잡는다. 선분 BC와 선분 QR가 만나도록 할 때, 선분 BC와 선분 QR의 교점을 I라 하자. $\overline{\mathrm{CI}}=t$, 삼각형 IQC의 둘레의 길이를 L, 넓이를 S라 할 때, $\displaystyle\lim_{t \to 0+} \frac{L^2}{4S}=p+q\sqrt{2}$이다. $p+q$의 값을 구하시오.

(단, p, q는 유리수이다.)

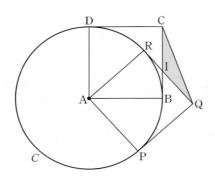

해결 전략

1단계 ▶ 점 I에서 선분 QC에 수선의 발 H를 내린다.

2단계 ▶ 두 삼각형 ABI와 CHI가 닮음임을 파악하고, 닮음비와 피타고라스 정리를 이용하여 선분 CH, HI의 길이를 t에 대한 식으로 나타낸다.

3단계 ▶ △IQC가 이등변삼각형임을 이용하여 L과 S를 t에 대한 식으로 나타내어 주어진 극한값을 구한다.

유제 **096**

그림과 같이 길이가 2인 선분 AB를 지름으로 하는 반원 C가 있다. 점 B에서 점 A로 호 AB를 따라 움직이는 점을 P라 할 때, 점 P에서 선분 AB에 내린 수선의 발을 H라 하자. 선분 PH를 한 변으로 하고 반원 C에 내접하는 직사각형의 넓이를 S, 두 선분 AH, PH와 호 AP에 동시에 접하는 원의 넓이를 T라 하자. 점 P가 점 A에 한없이 가까워질 때, $\dfrac{T}{S \times \overline{\text{PH}}^3}$가 한없이 가까워지는 값은?

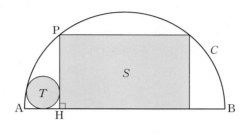

① $\dfrac{\pi}{16}$ ② $\dfrac{\pi}{32}$ ③ $\dfrac{\pi}{64}$ ④ $\dfrac{\pi}{128}$ ⑤ $\dfrac{\pi}{256}$

예제 **097**

$x \geq 0$에서 정의된 함수

$$f(x) = \begin{cases} 2x^2 - 4x & (0 \leq x \leq 3) \\ -x + 9 & (x > 3) \end{cases}$$

의 그래프가 그림과 같고, 임의의 실수 t $(t \geq 0)$에 대하여 두 점 $(0, -2)$, $(t, f(t))$를 지나는 직선 l이 함수 $y = f(x)$의 그래프와 만나는 점의 개수를 $g(t)$라 하자.

예를 들어, 두 점 $(0, -2)$, $(2, f(2))$를 지나는 직선이 함수 $y = f(x)$의 그래프와 만나는 점의 개수가 3이므로 $g(2) = 3$이다. $g(a) \neq \lim\limits_{t \to a+} g(t)$를 만족시키는 모든 실수 a의 값의 합이 $\dfrac{q}{p}$일 때, $p + q$의 값을 구하시오.

(단, p와 q는 서로소인 자연수이다.)

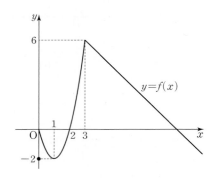

해결전략

1단계 ▶ 직선 l이 함수 $y = f(x)$의 그래프와 만나는 점의 개수에 따라 t의 값의 범위를 나누어 함수 $g(t)$를 구한다.

2단계 ▶ 1단계에서 구한 함수 $g(t)$의 그래프를 그린 후 $g(a) \neq \lim\limits_{t \to a+} g(t)$를 만족시키는 a의 값을 파악한다.

3단계 ▶ 2단계에서 파악한 a의 값을 각각 t_1, t_2, t_3, t_4 $(t_1 < t_2 < t_3 < t_4)$라 할 때, $t_1 + t_3$의 값과 t_2, t_4의 값을 구하여 $t_1 + t_2 + t_3 + t_4$의 값을 구한다.

>> 해답 32쪽

유제 **098**

$x \geq 0$에서 정의된 함수

$$f(x)=\begin{cases} -2|x-1|+4 \ (0 \leq x < 3) \\ (x-5)^2-3 \quad (x \geq 3) \end{cases}$$

의 그래프가 그림과 같고 임의의 실수 t $(t \geq 0)$에 대하여 두 점 $(0, \ -3)$, $(t, \ f(t))$를 지나는 직선 l이 함수 $y=f(x)$의 그래프와 만나는 점의 개수를 $g(t)$라 하자.

예를 들어, 두 점 $(0, \ -3)$, $(2, \ f(2))$를 지나는 직선이 함수 $y=f(x)$의 그래프와 만나는 점의 개수가 2이므로 $g(2)=2$이다. $g(a) < \lim\limits_{t \to a+} g(t)$를 만족시키는 모든 실수 a의 값의 합이 $p+q\sqrt{21}$일 때, $p+q$의 값을 구하시오.

(단, p와 q는 유리수이다.)

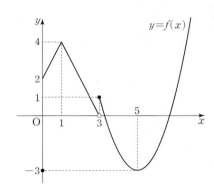

예제 **099**

이차방정식 $x^2-2ax+3a=0$의 서로 다른 실근의 개수를 $f(a)$라 할 때, **보기**에서 옳은 것만을 있는 대로 고른 것은? (단, a는 실수이다.)

보기

ㄱ. $\lim\limits_{a \to 3+} \{f(a)+f(a-3)\}=2$

ㄴ. 최고차항의 계수가 -1인 이차함수 $g(x)$에 대하여 함수 $f(a)g(a)$가 실수 전체의 집합에서 연속일 때, 함수 $g(a)$의 최댓값은 $\dfrac{9}{4}$이다.

ㄷ. a에 대한 방정식 $f(a)-(a-k)^2=1\ (-2 \le k \le 5)$의 서로 다른 실근의 개수가 2가 되도록 하는 모든 정수 k의 값의 합은 6이다.

---

① ㄱ   ② ㄷ   ③ ㄱ, ㄴ   ④ ㄴ, ㄷ   ⑤ ㄱ, ㄴ, ㄷ

해결 전략

1단계 ▶ 이차방정식 $x^2-2ax+3a=0$의 판별식을 이용하여 $f(a)$를 구한다.

2단계 ▶ 함수 $f(a)$가 불연속이 되는 점 $a=\alpha$에서 함수 $f(a)g(a)$가 연속일 때, $g(\alpha)=0$임을 이용하여 함수 $g(a)$의 최댓값을 구한다.

3단계 ▶ 함수 $y=f(a)$의 그래프와 함수 $y=(a-k)^2+1$의 그래프의 교점의 개수가 2가 될 때의 정수 k의 값을 구한다.

유제 **100**

실수 t에 대하여 x에 대한 방정식 $\left|\dfrac{4x}{x-2}\right|=t+2$의 서로 다른 실근의 개수를 $f(t)$라 할 때, **보기**에서 옳은 것만을 있는 대로 고른 것은?

┤ 보기 ├

ㄱ. $f(2)=0$

ㄴ. 상수 a, b에 대하여 함수 $(|2t-a|+b)f(t)$가 모든 실수 t에서 연속일 때, $a-b=4$이다.

ㄷ. t에 대한 방정식 $f(t)-kt^2+3=0$의 서로 다른 실근의 개수가 3이 되도록 하는 실수 k의 개수는 1이다.

① ㄱ   ② ㄴ   ③ ㄷ   ④ ㄴ, ㄷ   ⑤ ㄱ, ㄴ, ㄷ

예제 **101**

함수 $f(x)=\begin{cases} 4-x^2 \ (|x|<1) \\ -3 \ \ \ \ (|x|\geq 1) \end{cases}$ 에 대하여 함수 $f(x+a)f(x-a)$의 불연속점의 개수를 $g(a)$라 할 때, 함수

$g(a)$의 불연속점의 개수를 구하시오.

해결
전략
1단계 ▶ 함수 $f(x)$가 $x=\pm 1$에서 불연속임을 이용하여 두 함수 $f(x+a)$, $f(x-a)$의 불연속점을 파악한다.

2단계 ▶ a의 값의 범위에 따라 함수 $f(x+a)f(x-a)$의 연속성을 조사한다.

3단계 ▶ 2단계에서 조사한 연속성을 바탕으로 함수 $y=g(a)$의 그래프를 그린다.

>> 해답 34쪽

유제 102

함수 $f(x)=\begin{cases} x+1 & (x \leq 0) \\ -|x-2|+1 & (0 < x \leq 3) \\ x-2 & (x>3) \end{cases}$ 에 대하여 함수 $f(x+3a)f(x-a)$의 불연속점의 개수를 $g(a)$라 할 때,

함수 $g(a)$의 불연속점의 개수를 구하시오.

예제 **103**

세 집합

$A=\{(x, y)\,|\,y=x+4\}$,

$B=\{(x, y)\,|\,x^2+y^2=r^2, \ r>0\}$,

$C=\{(x, y)\,|\,x+y=t, \ t$는 실수$\}$

에 대하여 집합 $(A\cup B)\cap C$의 원소의 개수를 $f(t)$라 할 때, 함수 $f(t)$의 불연속점의 개수는 3이다. 보기에서 옳은 것만을 있는 대로 고른 것은?

┤ 보기 ├

ㄱ. $r=2\sqrt{2}$

ㄴ. $\displaystyle\lim_{t\to 0}f(t)=3$

ㄷ. $f(t)\{f(t)-k\}$의 불연속인 점의 개수가 최소가 되도록 하는 실수 k의 값은 5이다.

① ㄱ　　　　② ㄴ　　　　③ ㄱ, ㄴ　　　　④ ㄱ, ㄷ　　　　⑤ ㄱ, ㄴ, ㄷ

해결 전략

1단계 ▶ 함수 $f(t)$는 직선 $y=x+4$와 원 $x^2+y^2=r^2$이 직선 $x+y=t$와 만나는 점의 개수임을 파악한다.

2단계 ▶ r의 값의 범위에 따라 함수 $f(t)$의 불연속점의 개수를 파악한다.

3단계 ▶ 함수 $f(t)$가 불연속이 되도록 하는 t의 값에 대하여 함수 $f(t)\{f(t)-k\}$의 연속성을 조사한다.

104

양수 a와 세 집합

$A=\{(x,\,y)\,|\,y=x\}$,

$B=\{(x,\,y)\,|\,y=ax+3a\}$,

$C=\{(x,\,y)\,|\,y=tx+4a,\ t는\ 실수\}$

에 대하여 집합 $(A\cup B)\cap C$의 원소의 개수를 $f(t)$라 하자. 함수 $f(t)$가 $t=\alpha$, $t=\beta$, $t=\gamma$에서만 불연속이고 $\alpha+\beta+\gamma=\dfrac{16}{3}$일 때, $a\times f(3)$의 값을 구하시오.

예제 **105** 모의고사 기출

최고차항의 계수가 1인 삼차함수 $f(x)$에 대하여 실수 전체의 집합에서 연속인 함수 $g(x)$가 다음 조건을 만족시킨다.

> (가) 모든 실수 x에 대하여 $f(x)g(x)=x(x+3)$이다.
>
> (나) $g(0)=1$

$f(1)$이 자연수일 때, $g(2)$의 최솟값은?

① $\dfrac{5}{13}$ ② $\dfrac{5}{14}$ ③ $\dfrac{1}{3}$ ④ $\dfrac{5}{16}$ ⑤ $\dfrac{5}{17}$

해결 전략

1단계 ▶ 조건 (가), (나)를 이용하여 $f(0)$의 값을 구하고, 최고차항의 계수가 1인 삼차함수 $f(x)$의 식을 세운다.

2단계 ▶ 1단계에서 구한 $f(x)$의 식을 이용하여 함수 $g(x)$의 식을 세우고, 함수 $g(x)$가 $x=0$에서 연속임을 이용하여
$$\lim_{x \to 0} \frac{x(x+3)}{f(x)}$$ 의 값을 구한다.

3단계 ▶ 함수 $g(x)$가 실수 전체의 집합에서 연속이므로 함수 $g(x)$의 식에서 분모가 0이 될 수 없고, $f(1)$이 자연수임을 이용하여 $g(2)$의 최솟값을 구한다.

유제 ## 106

최고차항의 계수가 1인 사차함수 $f(x)$에 대하여 실수 전체의 집합에서 연속인 함수 $g(x)$가 다음 조건을 만족시킨다.

(가) 모든 실수 x에 대하여 $f(x)g(x)=(x-2)^2(x+3)$

(나) $g(2)=5$

$\displaystyle\lim_{x\to 2}\frac{f(x)-f(2)}{x-2}=0$이고, $f(0)$이 8 이하의 자연수일 때, $g(4)$의 최댓값은?

① $\dfrac{7}{12}$ 　　② $\dfrac{7}{11}$ 　　③ $\dfrac{7}{10}$ 　　④ $\dfrac{7}{9}$ 　　⑤ $\dfrac{7}{8}$

예제 **107**

2가 아닌 양수 a에 대하여 함수

$$f(x)=\begin{cases} (x-a)^2 & (x\le a) \\ (x-2)(x-a) & (x>a) \end{cases}$$

가 다음 조건을 만족시킬 때, $f(3a)$의 값은?

㈎ $f(c)=0$인 c가 0과 $1+\dfrac{a}{2}$ 사이에 적어도 하나 존재한다.

㈏ 세 점 $(2,\ f(2))$, $(a,\ f(a))$, $\left(1+\dfrac{a}{2},\ f\left(1+\dfrac{a}{2}\right)\right)$를 꼭짓점으로 하는 삼각형의 넓이는 $\dfrac{1}{8}$이다.

① 2   ② 4   ③ 8   ④ 16   ⑤ 32

해결 전략

1단계 ▶ $0<a<2$일 때, 함수 $y=f(x)$의 그래프를 그리고, $f(0)f\left(1+\dfrac{a}{2}\right)<0$을 만족시키는지 확인한다.

2단계 ▶ $a>2$일 때, 함수 $y=f(x)$의 그래프를 그리고, $f(0)f\left(1+\dfrac{a}{2}\right)<0$을 만족시키는지 확인한다.

3단계 ▶ 1단계, 2단계에서 조건 ㈏를 만족시키는 a의 값을 구한다.

유제 **108**

1이 아닌 양수 a에 대하여 함수

$$f(x) = \begin{cases} -(x-1)(x-a) & (x \le a) \\ (x-a)(x-a-1) & (x > a) \end{cases}$$

이 다음 조건을 만족시킬 때, $f(2a)$의 값은?

(개) $f(c) = 0$인 c가 1과 $a + \dfrac{1}{2}$ 사이에 적어도 하나 존재한다.

(내) 세 점 $(1, f(1))$, $(a, f(a))$, $\left(\dfrac{a}{2} + \dfrac{1}{2}, f\left(\dfrac{a}{2} + \dfrac{1}{2} \right) \right)$을 꼭짓점으로 하는 삼각형의 넓이는 1이다.

① 4   ② 6   ③ 8   ④ 10   ⑤ 12

예제 **109**

실수 전체의 집합에서 연속인 함수 $f(x)$가 다음 조건을 만족시킨다.

> (가) 모든 실수 x에 대하여 $f(-x)=2-f(x)$이다.
>
> (나) $\lim\limits_{x \to -2} \dfrac{f(x)-4}{x+2}$ 와 $\lim\limits_{x \to 3} \dfrac{f(x)-1}{x-3}$의 값이 모두 존재한다.

보기에서 옳은 것만을 있는 대로 고른 것은?

> **보기**
>
> ㄱ. 방정식 $f(x)=0$은 열린구간 $(-3, 3)$에서 적어도 2개의 실근을 갖는다.
>
> ㄴ. 방정식 $\{f(x)\}^2=f(x)$는 닫힌구간 $[-3, 3]$에서 적어도 5개의 실근을 갖는다.
>
> ㄷ. 방정식 $\{f(x)\}^2-xf(x)-x-1=0$은 열린구간 $(-3, 3)$에서 적어도 3개의 실근을 갖는다.

① ㄱ   ② ㄱ, ㄴ   ③ ㄱ, ㄷ   ④ ㄴ, ㄷ   ⑤ ㄱ, ㄴ, ㄷ

해결 전략

1단계 ▶ 조건 (가), (나)를 이용하여 $f(-3)$, $f(-2)$, $f(0)$, $f(2)$, $f(3)$의 값을 각각 구한다.

2단계 ▶ 방정식 $f(x)\{f(x)-1\}=0$의 근은 방정식 $f(x)=0$ 또는 방정식 $f(x)=1$의 근이므로 사잇값의 정리를 이용하여 실근의 개수를 파악한다.

3단계 ▶ 2단계와 같은 방법으로 방정식 $\{f(x)-x-1\}\{f(x)+1\}=0$의 실근의 개수를 파악한다.

110

실수 전체의 집합에서 연속인 함수 $f(x)$가 다음 조건을 만족시킨다.

> (가) 모든 실수 x에 대하여 $f(x)+f(-x)=4$
>
> (나) 모든 실수 t에 대하여 $\lim\limits_{x \to t} \dfrac{f(x)+4}{(x+1)(x-2)}$의 극한값이 존재한다.

보기에서 옳은 것만을 있는 대로 고른 것은?

┤ 보기 ├
> ㄱ. 방정식 $f(x)=0$은 열린구간 $(-2, 2)$에서 적어도 3개의 실근을 갖는다.
>
> ㄴ. 방정식 $\{f(x)\}^2=3f(x)$는 열린구간 $(-2, 2)$에서 적어도 6개의 실근을 갖는다.
>
> ㄷ. 방정식 $\{f(x)\}^2+(x-4)f(x)-2x+4=0$은 열린구간 $(-2, 2)$에서 적어도 6개의 실근을 갖는다.

① ㄱ   ② ㄱ, ㄴ   ③ ㄱ, ㄷ   ④ ㄴ, ㄷ   ⑤ ㄱ, ㄴ, ㄷ

Ⅱ

미분

1. 미분계수와 도함수

유형 1 평균변화율과 미분계수

111

함수 $f(x)=-x^2+8x+1$에서 x의 값이 a에서 $a+2$까지 변할 때의 평균변화율이 $x=3$에서의 미분계수와 같도록 하는 양수 a의 값은?

① $\dfrac{5}{4}$ ② $\dfrac{3}{2}$ ③ $\dfrac{7}{4}$

④ 2   ⑤ $\dfrac{9}{4}$

112

함수 $y=f(x)$의 그래프와 이 그래프 위의 $x=2$인 점에서의 접선 l이 그림과 같다.

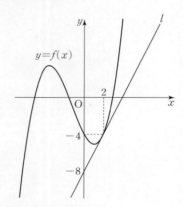

$\displaystyle\lim_{h\to 0}\dfrac{f(2+h)-f(2)}{2h}$의 값은?

① 1   ② 2   ③ 3

④ 4   ⑤ 5

113

다음 조건을 만족시키는 다항함수 $f(x)$에 대하여 x의 값이 a에서 b까지 변할 때의 평균변화율을 m이라 할 때, 보기에서 옳은 것만을 있는 대로 고른 것은? (단, $a\neq b$)

> (가) $\displaystyle\lim_{x\to\infty}\dfrac{f(x)}{x^2+3x+4}=1$
>
> (나) 모든 실수 x에 대하여 $f(x+1)=f(1-x)$이다.
>
> (다) $f(0)=3$

┤ 보기 ├

ㄱ. $a=2$, $b=4$이면 $m=4$이다.

ㄴ. $a+b=3$이면 $m=1$이다.

ㄷ. $a+b=2c$를 만족시키는 상수 c에 대하여 $f'(c)=m$이다.

① ㄱ   ② ㄱ, ㄴ   ③ ㄱ, ㄷ

④ ㄴ, ㄷ   ⑤ ㄱ, ㄴ, ㄷ

114

다항함수 $f(x)$에 대하여 $f'(2)=3$일 때,

$\lim\limits_{h \to 0} \dfrac{f(2+h)-f(2-h)}{h}$의 값은?

① -9 ② -6 ③ -3

④ 3 ⑤ 6

115

다항함수 $f(x)$가 다음 조건을 만족시킨다.

> ㈎ 모든 실수 x에 대하여 $f(x)+f(-x)=0$이다.
>
> ㈏ $\lim\limits_{h \to 0} \dfrac{f(-1+4h)+f(1)}{2h}=24$

$\lim\limits_{x \to -1} \dfrac{f(x)+f(1)}{x^3+1}$의 값은?

① 1 ② 2 ③ 3

④ 4 ⑤ 5

116

미분가능한 함수 $f(x)$에 대하여 $f'(a)=4$일 때,

$\lim\limits_{h \to 0} \dfrac{f(a+4h)-f(a+h^2)}{h}$의 값은? (단, a는 상수이다.)

① 12 ② 16 ③ 20

④ 24 ⑤ 28

117

삼차함수 $f(x)=x^3-x^2-3x+3$에 대하여

$\lim\limits_{h \to 0} \dfrac{|f(1+h^2)|-|f(1-h^2)|}{h^2}$의 값은?

① 0 ② $\dfrac{1}{8}$ ③ $\dfrac{1}{4}$

④ $\dfrac{1}{2}$ ⑤ $\dfrac{5}{8}$

118

함수 $y=f(x)$의 그래프 위의 두 점 $\mathrm{A}(a, f(a))$, $\mathrm{B}(1, f(1))$에 대하여 점 A를 지나면서 x축에 수직인 직선을 l, 점 B에서 직선 l에 내린 수선의 발을 H라 하자. 삼각형 ABH의 넓이가 a^3-3a+2일 때, $f'(1)$의 값을 구하시오.

(단, $a>1$, $f(a)>f(1)$)

119

Hard

실수 전체의 집합에서 미분가능하고 $f(0)=0$인 함수 $f(x)$와 다항함수 $g(x)$가 모든 실수 x에 대하여

$$3x+2-f(x) \leq g(x) \leq 3x+2+f(x)$$

를 만족시킨다. $g(0)+g'(0)$의 값은?

① 3   ② 4   ③ 5

④ 6   ⑤ 7

유형 **3** 미분가능성

120

실수 전체의 집합에서 정의된 두 함수 $f(x)$, $g(x)$가 있다.

$f(1)=0$이고 $\lim\limits_{x\to 1}\dfrac{f(x)}{x-1}=1$일 때, 보기에서 옳은 것만을 있는

대로 고른 것은?

┌─ 보기 ┐

ㄱ. $\lim\limits_{x\to 1}\{f(x)+g(x)\}=f(1)+g(1)$이면 함수 $g(x)$는
  $x=1$에서 연속이다.

ㄴ. 함수 $f(x)g(x)$가 $x=1$에서 연속이면 함수 $g(x)$는
  $x=1$에서 연속이다.

ㄷ. 함수 $f(x)g(x)$가 $x=1$에서 미분가능하면 $\lim\limits_{x\to 1}g(x)$의
  값이 존재한다.

└────────┘

① ㄱ   ② ㄴ   ③ ㄱ, ㄷ

④ ㄴ, ㄷ   ⑤ ㄱ, ㄴ, ㄷ

121

함수 $f(x)$는 $x=0$에서 연속이지만 미분가능하지 않다. 보기
에서 $x=0$에서 미분가능한 함수인 것만을 있는 대로 고른 것
은?

┌─ 보기 ┐

ㄱ. $y=xf(x)-1$

ㄴ. $y=x^{50}f(x)+3f(x)-1$

ㄷ. $y=\dfrac{4}{4-x^3f(x)}$

└────────┘

① ㄱ   ② ㄴ   ③ ㄷ

④ ㄱ, ㄷ   ⑤ ㄱ, ㄴ, ㄷ

122

두 함수

$$f(x)=\begin{cases} x-1 \ (x<3) \\ x-5 \ (x\geq3) \end{cases}, \ g(x)=|x-3|$$

에 대하여 **보기**에서 옳은 것만을 있는 대로 고른 것은?

┤ 보기 ├
ㄱ. 함수 $f(x)-g(x)$는 $x=3$에서 불연속이다.
ㄴ. 함수 $f(x)g(x)$는 $x=3$에서 미분가능하다.
ㄷ. 함수 $|f(x)g(x)|$의 미분가능하지 않은 점의 개수는 3
　　이다.

① ㄱ　　　　　　② ㄷ　　　　　　③ ㄱ, ㄴ
④ ㄴ, ㄷ　　　　⑤ ㄱ, ㄴ, ㄷ

123

$x=1$에서 불연속인 함수

$$f(x)=\begin{cases} x \quad\quad\quad\quad (x\leq1) \\ 2x^3+ax+b \ (x>1) \end{cases}$$

에 대하여 함수 $|f(x)|$가 $x=1$에서 미분가능할 때, $f(2)$의 값은? (단, a, b는 상수이다.)

① 6　　　　　　② 4　　　　　　③ 2
④ 0　　　　　　⑤ -2

유형 4 도함수의 정의

124

미분가능한 함수 $f(x)$가 모든 실수 x, y에 대하여

$$f(x+y)=f(x)+f(y)+5xy$$

를 만족시키고 $\lim\limits_{h \to 0}\dfrac{f(h)}{h}=2$일 때, $f'(3)$의 값은?

① 15   ② 16   ③ 17

④ 18   ⑤ 19

125

스페셜 특강 125쪽 *&*EXAMPLE

$x=0$에서의 접선의 기울기가 4인 미분가능한 함수 $f(x)$가 모든 실수 x, y에 대하여

$$f(x+y)=f(x)+f(y)+2xy$$

를 만족시킬 때, $f'(1)$의 값은?

① 2   ② 3   ③ 4

④ 5   ⑤ 6

126

미분가능한 함수 $f(x)$가 다음 조건을 만족시킨다.

(가) $\lim\limits_{h \to 0}\dfrac{f(4h)}{h}=4$

(나) 모든 실수 x, y에 대하여

$$f(x+y)=f(x)+f(y)+2xy(x+y)$$

이다.

$\sum\limits_{k=1}^{5}f'(k)$의 값은?

① 113   ② 114   ③ 115

④ 116   ⑤ 117

127

실수 전체의 집합에서 미분가능한 함수 $f(x)$가 다음 조건을
만족시킨다.

> (가) 모든 실수 x, y에 대하여
>
> $$f(x+y)=f(x)+f(y)+6x^2y+6xy^2-4xy$$
>
> 이다.
>
> (나) $f'(0)=-1$, $f(1)=-1$

$\displaystyle\lim_{x\to1}\dfrac{f(x)+f'(x)}{x-1}$의 값은?

① 11   ② 9   ③ 7

④ 5   ⑤ 3

128

함수 $f(x)=ax^2+bx+c$에 대하여

$$f(1)=3,\ f'(1)=0,\ f'(3)=4$$

일 때, 세 상수 a, b, c에 대하여 abc의 값은?

① -10 ② -8 ③ -6

④ -4 ⑤ -2

129

함수 $f(x)=(3x+a)^3$에 대하여 $f'(1)=81$일 때, $a+f'(0)$
의 값을 구하시오. (단, a는 0이 아닌 상수이다.)

130

$x>0$에서 두 다항함수 $f(x)$, $g(x)$가 다음 조건을 만족시킨다.

> (가) $f'(x)g(x)=f(x)g'(x)-18x^3$
>
> (나) $g(x)=x^2f(x)$

$f'(1)g(1)+f(1)g'(1)$의 값을 구하시오.

131

세 실수 a, b, c와 최고차항의 계수가 1인 삼차함수 $f(x)$가 다음 조건을 만족시킨다.

> (가) 방정식 $f(x)=0$의 세 실근은 a, b, c이다.
>
> (나) 함수 $y=f(x)$의 그래프 위의 점 $(6, 3)$에서의 접선의 기울기는 12이다.

$\dfrac{1}{12-2a}+\dfrac{1}{12-2b}+\dfrac{1}{12-2c}$의 값을 구하시오.

(단, $a<b<c<6$)

132

최고차항의 계수가 1인 삼차함수 $f(x)$와 실수 전체의 집합에서 미분가능한 함수

$$g(x)=\begin{cases} 2 & (x\leq-1) \\ f(x) & (-1<x<1) \\ -2 & (x\geq1) \end{cases}$$

가 있다. 0이 아닌 임의의 실수 t에 대하여

$-k<\dfrac{g(t)-g(-t)}{2t}<0$을 만족시키는 양수 k의 최솟값을 구하시오.

유형 6 미분과 극한

133

함수 $f(x)=(x^2+2x)(-x^2+2x+3)$에 대하여

$\displaystyle\lim_{n\to\infty} n\left\{ f\left(-1+\dfrac{1}{n}\right)-f\left(-1-\dfrac{1}{n}\right)\right\}$의 값을 구하시오.

134

다항함수 $f(x)$가

$$\lim_{x\to 1}\frac{f(1)-f(x)}{x^2+x-2}=-1$$

을 만족시킬 때, $\displaystyle\lim_{n\to\infty} n\left\{ f\left(\dfrac{n+3}{n}\right)-f\left(\dfrac{n-1}{n}\right)\right\}$의 값을 구하시오.

135

자연수 n과 상수 k에 대하여 $\displaystyle\lim_{x\to 2}\dfrac{x^n-x^3+4x-16}{x-2}=k$일 때,

$n+k$의 값을 구하시오.

136

다항함수 $f(x)$에 대하여 $\displaystyle\lim_{x\to 2}\dfrac{f(x)+1}{x-2}=k$일 때,

$$\lim_{h\to 0}\frac{10+\sum\limits_{n=1}^{10} f(2+nh)}{h}=550$$

이다. 상수 k의 값을 구하시오.

137

함수 $f(x)=|x^2-7x+12|$에 대하여 함수 $g(x)$를

$$g(x)=\lim_{h\to 0}\frac{f(x+h)-f(x-h)}{h}$$

라 할 때, $\sum_{k=0}^{10}|g(k)|$의 값을 구하시오.

138

최고차항의 계수가 1인 두 다항함수 $f(x)$, $g(x)$가 다음 조건을 만족시킨다.

> (가) $f(x)+g(x)=x^3+3x^2-2$
>
> (나) $\lim_{x\to\infty}\dfrac{f(x)+2g(x)}{x^3+2x^2+4}=2$

$f'(1)=4$일 때, $g'(2)$의 값을 구하시오.

139

최고차항의 계수가 1인 다항함수 $f(x)$가 다음 조건을 만족시킬 때, $f(3)$의 값을 구하시오.

> (가) $\lim_{x\to\infty}\dfrac{x^2 f(x)}{f(x^2)+\{f'(x)\}^2}=1$
>
> (나) $\lim_{x\to 1}\dfrac{f(x)+f'(x)}{x-1}=2$

140

삼차함수 $f(x)$가 다음 조건을 만족시킬 때, $f(3)$의 값을 구하시오.

> (가) $\lim\limits_{x \to 2} \dfrac{f(x)}{(x-2)^2}$의 값이 존재한다.
>
> (나) $\lim\limits_{x \to 1} \dfrac{f(x)-3}{x-1} = -5$

141

최고차항의 계수가 1인 삼차함수 $f(x)$가 다음 조건을 만족시킬 때, $f(4)$의 값을 구하시오.

> (가) $\lim\limits_{x \to 1} \dfrac{f(x+1)}{x-1}$의 값이 존재한다.
>
> (나) $\lim\limits_{x \to 3} \dfrac{f(x)}{(x-3)\{f'(x)\}^2} = 1$

142

다항함수 $f(x)$가 다음 조건을 만족시킨다.

> (가) $\lim\limits_{x \to \infty} \dfrac{f(x)}{x^3+3x^2+x+1}=-1$
>
> (나) 모든 실수 x에 대하여 $f'(x)-f'(3) \leq 0$이다.

함수 $y=f(x)$의 그래프 위의 점 $(1, 0)$에서의 접선의 기울기가 3일 때, $f(2)$의 값을 구하시오.

유형 **8** 항등식과 미분

143

다항식 x^4+ax^2+b를 $(x-2)^2$으로 나누었을 때의 나머지가 $4x+3$일 때, 상수 a, b에 대하여 $a+b$의 값은?

① 4   ② 8   ③ 12

④ 16   ⑤ 20

144

두 다항함수 $f(x)$, $g(x)$가 다음 조건을 만족시킬 때, $f(2)$의 값을 구하시오.

> (가) 다항식 $f(x)$를 $(x-2)^2$으로 나누었을 때의 몫은 $g(x)$이다.
>
> (나) 다항식 $g(x)$를 $x-3$으로 나누었을 때의 나머지는 5이다.
>
> (다) $\lim\limits_{x \to 3} \dfrac{f(x)-g(x)}{x-3}=1$

145

이차함수 $f(x)$가 모든 실수 x에 대하여

$$(x+3)f'(x)-2f(x)+4=0$$

을 만족시키고 $f(0)=-7$일 때, $f'(-5)$의 값은?

① 2　　　　　② 4　　　　　③ 6

④ 8　　　　　⑤ 10

146 　　　　　　　　　　　　　　　Hard

다항함수 $f(x)$가 다음 조건을 만족시킨다.

> (가) 모든 실수 x에 대하여
>
> $$(x^2-1)f'(x)=2xf(x)+kx^2-3$$
>
> 이다.
>
> (나) $f(0)=2$

0이 아닌 상수 k에 대하여 $f(k)$의 값을 구하시오.

147

미분가능한 함수 $f(x)$에 대하여 함수 $y=f(x)$의 그래프 위의 점 P$(1, 4)$에서의 접선의 방정식이 $y=6x-2$이다.

$\lim\limits_{n \to \infty} \dfrac{n}{2}\left\{f\left(1+\dfrac{1}{3n}\right)-f(1)\right\}$의 값을 구하시오.

148

다항함수 $f(x)$는 다음 조건을 만족시킨다.

> (가) 모든 실수 x에 대하여 $f(x)=f(-x)$이다.
>
> (나) $\lim\limits_{x \to 2} \dfrac{f(x)-4}{\sqrt{x+2}-2}=8$

함수 $y=f(x)$의 그래프 위의 점 $(-2, f(-2))$에서의 접선의 방정식을 $y=g(x)$라 할 때, $g(-1)$의 값을 구하시오.

149

모든 실수 x에 대하여 $f(-x)=-f(x)$인 삼차함수 $f(x)$가 $\lim\limits_{x \to 2} \dfrac{f(x)}{x-2}=-8$을 만족시킨다. 함수 $y=f(x)$의 그래프 위의 점 $(1, f(1))$에서의 접선의 방정식을 $y=g(x)$라 할 때, $g(2)$의 값을 구하시오.

150

곡선 $y=x^3-3x^2+5x$를 x축의 방향으로 m만큼, y축의 방향으로 n만큼 평행이동하였더니 직선 $y=2x+1$에 접하였다. 이때 $\dfrac{5n}{m}$의 값을 구하시오. (단, $mn \neq 0$)

151

곡선 $y=x^3-3x^2+x+2$에 접하고 기울기가 m_1인 서로 다른 두 직선의 접점을 $A(a, f(a))$, $B(b, f(b))$라 하자. 선분 AB의 중점이 곡선 $y=x^3-3x^2+x+2$ 위의 점일 때, 이 점에서의 접선의 기울기를 m_2라 하면 $m_1+m_2=2$이다. a^3+b^3의 값을 구하시오.

152

곡선 $y=x^3+3x^2+2x$에 접하고 기울기가 m인 두 직선의 접점을 각각 P, Q라 하자. 이때 직선 PQ가 x축과 평행하도록 하는 m의 값을 구하시오.

153

Hard

곡선 $y=x^3-6x^2+11x-6$에 접하고 기울기가 m인 두 직선의 접점을 각각 P, Q라 하자. 보기에서 옳은 것만을 있는 대로 고른 것은?

┤ 보기 ├

ㄱ. 두 점 P, Q의 x좌표의 합은 4이다.

ㄴ. $m>-1$

ㄷ. 두 접선 사이의 거리와 $\overline{PQ}$의 길이가 같도록 하는 실수 m이 존재한다.

① ㄱ   ② ㄱ, ㄴ   ③ ㄱ, ㄷ

④ ㄴ, ㄷ   ⑤ ㄱ, ㄴ, ㄷ

유형 3   접선의 방정식 – 곡선 밖의 한 점이 주어진 경우

154

2가 아닌 두 실수 a, b에 대하여 점 $(0, a)$에서 곡선 $y=x^2-4x+2$에 그은 두 접선이 곡선과 만나는 점의 x좌표가 각각 b, 3일 때, $a+b$의 값은?

① -11 ② -10 ③ -9

④ -8 ⑤ -7

155

점 $P(0, -a)$에서 함수

$$f(x)=\begin{cases} (x-2)^2 & (x<0) \\ (x+2)^2 & (x\geq 0) \end{cases}$$

의 그래프에 그은 두 접선의 접점을 각각 A, B라 하자. 삼각형 PAB의 넓이를 $S(a)$라 할 때, $\displaystyle\lim_{a\to\infty}\frac{2S(a)}{a\sqrt{a}}$의 값을 구하시오. (단, $a>0$)

156

점 $(a, 9)$에서 곡선 $y=x^3-6x^2+9$에 그을 수 있는 접선이 오직 한 개 존재하도록 하는 실수 a의 값의 범위가 $p<a<q$ 일 때, pq의 값을 구하시오. (단, $a\neq0$)

157

최고차항의 계수가 1인 삼차함수 $f(x)$가 모든 실수 x에 대하여 $f(-x)=-f(x)$를 만족시킨다. 점 $(0, -16)$에서 함수 $y=f(x)$의 그래프에 그은 접선의 접점이 x축 위에 있을 때, $f(4)$의 값을 구하시오.

158

두 곡선 $y=2x^3+1$, $y=ax^2+bx$가 점 $(1, 3)$에서 만나고 이 점에서의 두 접선이 서로 수직일 때, 상수 a, b에 대하여 $b-a$의 값은?

① $\dfrac{28}{3}$ ② $\dfrac{55}{6}$ ③ 9

④ $\dfrac{53}{6}$ ⑤ $\dfrac{26}{3}$

159

중심이 함수 $f(x)=\dfrac{1}{3}x^3-x$의 그래프 위에 있고 원점을 지나는 원 C가 있다. 원점에서 함수 $y=f(x)$의 그래프에 그은 접선 l이 다음 조건을 만족시킨다.

> 원점을 지나고 직선 l에 수직인 직선은 원 C의 중심을 지난다.

원 C의 반지름의 길이를 r라 할 때, r^2의 값을 구하시오.

160

모의고사 기출

두 다항함수 $f_1(x)$, $f_2(x)$가 다음 세 조건을 만족시킬 때, 상수 k의 값은?

(가) $f_1(0)=0$, $f_2(0)=0$

(나) $f_i{}'(0)=\lim\limits_{x\to 0}\dfrac{f_i(x)+2kx}{f_i(x)+kx}$ $(i=1,\,2)$

(다) $y=f_1(x)$와 $y=f_2(x)$의 원점에서의 접선이 서로 직교한다.

① $\dfrac{1}{2}$ ② $\dfrac{1}{4}$ ③ 0

④ $-\dfrac{1}{4}$ ⑤ $-\dfrac{1}{2}$

유형 5 공통접선

161

두 함수 $f(x)=-x^2+4$, $g(x)=x^3-kx+21$에 대하여 곡선 $y=f(x)$ 위의 점 $(-1,\,3)$에서의 접선이 곡선 $y=g(x)$와 접할 때, 실수 k의 값을 구하시오.

162

$x>0$에서 두 곡선 $y=ax^2$, $y=\dfrac{1}{3}x^3$의 공통인 접선이 점 $(2,\,0)$을 지날 때, 상수 a의 값을 구하시오. (단, $a\neq 0$)

163

상수 a에 대하여 두 함수

$$f(x)=-x^3+ax+4,\ g(x)=x^2+3$$

의 그래프가 $x=t$에서 공통인 접선 $y=h(x)$를 가질 때, $f(1)+h(2)$의 값을 구하시오.

164

두 함수

$$f(x)=x^3+16,\ g(x)=x^3-16$$

의 그래프에 동시에 접하는 직선 l이 $y=f(x)$, $y=g(x)$의 그래프와 접하는 점의 x좌표를 각각 a, b라 하자. a^2+b^2의 값을 구하시오. (단, $a>0$, $b<0$)

165

두 함수

$$f(x)=x^2-2x+2,\ g(x)=-x^2+6x-6$$

의 그래프가 오직 한 점에서 접하고 이 점에서 두 곡선이 공통인 접선 l을 갖는다. 직선 l에 수직이고 곡선 $y=f(x)$에 접하는 직선을 m, 직선 l에 수직이고 곡선 $y=g(x)$에 접하는 직선을 n이라 하자. 두 직선 m, n과 두 곡선 $y=f(x)$, $y=g(x)$의 접점을 각각 A, B라 할 때, 선분 AB의 중점의 좌표를 구하시오.

유형 **6** 접선의 활용

166

함수

$$f(x) = \begin{cases} x^2 + 2x + 4 & (x \geq 0) \\ x^3 + 3x + 4 & (x < 0) \end{cases}$$

에 대하여 곡선 $y=f(x)$ 위의 점 A에서의 접선이 원점을 지난다. 곡선 $y=f(x)$ 위의 점 B에서의 접선이 점 A에서의 접선과 평행할 때, 직선 AB의 기울기는?

(단, A는 제1사분면 위의 점이다.)

① 2   ② $\dfrac{5}{2}$ ③ 3

④ $\dfrac{7}{2}$ ⑤ 4

167

곡선 $y=x^3+5$ 위의 임의의 점 $A(t,\ t^3+5)$에서의 접선이 y축과 만나는 점을 B, 점 A를 지나고 점 A에서의 접선에 수직인 직선이 y축과 만나는 점을 C라 하자. 삼각형 ABC의 넓이를 $S(t)$라 할 때, $\lim\limits_{t \to 0} S(t)$의 값은? (단, $t \neq 0$)

① $\dfrac{1}{5}$ ② $\dfrac{1}{6}$ ③ $\dfrac{1}{7}$

④ $\dfrac{1}{8}$ ⑤ $\dfrac{1}{9}$

168

함수 $f(x)=2x^3-4x$의 그래프 위의 점 $A(-1,\ 2)$에서의 접선과 곡선 $y=f(x)$의 교점 중에서 점 A가 아닌 점을 B, 곡선 $y=f(x)$ 위의 점 $C(1,\ -2)$에서의 접선과 곡선 $y=f(x)$의 교점 중에서 점 C가 아닌 점을 D라 하자. 사각형 ABCD의 넓이를 구하시오.

169

삼차함수 $f(x)=x^3+3$의 그래프 위의 점 $A(-1,\ 2)$에서의 접선과 곡선 $y=f(x)$의 교점 중에서 점 A가 아닌 점을 B라 하자. 점 $P(t,\ f(t))$ $(-1<t<2)$와 선분 AB 사이의 거리를 지름으로 하는 원의 넓이의 최댓값이 $\dfrac{q}{p}\pi$일 때, $p+q$의 값을 구하시오. (단, p와 q는 서로소인 자연수이다.)

170

모의고사 기출

함수 $f(x)=x^2(x-2)^2$이 있다. $0 \le x \le 2$인 모든 실수 x에 대하여

$$f(x) \le f'(t)(x-t)+f(t)$$

를 만족시키는 실수 t의 집합은 $\{t \mid p \le t \le q\}$이다. $36pq$의 값을 구하시오.

유형 7 롤의 정리와 평균값 정리

171

함수 $f(x)=x^3-3x$에 대하여 닫힌구간 $[-\sqrt{3}, \sqrt{3}]$에서 롤의 정리를 만족시키는 모든 실수 c의 값의 곱은?

① -2 ② -1 ③ 0

④ 1 ⑤ 2

172

실수 전체의 집합에서 미분가능한 함수 $f(x)$가 다음 조건을 만족시킬 때, $f(2)$의 최댓값을 구하시오.

(가) $f(4)=1$

(나) 모든 실수 x에 대하여 $|f'(x)| \le 3$이다.

173

실수 전체의 집합에서 미분가능한 함수 $f(x)$에 대하여

$f'(x)=\dfrac{2x^2-3x+4}{x^2-x+1}$일 때, $\displaystyle\lim_{x\to0+}\left\{f\left(\dfrac{1+2x}{x}\right)-f\left(\dfrac{1-x}{x}\right)\right\}$

의 값은?

① 2　　　　　② 3　　　　　③ 4

④ 5　　　　　⑤ 6

174

실수 전체의 집합에서 미분가능하고 도함수가 연속인 함수 $f(x)$가 다음 조건을 만족시킨다.

> ㈎ $x\le1$일 때, $f(x)=ax^2+bx$이다.
>
> ㈏ $1\le x_1<x_2$를 만족하는 두 실수 x_1, x_2에 대하여
> $\dfrac{f(x_2)-f(x_1)}{x_2-x_1}\le5$이다.

자연수 a, b의 순서쌍 (a,b)의 개수는?

① 4　　　　　② 5　　　　　③ 6

④ 7　　　　　⑤ 8

유형 1 증가와 감소

175

함수 $f(x) = x^3 + 2ax^2 - 9x + 3$이 열린구간 $(-1, 2)$에서 감소하도록 하는 실수 a의 최댓값을 M, 최솟값을 m이라 할 때, Mm의 값은?

① $\dfrac{7}{16}$ ② $\dfrac{1}{2}$ ③ $\dfrac{9}{16}$

④ $\dfrac{5}{8}$ ⑤ $\dfrac{11}{16}$

176

함수 $f(x) = x^3 + 6x^2 + 15|x - 2a| + 10$이 실수 전체의 집합에서 증가할 때, 실수 a의 최댓값은?

① $-\dfrac{5}{2}$ ② $-\dfrac{3}{2}$ ③ $-\dfrac{1}{2}$

④ $\dfrac{1}{2}$ ⑤ $\dfrac{3}{2}$

177

삼차함수 $f(x) = ax^3 + bx^2 + 2ax + 2b \ (a \neq 0)$가 다음 조건을 만족시킨다.

> (가) 임의의 두 실수 x_1, x_2에 대하여 $f(x_1) = f(x_2)$이면 $x_1 = x_2$이다.
> (나) $a^2 \leq 4$

정수 a, b의 순서쌍 (a, b)의 개수는?

① 26 ② 28 ③ 30

④ 32 ⑤ 34

178

곡선 $y = x^3 + 4ax^2 + \dfrac{1}{3}(32 + 16a)x$가 임의의 실수 t에 대하여 직선 $y = t$와 오직 한 점에서 만나도록 하는 실수 a의 최댓값을 구하시오.

유형 2 극대와 극소

179

스페셜 특강 133쪽 EXAMPLE

최고차항의 계수가 1인 사차함수 $f(x)$가 다음 조건을 만족시킬 때, 함수 $f(x)$의 극댓값은?

> (가) 모든 실수 x에 대하여 $f(1+x)=f(1-x)$이다.
>
> (나) 함수 $f(x)$는 $x=3$에서 극솟값 2를 갖는다.

① 6 ② 12 ③ 18

④ 24 ⑤ 30

180

최고차항의 계수가 1인 사차함수 $f(x)$가 다음 조건을 만족시킨다.

> (가) 함수 $f(x)$는 $x=1$에서 극댓값 19를 갖는다.
>
> (나) 함수 $f(x)$의 극솟값은 오직 3뿐이다.

$f(2)$의 값은?

① 6 ② 9 ③ 12

④ 15 ⑤ 18

181

최고차항의 계수가 1인 삼차함수 $f(x)$가 다음 조건을 만족시킬 때, $f(3)$의 값은?

> (가) $\lim\limits_{x \to 2} \dfrac{f(x)}{x-2} = -3$
>
> (나) 함수 $f(x)$는 $x=-1$에서 극값을 갖는다.

① 2 ② 4 ③ 6

④ 8 ⑤ 10

182

Hard 스페셜 특강 129쪽 ⌀EXAMPLE

$x=\alpha$, $x=\beta$에서 극값을 갖는 다항함수 $f(x)$가 다음 조건을 만족시킨다.

(가) $\displaystyle\lim_{x\to\infty}\frac{f(x)}{x^3+4x+4}=3$

(나) 두 점 $(\alpha,\ f(\alpha))$, $(\beta,\ f(\beta))$는 점 $(0,\ 1)$에 대하여 대칭이다.

$|f(\alpha)-f(\beta)|=96$일 때, $f(1)$의 값은?

① -40 ② -32 ③ -24

④ -16 ⑤ -8

183

Hard

최고차항의 계수가 -1인 삼차함수 $f(x)$는 $x=a$, $x=b$ $(a<b)$에서 극값을 갖는다. 곡선 $y=f(x)$ 위의 두 점 $(a,\ f(a))$, $(b,\ f(b))$가 모두 직선 $y=2x$ 위에 있을 때, $|f(a)-f(b)|$의 값을 구하시오.

유형 **3** 도함수의 그래프의 해석

184

삼차함수 $f(x)$와 사차함수 $g(x)$의 도함수 $y=f'(x)$,
$y=g'(x)$의 그래프가 그림과 같을 때, 다음 중 함수
$h(x)=f(x)-g(x)$가 극소인 x의 값은?

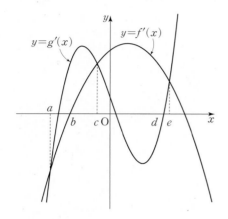

① a ② b ③ c

④ d ⑤ e

185

모의고사 기출

실수 전체의 집합에서 함수 $f(x)$가 미분가능하고 도함수
$f'(x)$가 연속이다. x축과의 교점의 x좌표가 b, c, d뿐인 함
수 $g(x)=\dfrac{f'(x)}{x}$의 그래프가 그림과 같을 때, 옳은 것만을
보기에서 있는 대로 고른 것은?

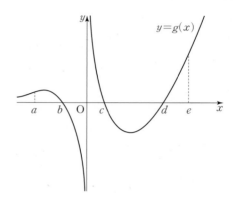

┤ 보기 ├
ㄱ. 함수 $f(x)$는 열린구간 $(b, 0)$에서 증가한다.

ㄴ. 함수 $f(x)$는 $x=b$에서 극솟값을 갖는다.

ㄷ. 함수 $f(x)$는 닫힌구간 $[a, e]$에서 4개의 극값을 갖는
다.

① ㄱ   ② ㄷ   ③ ㄱ, ㄴ

④ ㄴ, ㄷ   ⑤ ㄱ, ㄴ, ㄷ

186

함수 $f(x)=x^3+3(a-1)x^2-3(a-7)x$가 $x \leq 0$에서 극값을 갖지 않도록 하는 실수 a의 최댓값은?

① 1   ② 2   ③ 3

④ 4   ⑤ 5

187

함수 $f(x)=x^3+ax^2+(a+6)x+10$의 그래프를 x축에 대하여 대칭이동하고 다시 y축의 방향으로 b만큼 평행이동하였더니 함수 $y=g(x)$의 그래프가 되었다. 함수 $f(x)-g(x)$가 극값을 갖도록 하는 10 이하의 자연수 a의 개수를 구하시오.

188

함수 $f(x)=x^3+ax^2+(12-a^2)x+3$에 대하여 다음 조건을 만족시키는 함수 $g(x)$가 존재할 때, $f(-a)$의 값은?

㈎ 모든 실수 x에 대하여
$$(f \circ g)(x)=(g \circ f)(x)=x$$
이다.

㈏ $g(4)=1$

---

① 3   ② 6   ③ 9

④ 12   ⑤ 15

189

함수 $f(x)=-x^4+4x^3+ax^2$이 극솟값을 갖도록 하는 모든 실수 a의 값의 범위가 $\alpha<a<\beta$ 또는 $\gamma<a$일 때, $\alpha-\beta+\gamma$의 값을 구하시오.

190

함수 $f(x)=x^4+(a-2)x^2-2ax$가 극댓값을 갖지 않도록 하는 실수 a의 최솟값은?

① -4 ② -2 ③ -1

④ $\dfrac{1}{2}$ ⑤ 1

유형 **5** 최대·최소 − 함수

191

두 함수

$$f(x) = -x^4 - \frac{4}{3}x^3 + 12x^2, \ g(x) = x^2 + k$$

가 있다. 임의의 두 실수 x_1, x_2에 대하여 $f(x_1) \le g(x_2)$가 성립하도록 하는 실수 k의 최솟값을 구하시오.

192

함수 $f(x) = x^4 + ax^2 + ax + 1$에 대하여 곡선 $y = f(x)$ 위의 점 $(t, f(t))$에서의 접선의 y절편을 $g(t)$라 하자. 함수 $g(t)$가 모든 실수 t에 대하여 $g(t) \le 2$를 만족시킬 때, 실수 a의 최솟값은?

① $-2\sqrt{3}$ ② $-\sqrt{3}$ ③ 0

④ $\sqrt{3}$ ⑤ $2\sqrt{3}$

193

Hard

함수 $f(x) = x^3 - 9x^2 + 60$에 대하여 닫힌구간 $[a-1, a]$에서 함수 $f(x)$의 최댓값을 $g(a)$라 하자. $-3 \le a \le 4$에서 함수 $g(a)$의 최댓값과 최솟값을 각각 M, m이라 할 때, $M+m$의 값은?

① 6   ② 12   ③ 18

④ 24   ⑤ 30

유형 6 최대·최소 − 도형

194

그림과 같이 밑면의 반지름의 길이가 3, 높이가 6인 원뿔에 내접하고 밑면이 정사각형인 직육면체의 부피의 최댓값은?

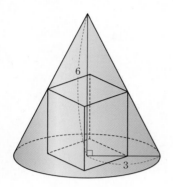

① 8   ② $8\sqrt{2}$ ③ $8\sqrt{3}$

④ 16   ⑤ $8\sqrt{5}$

195

두 곡선

$$f(x)=(x+1)(x-2)(x-6),$$
$$g(x)=(x+1)(x-2)$$

의 x축 위의 두 교점을 x좌표가 작은 순서대로 각각 A, B라 하자. $-1<k<2$인 실수 k에 대하여 직선 $x=k$와 두 곡선 $y=f(x)$, $y=g(x)$와의 교점을 각각 P, Q라 할 때, 사각형 PAQB의 넓이의 최댓값은?

① $\dfrac{184}{9}$ ② $\dfrac{188}{9}$ ③ $\dfrac{64}{3}$

④ $\dfrac{196}{9}$ ⑤ $\dfrac{200}{9}$

유형 **7** 삼차방정식의 활용

196

두 함수 $f(x)=x^3-3x^2-8x+6$, $g(x)=x+k$의 그래프가 서로 다른 세 점에서 만나도록 하는 정수 k의 최댓값을 M, 최솟값을 m이라 할 때, Mm의 값은?

① -180　　　② -200　　　③ -220

④ -240　　　⑤ -260

197

모든 실수 x에 대하여 $f(-x)=-f(x)$인 삼차함수 $f(x)$가 다음 조건을 만족시킬 때, $f(1)$의 값은?

> (개) 함수 $f'(x)$의 최솟값은 -6이다.
>
> (내) 방정식 $|f(x)|=2$가 서로 다른 네 실근을 갖는다.

① -1　　　② 0　　　③ 1

④ 2　　　⑤ 3

198

실수 k와 함수 $f(x)=x^3-9x^2+24x-19$에 대하여 x에 대한 방정식 $|f(x)|=k$의 서로 다른 실근의 개수를 a_k라 할 때, $\sum_{k=1}^{4} a_k$의 값은?

① 10　　　② 11　　　③ 12

④ 13　　　⑤ 14

199

함수 $y=2x^3-15x^2+23x+a$의 그래프와 두 점 A$(4, -2)$, B$(-1, 3)$을 이은 선분이 한 점에서 만나도록 하는 정수 a의 개수는?

① 24   ② 26   ③ 28

④ 30   ⑤ 32

200

함수 $f(x)=x(x-2)^2+a$ $(a>0)$에 대하여 t에 대한 방정식 $f(t)-mt=0$의 양의 실근이 존재하도록 하는 실수 m의 최솟값이 7일 때, $a+f(-1)$의 값을 구하시오.

201

두 점 P, Q는 한 변의 길이가 1인 정사각형 ABCD 위의 한 점 A에서 동시에 출발하여 정사각형의 변을 따라 A→B→C→D→A의 방향으로 움직인다. 두 점 P, Q가 점 A를 출발하여 t초 동안 움직인 거리가 각각 t^3+t^2, $4t^2$일 때, 출발 후 5초 동안 두 점 P, Q가 만난 횟수는? (단, $t>0$)

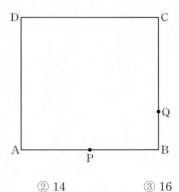

① 12   ② 14   ③ 16

④ 18   ⑤ 20

유형 **8** 사차방정식의 활용

202

함수 $f(x)=x^2(x-3)(3x-5)+2$에 대하여 방정식 $f(x)=t$의 서로 다른 실근의 개수가 3이 되도록 하는 모든 실수 t의 값의 합은?

① 8   ② 9   ③ 10

④ 11   ⑤ 12

203

두 함수 $f(x)=x^4-8x^2$, $g(x)=x^2-k$에 대하여 x에 대한 방정식 $(g \circ f)(x)=0$의 서로 다른 실근의 개수가 4일 때, 양수 k의 값은?

① 144   ② 169   ③ 196

④ 225   ⑤ 256

204

함수 $f(x)=\dfrac{3}{4}x^4-2x^3-12x^2+28$에 대하여 곡선 $y=f(x)$를 직선 $y=10$에 대하여 대칭이동한 곡선을 $y=g(x)$라 하자. 함수 $h(x)$를

$$h(x)=\begin{cases} f(x) & (f(x) \geq 10) \\ g(x) & (f(x) < 10) \end{cases}$$

로 정의할 때, 방정식 $h(x)=k$의 서로 다른 실근의 개수가 6이 되도록 하는 자연수 k의 개수는?

① 15   ② 14   ③ 13

④ 12   ⑤ 11

205

>> 해답 64쪽

Hard

최고차항의 계수가 1인 사차함수 $f(x)$에 대하여 함수 $g(x)=f(x)-f(1)$이라 하면 함수 $|g(x)|$는 $x=3$에서만 미분가능하지 않다. 이때 함수 $|f(x)|$가 실수 전체의 집합에서 미분가능하도록 하는 $f(1)$의 최솟값은 $\dfrac{q}{p}$이다. $p+q$의 값을 구하시오. (단, p와 q는 서로소인 자연수이다.)

유형 9 부등식의 활용

206

$-3 \leq x \leq 4$에서 x에 대한 부등식 $|x^3-6x^2+n|<60$이 성립하도록 하는 자연수 n의 최댓값과 최솟값의 합은?

① 77 ② 81 ③ 85
④ 89 ⑤ 93

207

$x \geq k$인 모든 실수 x에 대하여 부등식 $\dfrac{1}{3}x^3 + 2kx^2 + 5 \geq 0$이 성립한다. 실수 k에 대하여 $-k^3$의 최댓값이 $\dfrac{q}{p}$일 때, $p+q$의 값을 구하시오. (단, p와 q는 서로소인 자연수이다.)

208

최고차항의 계수가 모두 1인 삼차함수 $f(x)$와 이차함수 $g(x)$에 대하여 두 함수 $y=f(x)$, $y=g(x)$의 그래프는 y축에서 만나고, x좌표가 -3인 점에서의 접선이 서로 일치한다. $x \leq a$일 때, 부등식 $f(x)+4 \leq g(x)$가 항상 성립하도록 하는 실수 a의 최댓값을 구하시오.

209

모든 양의 실수 x에 대하여 부등식

$$x^3 - 24x + \frac{1}{x^3} - \frac{24}{x} + 100 - n > 0$$

이 성립하도록 하는 자연수 n의 개수는?

① 45   ② 48   ③ 51

④ 54   ⑤ 57

210

수직선 위를 움직이는 점 P의 시각 $t(t \geq 0)$에서의 위치를 $f(t)$, 속도를 $g(t)$라 할 때,

$$f(t) = at^3 + bt^2 + ct$$

이고, 음이 아닌 실수 t에 대하여 $f(t)$, $g(t)$는

$$3f(t) = tg(t) + 2ct$$

를 항상 만족시킨다. 점 P는 시각 $t = 2$에서 운동 방향을 바꾸고, 이때의 점 P의 가속도는 12이다. 점 P의 시각 $t = 3$에서의 속도는? (단, a, b, c는 상수이다.)

① 13   ② 14   ③ 15

④ 16   ⑤ 17

211

수직선 위를 움직이는 두 점 P, Q의 시각 t에서의 위치 $f(t)$, $g(t)$의 그래프가 각각 그림과 같을 때, 보기에서 옳은 것만을 있는 대로 고른 것은?

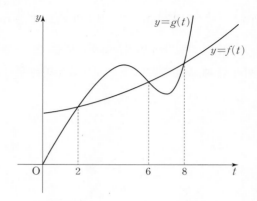

┤ 보기 ├

ㄱ. $0 < t \leq 8$에서 두 점 P, Q는 모두 세 번 만난다.

ㄴ. 점 P의 $t = 8$일 때의 속력은 $t = 2$일 때의 속력보다 빠르다.

ㄷ. $6 \leq t \leq 8$일 때, 점 P가 움직인 거리는 점 Q가 움직인 거리보다 길다.

① ㄱ   ② ㄴ   ③ ㄱ, ㄴ

④ ㄴ, ㄷ   ⑤ ㄱ, ㄴ, ㄷ

212

그림과 같이 키가 1.8 m인 철수가 지상 5.4 m 높이에 있는 가로등의 바로 아래에서 출발하여 일직선으로 움직인다. 출발한 지 $t\,(t>0)$초 후 철수가 가로등의 바로 아래로부터 떨어진 위치는 $\left(\dfrac{1}{9}t^3+\dfrac{1}{6}t\right)$ m이다. 철수의 속도가 $\dfrac{3}{2}$ m/s가 되는 순간 철수의 그림자의 머리끝이 움직이는 가속도를 k m/s²이라 할 때, k의 값은? (단, 가로등의 두께는 무시한다.)

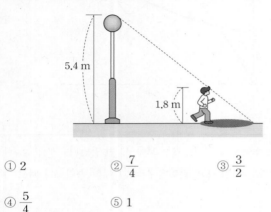

① 2

② $\dfrac{7}{4}$

③ $\dfrac{3}{2}$

④ $\dfrac{5}{4}$

⑤ 1

213

좌표평면 위의 네 점 O(0, 0), A(0, 10), B(-10, 10), C(-10, 0)을 꼭짓점으로 하는 정사각형 OABC와 네 점 D(10, 0), E(10, 5), F(5, 5), G(5, 0)을 꼭짓점으로 하는 정사각형 DEFG에 대하여 두 점 P, Q는 다음 조건을 만족시킨다.

㈎ 점 P는 점 C를 출발하여 매초 2씩 정사각형 OABC의 변을 따라 시곗바늘이 도는 반대 방향으로 움직인다.

㈏ 점 Q는 점 D를 출발하여 매초 1씩 정사각형 DEFG의 변을 따라 시곗바늘이 도는 반대 방향으로 움직인다.

두 점 P, Q가 동시에 출발한 후 8초가 되는 순간의 삼각형 CPQ의 넓이의 변화율은?

① 6

② 8

③ 10

④ 12

⑤ 14

II

미분

실전에서 *시간 단축을 위한*

스페셜 특강

SPECIAL LECTURE

TOPIC 1

$f(x+y)$ 꼴 정복하기

미분계수로 풀어야 하는 식은 다음의 두 가지 형태로 많이 출제된다.

(ⅰ) xy 꼴을 포함하는 꼴

    ⇨ $f(x)$는 이차함수이다.

(ⅱ) x^2y+xy^2 꼴을 포함하는 꼴

    ⇨ $f(x)$는 삼차함수이다.

이와 같은 문제는 다음과 같은 순서로 풀 수 있다.

[Step 1] 문제에서 주어진 식의 형태를 통하여 함수 $f(x)$의 차수를 확인한다.

[Step 2] $x=0$, $y=0$을 대입하여 $f(0)$의 값을 확인하고 주어진 조건을 통하여 함수의 식을 유추한다.

[Step 3] 함수의 식을 주어진 식의 양변에 대입한 후 계수를 비교하여 함수 $f(x)$를 구한다.

PROOF

✎ (ⅰ) 모든 실수 x, y에 대하여 $f(x+y)=f(x)+f(y)+axy+b$ (a, b는 상수)일 때

    $x=0$, $y=0$을 대입하면 $f(0)=-b$ ······ ㉠

    y 대신 h를 대입하면

    $f(x+h)-f(x)=f(h)+axh+b$

    양변을 h로 나누면

    $\dfrac{f(x+h)-f(x)}{h}=\dfrac{f(h)-f(0)}{h}+ax$ ($\because$ ㉠)

    $h \to 0$일 때

    $\displaystyle\lim_{h \to 0}\dfrac{f(x+h)-f(x)}{h}=\lim_{h \to 0}\left\{\dfrac{f(h)-f(0)}{h}+ax\right\}$

    $\therefore f'(x)=ax+f'(0)$

    따라서 함수 $f(x)$는 이차함수이다.

(ⅱ) 모든 실수 x, y에 대하여 $f(x+y)=f(x)+f(y)+axy(x+y)+bxy+c$ (a, b, c는 상수)일 때

    $x=0$, $y=0$을 대입하면 $f(0)=-c$ ······ ㉠

    y 대신 h를 대입하면

    $f(x+h)-f(x)=f(h)+axh(x+h)+bxh+c$

    양변을 h로 나누면

    $\dfrac{f(x+h)-f(x)}{h}=\dfrac{f(h)-f(0)}{h}+ax^2+axh+bx$ ($\because$ ㉠)

    $h \to 0$일 때

    $\displaystyle\lim_{h \to 0}\dfrac{f(x+h)-f(x)}{h}=\lim_{h \to 0}\left\{\dfrac{f(h)-f(0)}{h}+ax^2+axh+bx\right\}$

    $\therefore f'(x)=ax^2+bx+f'(0)$

    따라서 함수 $f(x)$는 삼차함수이다.

89쪽 *ℓ*125번

스페셜
EXAMPLE

$x=0$에서의 접선의 기울기가 4인 미분가능한 함수 $f(x)$가 모든 실수 x, y에 대하여

$$f(x+y)=f(x)+f(y)+2xy$$

를 만족시킬 때, $f'(1)$의 값을 구하시오.

SOLUTION

주어진 식이 xy 꼴을 포함하므로 함수 $f(x)$는 이차함수이다.

$x=0$에서의 접선의 기울기가 4이므로 $f'(0)=4$

또, 주어진 식의 양변에 $x=0$, $y=0$을 대입하면 $f(0)=0$

따라서 함수 $f(x)$는

$f(x)=ax^2+4x\ (a\neq0$인 상수$)$ ...... ㉠

로 놓을 수 있다.

㉠에 x 대신 $x+y$를 대입하면

$f(x+y)=a(x+y)^2+4(x+y)=a(x^2+y^2+2xy)+4(x+y)$

이때 $f(x)=ax^2+4x$, $f(y)=ay^2+4y$이므로 $f(x+y)=f(x)+f(y)+2xy$에서

$a(x^2+y^2+2xy)+4(x+y)=a(x^2+y^2)+4(x+y)+2xy$

$2axy=2xy$ ∴ $a=1$

따라서 $f(x)=x^2+4x$이므로 $f'(x)=2x+4$

∴ $f'(1)=6$

답 6

스페셜
적용하기

214

미분가능한 함수 $f(x)$가 다음 조건을 만족시킨다.

(가) $\displaystyle\lim_{h\to0}\frac{f(2h)}{h}=2$

(나) 모든 실수 x, y에 대하여 $f(x+y)=f(x)+f(y)+2xy$이다.

$f(1)$의 값을 구하시오.

215

미분가능한 함수 $f(x)$가 모든 실수 x, y에 대하여

$$f(x-y)=f(x)-f(y)+3xy(x-y),\ f'(0)=2$$

를 만족시킬 때, $f(-3)$의 값을 구하시오.

삼차함수의 그래프의 모든 것

삼차함수 $f(x)$에 대하여 $f'(x)=g(x)$라 할 때, 방정식 $g'(x)=0$의 실근을 k라 하면 점 $(k, f(k))$는 곡선 $y=f(x)$의 오목과 볼록이 바뀌는 점이고 이를 변곡점이라 한다.

① 삼차함수의 그래프는 변곡점 $(k, f(k))$에 대하여 대칭이다.

② 삼차함수 $f(x)$와 서로 다른 두 실수 α, β에 대하여

$f'(\alpha)=f'(\beta)$이면 $k=\dfrac{\alpha+\beta}{2}$이므로 함수 $y=f(x)$의 그래프는

점 $\left(\dfrac{\alpha+\beta}{2}, f\left(\dfrac{\alpha+\beta}{2}\right)\right)$에 대하여 대칭이다.

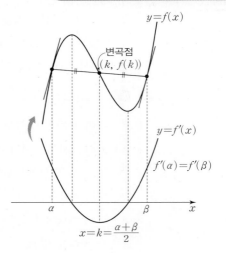

③ 삼차함수의 그래프의 접선에 대한 비율 관계

삼차함수의 그래프의 극대(극소)인 점 A와 극소(극대)인 점에서 직선 AB 위에 내린 수선의 발 P에 대하여

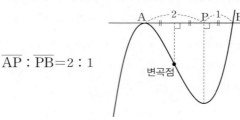

$$\overline{AP} : \overline{PB} = 2 : 1$$

④ 삼차함수의 그래프의 변곡점을 지나는 직선에 대한 비율 관계

삼차함수의 그래프의 변곡점 $A(k, f(k))$와 극소(극대)인 점에서 직선 AB 위에 내린 수선의 발 P에 대하여

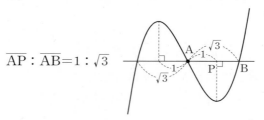

$$\overline{AP} : \overline{AB} = 1 : \sqrt{3}$$

[심화] 삼차함수의 그래프의 접선에 대한 비율 관계

삼차함수의 그래프 위의 점 A에서 그은 접선 l과 점 B에서 그은 접선 m이 서로 평행하고, 접선 l과 접선 m이 곡선 $y=f(x)$와 각각 점 C와 점 D에서 만날 때, 선분 AC를 2 : 1로 내분하는 점과 점 B의 x좌표는 서로 같고, 선분 BD를 2 : 1로 내분하는 점과 점 A의 x좌표는 서로 같다.

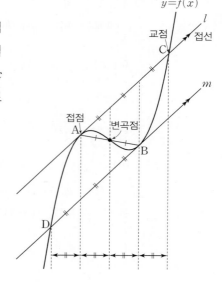

⑤ 최고차항의 계수가 a인 삼차함수 $f(x)$가 $x=\alpha$에서
극댓값, $x=\beta$에서 극솟값을 가질 때
극댓값과 극솟값의 차는

$$|f(\alpha)-f(\beta)|=\frac{|a|}{2}|\beta-\alpha|^3$$

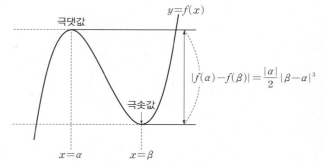

⑥ 삼차함수 $f(x)$에 대하여 $f'(\alpha)=0$, $f(\alpha)=p$이고 함수 $|f(x)-p|$가 실수 전체의 집합에서 미분가능할 때,
$f(x)=a(x-\alpha)^3+p$ (단, $a\neq0$)

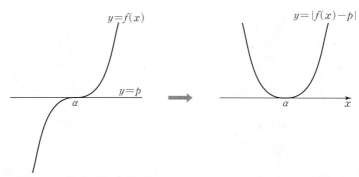

⑦ 삼차함수 $f(x)$에 대하여 $f'(\alpha)=0$, $f(\alpha)=f(\beta)=p$이고 함수 $|f(x)-p|$가 $x=\beta$에서만 미분가능하지 않을 때,
$f(x)=a(x-\alpha)^2(x-\beta)+p$ (단, $a\neq0$, $\alpha\neq\beta$)

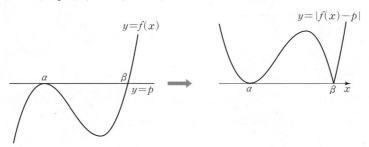

PROOF

③ 극값을 갖는 모든 삼차함수의 그래프는 삼차함수 $f(x)=ax^2(x-3a)$ $(a\neq0,\ a>0)$의 그래프와 일치
하도록 평행이동할 수 있다.

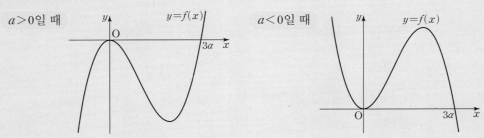

$f(x)=ax^2(x-3a)$에서 $f'(x)=2ax(x-3a)+ax^2=3ax(x-2a)$이므로 함수 $f(x)$는 $x=0$, $x=2a$
에서 극값을 갖는다.

$a>0$일 때 $a<0$일 때

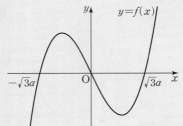 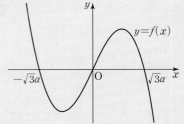

④ 극값을 갖는 모든 삼차함수의 그래프는 삼차함수의 그래프의 대칭성에 의하여

  $f(x)=ax(x+\sqrt{3}a)(x-\sqrt{3}a)$ $(a\neq0,\ a>0)$의 그래프와 일치하도록 평행이동할 수 있다.

$a>0$일 때 $a<0$일 때

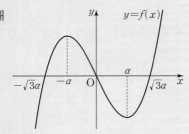 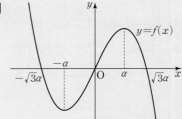

$f(x)=ax(x+\sqrt{3}a)(x-\sqrt{3}a)=ax^3-3a a^2x$에서 $f'(x)=3ax^2-3a a^2=3a(x+a)(x-a)$이므로 함
수 $f(x)$는 $x=-a$, $x=a$에서 극값을 갖는다.

⑤ 최고차항의 계수가 a인 삼차함수 $f(x)$를 $f(x)=ax^3+bx^2+cx+d$ $(a,\ b,\ c,\ d$는 상수이고 $a\neq0)$로 놓자.
함수 $f(x)$가 $x=a$에서 극댓값, $x=\beta$에서 극솟값을 가지므로

$$f'(a)=f'(\beta)=0$$

즉, $f'(x)=3ax^2+2bx+c=3a(x-a)(x-\beta)$이므로

$$b=-\frac{3}{2}a(a+\beta),\ c=3a a\beta$$

$$\therefore f(a)-f(\beta)=(a a^3+ba^2+ca+d)-(a\beta^3+b\beta^2+c\beta+d)$$
$$=a(a^3-\beta^3)+b(a^2-\beta^2)+c(a-\beta)$$
$$=a(a-\beta)\left\{(a^2+a\beta+\beta^2)-\frac{3}{2}(a+\beta)^2+3a\beta\right\}$$
$$=\frac{a}{2}(a-\beta)\{2(a^2+a\beta+\beta^2)-3(a^2+2a\beta+\beta^2)+6a\beta\}$$
$$=\frac{a}{2}(\beta-a)^3$$

따라서 함수 $f(x)$의 극댓값과 극솟값의 차는

$$|f(a)-f(\beta)|=\frac{|a|}{2}|\beta-a|^3$$

$x=\alpha$, $x=\beta$에서 극값을 갖는 다항함수 $f(x)$는 다음 조건을 만족시킨다.

> (가) $\lim\limits_{x \to \infty} \dfrac{f(x)}{x^3+4x+4}=3$
>
> (나) 두 점 $(\alpha, f(\alpha))$, $(\beta, f(\beta))$는 점 $(0, 1)$에 대하여 대칭이다.

$|f(\alpha)-f(\beta)|=96$일 때, $f(1)$의 값은?

① -40 ② -32 ③ -24 ④ -16 ⑤ -8

SOLUTION

조건 (가)에 의하여

$f(x)=3x^3+ax^2+bx+c$ (a, b, c는 상수)

로 놓으면

$f'(x)=9x^2+2ax+b$

조건 (나)에서 두 점 $(\alpha, f(\alpha))$, $(\beta, f(\beta))$를 잇는 선분의 중점의 좌표가 $(0, 1)$이므로

$\dfrac{\alpha+\beta}{2}=0$ $\therefore \alpha+\beta=0$ ······ ㉠

$g(x)=f'(x)$로 놓으면 점 $(0, 1)$은 함수 $f(x)$의 변곡점이므로 $g'(0)=0$

$g'(x)=18x+2a$에서

$a=0$

이때 함수 $f(x)$의 그래프는 점 $(0, 1)$을 지나므로 $f(0)=1$에서

$c=1$

$\therefore f(x)=3x^3+bx+1$

또한, $|f(\alpha)-f(\beta)|=96$이므로 삼차함수의 성질에 의하여

$|f(\alpha)-f(\beta)|=\dfrac{3}{2}|\beta-\alpha|^3=96$

$\therefore |\beta-\alpha|=4$ ······ ㉡

㉠, ㉡을 연립하여 풀면

$\alpha=2$, $\beta=-2$ 또는 $\alpha=-2$, $\beta=2$

따라서 함수 $f(x)$는 $x=-2$, $x=2$에서 극값을 가지므로

$f'(-2)=f'(2)=36+b=0$

$\therefore b=-36$

따라서 $f(x)=3x^3-36x+1$이므로

$f(1)=-32$

답 ②

스페셜
적용하기

216

최고차항의 계수가 1인 삼차함수 $f(x)$가 다음 조건을 만족시킬 때, 함수 $f(x)$의 극댓값을 구하시오.

> (가) 함수 $y=f'(x)$의 그래프는 y축에 대하여 대칭이다.
>
> (나) 함수 $f(x)$는 $x=2$에서 극솟값 0을 갖는다.

217

모의고사 기출

최고차항의 계수가 1인 삼차함수 $f(x)$가 모든 실수 x에 대하여 $f(-x)=-f(x)$를 만족시킨다. 방정식 $|f(x)|=2$의 서로 다른 실근의 개수가 4일 때, $f(3)$의 값은?

① 12   ② 14   ③ 16   ④ 18   ⑤ 20

218

삼차함수 $f(x)$에 대하여 방정식 $f'(x)=0$을 만족시키는 서로 다른 두 실근이 α, β일 때, 함수 $f(x)$는 다음 조건을 만족시킨다.

> (가) $f(0)=1$
>
> (나) $f'(0)=f'(1)=-3$
>
> (다) $|f(\alpha)-f(\beta)|=|\alpha-\beta|$

$f(2)$의 값을 구하시오.

TOPIC 3 사차함수 정복하기

① 사차함수 $f(x)=a(x-\alpha)^2(x-\beta)^2 \ (a\neq0, \ \alpha<\beta)$ 꼴일 때

함수 $f(x)$는 $x=\dfrac{\alpha+\beta}{2}$에서 극댓값(극솟값)을 갖는다.

이때 함수 $y=f(x)$의 그래프는 직선 $x=\dfrac{\alpha+\beta}{2}$에 대하여 대칭이다.

(i) $a>0$

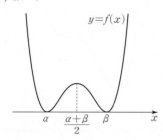

(ii) $a<0$

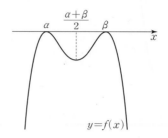

② 사차함수의 그래프의 접선에 대한 비율 관계

사차함수의 그래프의 극대(극소)인 점 A와 극소(극대)인 점에서 직선 AB 위에 내린 수선의 발 P에 대하여

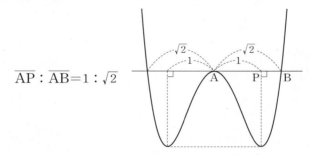

$$\overline{AP} : \overline{AB}=1 : \sqrt{2}$$

③ 사차함수의 그래프의 변곡점을 지나는 직선에 대한 비율 관계

사차함수의 그래프의 변곡점 A와 극소(극대)인 점에서 직선 AB 위에 내린 수선의 발 P에 대하여

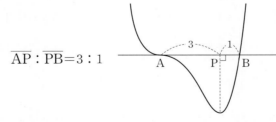

$$\overline{AP} : \overline{PB}=3 : 1$$

④ 사차함수 $f(x)$에 대하여 $f'(\alpha)=0$, $f(\alpha)=f(\beta)=p$이고 함수 $|f(x)-p|$가 $x=\beta$에서만 미분가능하지 않을 때,

$f(x)=a(x-\alpha)^3(x-\beta)+p$ (단, $a\neq0$, $\alpha\neq\beta$)

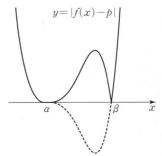

⑤ 사차함수 $f(x)$에 대하여 $f'(\alpha)=0$, $f(\alpha)=p$이고 함수 $|f(x)-p|$가 실수 전체의 집합에서 미분가능할 때

(ⅰ) $f(x)=a(x-\alpha)^2(x-\beta)^2+p$ (단, $a\neq0$, $\alpha\neq\beta$)

(ⅱ) $f(x)=a(x-\alpha)^4+p$ (단, $a\neq0$)

(ⅲ) $f(x)=a(x-\alpha)^2g(x)+p$ (단, $a\neq0$, $g(x)>0$인 이차함수)

꼴로 나타낼 수 있다.

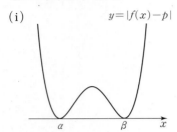

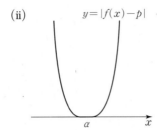

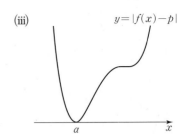

PROOF

① $f(x)=a(x-\alpha)^2(x-\beta)^2$ $(a\neq0$, $\alpha<\beta)$이므로

$$f'(x)=2a(x-\alpha)(x-\beta)^2+2a(x-\alpha)^2(x-\beta)$$
$$=2a(x-\alpha)(x-\beta)(2x-\alpha-\beta)$$

$f'(x)=0$에서 $x=\alpha$ 또는 $x=\dfrac{\alpha+\beta}{2}$ 또는 $x=\beta$

따라서 함수 $f(x)$는 $x=\alpha$, $x=\beta$에서 극솟값(극댓값)을 갖고, $x=\dfrac{\alpha+\beta}{2}$에서 극댓값(극솟값)을 갖는다.

② 극솟값이 같은 모든 사차함수의 그래프는 대칭성에 의하여 $f(x)=ax^2(x+\alpha)(x-\alpha)$ $(a\neq0$, $\alpha>0)$의 그래프와 일치하도록 평행이동할 수 있다.

$f(x)=ax^4-a\alpha^2x^2$에서 $f'(x)=4ax^3-2a\alpha^2x=2ax(\sqrt{2}x+\alpha)(\sqrt{2}x-\alpha)$이므로

$f'(x)=0$에서 $x=-\dfrac{\alpha}{\sqrt{2}}$ 또는 $x=0$ 또는 $x=\dfrac{\alpha}{\sqrt{2}}$

따라서 함수 $f(x)$는 $x=\dfrac{\alpha}{\sqrt{2}}$, $x=0$, $x=-\dfrac{\alpha}{\sqrt{2}}$에서 극값을 가지므로

$$\overline{\mathrm{AP}} : \overline{\mathrm{AC}}=\dfrac{\alpha}{\sqrt{2}} : \alpha=1 : \sqrt{2}$$

③ 변곡점에서의 미분계수가 0인 사차함수의 그래프는 $f(x)=a(x-\alpha)^3(x-\beta)$ $(a\neq0$, $\alpha\neq\beta)$의 그래프와 일치하도록 평행이동할 수 있다.

$$f'(x)=3a(x-\alpha)^2(x-\beta)+a(x-\alpha)^3$$
$$=a(x-\alpha)^2(4x-3\beta-\alpha)$$

$f'(x)=0$에서 $x=\alpha$ 또는 $x=\dfrac{\alpha+3\beta}{4}$

따라서 함수 $f(x)$는 $x=\dfrac{\alpha+3\beta}{4}$에서 극솟값을 가지므로

$$\overline{\mathrm{AP}} : \overline{\mathrm{PB}}=\left|\dfrac{3\beta-3\alpha}{4}\right| : \left|\dfrac{\beta-\alpha}{4}\right|=3 : 1$$

109쪽 ❷179번

스페셜 EXAMPLE

최고차항의 계수가 1인 사차함수 $f(x)$가 다음 조건을 만족시킬 때, $f(x)$의 극댓값을 구하시오.

(가) 모든 실수 x에 대하여 $f(1+x)=f(1-x)$이다.

(나) 함수 $f(x)$는 $x=3$에서 극솟값 2를 갖는다.

⚡ SOLUTION

조건 (가), (나)에 의하여 함수 $y=f(x)$의 그래프는 직선 $x=1$에 대하여 대칭이고 $x=-1$, $x=3$에서 극솟값 2를 갖는다.

사차함수 $f(x)$의 최고차항의 계수가 1이므로

$f(x)-2=(x+1)^2(x-3)^2$

$\therefore f(x)=(x+1)^2(x-3)^2+2$

따라서 함수 $f(x)$는 $x=\dfrac{-1+3}{2}=1$에서 극댓값을 가지므로 구하는 극댓값은

$f(1)=2^2\times(-2)^2+2=18$

답 18

스페셜 적용하기

219

최고차항의 계수가 양수인 사차함수 $f(x)=ax^4+bx^2+c$ (a, b, c는 상수)가 다음 조건을 만족시킨다.

(가) 방정식 $f(x)=0$의 모든 실근이 α, β, γ이다. (단, $\alpha<\beta<\gamma$)

(나) $f(2)=0$

함수 $f(x)$의 극솟값이 -4일 때, $f(3)$의 값을 구하시오.

220

최고차항의 계수가 1인 사차함수 $f(x)$가 다음 조건을 만족시킬 때, $f(4)-f(3)$의 값은?

(가) 함수 $f(x)$는 $x=2$에서 극값을 갖는다.

(나) 함수 $|f(x)-f(1)|$은 오직 $x=a$ ($a>2$)에서만 미분가능하지 않다.

① $\dfrac{109}{3}$　　　② 38　　　③ $\dfrac{119}{3}$　　　④ $\dfrac{124}{3}$　　　⑤ 43

미분에 대한 헷갈리는 거짓인 명제

함수 $f(x)$에 대하여 거짓인 명제들을 살펴보자.

① 모든 실수 x에 대하여 $f(x)=f(-x)$이면 $f'(0)=0$이다.

② $\lim\limits_{x \to 1} f(x)=f(1)$이면 $\lim\limits_{h \to 0} \dfrac{f(1+h)-f(1)}{h}$의 값이 존재한다.

③ $\lim\limits_{x \to 1} \dfrac{f(x)-2}{x-1}$의 값이 존재하면 $f(1)=2$이다.

④ 자연수 n에 대하여 $\lim\limits_{h \to 0} \dfrac{f(a+h^{2n})-f(a)}{h^{2n}}$의 값이 존재하면 $f'(a)$가 존재한다.

　　참고 "자연수 n에 대하여 $\lim\limits_{h \to 0} \dfrac{f(a+h^{2n-1})-f(a)}{h^{2n-1}}$의 값이 존재하면 $f'(a)$가 존재한다."는 참이다.

⑤ $\lim\limits_{h \to 0} \dfrac{f(a+mh)-f(a-mh)}{h}$의 값이 존재하면 $\lim\limits_{h \to 0} \dfrac{f(a+h)-f(a)}{h}$의 값이 존재한다.

⑥ 함수 $f(x)$가 $x=a$에서 불연속이면 $x=a$에서 극값을 갖지 않는다.

⑦ $\lim\limits_{h \to \infty} \dfrac{f\left(1+\dfrac{1}{h}\right)-f(1)}{\dfrac{1}{h}}$의 값이 존재하면 함수 $f(x)$는 $x=1$에서 미분가능하다.

⑧ 미분가능한 함수 $f(x)$와 임의의 상수 c에 대하여 $f'(c)=\dfrac{f(b)-f(a)}{b-a}$ $(a<c<b)$를 만족시키는 a, b가 존재한다.

PROOF

✎ ① 모든 실수 x에 대하여 $f(x)=f(-x)$이면 $f'(0)=0$이다.

　　Point $x=0$에서의 미분가능성을 알 수 없으므로 $f'(0)=0$인지 알 수 없다.

　　Point $x=0$에서 미분가능하면 $f'(0)=0$이다.

② $\lim\limits_{x \to 1} f(x)=f(1)$이면 $\lim\limits_{h \to 0} \dfrac{f(1+h)-f(1)}{h}$의 값이 존재한다.

　　Point 연속이 미분계수의 존재를 보장하지 않는다.

　　Point 미분계수가 존재하면 연속임은 성립한다.

③ $\lim\limits_{x \to 1} \dfrac{f(x)-2}{x-1}$의 값이 존재하면 $f(1)=2$이다.

　　Point 이 명제가 참이기 위해서는 함수 $f(x)$가 연속함수라는 전제가 있어야 하며, 연속이라는 조건이 없으면 $\lim\limits_{x \to 1} f(x)=2$이다.

④ 자연수 n에 대하여 $\lim_{h \to 0} \dfrac{f(a+h^{2n})-f(a)}{h^{2n}}$의 값이 존재하면 $f'(a)$가 존재한다.

 Point $h^{2n}=(h^n)^2$은 항상 양수이므로 좌극한을 알 수 없다.

 참고 자연수 n에 대하여 $\lim_{h \to 0} \dfrac{f(a+h^{2n-1})-f(a)}{h^{2n-1}}$의 값이 존재하면 $f'(a)$가 존재한다.

 Point 같은 값을 갖는 좌극한과 우극한을 구할 수 있다.

⑤ $\lim_{h \to 0} \dfrac{f(a+mh)-f(a-mh)}{h}$의 값이 존재하면 $\lim_{h \to 0} \dfrac{f(a+h)-f(a)}{h}$의 값이 존재한다.

 Point [반례] $a=0$, $f(x)=|x|$이면

$$\lim_{h \to 0+} \frac{f(mh)-f(-mh)}{h}=|m|-|-m|=0,$$

$$\lim_{h \to 0-} \frac{f(mh)-f(-mh)}{h}=|-m|-|m|=0$$

$$\therefore \lim_{h \to 0} \frac{f(mh)-f(-mh)}{h}=0$$

그런데 $\lim_{h \to 0+} \dfrac{f(h)-f(0)}{h}=\lim_{h \to 0+} \dfrac{|h|}{h}=1$, $\lim_{h \to 0-} \dfrac{f(h)-f(0)}{h}=\lim_{h \to 0-} \dfrac{|h|}{h}=-1$이므로

$\lim_{h \to 0} \dfrac{f(h)-f(0)}{h}$의 값은 존재하지 않는다.

 Point 단, 역은 항상 참이다.

⑥ 함수 $f(x)$가 $x=a$에서 불연속이면 $x=a$에서 극값을 갖지 않는다.

 Point $f(x)$가 불연속이어도 $x=a$에서 최댓값 또는 최솟값을 가지면 $f(a)$는 극값이라 할 수 있다.

 예

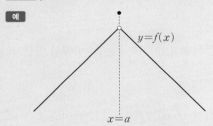

⑦ $\lim_{h \to \infty} \dfrac{f\left(1+\dfrac{1}{h}\right)-f(1)}{\dfrac{1}{h}}$의 값이 존재하면 함수 $f(x)$는 $x=1$에서 미분가능하다.

 Point $h \to \infty$일 때, $\dfrac{1}{h} \to 0+$이므로 좌미분계수를 알 수 없다.

⑧ 미분가능한 함수 $f(x)$와 임의의 상수 c에 대하여 $f'(c)=\dfrac{f(b)-f(a)}{b-a}$ $(a<c<b)$를 만족시키는 a, b가 존재한다.

 Point [반례] $f(x)=x^3$이면 $f'(0)=0$이지만 $\dfrac{f(b)-f(a)}{b-a}=0$을 만족시키는 두 상수 a, b가 존재하지 않는다.

스페셜
적용하기

221

다음 문장이 참이면 '참'에, 거짓이면 '거짓'에 ◯표를 하시오.

(1) $\lim_{x \to 3} f(x) = f(3)$이면 $\lim_{h \to 0} \dfrac{f(3+2h)-f(3)}{h}$의 값이 존재한다.　　　　　　(참, 거짓)

(2) $\lim_{x \to 3} \dfrac{f(x)-4}{x-3}$의 값이 존재하면 $f(3)=4$이다.　　　　　　　　　　　　　　(참, 거짓)

(3) $\lim_{h \to 0} \dfrac{f(2+h^2)-f(2)}{h^2}$의 값이 존재하면 $f'(2)$가 존재한다.　　　　　　　　(참, 거짓)

(4) $\lim_{h \to 0} \dfrac{f(-1+h^3)-f(-1)}{h^3}$의 값이 존재하면 $f'(-1)$이 존재한다.　　　　　(참, 거짓)

(5) $\lim_{h \to 0} \dfrac{f(a+3h)-f(a-3h)}{h}$의 값이 존재하면 $\lim_{h \to 0} \dfrac{f(a+h)-f(a)}{h}$의 값이 존재한다.　(참, 거짓)

(6) 함수 $f(x)$와 실수 전체의 집합에서 미분가능한 함수 $g(x)$에 대하여 함수 $h(x)=f(x)g(x)$가 $x=a$에서 미분가능하면 함수 $f(x)$는 $x=a$에서 미분가능하다. (단, a는 상수이다.)　　　　(참, 거짓)

(7) $x=1$에서 정의된 함수 $f(x)$가 $x=1$에서 불연속일 때, $g(1)=0$, $g'(1)=0$이면 함수 $f(x)g(x)$는 $x=1$에서 미분가능하다.　　　　　　　　　　　　　　　　　　　　　　　　　　(참, 거짓)

(8) 함수 $f(x)$가 $x=0$에서 연속이지만 미분가능하지 않으면 함수 $|x|f(x)$는 $x=0$에서 미분가능하다.
　　　　　　　　　　　　　　　　　　　　　　　　　　　　　　　　　　　　　(참, 거짓)

(9) 함수 $f(x)$가 $x=0$에서 연속이지만 미분가능하지 않으면 함수 $\dfrac{x}{f(x)}$는 $x=0$에서 미분가능하다.

　　(단, $f(a) \neq 0$)　　　　　　　　　　　　　　　　　　　　　　　　　　　　(참, 거짓)

(10) 실수 전체의 집합에서 미분가능한 함수 $f(x)$에 대하여 $|f(h)-f(0)| \leq |2h|$이면 $f'(0) \leq 2$가 성립한다.
　　　　　　　　　　　　　　　　　　　　　　　　　　　　　　　　　　　　　(참, 거짓)

222

모의고사 기출

함수 $f(x)$에 대하여 **보기**에서 항상 옳은 것만을 있는 대로 고른 것은?

┤ 보기 ├
ㄱ. $\lim_{h \to 0} \dfrac{f(1+h)-f(1)}{h}=0$이면 $\lim_{x \to 1} f(x)=f(1)$이다.

ㄴ. $\lim_{h \to 0} \dfrac{f(1+h)-f(1)}{h}=0$이면 $\lim_{h \to 0} \dfrac{f(1+h)-f(1-h)}{2h}=0$이다.

ㄷ. $f(x)=|x-1|$일 때, $\lim_{h \to 0} \dfrac{f(1+h)-f(1-h)}{2h}=0$이다.

① ㄱ　　　　② ㄷ　　　　③ ㄱ, ㄴ　　　　④ ㄴ, ㄷ　　　　⑤ ㄱ, ㄴ, ㄷ

II

미분

1등급 쟁취를 위한

킬링 파트

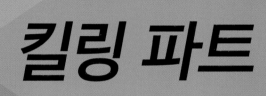

KILLING PART

예제 **223**

양수 t와 함수 $f(x) = \begin{cases} 3x & (x \le 1) \\ x^3 + ax^2 + bx & (x > 1) \end{cases}$ 에 대하여 닫힌구간 $[0,\ t]$에서 함수 $f(x)$의 평균변화율을 $g(t)$라

하자. 함수 $g(t)$가 $t > 0$에서 미분가능할 때, 함수 $y = g(t)$의 그래프와 직선 $y = mt$의 교점이 존재하도록 하는

실수 m의 최솟값은? (단, a와 b는 상수이다.)

① 2 ② $\dfrac{9}{4}$ ③ $\dfrac{5}{2}$ ④ $\dfrac{11}{4}$ ⑤ 3

해결 전략

1단계 ▶ t의 값의 범위를 나누어 함수 $g(t)$를 구한다.

2단계 ▶ 함수 $y = g(t)$의 그래프를 그리고 교점이 존재하도록 직선 $y = mt$를 움직여 본다.

유제 **224**

양수 t와 함수 $f(x)=\begin{cases} 4x & (x\le 1) \\ 5-2x & (x>1) \end{cases}$ 에 대하여 닫힌구간 $[0,\ t]$에서 함수 $f(x)$의 평균변화율을 $g(t)$라 하자.

함수 $\dfrac{2t^2+at+b}{g(t)+2}$가 $t=1$에서 미분가능할 때, a^2+b^2의 값은? (단, a와 b는 상수이다.)

① 17 ② 20 ③ 25 ④ 29 ⑤ 40

도함수

예제 ## 225

좌표평면 위에 그림과 같이 색칠한 도형과 네 점 $(0, 0)$, $(1+t, 0)$, $(1+t, 1+t)$, $(0, 1+t)$를 꼭짓점으로 하는 정사각형이 서로 겹치는 부분의 넓이를 $f(t)$라 할 때, **보기**에서 옳은 것만을 있는 대로 고른 것은?

(단, $0 < t \leq 3$)

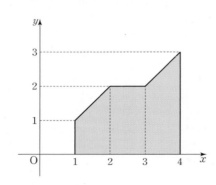

┤ 보기 ├

ㄱ. $f(1) = \dfrac{3}{2}$

ㄴ. 열린구간 $(0, 3)$에서 함수 $f(t)$가 미분가능하지 않은 점의 개수는 2이다.

ㄷ. $\displaystyle\sum_{k=1}^{6} f'\left(\dfrac{2k-1}{4}\right) = 12$

① ㄱ 　　② ㄱ, ㄴ 　　③ ㄱ, ㄷ 　　④ ㄴ, ㄷ 　　⑤ ㄱ, ㄴ, ㄷ

해결
전략

1단계 ▶ t의 값에 따라 겹치는 부분의 도형을 관찰한다.

2단계 ▶ t의 값의 범위를 나누어 함수 $f(t)$를 구하고, 도함수 $f'(t)$를 구한다.

유제 ## 226

좌표평면 위에 그림과 같이 색칠한 도형과 네 점 $(0, 0)$, $(t, 0)$, (t, t), $(0, t)$를 꼭짓점으로 하는 정사각형이 서로 겹치는 부분의 넓이를 $f(t)$라 하자.

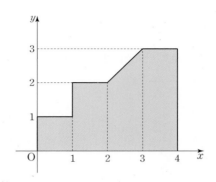

열린구간 $(0, 4)$에서 함수 $f(t)$가 미분가능하지 않은 모든 t의 값의 합을 구하시오.

예제 **227**

$x>0$에서 정의된 미분가능한 두 함수 $f(x)$, $g(x)$와 자연수 k에 대하여 $g(x)=x^{2k}f(x)$일 때, 두 함수 $f(x)$, $g(x)$가 다음 조건을 만족시킨다.

> (가) $g(2) \neq 0$, $g'(2)=0$
>
> (나) 함수 $y=f(x)$의 그래프 위의 점 $(2, f(2))$에서의 접선이 점 $\left(\dfrac{5}{2}, 0\right)$을 지난다.

k의 값을 구하시오.

해결 전략

1단계 ▶ $g(2) \neq 0$임을 이용하여 $f(2) \neq 0$임을 확인하고, 곱의 미분법을 이용하여 $g'(2)=0$에서 $f'(2)$와 $f(2)$의 관계식을 구한다.

2단계 ▶ 조건 (나)에서 접선의 방정식을 세워 $f'(2)$와 $f(2)$의 관계식을 구한다.

3단계 ▶ 1단계와 2단계에서 구한 관계식을 이용하여 k의 값을 구한다.

유제 ## 228

$x>0$에서 정의된 미분가능한 두 함수 $f(x)$, $g(x)$와 자연수 k에 대하여 $f(x)=\dfrac{g(x)}{x^k}$일 때, 두 함수 $f(x)$, $g(x)$가 다음 조건을 만족시킨다.

(가) $g(1)\neq0$, $g(4)\neq0$, $g'(4)=0$

(나) 함수 $y=f(x)$의 그래프 위의 점 $(4, f(4))$에서의 접선의 x절편이 $\dfrac{17}{4}$이다.

$\dfrac{g'(1)}{g(1)}-\dfrac{f'(1)}{f(1)}$의 값은?

① 13   ② 14   ③ 15   ④ 16   ⑤ 17

예제 229

곡선 $y=x^4-4x^3+1$ 위의 점 A에서의 접선이 이 곡선과 다시 만나는 두 점을 각각 B, C라 하면 점 A가 선분 BC의 중점이다. 곡선 위의 두 점 B, C에서의 접선의 기울기를 각각 m_1, m_2라 할 때, m_1+m_2의 값을 구하시오.

해결전략

1단계 ▶ 곡선 $y=x^4-4x^3+1$ 위의 점 A에서의 접선의 방정식을 구한다.

2단계 ▶ 사차함수의 식과 1단계에서 구한 접선의 방정식을 연립한 방정식의 실근이 곡선과 접선의 교점의 x좌표임을 이용한다.

3단계 ▶ 점 B의 x좌표를 b, 점 C의 x좌표를 c라 할 때, m_1과 m_2를 각각 b와 c에 대한 식으로 표현하여 계산한다.

유제 230

최고차항의 계수가 1인 사차함수 $f(x)$에 대하여 곡선 $y=f(x)$ 위의 점 $O(0, 0)$에서의 접선이 이 곡선과 다시 만나는 두 점을 각각 $A(a, f(a))$, $B(b, f(b))$ $(a>b)$라 하자. 점 O가 선분 AB의 중점일 때, 곡선 $y=f(x)$ 위의 점 O에서의 접선과 곡선 $y=f(x)$ 위의 점 A에서의 접선이 서로 수직이다. a가 최소일 때의 $f(4)$의 값을 구하시오.

접선의 방정식

예제 231

모의고사 기출

함수

$$f(x)=\frac{1}{3}x^3-kx^2+1 \ (k>0\text{인 상수})$$

의 그래프 위의 서로 다른 두 점 A, B에서의 접선 l, m의 기울기가 모두 $3k^2$이다. 곡선 $y=f(x)$에 접하고 x축에 평행한 두 직선과 접선 l, m으로 둘러싸인 도형의 넓이가 24일 때, k의 값은?

① $\frac{1}{2}$ ② 1 ③ $\frac{3}{2}$ ④ 2 ⑤ $\frac{5}{2}$

해결전략

1단계 ▶ 방정식 $f'(x)=3k^2$을 풀어 두 점 A, B의 x좌표를 k에 대한 식으로 나타낸다.

2단계 ▶ 함수 $f(x)$의 극댓값과 극솟값을 이용하여 구하는 도형이 평행사변형임을 확인한다.

3단계 ▶ 평행사변형의 넓이가 24임을 이용하여 k의 값을 구한다.

유제 **232**

양수 k와 함수 $f(x)=x^3-2kx^2+3k^2x+1$에 대하여 곡선 $y=f(x)$ 위의 서로 다른 두 점 A, B에서의 접선 l, m의 기울기가 모두 $2k^2$이다. 두 점 A, B를 지나고 y축에 평행한 두 직선과 두 접선 l, m으로 둘러싸인 도형의 넓이가 32일 때, k의 값은?

① $\dfrac{3}{2}$　　　　② $\dfrac{3\sqrt{2}}{2}$　　　　③ 3　　　　④ $3\sqrt{2}$　　　　⑤ 6

예제 **233**

두 상수 a, b와 함수 $f(x)=x^4-6x^2+8x+3$에 대하여 함수 $g(x)$를

$$g(x)=\begin{cases} f(x)+a & (x\le1) \\ -f(x+b) & (x>1) \end{cases}$$

라 정의하자. 함수 $g(x)$가 $x=1$에서 미분가능할 때, 함수 $g(x)$의 모든 극값의 합은? (단, $ab\ne0$)

① 9   ② 11   ③ 13   ④ 15   ⑤ 17

> 해결 전략
>
> **1단계** ▶ 함수 $g(x)$가 $x=1$에서 미분가능함을 이용하여 두 상수 a, b의 값을 구한다.
>
> **2단계** ▶ 함수 $y=f(x)$의 그래프를 이용하여 함수 $y=g(x)$의 그래프를 유추한다.

234

두 상수 a, b와 함수 $f(x) = 2x^3 - 3x^2 - 12x - 3$에 대하여 함수 $g(x)$를

$$g(x) = \begin{cases} f(x) & (x < 3) \\ f(x-a) + b & (x \geq 3) \end{cases}$$

라 정의하자. 함수 $g(x)$가 $x=3$에서 미분가능할 때, 함수 $g(x)$의 모든 극값의 합을 M이라 하자. $a+b+M$의 값은? (단, $ab \neq 0$)

① -48 ② -42 ③ -36 ④ -30 ⑤ -24

예제 **235**

최고차항의 계수가 -1인 삼차함수 $f(x)$와 함수 $g(x)=|f(x)+2x+k|$가 다음 조건을 만족시킨다.

> (가) 함수 $g(x)$는 실수 전체의 집합에서 미분가능하다.
>
> (나) 모든 실수 x에 대하여 $xf(x) \le f(x)$이다.

$g'(1)=3$일 때, 실수 k의 값은?

① -5 ② -4 ③ -3 ④ -2 ⑤ -1

해결 전략

1단계 ▶ 함수 $f(x)+2x+k$는 삼차함수이고, 조건 (가)를 만족시키기 위해서는 함수 $f(x)+2x+k$의 식이 $-(x-a)^3$ 꼴임을 확인한다.

2단계 ▶ 조건 (나)에서 $f(1)=0$임을 파악하고, $g'(1)=3$임을 이용하여 k의 값을 구한다.

유제 236

실수 k에 대하여 최고차항의 계수가 1인 사차함수 $f(x)$와 함수 $g(x)=|f(x)-k(x+1)|$이 다음 조건을 만족시킨다.

(개) 함수 $g(x)$가 $x=a$에서 미분가능하지 않은 실수 a의 개수는 1이다.

(내) 모든 실수 x에 대하여 $|x|f(x) \geq f(x)$이다.

$f(0)=-1$일 때, 가능한 모든 $f(2)$의 값의 합을 구하시오.

예제 **237**

함수 $f(x)=x^3+ax^2+bx+c$가 다음 조건을 만족시킨다.

> (가) $f(-2)=f(2)=0$
>
> (나) $|x|\leq 2$인 모든 실수 x에 대하여 $f(x)\geq 2-|x|$이다.

$f(4)$의 최댓값은? (단, a, b, c는 상수이다.)

① 18   ② 21   ③ 24   ④ 27   ⑤ 30

해결 전략

1단계 ▶ 조건 (가)를 이용하여 함수 $f(x)$의 식을 간단히 정리하고, 함수 $y=f(x)$의 그래프의 개형을 파악한다.

2단계 ▶ 함수 $y=2-|x|$의 그래프를 그리고 조건을 만족시키는 함수 $y=f(x)$의 그래프를 유추한다.

3단계 ▶ $x=-2$, $x=2$에서의 함수 $y=f(x)$의 그래프의 접선의 기울기와 직선 $y=2-|x|$의 기울기를 각각 비교한다.

유제 **238**

$f(0)=0$이고 최고차항의 계수가 1인 삼차함수 $f(x)$가 $x \geq -4$인 모든 실수 x에 대하여 $f(x) \geq -x^2-4x$를 만족시킬 때, $f(3)$의 최솟값을 구하시오.

미분가능성

예제 **239**

모의고사 기출

사차함수 $f(x)$가 다음 조건을 만족시킬 때, $\dfrac{f'(5)}{f'(3)}$의 값을 구하시오.

> (가) 함수 $f(x)$는 $x=2$에서 극값을 갖는다.
>
> (나) 함수 $|f(x)-f(1)|$은 오직 $x=a$ $(a>2)$에서만 미분가능하지 않다.

해결 전략

1단계 ▶ $g(x)=f(x)-f(1)$로 놓으면 $g(1)=0$이므로 조건 (나)를 만족시키려면 $g(x)=k(x-a)(x-1)^3$ 꼴임을 파악한다.

2단계 ▶ 조건 (가)에서 $f'(2)=0$임을 이용하여 $\dfrac{f'(5)}{f'(3)}$의 값을 구한다.

유제 **240**

최고차항의 계수가 1인 사차함수 $f(x)$에 대하여 함수 $g(x)$를

$$g(x) = \begin{cases} f(x) & (x \geq 0) \\ f(-x) & (x < 0) \end{cases}$$

라 할 때, 두 함수 $f(x)$, $g(x)$가 다음 조건을 만족시킨다.

㈎ 다항식 $f(x)$는 x^2으로 나누어떨어진다.

㈏ 함수 $|g(x)-27|$은 실수 전체의 집합에서 미분가능하다.

$g'(\alpha)=0$을 만족시키는 양수 α에 대하여 $f(\alpha+1)$의 값을 구하시오.

예제 # 241

모의고사 기출

최고차항의 계수가 1인 사차함수 $f(x)$가 다음 조건을 만족시킨다.

> (가) $f'(0)=0$, $f'(2)=16$
>
> (나) 어떤 양수 k에 대하여 두 열린구간 $(-\infty, 0)$, $(0, k)$에서 $f'(x)<0$이다.

보기에서 옳은 것만을 있는 대로 고른 것은?

> ┤ 보기 ├
>
> ㄱ. 방정식 $f'(x)=0$은 열린구간 $(0, 2)$에서 한 개의 실근을 갖는다.
>
> ㄴ. 함수 $f(x)$는 극댓값을 갖는다.
>
> ㄷ. $f(0)=0$이면, 모든 실수 x에 대하여 $f(x) \geq -\dfrac{1}{3}$이다.

① ㄱ   ② ㄴ   ③ ㄱ, ㄷ   ④ ㄴ, ㄷ   ⑤ ㄱ, ㄴ, ㄷ

해결전략

1단계 ▶ 조건을 만족시키는 함수 $y=f'(x)$의 그래프를 유추한다.

2단계 ▶ $y=f'(x)$의 그래프를 이용하여 $y=f(x)$의 그래프의 개형을 파악한다.

3단계 ▶ 함수 $f(x)$의 극솟값이 최솟값이므로 극솟값을 구한다.

유제 **242**

최고차항의 계수가 1인 사차함수 $f(x)$가 다음 조건을 만족시킨다.

> (가) $f'(0)=0$, $f'(1)=-12$
>
> (나) $\alpha<\beta<4$인 임의의 두 실수 α, β에 대하여 $\dfrac{f(\beta)-f(\alpha)}{\beta-\alpha}<0$이 항상 성립한다.

$f(0)=30$일 때, 함수 $f(x)$의 최솟값은?

① $-\dfrac{145}{3}$ ② $-\dfrac{152}{3}$ ③ -53 ④ $-\dfrac{166}{3}$ ⑤ $-\dfrac{173}{3}$

최고차항의 계수가 1인 다항함수 $f(x)$가 다음 조건을 만족시킨다.

> (가) $x \geq 2$인 모든 실수 x에 대하여 $4x-8 \leq f(x) \leq 2x^3-8x^2+12x-8$이다.
>
> (나) $\displaystyle\lim_{x \to 2} \frac{f'(x)f(x-2)}{x-2} = k$ (단, k는 상수이다.)

$f(k+1)$의 값을 구하시오.

해결 전략

1단계 ▶ 조건 (가)에서 $f(2)$와 $f'(2)$의 값을 구한다.

2단계 ▶ 주어진 부등식을 만족시키는 다항함수 $f(x)$의 차수가 4 미만임을 확인하고, 함수 $f(x)$가 일차함수인 경우, 이차함수인 경우, 삼차함수인 경우로 나누어 조건 (나)를 만족시키는 함수 $f(x)$의 식을 구한다.

유제 **244**

최고차항의 계수가 1인 다항함수 $f(x)$가 다음 조건을 만족시킨다.

(가) 음이 아닌 모든 실수 x에 대하여 $4x-4 \leq f(x) \leq x^4-1$이다.

(나) $\displaystyle \lim_{x \to \infty} \frac{f(x)f'(x)}{x^7} = 0$

(다) $\displaystyle \lim_{x \to 0} \frac{f(x)f'(x)}{x} = k$ (단, k는 실수이다.)

---

k의 값을 구하시오.

예제 **245**   모의고사 기출

함수 $f(x)$는

$$f(x)=\begin{cases} x+1 & (x<1) \\ -2x+4 & (x\geq1) \end{cases}$$

이고, 좌표평면 위에 두 점 A$(-1,\ -1)$, B$(1,\ 2)$가 있다. 실수 x에 대하여 점 $(x,\ f(x))$에서 점 A까지의 거리의 제곱과 점 B까지의 거리의 제곱 중 크지 않은 값을 $g(x)$라 하자. 함수 $g(x)$가 $x=a$에서 <u>미분가능하지 않</u>은 모든 a의 값의 합이 p일 때, $80p$의 값을 구하시오.

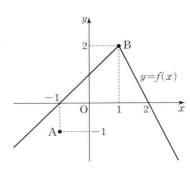

해결전략
1단계 ▶ 두 점 A, B로부터 같은 거리에 있는 점의 자취를 구한다.

2단계 ▶ 1단계에서 구한 자취와 함수 $y=f(x)$의 그래프의 교점을 기준으로 구간을 나누어 함수 $g(x)$를 구한다.

3단계 ▶ 각 구간의 경계에서 함수 $g(x)$의 미분가능성을 확인한다.

유제 **246**

함수 $f(x)$는

$$f(x) = \begin{cases} -x^2 + 2x + 7 & (x \leq 3) \\ 2x - 2 & (x > 3) \end{cases}$$

이고, 좌표평면 위에 두 점 $A(0, 7)$, $B(2, 5)$가 있다. 실수 x에 대하여 점 $(x, f(x))$에서 점 A까지의 거리의 제곱과 점 B까지의 거리의 제곱 중 크지 않은 값을 $g(x)$라 하자. 함수 $g(x)$가 $x = a$에서 미분가능하지 않을 때, 모든 a의 값의 합은?

① 7   ② 8   ③ 9   ④ 10   ⑤ 11

예제 **247**

함수 $f(x)=x^4-6x^2+8x$와 실수 k에 대하여 함수 $g(x)$는

$$g(x)=\begin{cases} f(x) & (f(x)\geq k) \\ 2k-f(x) & (f(x)<k) \end{cases}$$

이다. 함수 $g(x)$가 미분가능하지 않은 점의 개수를 $h(k)$라 할 때, $h(k)=h(-k)$를 만족시키는 자연수 k의 개수를 구하시오.

1단계 ▸ 함수 $y=g(x)$의 그래프는 함수 $y=f(x)$의 그래프를 직선 $y=k$를 기준으로 접어 올린 것과 같음을 파악한다.

2단계 ▸ 함수 $y=f(x)$의 그래프를 이용하여 함수 $h(k)$를 구한 다음 $h(k)=h(-k)$를 만족시키는 자연수 k의 개수를 구한다.

유제 # 248

함수 $f(x)=x^4+\dfrac{4}{3}x^3-12x^2+34$와 실수 k에 대하여 함수 $g(x)$는

$$g(x)=\begin{cases} f(x) & (f(x)\geq k) \\ 2k-f(x) & (f(x)<k) \end{cases}$$

이다. 함수 $g(x)$가 미분가능하지 않은 점의 개수를 $h(k)$라 할 때, $h(k)+h(-k)=4$를 만족시키는 자연수 k의 개수를 구하시오.

예제 **249**

$a \le 35$인 자연수 a와 함수 $f(x) = -3x^4 + 4x^3 + 12x^2 + 4$에 대하여 함수 $g(x)$를

$$g(x) = |f(x) - a|$$

라 할 때, $g(x)$가 다음 조건을 만족시킨다.

> (개) 함수 $y = g(x)$의 그래프와 직선 $y = b$ $(b > 0)$가 서로 다른 4개의 점에서 만난다.
>
> (내) 함수 $|g(x) - b|$가 미분가능하지 않은 실수 x의 개수는 4이다.

두 상수 a, b에 대하여 $a + b$의 값을 구하시오.

해결 전략

1단계 ▶ 함수 $g(x)$의 미분가능하지 않은 점의 개수는 함수 $y = f(x)$의 그래프와 직선 $y = a$가 만나는 점 중 극값이 아닌 점의 개수와 같음을 파악한다.

2단계 ▶ 함수 $y = g(x)$의 그래프와 직선 $y = b$가 만나는 점의 개수는 함수 $y = f(x)$의 그래프와 두 직선 $y = a + b$, $y = a - b$가 만나는 점의 개수의 합과 같음을 파악한다.

유제 250

두 자연수 a, b와 함수 $f(x)=x^4+8x^3+18x^2-27$에 대하여 함수 $g(x)$를

$$g(x)=|f(x)+a|$$

라 할 때, $g(x)$가 다음 조건을 만족시킨다.

(가) 함수 $g(x)$가 미분가능하지 않은 점의 개수는 2이다.

(나) 함수 $|g(x)-b|$가 미분가능하지 않은 점의 개수는 5이다.

$a+b$의 최댓값을 구하시오.

예제 **251**

최고차항의 계수가 -1인 사차함수 $f(x)$와 실수 t에 대하여 $x \le t$에서 함수 $f(x)$의 최댓값을 $g(t)$라 하자. 두 함수 $f(x)$와 $g(t)$가 다음 조건을 만족시킨다.

> (가) 함수 $f(x)$는 $x=-2$, $x=2$에서 극댓값을 갖는다.
>
> (나) $\displaystyle\lim_{t \to 0-} \frac{g(t)-g(0)}{t} \neq \lim_{t \to 0+} \frac{g(t)-g(0)}{t}$

실수 k에 대하여 함수 $|g(t)-k|$가 미분가능하지 않은 점의 개수를 $h(k)$라 할 때, 함수 $h(k)$의 불연속점의 개수를 구하시오.

해결전략

1단계 ▶ $f(-2)$와 $f(2)$의 값의 대소 관계에 따라 함수 $y=f(x)$의 그래프의 개형을 파악한다.

2단계 ▶ 1단계에서의 각각의 경우에서 함수 $y=g(t)$가 미분가능하지 않은 점이 존재하는 경우를 찾는다.

3단계 ▶ k의 값의 범위에 따라 함수 $h(k)$를 구하고 함수 $h(k)$의 불연속점의 개수를 구한다.

유제 **252**

최고차항의 계수가 1인 사차함수 $f(x)$와 실수 t에 대하여 $x \leq t$에서 함수 $f(x)$의 최솟값을 $g(t)$라 하자. 두 함수 $f(x)$와 $g(t)$가 다음 조건을 만족시킬 때, $f'(6)$의 값을 구하시오.

> (가) 함수 $f(x)$는 $x=1$, $x=5$에서 극솟값을 갖는다.
> (나) 함수 $g(t)$는 $t=3$에서만 미분가능하지 않다.

III

적분

1. 부정적분

253

다항함수 $f(x)$에 대하여 $(x-3)f(x)$의 부정적분 중 하나가 x^3-4x^2-3x+3일 때, $f(3)$의 값은?

① 4 ② 6 ③ 8

④ 10 ⑤ 12

254

함수 $f(x)$의 한 부정적분 $F(x)$와 또 다른 부정적분 $G(x)$에 대하여

$$F(x)=x^3+x^2-2x+1, \ G(0)=-2$$

일 때, $G(2)$의 값은?

① 6 ② 7 ③ 8

④ 9 ⑤ 10

255

이차함수 $f(x)$에 대하여 함수 $g(x)$가

$$g(x)=\int \{2x^2-f(x)\}\,dx,$$

$$f(x)g(x)=2x^4-2x^3-2x^2+2x$$

를 만족시킬 때, $g(2)$의 값은?

① 1 ② 2 ③ 3

④ 4 ⑤ 5

유형 2 부정적분과 미분의 관계

256

함수 $f(x)=4x+2$에 대하여

$$g(x)=\frac{d}{dx}\int (x^2+1)f(x)\,dx$$

일 때, $g(2)$의 값은?

① 30   ② 40   ③ 50

④ 60   ⑤ 70

257

함수 $f(x)=x^2-3x$에 대하여 두 함수 $g(x)$, $h(x)$가

$$g(x)=\int \left\{\frac{d}{dx}f(x)\right\}dx,\ h(x)=\frac{d}{dx}\int f(x)\,dx$$

를 만족시킨다. $g(-1)=5$일 때, $g(1)+h(-2)$의 값은?

① 9   ② 10   ③ 11

④ 12   ⑤ 13

258

두 다항함수 $f(x)$, $g(x)$가

$$f(x)=\int xg(x)\,dx,\ \frac{d}{dx}\{f(x)-g(x)\}=8x^3+4x$$

를 만족시킬 때, $g(3)$의 값은?

① 52   ② 72   ③ 92

④ 112   ⑤ 132

259

함수 $f(x)=30x^{30}+28x^{28}+\cdots+4x^4+2x^2$에 대하여

$$F(x)=\int \left[\frac{d}{dx}\int \left\{\frac{d}{dx}f(x)\right\}dx\right]dx$$

이고 $F(0)=3$일 때, $F(1)$의 값을 구하시오.

유형 3 부정적분의 계산

260

함수 $f(x)$가

$$f(x) = \int (x^3 + 3x^2 + 3)\,dx - \int (x^3 + 2x + 2)\,dx$$

이고 $f(0) = 4$일 때, $f(1)$의 값은?

① 1   ② 2   ③ 3

④ 4   ⑤ 5

261

함수 $f(x)$에 대하여

$$f(x) = \int \frac{x^4}{x^2+1}\,dx - \int \left(3 + \frac{1}{x^2+1}\right)dx$$

이고 닫힌구간 $[0,\ 4]$에서 함수 $f(x)$의 최솟값이 $\dfrac{1}{3}$일 때,

$f(1)$의 값을 구하시오.

262

함수 $F_n(x) = \sum_{k=1}^{n} \left\{ (k+1) \int x^{2k+1} dx \right\}$ 에 대하여

$F_n(0) = 0$ 일 때, $F_n(-1)$ 의 값은? (단, $n = 1, 2, 3, \cdots$)

① $\dfrac{n-1}{2}$ ② $\dfrac{n}{2}$ ③ $\dfrac{n+1}{2}$

④ n ⑤ $n+1$

유형 4 부정적분을 이용하여 함수 구하기

263

다항함수 $f(x)$ 의 도함수 $f'(x)$ 가 $f'(x) = 6x^2 + 4$ 이다. 함수 $y = f(x)$ 의 그래프가 점 $(0, 6)$ 을 지날 때, $f(1)$ 의 값을 구하시오.

264

함수 $f(x) = x^2 + 2x + 6$ 에 대하여 다항함수 $g(x)$ 가

$\int \left\{ f(x) + \dfrac{1}{2} g(x) \right\} dx = f(x) - g(x)$ 를 만족시킬 때, $g(1)$ 의 값은?

① -18 ② -12 ③ -6

④ 0 ⑤ 6

265

삼차함수 $f(x)$의 도함수 $y=f'(x)$의 그래프가 그림과 같고 $f(0)=4$일 때, 방정식 $f(x)=k$의 서로 다른 실근의 개수가 3이 되도록 하는 자연수 k의 개수는?

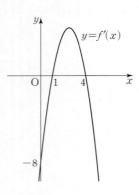

① 6   ② 7   ③ 8

④ 9   ⑤ 10

266

다항함수 $f(x)$의 한 부정적분 $F(x)$에 대하여 $F(x)=xf(x)-2x^3+9x^2$이 성립한다. $f(1)=2$일 때, 함수 $f(x)$의 최솟값은?

① -4 ② -6 ③ -8

④ -10 ⑤ -12

유형 5 $f'(x)g(x)+f(x)g'(x)$ 꼴 함수의 부정적분

267

두 다항함수 $f(x)$, $g(x)$가 다음 조건을 만족시킨다.

> (가) $f'(x)g(x)+f(x)g'(x)=9x^2-12x-3$
>
> (나) 모든 실수 x에 대하여 $g'(x)=3$이다.

$f(0)=-1$, $g(0)=-6$일 때, $f(3)+g(4)$의 값은?

① 13   ② 14   ③ 15

④ 16   ⑤ 17

268

다항함수 $f(x)$가 다음 조건을 만족시킬 때, $f(2)$의 값은?

> 모든 실수 t에 대하여 곡선 $y=f(x)$ 위의 점 $(t, f(t))$에서의 접선의 y절편은 $2f(t)-f'(t)-3t^2$이다.

① 7   ② 9   ③ 11

④ 13   ⑤ 15

유형 **6** 부정적분과 함수의 연속성

269

실수 전체의 집합에서 미분가능한 함수 $f(x)$의 도함수 $f'(x)$가

$$f'(x) = \begin{cases} 4x & (x < 1) \\ x^2 + 3x & (x \geq 1) \end{cases}$$

이고, $f(0) = -\dfrac{1}{6}$일 때, $f(6)$의 값을 구하시오.

270

실수 전체의 집합에서 연속인 함수 $f(x)$의 도함수 $f'(x)$가

$$f'(x) = \begin{cases} 2x & (x < 1) \\ 2 & (x > 1) \end{cases}$$

이고, 함수 $y = f(x)$의 그래프가 점 $(0, 1)$을 지날 때, $f(-4) + f(4)$의 값은?

① 21   ② 22   ③ 23

④ 24   ⑤ 25

유형 7 부정적분과 미분계수

271

함수 $f(x) = \int (x^2 + 2x)\, dx$일 때,

$\displaystyle\lim_{h \to 0} \dfrac{f(2+h) - f(2-h)}{h}$의 값은?

① 14 　　　② 16 　　　③ 18

④ 20 　　　⑤ 22

272

최고차항의 계수가 3인 이차함수 $f(x)$의 한 부정적분을

$F(x)$라 할 때, $\displaystyle\lim_{h \to 0} \dfrac{F(1+h)}{h} = 0$이다. $F(2) = 0$일 때,

$f(4)$의 값을 구하시오.

유형 8 부정적분과 도함수의 정의

273

실수 전체의 집합에서 미분가능한 함수 $f(x)$가 다음 조건을 만족시킨다.

> (가) $f'(0)=2$
>
> (나) 모든 실수 x, y에 대하여 $f(x+y)=f(x)+f(y)+xy$ 이다.

$f(2)$의 값은?

① 6   ② 8   ③ 10

④ 12   ⑤ 14

274

다항함수 $f(x)$가 모든 실수 x, y에 대하여

$$f(x+y)=f(x)+f(y)+3xy(x+y)-4$$

를 만족시킬 때, **보기**에서 옳은 것만을 있는 대로 고른 것은?

> **보기**
>
> ㄱ. $f(0)>0$
>
> ㄴ. $f(x)$의 차수는 3이다.
>
> ㄷ. 함수 $f(x)$가 $x=1$에서 극값을 가질 때, 모든 극값의 합은 8이다.

① ㄱ   ② ㄴ   ③ ㄱ, ㄴ

④ ㄴ, ㄷ   ⑤ ㄱ, ㄴ, ㄷ

275

[Hard]

모든 실수 x, y에 대하여 다항함수 $f(x)$가

$$f(x+y)=f(x)+f(y)+2xy-1$$

을 만족시킨다. $F(x)=\displaystyle\int (x-10)f'(x)\,dx$인 함수 $F(x)$의 극값이 존재하지 않을 때, $f(10)$의 값은?

① -200 ② -199 ③ -100

④ -99 ⑤ 0

유형 **9** 부정적분과 극값

1. 부정적분

276

삼차함수 $f(x)$는 $x=2$에서 극값을 갖고, 함수 $y=f(x)$의 그래프는 원점에 대하여 대칭이다. 함수 $y=f(x)$의 그래프와 x축과의 교점의 x좌표 중에서 양수인 것은?

① $\sqrt{6}$ ② $2\sqrt{2}$ ③ $\sqrt{10}$

④ $2\sqrt{3}$ ⑤ $\sqrt{14}$

277

함수 $f(x)$의 도함수 $f'(x)$는 이차함수이고, 함수 $y=f'(x)$의 그래프는 그림과 같다. 함수 $f(x)$의 극댓값이 6, 극솟값이 -21일 때, $f\left(-\dfrac{1}{2}\right)$의 값을 구하시오.

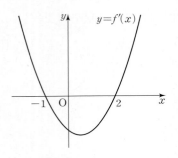

278

[Hard]

실수 전체의 집합에서 연속인 함수 $f(x)$의 도함수 $f'(x)$가

$$f'(x)=\begin{cases} 1 & (x<-2) \\ 4x & (-2<x<2) \\ -1 & (x>2) \end{cases}$$

일 때, 보기에서 옳은 것만을 있는 대로 고른 것은?

┤ 보기 ├

ㄱ. 함수 $f(x)$는 $x=-2$에서 극댓값을 갖는다.

ㄴ. 모든 실수 x에 대하여 $f(x)=f(-x)$이다.

ㄷ. $f(0)=4$이면 함수 $f(x)$의 최댓값은 12이다.

① ㄱ   ② ㄴ   ③ ㄱ, ㄴ

④ ㄴ, ㄷ   ⑤ ㄱ, ㄴ, ㄷ

Ⅲ

적분

유형 **1** 정적분의 정의와 활용

279

정적분 $\int_0^1 (3a^2x^2-6ax-4)\,dx$의 최솟값은?

(단, a는 실수이다.)

① $-\dfrac{27}{4}$　　② $-\dfrac{25}{4}$　　③ $-\dfrac{23}{4}$

④ $-\dfrac{21}{4}$　　⑤ $-\dfrac{19}{4}$

280

이차함수 $f(x)=ax^2+bx$가 다음 조건을 만족시킬 때, $f(2)$의 값은? (단, a, b는 상수이다.)

(가) $\displaystyle\lim_{x\to1}\dfrac{f(x)-f(1)}{x^2-1}=-4$
(나) $\displaystyle\int_0^1 f(x)\,dx=1$

① -13　　② -14　　③ -15

④ -16　　⑤ -17

유형 **2** 정적분의 계산: 적분 구간이 같은 경우

281

모의고사 기출

$\displaystyle\int_0^{10}(x+1)^2\,dx-\int_0^{10}(x-1)^2\,dx$의 값을 구하시오.

282

두 다항함수 $y=f(x)$, $y=g(x)$의 그래프가 두 점 $(0,\,3)$, $(3,\,8)$에서 만날 때,

$$\int_0^3 f'(x)g(x)\,dx+\int_0^3 f(x)g'(x)\,dx$$

의 값을 구하시오.

유형 3 정적분의 계산: 피적분함수가 같은 경우

283

함수 $f(x)=x^2-4x+1$에 대하여 정적분

$$\int_0^4 f(x)\,dx - \int_2^4 f(y)\,dy + \int_{-2}^2 f(|s|)\,ds$$

의 값은?

① -10　　　　② -5　　　　③ 0

④ 5　　　　⑤ 10

284

모의고사 기출

이차함수 $f(x)$는 $f(0)=-1$이고,

$$\int_{-1}^1 f(x)\,dx = \int_0^1 f(x)\,dx = \int_{-1}^0 f(x)\,dx$$

를 만족시킨다. $f(2)$의 값은?

① 11　　　　② 10　　　　③ 9

④ 8　　　　⑤ 7

285

$a=3-\sqrt{5}$, $b=3+\sqrt{5}$일 때,

$$k\int_a^c x\,dx - \int_a^c x^2\,dx = \int_c^b x^2\,dx - k\int_c^b x\,dx$$

가 성립하도록 하는 상수 k의 값은? (단, c는 상수이다.)

① $\dfrac{29}{9}$　　　　② $\dfrac{10}{3}$　　　　③ $\dfrac{31}{9}$

④ $\dfrac{32}{9}$　　　　⑤ $\dfrac{11}{3}$

유형 4 정적분의 계산: 구간에 따라 다르게 정의된 함수

286

함수 $f(x) = \begin{cases} x-1 & (x<2) \\ 3x^2-6x+1 & (x \geq 2) \end{cases}$ 에 대하여 정적분

$\int_0^3 f(x)\,dx$의 값은?

① 1　　　　② 2　　　　③ 3

④ 4　　　　⑤ 5

287

함수 $f(x) = \int_0^1 |2t-6x|\,dt$일 때, $\int_0^1 f(x)\,dx$의 값은?

① $\dfrac{14}{9}$　　　② $\dfrac{16}{9}$　　　③ 2

④ $\dfrac{20}{9}$　　　⑤ $\dfrac{22}{9}$

288

닫힌구간 $[0, 4]$에서 정의된 함수 $y=f(x)$의 그래프가 그림과 같을 때, $\int_1^4 f(f(x))\,dx$의 값을 구하시오.

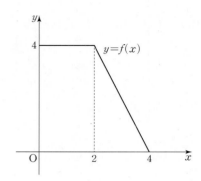

289

함수 $f(x)=x^3-3x-1$에 대하여 $-1 \le x \le t$에서 함수 $|f(x)|$의 최댓값을 $g(t)$라 할 때, 정적분 $\displaystyle\int_{-1}^{2} g(t)\,dt$의 값은? (단, $t \ge -1$)

① $\dfrac{19}{4}$ ② $\dfrac{21}{4}$ ③ $\dfrac{23}{4}$

④ $\dfrac{25}{4}$ ⑤ $\dfrac{27}{4}$

유형 5 우함수, 기함수의 정적분

290

$\displaystyle\int_{-k}^{k} (x^3+6x^2+3x+4)\,dx=12$를 만족시키는 양수 k의 값은?

① 1   ② 2   ③ 3

④ 4   ⑤ 5

291

모든 실수 x에 대하여 $f(-x)=-f(x)$인 연속함수 $f(x)$가 아래 조건을 만족시킬 때, 다음 중 $\displaystyle\int_{-4}^{2} f(x)\,dx$의 값을 a, b, c를 이용하여 나타낸 것은?

(가) $\displaystyle\int_{0}^{3} f(x)\,dx=a$

(나) $\displaystyle\int_{-3}^{2} f(x)\,dx=2b$

(다) $\displaystyle\int_{0}^{4} f(x)\,dx=c$

① $a+b-2c$ ② $a+2b$ ③ $a+2b-c$
④ $-a+2b+c$ ⑤ $-2a+2b-c$

292

모의고사 기출

두 다항함수 $f(x)$, $g(x)$가 모든 실수 x에 대하여

$$f(-x)=-f(x),\ g(-x)=g(x)$$

를 만족시킨다. 함수 $h(x)=f(x)g(x)$에 대하여

$$\int_{-3}^{3}(x+5)h'(x)\,dx=10$$

일 때, $h(3)$의 값은?

① 1   ② 2   ③ 3

④ 4   ⑤ 5

293

두 연속함수 $f(x)$, $g(x)$가 모든 실수 x에 대하여 다음 조건을 만족시킨다.

(가) $f(-x)=f(x)$, $g(-x)=-g(x)$

(나) $f(x+6)=f(x)$, $g(x+3)=g(x)$

$\int_{0}^{3}f(x)g(x)\,dx=10$일 때, $\int_{-6}^{15}f(x)g(x)\,dx$의 값을 구하시오.

유형 6 정적분을 포함한 등식: $\int_a^b$ 가 포함된 경우

294

다항함수 $f(x)$가 임의의 실수 x에 대하여

$$f(x) = 6x^2 + \int_0^1 (2x-3)f(t)\,dt$$

를 만족시킬 때, $f(3)$의 값은?

① 52 ② 54 ③ 56

④ 58 ⑤ 60

295

함수 $f(x)$가

$$f(x) = 4x^3 + 2x^2 + x\int_0^2 f'(t)\,dt$$

를 만족시킬 때, $\int_0^1 \{xf'(x) - 2f(x)\}\,dx$의 값을 구하시오.

296

Hard

두 다항함수 $f(x)$, $g(x)$가

$$f(x) = x^3 + \int_{-2}^2 g(t)\,dt,$$

$$g(x) = -x^2 + \int_{-2}^2 f(t)\,dt$$

를 만족시킬 때, $\int_{-2}^2 f(x)\,dx + \int_{-2}^2 xg(x)\,dx$의 값은?

① $\dfrac{64}{45}$ ② $\dfrac{7}{5}$ ③ $\dfrac{62}{45}$

④ $\dfrac{61}{45}$ ⑤ $\dfrac{4}{3}$

297

함수 $f(x)$가 모든 실수 x에 대하여

$$\int_x^a f(t)\,dt = 3x^2 - 2x - 8$$

을 만족시킬 때, $f(a)$의 값은? (단, $a > 0$)

① -16 ② -14 ③ -12

④ -10 ⑤ -8

298

함수 $f(x) = \int_0^x (|t-2| - 4)\,dt$에 대하여 방정식 $f(x) = 0$의 서로 다른 실근의 개수는?

① 1   ② 2   ③ 3

④ 4   ⑤ 5

299

다항함수 $f(x)$가 모든 실수 x에 대하여

$$x\{f(x) + x^2\} = \int_0^x f(t)\,dt - x^3 \int_0^1 f'(t)\,dt + 3x^4$$

을 만족시킨다. $f(0) = 2$일 때, $f(3)$의 값을 구하시오.

300

최고차항의 계수가 1인 삼차함수 $f(x)$는 다음 조건을 만족시킨다.

(가) $\lim\limits_{x \to 2} \dfrac{f(x)-4}{x-2}=0$

(나) 방정식 $\displaystyle\int_a^x f'(t)\,dt=0$의 서로 다른 실근의 개수가 2가 되도록 하는 실수 a의 최솟값은 -2이다.

$f'(1)<0$일 때, $f(3)$의 값을 구하시오.

유형 **8** 정적분을 포함한 등식: $\displaystyle\int_a^x (x-t)f(t)\,dt$가 포함된 경우

301

함수 $f(x)=x^2-4x$에 대하여 함수 $g(x)$를

$$g(x)=\int_0^x (x-t)f(t)\,dt$$

라 하자. $g(2)+g'(3)$의 값은?

① -14 ② -13 ③ -12

④ -11 ⑤ -10

302

함수 $f(x)$가 모든 실수 x에 대하여

$$\int_2^x (x-t)f(t)\,dt = \int_{-2}^x (t^3 + at^2 + bt + 1)\,dt$$

를 만족시킬 때, $f\left(\dfrac{b}{a}\right)$의 값을 구하시오.

(단, a, b는 0이 아닌 상수이다.)

303

함수 $f(x) = \displaystyle\int_1^x (3t^2 - 12t + 9)\,dt$의 극솟값은?

① -6 ② -5 ③ -4

④ -3 ⑤ -2

304

그림과 같이 함수 $y=f(x)$의 그래프가 두 개의 반직선으로 이루어져 있다. 함수 $g(x)$를 $g(x)=\int_{-1}^{x} f(t)\,dt$로 정의할 때, 함수 $g(x)$의 극댓값과 극솟값의 합을 구하시오.

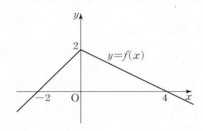

305

두 실수 a, b에 대하여 함수 $f(x)$를

$$f(x)=\int_{0}^{x} (at^2+2bt+a)\,dt$$

라 하면 $f(1)=1$이다. 함수 $f(x)$가 극값을 갖지 않을 때, $a+b$의 최댓값을 M이라 하자. $7M$의 값을 구하시오.

(단, $a\neq0$)

306

미분가능한 함수 $f(x)$가

$$\int_0^x (x-t)f(t)\,dt = \frac{1}{2}x^4 + \frac{1}{2}x^2$$

을 만족시킬 때, 함수 $f(x)$의 최솟값을 구하시오.

307

정의역이 $\{x \,|\, -3 < x < 0\}$인 함수

$f(x) = \displaystyle\int_{-3}^0 \{(x-t)|x-t|\}\,dt$에 대하여 함수 $f'(x)$의 최솟값은?

① 4   ② $\dfrac{9}{2}$ ③ 5

④ $\dfrac{11}{2}$ ⑤ 6

308

다항함수 $y=f(x)$의 그래프가 점 $(3, 2)$를 지난다.

$F(x) = \displaystyle\int_2^x f(t)\,dt$에 대하여 함수 $y=F(x)$의 그래프가 그림과 같을 때, $f(4)$의 값은?

(단, 함수 $F(x)$는 이차함수이다.)

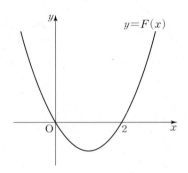

① 1   ② 2   ③ 3

④ 4   ⑤ 5

309

[Hard]

이차함수 $y=f(x)$와 일차함수 $y=g(x)$의 그래프가 그림과 같다. 세 실수 α, β, γ에 대하여 $\alpha<0$, $\beta<3<\gamma$이고

$h(x)=\int_3^x \{f(t)-g(t)\}\,dt$라 할 때, 보기에서 옳은 것만을 있는 대로 고른 것은? (단, $f(\alpha)=f(\beta)=0$, $g(\alpha)=0$)

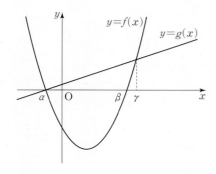

┌─ 보기 ┐

ㄱ. $h(3)=0$

ㄴ. 함수 $h(x)$는 $x=\gamma$에서 극소이다.

ㄷ. 방정식 $h(x)=0$의 모든 실근의 곱은 음수이다.

① ㄱ ② ㄴ ③ ㄱ, ㄴ

④ ㄴ, ㄷ ⑤ ㄱ, ㄴ, ㄷ

유형 12 정적분으로 정의된 함수의 극한

310

$\displaystyle\lim_{h\to0}\frac{1}{h}\int_{3-h}^{3+h}(4x-x^2)\,dx$의 값은?

① 4 ② 6 ③ 8

④ 10 ⑤ 12

311

다항함수 $f(x)$가 모든 실수 x에 대하여

$$(x-2)f(x)=(x-2)^2+\int_{-2}^x f(t)\,dt$$

를 만족시킬 때, $\displaystyle\lim_{x\to0}\frac{1}{x}\int_6^{x+6}f(t)\,dt$의 값은?

① 18 ② 16 ③ 14

④ 12 ⑤ 10

312

그림과 같이 한 변의 길이가 8인 정삼각형 ABC의 변 AB 위에 $\overline{\text{AP}}=x$ ($0<x<8$)인 점 P가 있다. 점 P를 지나고 변 BC에 평행한 직선이 변 AC와 만나는 점을 Q라 할 때, 사각형 PBCQ의 넓이를 $S(x)$라 하자. 이때

$\displaystyle\lim_{x\to 4}\frac{3x+4}{x^2-16}\int_4^x S(t)\,dt$의 값은?

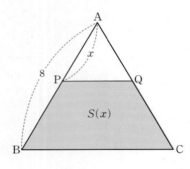

① $12\sqrt{3}$ ② $16\sqrt{3}$ ③ $20\sqrt{3}$

④ $24\sqrt{3}$ ⑤ $28\sqrt{3}$

313

Hard

함수 $f(x)=x^{12}+9x+1$에 대하여

$\displaystyle\lim_{x\to 0}\frac{1}{x^2+3x}\int_0^x (x-t-1)f'(t)\,dt$의 값은?

① -5 ② -4 ③ -3

④ -2 ⑤ -1

유형 1 곡선과 직선, 곡선과 곡선으로 둘러싸인 도형의 넓이

314

곡선 $y=-x^2+4x$와 직선 $y=k$가 접할 때, 두 직선 $x=4$, $y=k$ 및 곡선 $y=-x^2+4x$로 둘러싸인 부분의 넓이는?

(단, k는 상수이다.)

① 2   ② $\dfrac{7}{3}$ ③ $\dfrac{8}{3}$

④ 3   ⑤ $\dfrac{10}{3}$

315

두 곡선 $y=x^3-2x^2$과 $y=x^2$으로 둘러싸인 부분의 넓이는?

① $\dfrac{23}{4}$ ② $\dfrac{27}{4}$ ③ $\dfrac{31}{4}$

④ $\dfrac{35}{4}$ ⑤ $\dfrac{39}{4}$

316

함수 $f(x)=x^3-(a+1)x^2+ax$의 그래프와 x축으로 둘러싸인 두 도형의 넓이의 합이 $\dfrac{37}{12}$일 때, 상수 a의 값을 구하시오.

(단, $a>1$)

유형 2 곡선과 접선으로 둘러싸인 도형의 넓이

317

스페셜 특강 218쪽 *EXAMPLE*

곡선 $y=-x^2+2$와 곡선 위의 점 $(2, -2)$에서의 접선 및 y축으로 둘러싸인 도형의 넓이를 구하시오.

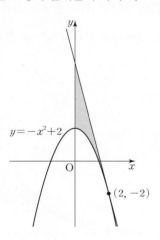

318

곡선 $y=x^3-2x^2-4x+16$ 위의 점 $(2, 8)$에서의 접선과 이 곡선으로 둘러싸인 도형의 넓이는?

① $\dfrac{32}{3}$

② 16

③ $\dfrac{64}{3}$

④ $\dfrac{80}{3}$

⑤ 32

319

모의고사 기출 | 스페셜 특강 222쪽 ⚿EXAMPLE

최고차항의 계수가 -3인 삼차함수 $y=f(x)$의 그래프 위의 점 $(2, f(2))$에서의 접선 $y=g(x)$가 곡선 $y=f(x)$와 원점에서 만난다. 곡선 $y=f(x)$와 직선 $y=g(x)$로 둘러싸인 도형의 넓이는?

① $\dfrac{7}{2}$ 　② $\dfrac{15}{4}$ 　③ 4

④ $\dfrac{17}{4}$ 　⑤ $\dfrac{9}{2}$

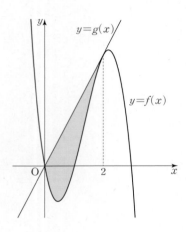

유형 3 두 도형의 넓이가 같을 조건

320

그림과 같이 $x \geq 0$에서 곡선 $y=ax^3 \ (a>0)$과 직선 $y=\dfrac{1}{4}x$로 둘러싸인 부분의 넓이를 A, 곡선 $y=ax^3$과 두 직선 $y=\dfrac{1}{4}x$, $x=1$로 둘러싸인 부분의 넓이를 B라 하자. $A=B$일 때, a의 값은?

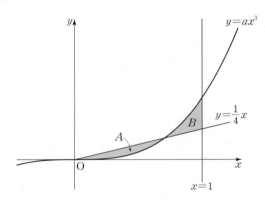

① $\dfrac{3}{2}$ 　② $\dfrac{5}{4}$ 　③ 1

④ $\dfrac{3}{4}$ 　⑤ $\dfrac{1}{2}$

321

그림과 같이 곡선 $y=x^2-2x+2$에 대하여 이 곡선과 x축, y축 및 직선 $x=k$로 둘러싸인 영역을 A, 이 곡선과 직선 $x=k$, 직선 $y=2$로 둘러싸인 영역 중 A와 이웃하지 않는 영역을 B라 하자. A의 넓이와 B의 넓이가 같을 때, 상수 k의 값은?

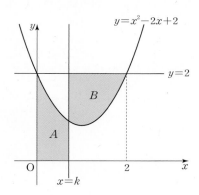

① $\dfrac{5}{8}$　　② $\dfrac{2}{3}$　　③ $\dfrac{17}{24}$

④ $\dfrac{3}{4}$　　⑤ $\dfrac{19}{24}$

유형 4 두 도형의 넓이의 비가 주어진 경우

322

그림과 같이 곡선 $y=-x^2+4x-a$와 x축 및 y축으로 둘러싸인 도형의 넓이를 S_A, 이 곡선과 x축으로 둘러싸인 도형의 넓이를 S_B라 할 때, $S_A : S_B = 1 : 2$가 성립하도록 하는 상수 a의 값은 $\dfrac{q}{p}$이다. $p+q$의 값을 구하시오.

(단, p와 q는 서로소인 자연수이다.)

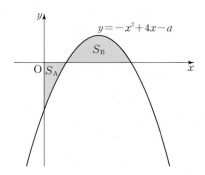

323

그림과 같이 곡선 $y=\dfrac{1}{16}x^2$과 직선 $y=4$로 둘러싸인 도형이

있다. 곡선 $y=ax^2\left(a>\dfrac{1}{4}\right)$이 이 도형의 넓이를 3등분할 때,

상수 a의 값은 $\dfrac{q}{p}$이다. $p+q$의 값을 구하시오.

(단, p와 q는 서로소인 자연수이다.)

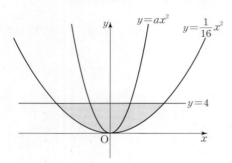

유형 **5** 복잡한 함수의 넓이

324

모의고사 기출

두 함수

$$f(x)=\dfrac{1}{3}x(4-x),\ g(x)=|x-1|-1$$

의 그래프로 둘러싸인 부분의 넓이를 S라 할 때, $4S$의 값을
구하시오.

325

모의고사 기출

그림과 같이 곡선 $y=x^2$과 양수 t에 대하여 세 점 $O(0, 0)$, $A(t, 0)$, $B(t, t^2)$을 지나는 원 C가 있다. 원 C와 곡선 $y=x^2$으로 둘러싸인 부분 중 원의 중심을 포함하지 않는 부분의 넓이를 $S(t)$라 할 때, $S'(1)=\dfrac{p\pi+q}{4}$이다. p^2+q^2의 값을 구하시오. (단, p, q는 정수이다.)

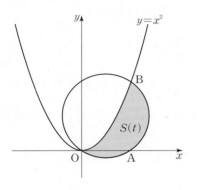

유형 6 정적분의 활용: 넓이의 최댓값, 최솟값

326

그림과 같이 곡선 $y=\dfrac{1}{2}x^2$과 직선 $y=ax$ $(0<a<1)$로 둘러싸인 도형의 넓이를 S, 곡선 $y=\dfrac{1}{2}x^2$과 두 직선 $y=ax$, $x=2$로 둘러싸인 도형의 넓이를 T라 하자. $S+T$의 값이 최소가 되도록 하는 실수 a의 값은?

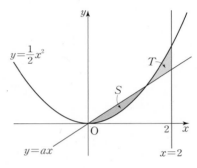

① $\dfrac{\sqrt{2}}{16}$ 　　② $\dfrac{\sqrt{2}}{8}$ 　　③ $\dfrac{\sqrt{2}}{4}$

④ $\dfrac{1}{2}$ 　　⑤ $\dfrac{\sqrt{2}}{2}$

327

[Hard]

두 함수

$$f(x) = x^2(x-4),\ g(x) = ax(x-4)\ (0 < a < 4)$$

에 대하여 두 곡선 $y=f(x)$, $y=g(x)$로 둘러싸인 부분의 넓이의 최솟값은?

① $\dfrac{15}{2}$ ② $\dfrac{31}{4}$ ③ 8

④ $\dfrac{33}{4}$ ⑤ $\dfrac{17}{2}$

유형 7 주기함수의 정적분

328

실수 전체의 집합에서 연속인 함수 $f(x)$가 다음 조건을 만족시킨다.

(개) 모든 실수 x에 대하여 $f(x) = f(x+3)$이다.

(내) $2 \le x \le 3$일 때, $f(x) \ge 0$이다.

(대) $\displaystyle\int_0^2 f(x)\,dx + \int_5^6 f(x)\,dx = 0$

함수 $y=f(x)$의 그래프와 x축 및 두 직선 $x=2$, $x=3$으로 둘러싸인 부분의 넓이가 3일 때, $\displaystyle\int_{-3}^8 f(x)\,dx$의 값은?

① -3 ② 0 ③ 3

④ 6 ⑤ 9

329

스페셜 특강 212쪽 *EXAMPLE*

실수 전체의 집합에서 증가하는 연속함수 $f(x)$가 다음 조건을 만족시킨다.

> (가) 모든 실수 x에 대하여 $f(x)=f(x-2)+3$이다.
>
> (나) $\displaystyle\int_0^4 f(x)\,dx=0$

함수 $y=f(x)$의 그래프와 x축 및 두 직선 $x=4$, $x=6$으로 둘러싸인 부분의 넓이는?

① 9   ② 10   ③ 11

④ 12   ⑤ 13

유형 8 함수와 그 역함수의 정적분

330

함수 $f(x)=x^3+2x-8$의 역함수를 $g(x)$라 할 때, $\displaystyle\int_4^{25} g(x)\,dx$의 값은?

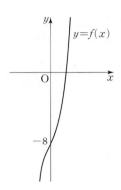

① $\dfrac{207}{4}$ ② $\dfrac{209}{4}$ ③ $\dfrac{211}{4}$

④ $\dfrac{213}{4}$ ⑤ $\dfrac{215}{4}$

331

모의고사 기출

그림과 같이 함수 $f(x)=ax^2+b$ $(x \geq 0)$의 그래프와 그 역함수 $g(x)$의 그래프가 만나는 두 점의 x좌표는 1과 2이다. $0 \leq x \leq 1$에서 두 곡선 $y=f(x)$, $y=g(x)$ 및 x축, y축으로 둘러싸인 부분의 넓이를 A라 하고, $1 \leq x \leq 2$에서 두 곡선 $y=f(x)$, $y=g(x)$로 둘러싸인 부분의 넓이를 B라 하자.

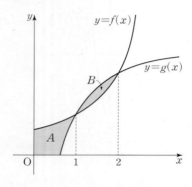

이때 $A-B$의 값은? (단, a, b는 상수이다.)

① $\dfrac{1}{9}$ ② $\dfrac{2}{9}$ ③ $\dfrac{1}{3}$

④ $\dfrac{4}{9}$ ⑤ $\dfrac{5}{9}$

332

함수 $f(x)=x^3+x^2+2x$의 역함수를 $g(x)$라 하자. 두 곡선 $y=f(x)$, $y=g(x)$와 직선 $y=-x+5$로 둘러싸인 부분의 넓이를 S_1, 곡선 $y=g(x)$와 직선 $y=-x+5$ 및 x축으로 둘러싸인 부분의 넓이를 S_2라 할 때, $S_1+S_2=\dfrac{q}{p}$이다. $p+q$의 값을 구하시오. (단, p와 q는 서로소인 자연수이다.)

유형 9 · 새롭게 정의된 함수와 그 그래프로 이루어진 도형의 넓이

333

실수 t에 대하여 닫힌구간 $[0, 3]$에서 정의된 함수
$f(x)=x^2-tx+4t$의 최솟값을 $g(t)$라 하자. 곡선 $y=g(x)$
와 x축 및 두 직선 $x=-1$, $x=4$로 둘러싸인 부분의 넓이는?

① $\dfrac{86}{3}$ ② 28 ③ $\dfrac{82}{3}$

④ $\dfrac{80}{3}$ ⑤ 26

334 **Hard**

함수 $f(x)$를 $f(x)=\displaystyle\int_0^1 t|t-x|\,dt$로 정의할 때, 곡선
$y=f(x)$와 x축 및 두 직선 $x=-1$, $x=3$으로 둘러싸인 도
형의 넓이는?

① $\dfrac{7}{4}$ ② $\dfrac{23}{12}$ ③ $\dfrac{25}{12}$

④ $\dfrac{9}{4}$ ⑤ $\dfrac{29}{12}$

335

지상 50 m 높이에서 초속 40 m의 속도로 지면과 수직으로 쏘아 올린 로켓의 t초 후의 속도는 $v(t)=40-10t(\mathrm{m/s})$라 한다. 이 로켓이 도달하는 최고 높이를 구하시오.

336

시각 $t=0$일 때 원점을 출발하여 수직선 위를 움직이는 점 P의 시각 t $(t\geq0)$에서의 속도 $v(t)$가

$$v(t)=\begin{cases} 3t(t-2) & (0\leq t<2) \\ 2t-4 & (t\geq2) \end{cases}$$

일 때, 점 P가 다시 원점으로 돌아오는 시각은?

① 1   ② 2   ③ 3

④ 4   ⑤ 5

>> 해답 106쪽

유형 11 움직인 거리

337

원점을 동시에 출발하여 수직선 위를 움직이는 두 점 P, Q의 시각 t ($t \geq 0$)에서의 속도가 각각 $v_1(t) = 2t^2 - 8t + 9$, $v_2(t) = -t^2 + at$이다. 두 점 P, Q가 $t = 3$에서 만날 때, $t = 0$에서 $t = 5$까지 점 Q가 움직인 거리를 구하시오.

(단, a는 상수이다.)

338

원점을 동시에 출발하여 수직선 위를 움직이는 두 점 P, Q의 시각 t ($t \geq 0$)에서의 속도가 각각

$$v_1(t) = 4t^2 - 2t - 2, \ v_2(t) = t^2 + 4t - 4$$

이다. 두 점 P, Q가 출발 후 두 번째로 만날 때까지 점 P가 움직인 거리를 구하시오.

유형 12 그래프에서의 위치와 움직인 거리

339

다음 그림은 수직선 위를 움직이는 점 P의 시각 t ($0 \leq t \leq 10$)에서의 속도 $v(t)$를 나타낸 것이다. $t = 3$, $t = 8$에서의 점 P의 위치가 각각 -5, 1일 때, $t = 10$에서의 점 P의 위치를 구하시오.

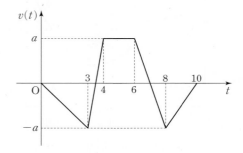

340

수직선 위에서 좌표가 2인 점을 출발하여 움직이는 어떤 물체의 시각 t에서의 속도 $v(t)$의 그래프가 그림과 같다. 색칠한 세 부분의 넓이가 차례로 2, 3, 20일 때, **보기**에서 옳은 것만을 있는 대로 고른 것은?

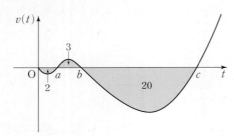

┌ **보기** ┐

ㄱ. $t=0$에서 $t=c$까지 이 물체가 움직인 거리는 25이다.

ㄴ. $t=0$에서 $t=c$까지 이 물체의 위치의 변화량은 -19이다.

ㄷ. $t=c$일 때, 이 물체의 위치는 -17이다.

└─────────────────────────────┘

① ㄱ   ② ㄴ   ③ ㄱ, ㄴ

④ ㄴ, ㄷ   ⑤ ㄱ, ㄴ, ㄷ

341

원점에서 출발하여 수직선 위를 움직이는 점 P의 시각 $t\ (0\le t\le 5)$에서의 속도 $v(t)$를 나타내는 그래프가 그림과 같다.

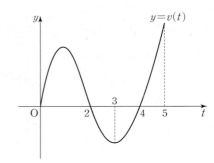

$\displaystyle\int_0^2 v(t)\,dt=\int_2^5 |v(t)|\,dt$이고 점 P의 시각 $t=3$에서의 위치가 4일 때, $t=3$에서 $t=5$까지 점 P가 움직인 거리는?

① 4   ② 5   ③ 6

④ 7   ⑤ 8

III
적분

실전에서 *시간 단축을 위한*

스페셜 특강
SPECIAL LECTURE

정적분의 계산 – 평행이동, 주기성, 대칭성

1. **평행이동**

   함수 $f(x)$에 대하여 k가 실수일 때, 다음이 성립한다.

   ① $\displaystyle\int_{a+k}^{b+k} f(x-k)\,dx = \int_a^b f(x)\,dx$ 예

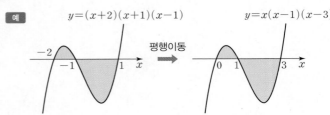

   ② $\displaystyle\int_a^b \{f(x)+k\}\,dx = \int_a^b f(x)\,dx + k(b-a)$ 예

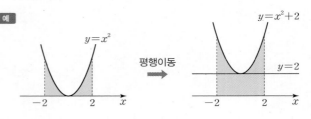

2. **주기성**

   모든 실수 x에 대하여 함수 $f(x)$가 $f(x+p)=f(x)$일 때, 다음이 성립한다.

   ① $\displaystyle\int_a^{a+p} f(x)\,dx = \int_0^p f(x)\,dx$ (단, a는 실수이다.)

   ② $\displaystyle\int_0^{np} f(x)\,dx = n\int_0^p f(x)\,dx$ (단, n은 정수이다.)

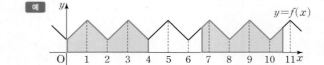

   참고 모든 실수 x에 대하여 $f(x+p)=f(x)+q$이면

   $$\int_0^{np} f(x)\,dx = n\int_0^p f(x)\,dx + \frac{n(n-1)}{2}\times pq$$

3. **대칭성**

   함수 $y=f(x)$의 그래프는 직선 $x=a$에 대하여 대칭이고, 함수 $y=g(x)$의 그래프는 점 $(a, g(a))$에 대하여 대칭일 때, 다음이 성립한다. (단, k는 실수이다.)

   ① $\displaystyle\int_0^k f(x)\,dx = \int_{2a-k}^{2a} f(x)\,dx$

   ② $\displaystyle\int_{a-k}^{a+k} f(x)\,dx = 2\int_a^{a+k} f(x)\,dx$

   ③ $\displaystyle\int_{a-k}^{a+k} g(x)\,dx = 2k \times g(a)$

   예

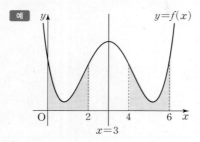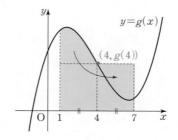

1. 평행이동

① 함수 $f(x)$의 한 부정적분을 $F(x)$라 하면 함수 $F(x-k)$는 함수 $f(x-k)$의 한 부정적분이다.

정적분의 정의에 의하여

$$\int_{a+k}^{b+k} f(x-k)\,dx = \Big[F(x-k) \Big]_{a+k}^{b+k} = F(b)-F(a) = \Big[F(x) \Big]_a^b = \int_a^b f(x)\,dx$$

② 정적분의 성질에 의하여

$$\int_a^b \{f(x)+k\}\,dx = \int_a^b f(x)\,dx + \int_a^b k\,dx = \int_a^b f(x)\,dx + \Big[kx \Big]_a^b = \int_a^b f(x)\,dx + k(b-a)$$

2. 주기성

① 정적분의 성질에 의하여

$$\int_a^{a+p} f(x)\,dx = \int_0^{a+p} f(x)\,dx - \int_0^a f(x)\,dx$$

$$= \int_0^p f(x)\,dx + \int_p^{a+p} f(x)\,dx - \int_0^a f(x)\,dx$$

$$= \int_0^p f(x)\,dx + \int_0^a f(x+p)\,dx - \int_0^a f(x)\,dx$$

$$= \int_0^p f(x)\,dx + \int_0^a \{f(x+p)-f(x)\}\,dx$$

$$= \int_0^p f(x)\,dx \;(\because f(x+p)=f(x))$$

② 정적분의 성질에 의하여

$$\int_0^{np} f(x)\,dx = \int_0^p f(x)\,dx + \int_p^{2p} f(x)\,dx + \int_{2p}^{3p} f(x)\,dx + \cdots + \int_{(n-1)p}^{np} f(x)\,dx$$

$$= \underbrace{\int_0^p f(x)\,dx + \int_0^p f(x)\,dx + \int_0^p f(x)\,dx + \cdots + \int_0^p f(x)\,dx}_{n\text{개}} \;(\because \text{주기성 ①})$$

$$= n\int_0^p f(x)\,dx$$

참고 정적분의 성질에 의하여

$$\int_0^{np} f(x)\,dx = \int_0^p f(x)\,dx + \int_p^{2p} f(x)\,dx + \int_{2p}^{3p} f(x)\,dx + \cdots + \int_{(n-1)p}^{np} f(x)\,dx$$

$$= \int_0^p f(x)\,dx + \int_0^p f(x+p)\,dx + \int_0^p f(x+2p)\,dx + \cdots + \int_0^p \{f(x+(n-1)p)\}\,dx$$

$$= \int_0^p f(x)\,dx + \int_0^p \{f(x)+q\}\,dx + \int_0^p \{f(x)+2q\}\,dx$$

$$+ \cdots + \int_0^p \{f(x)+(n-1)q\}\,dx$$

$$= \int_0^p f(x)\,dx + \left\{\int_0^p f(x)\,dx + pq\right\} + \left\{\int_0^p f(x)\,dx + 2pq\right\}$$

$$+ \cdots + \left\{\int_0^p f(x)\,dx + (n-1)pq\right\} \;(\because \text{평행이동 ②})$$

$$= n\int_0^p f(x)\,dx + \sum_{k=1}^n (k-1)pq = n\int_0^p f(x)\,dx + \frac{n(n-1)}{2} \times pq$$

3. 대칭성

① 함수 $y=f(x)$의 그래프가 직선 $x=a$에 대하여 대칭이므로 함수 $y=f(x+a)$의 그래프는 $x=0$, 즉 y축에 대하여 대칭이다. 평행이동 ①과 우함수의 정적분 계산에 의하여

$$\int_0^k f(x)\,dx=\int_{-a}^{k-a} f(x+a)\,dx=\int_{a-k}^{a} f(x+a)\,dx=\int_{2a-k}^{2a} f(x)\,dx$$

② 정적분의 성질과 대칭성 ①에 의하여

$$\int_{a-k}^{a+k} f(x)\,dx=\int_{a-k}^{a} f(x)\,dx+\int_{a}^{a+k} f(x)\,dx=\int_{a}^{a+k} f(x)\,dx+\int_{a}^{a+k} f(x)\,dx=2\int_{a}^{a+k} f(x)\,dx$$

③ 함수 $y=g(x)$의 그래프가 점 $(a,\,g(a))$에 대하여 대칭이므로 함수 $y=g(x+a)-g(a)$의 그래프는 원점에 대하여 대칭이다. 평행이동 ①, ②와 기함수의 정적분 계산에 의하여

$$\int_{-k}^{k} \{g(x+a)-g(a)\}\,dx=\int_{a-k}^{a+k} \{g(x)-g(a)\}\,dx=\int_{a-k}^{a+k} g(x)\,dx-2k\times g(a)=0$$

$$\therefore \int_{a-k}^{a+k} g(x)\,dx=2k\times g(a)$$

203쪽 &329번

스페셜 EXAMPLE

실수 전체의 집합에서 증가하는 연속함수 $f(x)$가 다음 조건을 만족시킨다.

(가) 모든 실수 x에 대하여 $f(x)=f(x-2)+3$이다.

(나) $\int_0^4 f(x)\,dx=0$

함수 $y=f(x)$의 그래프와 x축 및 두 직선 $x=4$, $x=6$으로 둘러싸인 부분의 넓이는?

① 9 ② 10 ③ 11 ④ 12 ⑤ 13

SOLUTION

조건 (가)에서 x 대신 $x+2$를 대입하면 $f(x+2)=f(x)+3$

조건 (나)에서

$$\int_0^4 f(x)\,dx=2\int_0^2 f(x)\,dx+\frac{2(2-1)}{2}\times 2\times 3=2\int_0^2 f(x)\,dx+6=0$$

$$\therefore \int_0^2 f(x)\,dx=-3$$

따라서 구하는 부분의 넓이는

$$\int_4^6 f(x)\,dx=\int_4^6 \{f(x-2)+3\}\,dx=\int_2^4 \{f(x)+3\}\,dx$$

$$=\int_2^4 \{f(x-2)+3+3\}\,dx=\int_0^2 \{f(x)+6\}\,dx$$

$$=\int_0^2 f(x)\,dx+6\times 2$$

$$=-3+12=9$$

답 ①

342

모든 실수 x에 대하여 함수 $f(x)$가 다음 조건을 만족시킨다.

(가) $f(x+2)=f(x)$

(나) $f(x)=-x^2+2x\ (0\leq x<2)$

함수 $g(x)$를 $g(x)=\displaystyle\int_{-3}^{x} f(t)\,dt$라 할 때, $g(2)+g(4)$의 값은?

① 8 　　　　② 7 　　　　③ 6 　　　　④ 5 　　　　⑤ 4

343

최고차항의 계수가 1인 삼차함수 $f(x)$가 다음 조건을 만족시킨다.

(가) 임의의 실수 p에 대하여 $\displaystyle\int_{2-p}^{2+p} f(x)\,dx=-2p$이다.

(나) 도함수 $f'(x)$는 $x=2$에서 최솟값 -3을 갖는다.

$\displaystyle\int_{0}^{6} \{f(x)+f(1)\}\,dx$의 값은?

① 18 　　　　② 24 　　　　③ 30 　　　　④ 36 　　　　⑤ 42

이차함수의 그래프에 대한 넓이 공식

① 이차함수 $f(x)=a(x-\alpha)(x-\beta)$의 그래프와 x축으로 둘러싸인 부분의 넓이 S는 다음과 같다.

$$S=\frac{|a|}{6}\times|\beta-\alpha|^3$$

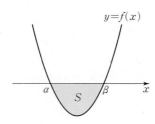

② 두 이차함수 $f(x)=ax^2+bx+c$, $g(x)=a'x^2+b'x+c'(a\neq a')$의 그래프의 교점의 x좌표를 α, β라 하면 두 곡선으로 둘러싸인 부분의 넓이 S는 다음과 같다.

$$S=\frac{|a-a'|}{6}\times|\beta-\alpha|^3$$

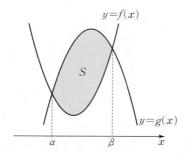

③ 이차함수 $f(x)=ax^2+bx+c$의 그래프와 직선 $g(x)=mx+n$이 $x=\alpha$인 점에서 접할 때, 곡선과 접선 및 직선 $x=p$로 둘러싸인 부분의 넓이 S는 다음과 같다.

$$S=\frac{|a|}{3}\times|p-\alpha|^3$$

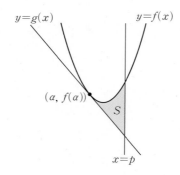

[심화 1] 이차함수 $f(x)=ax^2+bx+c$의 그래프와 직선 $g(x)=mx+n$의 교점의 x좌표를 α, β라 하면 이차함수의 그래프와 직선으로 둘러싸인 부분의 넓이 S는 다음과 같다.

$$S=\frac{|a|}{6}\times|\beta-\alpha|^3$$

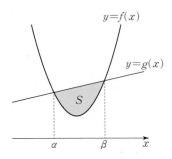

[심화 2] 이차함수 $f(x)=ax^2+bx+c$의 그래프와 이 곡선과의 접점의 x좌표가 각각 α, β인 두 접선으로 둘러싸인 부분의 넓이 S는 다음과 같다.

$$S=\frac{|a|}{12}\times|\beta-\alpha|^3$$

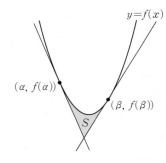

[심화 3] 이차함수 $y=f(x)$의 그래프와 직선 l의 두 교점을 A, B, 직선 l과 평행한 접선의 접점을 C라 하자. 이때 함수 $y=f(x)$의 그래프와 직선 l로 둘러싸인 부분의 넓이와 삼각형 ABC의 넓이의 비는 4 : 3이다.

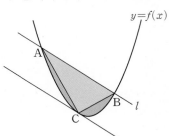

PROOF

 ① 이차함수 $y=ax(x-k)$의 그래프와 x축으로 둘러싸인 부분의 넓이 S에 대하여

(ⅰ) $a<0$, $k>0$일 때

$$S=\int_0^k ax(x-k)\,dx=a\int_0^k (x^2-kx)\,dx$$

$$=a\left[\frac{1}{3}x^3-\frac{k}{2}x^2\right]_0^k=-\frac{ak^3}{6}$$

(ⅱ) $a>0$, $k>0$일 때

(ⅰ)과 마찬가지로

$$S=\frac{ak^3}{6}$$

(ⅰ), (ⅱ)에 의하여 $S=\dfrac{|a|}{6}k^3$

이때 k는 이차함수 $y=ax(x-k)$의 그래프와 x축과의 두 교점 사이의 거리이므로 이차함수 $y=ax(x-k)$의 그래프를 x축의 방향으로 α만큼 평행이동하고, $k+\alpha=\beta$, 즉 $k=\beta-\alpha$라 하면 $\alpha<\beta$일 때 이차함수 $f(x)=a(x-\alpha)(x-\beta)$의 그래프와 x축으로 둘러싸인 부분의 넓이 S는

$$S=\frac{|a|}{6}\times(\beta-\alpha)^3$$

② 두 이차함수 $f(x)=ax^2+bx+c$와 $g(x)=a'x^2+b'x+c'$ $(a\neq a')$의 그래프로 둘러싸인 부분의 넓이 S는

$$S=\int_\alpha^\beta |f(x)-g(x)|\,dx=\int_\alpha^\beta |(a-a')(x-\alpha)(x-\beta)|\,dx$$

$$=\frac{|a-a'|}{6}\times|\beta-\alpha|^3\ (\because ①)$$

③ 이차함수 $f(x)=ax^2+bx+c$의 그래프가 직선 $g(x)=mx+n$과 점 $(\alpha, f(\alpha))$에서 접하면

$$f(x)-g(x)=ax^2+bx+c-(mx+n)=a(x-\alpha)^2$$

이차함수의 그래프와 접선 및 직선 $x=p$로 둘러싸인 부분의 넓이 S는

$$S=\int_\alpha^p |ax^2+bx+c-(mx+n)|\,dx$$

$$=\int_\alpha^p |a(x-\alpha)^2|\,dx$$

$$=|a|\int_\alpha^p (x-\alpha)^2\,dx$$

$$=|a|\left[\frac{1}{3}(x-\alpha)^3\right]_\alpha^p$$

$$=\frac{|a|}{3}\times|p-\alpha|^3$$

[심화 1] 이차함수 $f(x)=ax^2+bx+c$의 그래프와 직선 $g(x)=mx+n$으로 둘러싸인 부분의 넓이 S는

$$S=\int_\alpha^\beta |f(x)-g(x)|\,dx=\int_\alpha^\beta |a(x-\alpha)(x-\beta)|\,dx$$

$$=\frac{|a|}{6}\times|\beta-\alpha|^3\ (\because ①)$$

[심화 2] 다음 그림에서 두 접선의 교점의 x좌표를 구하면 $x=\dfrac{\alpha+\beta}{2}$이다.

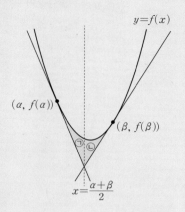

이차함수의 그래프와 두 접선으로 둘러싸인 부분이 직선

$x=\dfrac{\alpha+\beta}{2}$로 나누어지는 두 부분을 각각 ㉠, ㉡이라 하면 ③의

공식에 의하여 ㉠의 넓이는

$$\dfrac{|a|}{3}\times\left|\dfrac{\alpha+\beta}{2}-\alpha\right|^3=\dfrac{|a|}{3}\times\left|\dfrac{\beta-\alpha}{2}\right|^3=\dfrac{|a|}{24}\times|\beta-\alpha|^3$$

마찬가지로 ㉡의 넓이도

$$\dfrac{|a|}{3}\times\left|\beta-\dfrac{\alpha+\beta}{2}\right|^3=\dfrac{|a|}{3}\times\left|\dfrac{\beta-\alpha}{2}\right|^3=\dfrac{|a|}{24}\times|\beta-\alpha|^3$$

따라서 이차함수의 그래프와 두 접선으로 둘러싸인 넓이 S는

$S=$ (㉠의 넓이)$+$(㉡의 넓이)

$\quad=\dfrac{|a|}{24}\times|\beta-\alpha|^3+\dfrac{|a|}{24}\times|\beta-\alpha|^3$

$\quad=\dfrac{|a|}{12}\times|\beta-\alpha|^3$

[심화 3]

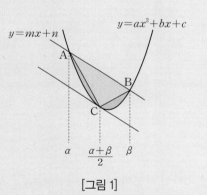

[그림 1]

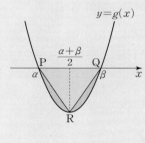

[그림 2]

이차함수 $y=ax^2+bx+c$의 그래프와 직선 $y=mx+n$이 만나는 점의 x좌표를 각각 α, β $(\alpha<\beta)$

라 하면 점 C의 x좌표는 $\dfrac{\alpha+\beta}{2}$이다.

이때 $g(x)=ax^2+bx+c-(mx+n)=a(x-\alpha)(x-\beta)$로 놓으면 삼각형 ABC의 넓이와 삼각형

PQR의 넓이는 같으므로 삼각형 ABC의 넓이를 S_1이라 하면

$$S_1=\triangle PQR=\dfrac{1}{2}(\beta-\alpha)\times\left|g\left(\dfrac{\alpha+\beta}{2}\right)\right|=\dfrac{1}{2}(\beta-\alpha)\times\left|a\times\dfrac{\beta-\alpha}{2}\times\dfrac{\alpha-\beta}{2}\right|=\dfrac{|a|}{8}\times(\beta-\alpha)^3$$

...... ㉠

또한, [그림 1]에서 이차함수 $y=ax^2+bx+c$의 그래프와 직선 $y=mx+n$으로 둘러싸인 부분의 넓

이는 [그림 2]의 이차함수 $g(x)=a(x-\alpha)(x-\beta)$의 그래프와 x축으로 둘러싸인 부분의 넓이와 같

으므로 이 넓이를 S_2라 하면

$$S_2=\dfrac{|a|}{6}\times(\beta-\alpha)^3$$

...... ㉡

㉠, ㉡에서 $4S_1=3S_2$이므로 이차함수의 그래프와 직선 $y=mx+n$으로 둘러싸인 부분의 넓이와

삼각형 ABC의 넓이의 비는 4 : 3이다.

197쪽 @317번

스페셜
EXAMPLE

곡선 $y=-x^2+2$와 곡선 위의 점 $(2, -2)$에서의 접선 및 y축으로 둘러싸인 도형의 넓이를 구하시오.

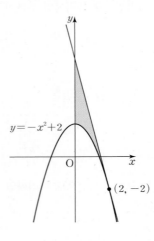

⌀ SOLUTION

이차함수 $y=-x^2+2$의 그래프와 접선이 $x=2$에서 접하므로 곡선 $y=-x^2+2$와 접선 및 $x=0$으로 둘러싸인 도형의 넓이는

$$\frac{|-1|}{3} \times |0-2|^3 = \frac{8}{3}$$

답 $\dfrac{8}{3}$

스페셜
적용하기

344

곡선 $y=x^2-2x$와 직선 $y=ax$로 둘러싸인 부분의 넓이가 곡선 $y=x^2-2x$와 x축으로 둘러싸인 부분의 넓이의 8배일 때, 양수 a의 값을 구하시오.

345

두 곡선 $y=x^2-ax$와 $y=-x^2+ax$로 둘러싸인 부분의 넓이가 9일 때, 양수 a의 값은?

① 1   ② 2   ③ 3   ④ 4   ⑤ 5

① 삼차함수 $f(x)=ax(x+k)(x-k)$ $(k>0)$에 대하여 곡선 $y=f(x)$와 x축으로 둘러싸인 부분의 넓이는 다음과 같다.

$$\int_{-k}^{k} |f(x)|\, dx = \frac{|a|}{2} \times k^4$$

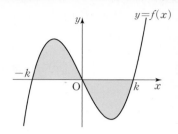

② 삼차함수 $f(x)=ax^2(x-k)$ $(k>0)$에 대하여 곡선 $y=f(x)$와 x축으로 둘러싸인 부분의 넓이는 다음과 같다.

$$\int_{0}^{k} |f(x)|\, dx = \frac{|a|}{12} \times k^4$$

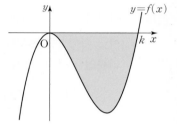

③ 사차함수 $f(x)=a(x-\alpha)^2(x-\beta)^2$ $(\alpha<\beta)$에 대하여 곡선 $y=f(x)$와 x축으로 둘러싸인 부분의 넓이는 다음과 같다.

$$\int_{\alpha}^{\beta} |f(x)|\, dx = \frac{|a|}{30} \times |\beta-\alpha|^5$$

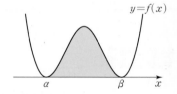

④ 사차함수 $f(x)=a(x-\alpha)^3(x-\beta)$ $(\alpha<\beta)$에 대하여 곡선 $y=f(x)$와 x축으로 둘러싸인 부분의 넓이는 다음과 같다.

$$\int_{\alpha}^{\beta} |f(x)|\, dx = \frac{|a|}{20} \times |\beta-\alpha|^5$$

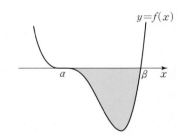

[심화 1] 삼차함수 $y=f(x)$의 그래프의 변곡점을 지나는 직선 $y=g(x)$에 대하여 곡선 $y=f(x)$와 직선 $y=g(x)$로 둘러싸인 부분의 넓이는 다음과 같다.

$$\int_{\alpha}^{\beta} |f(x)-g(x)|\, dx = \frac{|a|}{2} \times \left| \frac{\beta-\alpha}{2} \right|^4$$

(단, a는 최고차항의 계수)

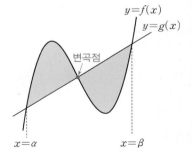

[심화 2] 삼차함수 $y=f(x)$의 그래프에 접하는 직선 $y=g(x)$에 대하여 곡선 $y=f(x)$와 직선 $y=g(x)$로 둘러싸인 부분의 넓이는 다음과 같다.

$$\int_{\alpha}^{\beta} |f(x)-g(x)|\, dx = \frac{|a|}{12} \times |\beta-\alpha|^4$$

(단, a는 최고차항의 계수)

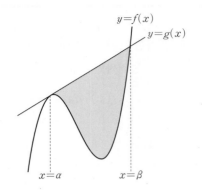

[심화 3] 사차함수 $y=f(x)$의 그래프 위의 서로 다른 두 점에서 동시에 접하는 직선 $y=g(x)$에 대하여 곡선 $y=f(x)$와 직선 $y=g(x)$로 둘러싸인 부분의 넓이는 다음과 같다.

$$\int_{\alpha}^{\beta} |f(x)-g(x)|\, dx = \frac{|a|}{30} \times |\beta-\alpha|^5$$

(단, a는 최고차항의 계수)

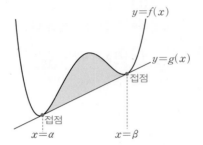

PROOF

① 삼차함수 $f(x)=ax(x+k)(x-k)$에 대하여 함수 $y=|f(x)|$의 그래프는 y축에 대하여 대칭이다.

$$\int_{-k}^{k} |f(x)|\, dx = 2\int_{0}^{k} |f(x)|\, dx = 2\int_{0}^{k} |ax(x+k)(x-k)|\, dx$$

$$= 2|a| \int_{0}^{k} (-x^3+k^2x)\, dx$$

$$= 2|a| \times \left[-\frac{1}{4}x^4 + \frac{k^2}{2}x^2 \right]_{0}^{k} = \frac{|a|}{2} \times k^4$$

② $\displaystyle\int_{0}^{k} |f(x)|\, dx = \int_{0}^{k} |ax^2(x-k)|\, dx = |a| \int_{0}^{k} (-x^3+kx^2)\, dx$

$$= |a| \times \left[-\frac{1}{4}x^4 + \frac{k}{3}x^3 \right]_{0}^{k} = \frac{|a|}{12} \times k^4$$

③ $\displaystyle\int_{\alpha}^{\beta} |f(x)|\, dx = \int_{\alpha}^{\beta} |a(x-\alpha)^2(x-\beta)^2|\, dx$

$$= \int_{\alpha}^{\beta} |a| \times \{ x^4 - 2(\alpha+\beta)x^3 + (\alpha^2+4\alpha\beta+\beta^2)x^2 - 2\alpha\beta(\alpha+\beta)x + \alpha^2\beta^2 \}\, dx$$

$$= |a| \times \left[\frac{1}{5}x^5 - \frac{\alpha+\beta}{2}x^4 + \frac{\alpha^2+4\alpha\beta+\beta^2}{3}x^3 - \alpha\beta(\alpha+\beta)x^2 + \alpha^2\beta^2x \right]_{\alpha}^{\beta}$$

$$= \frac{|a|}{30} \times |\beta-\alpha|^5$$

④ $\int_\alpha^\beta |f(x)|\,dx = \int_\alpha^\beta |a(x-\alpha)^3(x-\beta)|\,dx$

$$= \int_\alpha^\beta |a| \times \{x^4 - (3\alpha+\beta)x^3 + 3\alpha(\alpha+\beta)x^2 - \alpha^2(\alpha+3\beta)x + \alpha^3\beta\}\,dx$$

$$= |a| \times \left[\frac{1}{5}x^5 - \frac{3\alpha+\beta}{4}x^4 + \alpha(\alpha+\beta)x^3 - \frac{\alpha^2(\alpha+3\beta)}{2}x^2 + \alpha^3\beta x \right]_\alpha^\beta$$

$$= \frac{|a|}{20} \times |\beta-\alpha|^5$$

[심화 1] 삼차함수 $y=f(x)$의 그래프의 변곡점을 $(k,\ f(k))$라 하고, 곡선 $y=f(x)$와 직선 $y=g(x)$가 만나는 점 중 변곡점이 아닌 두 점을 각각 $(\alpha,\ f(\alpha))$, $(\beta,\ f(\beta))$ $(\alpha<\beta)$라 하면 0이 아닌 실수 a에 대하여

$$f(x)-g(x)=a(x-\alpha)(x-k)(x-\beta)$$

또한, 함수 $y=f(x)-g(x)$의 그래프는 점 $(k,\ 0)$에 대하여 대칭이므로 함수 $y=|f(x)-g(x)|$의 그래프는 직선 $x=k$에 대하여 대칭이고, $k=\dfrac{\alpha+\beta}{2}$이다.

즉, 함수 $y=|f(x+k)-g(x+k)|$의 그래프는 y축에 대하여 대칭이다.

$$\therefore \int_\alpha^\beta |f(x)-g(x)|\,dx = \int_{\alpha-k}^{\beta-k} |f(x+k)-g(x+k)|\,dx$$

$$= \int_{\frac{\alpha-\beta}{2}}^{\frac{\beta-\alpha}{2}} \left| ax\left(x-\frac{\alpha-\beta}{2}\right)\left(x-\frac{\beta-\alpha}{2}\right) \right|\,dx$$

$$= \frac{|a|}{2} \times \left| \frac{\beta-\alpha}{2} \right|^4 \ (\because ①) \text{이다.}$$

[심화 2] 삼차함수 $y=f(x)$의 그래프와 직선 $y=g(x)$가 점 $(\alpha,\ f(\alpha))$에서 접하고 점 $(\beta,\ f(\beta))$ $(\alpha<\beta)$에서 만난다고 가정하면 0이 아닌 실수 a에 대하여

$$f(x)-g(x)=a(x-\alpha)^2(x-\beta)$$

$$\therefore \int_\alpha^\beta |f(x)-g(x)|\,dx = \int_\alpha^\beta |a(x-\alpha)^2(x-\beta)|\,dx$$

$$= \frac{|a|}{12} \times |\beta-\alpha|^4 \ (\because ②)$$

[심화 3] 사차함수 $y=f(x)$의 그래프와 직선 $y=g(x)$가 접하는 서로 다른 두 점을 각각 $(\alpha,\ f(\alpha))$, $(\beta,\ f(\beta))$ $(\alpha<\beta)$라 하면 0이 아닌 실수 a에 대하여

$$f(x)-g(x)=a(x-\alpha)^2(x-\beta)^2$$

$$\therefore \int_\alpha^\beta |f(x)-g(x)|\,dx = \int_\alpha^\beta |a(x-\alpha)^2(x-\beta)^2|\,dx$$

$$= \frac{|a|}{30} \times |\beta-\alpha|^5 \ (\because ③)$$

모의고사 기출 198쪽 319번

스페셜
EXAMPLE

최고차항의 계수가 -3인 삼차함수 $y=f(x)$의 그래프 위의 점 $(2,\,f(2))$
에서의 접선 $y=g(x)$가 곡선 $y=f(x)$와 원점에서 만난다. 곡선 $y=f(x)$
와 직선 $y=g(x)$로 둘러싸인 도형의 넓이는?

① $\dfrac{7}{2}$ ② $\dfrac{15}{4}$ ③ 4

④ $\dfrac{17}{4}$ ⑤ $\dfrac{9}{2}$

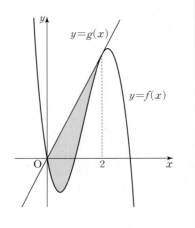

◈ SOLUTION

곡선 $y=f(x)$와 직선 $y=g(x)$로 둘러싸인 부분의 넓이는

$$\dfrac{|-3|}{12}\times|2-0|^4=4$$

답 ③

스페셜
적용하기

346

곡선 $y=2(x-1)(x-3)(x-5)$와 x축으로 둘러싸인 도형의 넓이는?

① 8 ② 12 ③ 16 ④ 20 ⑤ 24

347

최고차항의 계수가 1이고 $f(2)=0$인 삼차함수 $f(x)$와 최고차항의 계수가 1인 사차함수 $g(x)$가 다음 조건을
만족시킨다.

㈎ 모든 실수 x에 대하여 $(x+1)f(x)\geq0$이다.

㈏ $\displaystyle\lim_{x\to-1}\dfrac{g(x)}{(x+1)^n}$의 값이 존재하도록 하는 자연수 n의 최댓값은 3이다.

㈐ $g'(0)=-5$

두 곡선 $y=f(x)$, $y=g(x)$로 둘러싸인 부분의 넓이를 구하시오.

1등급 쟁취를 위한

킬링 파트

KILLING PART

부정적분

예제   **348**

최고차항의 계수가 1인 삼차함수 $f(x)$가 $f(0)=0$, $f(\alpha)=0$, $f'(\alpha)=0$이고 함수 $g(x)$가 다음 조건을 만족시킬 때, $g\left(\dfrac{\alpha}{3}\right)$의 값은? (단, α는 양수이다.)

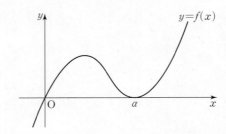

> (가) $g'(x)=f(x)+xf'(x)$
> (나) $g(x)$의 극댓값이 81이고 극솟값이 0이다.

① 56   ② 58   ③ 60   ④ 62   ⑤ 64

해결 전략

1단계 ▶ $f(x)+xf'(x)$가 $xf(x)$의 도함수임을 파악한다.

2단계 ▶ 부정적분을 이용하여 α의 값과 $g(x)$를 구한다.

유제 **349**

이차함수 $f(x)=(x-\alpha)^2\ (\alpha>0)$과 함수 $g(x)$가 다음 조건을 만족시킬 때, $g\left(\dfrac{3}{2}\alpha\right)$의 값은?

(가) $g'(x)=2xf(x)+x^2f'(x)$

(나) $g(x)$의 극댓값이 21이고 극솟값이 5이다.

---

① 140   ② 143   ③ 146   ④ 149   ⑤ 152

부정적분

예제 **350**

최고차항의 계수가 4인 삼차함수 $f(x)$와 함수 $g(x)=|x|f(x)$가 다음 조건을 만족시킨다.

> ㈎ 함수 $g(x)$가 실수 전체의 집합에서 미분가능하고 $g'(1)=16$이다.
>
> ㈏ 함수 $f(x)$의 한 부정적분 $F(x)$에 대하여 곡선 $y=F(x)$가 두 점 $(0,\ -2)$와 $(1,\ 9)$를 지난다.

닫힌구간 $[-1,\ 3]$에서 $f(x)$의 최댓값과 최솟값의 차를 구하시오.

해결 전략

1단계 ▸ $g(x)$가 $x=0$에서 미분가능하므로 $f(0)=0$임을 파악한다.

2단계 ▸ 곡선 $y=F(x)$가 지나는 점을 이용하여 $f(x)$를 구한다.

3단계 ▸ 함수 $f(x)$의 도함수를 이용하여 닫힌구간 $[-1,\ 3]$에서 $f(x)$의 최댓값, 최솟값을 구한다.

유제 **351**

삼차함수 $f(x)$와 함수 $g(x)=|x^2-1|f(x)$가 다음 조건을 만족시킨다.

⑺ 함수 $g(x)$가 실수 전체의 집합에서 미분가능하고 $\lim\limits_{x \to 1-} \dfrac{g(x)}{(x-1)^2}=-16$이다.

⑻ 함수 $f(x)$의 한 부정적분 $F(x)$에 대하여 곡선 $y=F(x)$가 두 점 $(0, 2)$, $(-2, 2)$를 지난다.

$g'(-2)$의 값은?

① -6 ② -9 ③ -12 ④ -15 ⑤ -18

부정적분

예제 352

함수 $f(x)=-x+1$에 대하여 함수 $F_n(x)$는 다음 조건을 만족시킨다.

(가) $F_1(x)=\int f(x)\,dx$, $F_1(0)=-1$

(나) $F_{n+1}(x)=\int F_n(x)\,dx$, $F_{n+1}(0)=(-1)^{n+1}$

$G_n(x)=F_n(x)+F_{n+1}(x)$일 때, $\dfrac{G_{98}{}'(1)}{G_{98}(1)}$의 값을 구하시오. (단, $n=1,\ 2,\ 3,\ \cdots$)

해결 전략

1단계 ▶ 주어진 조건을 이용하여 함수 $F_n(x)$를 구한다.

2단계 ▶ $G_1(x),\ G_2(x),\ \cdots$를 이용하여 $G_n(x)$를 구한 다음, 이를 이용하여 $\dfrac{G_{98}{}'(1)}{G_{98}(1)}$의 값을 구한다.

유제 **353**

함수 $f(x)=\dfrac{1}{2}x^2+x+1$에 대하여 함수 $F_n(x)$는 다음 조건을 만족시킨다.

(가) $F_1(x)=\displaystyle\int f(x)\,dx$, $F_1(0)=1$

(나) $F_{n+1}(x)=\displaystyle\int F_n(x)\,dx$

(다) $F_{n+1}(0)=1$

$G_n(x)=F_{n+1}(x)-F_n(x)$일 때, $\dfrac{G_{50}(2)}{G_{51}(2)}$의 값을 구하시오. (단, $n=1,\ 2,\ 3,\ \cdots$)

정적분

예제 ## 354

삼차함수 $f(x)$에 대하여 $f(0)<0$이고, 함수 $g(x)$를 $g(x)=\left|\int_0^x f(t)\,dt\right|$라 할 때, 함수 $y=g(x)$의 그래프가 그림과 같다.

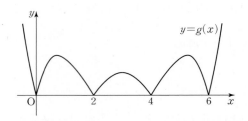

부등식 $\displaystyle\int_m^{m+1} f(x)\,dx>0$을 만족시키는 모든 자연수 m의 값의 합을 구하시오. (단, $1\le m\le6$)

해결 전략

1단계 ▶ $h(x)=\displaystyle\int_0^x f(t)\,dt$라 할 때, $f(0)<0$임을 이용하여 곡선 $y=h(x)$의 개형을 추론한다.

2단계 ▶ $\displaystyle\int_m^{m+1} f(x)\,dx=h(m+1)-h(m)$임을 이용하여 부등식을 만족시키는 모든 자연수 m의 값을 찾는다.

유제 **355**

모의고사 기출

삼차함수 $f(x)$는 $f(0) > 0$을 만족시킨다. 함수 $g(x)$를 $g(x) = \left| \int_0^x f(t)\, dt \right|$ 라 할 때, 함수 $y = g(x)$의 그래프가 그림과 같다.

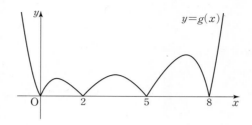

보기에서 옳은 것만을 있는 대로 고른 것은?

┤ 보기 ├

ㄱ. 방정식 $f(x) = 0$은 서로 다른 3개의 실근을 갖는다.

ㄴ. $f'(0) < 0$

ㄷ. $\int_m^{m+2} f(x)\, dx > 0$을 만족시키는 자연수 m의 개수는 3이다.

① ㄴ   ② ㄷ   ③ ㄱ, ㄴ   ④ ㄱ, ㄷ   ⑤ ㄱ, ㄴ, ㄷ

정적분

예제 **356**

함수 $f(x)=\int_0^4 |t-x|\,dt$에 대하여 직선 $y=2mx-1$과 함수 $y=f(x)$의 그래프가 만나지 않도록 하는 모든 실수 m의 값의 범위가 $\alpha \le m < \beta$일 때, $|\alpha+\beta|$의 값을 구하시오.

해결
전략

1단계 ▸ 정적분 $\int_0^4 |t-x|\,dt$에서 t가 변수, x가 상수임을 인지하고, x의 값의 범위에 따라 함수 $f(x)$를 구한다.

2단계 ▸ 함수 $y=f(x)$의 그래프와 직선 $y=2mx-1$을 관찰하여 주어진 조건을 만족시키는 m의 값의 범위를 찾는다.

유제 **357**

닫힌구간 $\left[-\dfrac{1}{4},\ 1\right]$에서 함수 $f(x)=\displaystyle\int_{-1}^{1} |t^2-x^2|\,dt$의 최솟값을 α, 최댓값을 β라 할 때, $\alpha+\beta$의 값을 구하시오.

정적분

예제 **358** 모의고사 기출

모든 실수 x에 대하여 $f(x) \geq 0$, $f(x+3) = f(x)$이고 $\displaystyle\int_{-1}^{2} \{f(x) + x^2 - 1\}^2 dx$의 값이 최소가 되도록 하는 연속

함수 $f(x)$에 대하여 $\displaystyle\int_{-1}^{26} f(x)\,dx$의 값을 구하시오.

해결전략

1단계 ▶ 정적분 $\displaystyle\int_{-1}^{2} \{f(x) + x^2 - 1\}^2 dx$의 피적분함수 $\{f(x) + x^2 - 1\}^2$이 항상 0 이상임을 파악한다.

2단계 ▶ $\{f(x) + x^2 - 1\}^2$의 값이 최소가 되도록 하는 $-1 \leq x \leq 2$에서의 $f(x)$를 결정한다.

3단계 ▶ $f(x+3) = f(x)$임을 이용하여 정적분의 값을 구한다.

유제 **359**

모든 실수 x에 대하여 $f(x) \le 0$, $f(x+5) = f(x)$일 때, $\int_{-2}^{3} \{f(x) - (x-2)(x-3)\}^2 dx$의 값이 최소가 되도록

하는 연속함수 $f(x)$에 대하여 $\int_{-2}^{58} |f(x)| dx$의 값을 구하시오.

정적분

모의고사 기출

$x=-3$과 $x=a\ (a>-3)$에서 극값을 갖는 삼차함수 $f(x)$에 대하여 실수 전체의 집합에서 정의된 함수

$$g(x)=\begin{cases} f(x) & (x<-3) \\ \displaystyle\int_0^x |f'(t)|\,dt & (x\geq-3) \end{cases}$$

이 다음 조건을 만족시킨다.

㉮ $g(-3)=-16$, $g(a)=-8$

㉯ 함수 $g(x)$는 실수 전체의 집합에서 연속이다.

㉰ 함수 $g(x)$는 극솟값을 갖는다.

$\left| \displaystyle\int_a^4 \{f(x)+g(x)\}\,dx \right|$ 의 값을 구하시오.

해결전략

1단계 ▶ 구간에 따른 함수 $g(x)$의 도함수와 조건 ㉰를 이용하여 함수 $f(x)$의 최고차항의 계수의 부호를 판단한다.

2단계 ▶ 구간에 따라 함수 $g(x)$를 $f(x)$, $f(a)$, $f(0)$으로 표현한 후, 조건 ㉮, ㉯를 이용하여 a의 값과 함수 $g(x)$를 구한다.

3단계 ▶ 정적분 $\left| \displaystyle\int_a^4 \{f(x)+g(x)\}\,dx \right|$ 의 값을 구한다.

유제

361

$x=0$과 $x=a$ $(a>0)$에서 극값을 갖는 삼차함수 $f(x)$에 대하여 실수 전체의 집합에서 정의된 함수

$$g(x) = \begin{cases} f(x) & (f'(x) \geq 0) \\ \displaystyle\int_0^x |f'(t)|\,dt & (f'(x) < 0) \end{cases}$$

가 다음 조건을 만족시킨다.

(가) 함수 $g(x)$는 실수 전체의 집합에서 연속이다.

(나) $\displaystyle\int_0^a g(x)\,dx = 2f\left(\dfrac{a}{2}\right)$

$g'(3)=3$일 때, $\displaystyle\int_1^4 \{f(x)+g(x)\}\,dx$의 값은?

① $\dfrac{43}{6}$ ② $\dfrac{15}{2}$ ③ $\dfrac{47}{6}$ ④ $\dfrac{49}{6}$ ⑤ $\dfrac{17}{2}$

정적분

예제 **362**

두 다항함수 $f(x)$, $g(x)$가 다음 조건을 만족시킨다.

> (가) $f(x) - f(0) = 2x^3 - 9x^2 + 12x$
>
> (나) 함수 $f(x)$가 극댓값 3을 갖는다.
>
> (다) $(x-1)\{g(x) - g(0)\} = f(x) + \int_0^x (x-t)g'(t)\,dt + \int_0^2 g(t)\,dt$

$g(4)$의 값은?

① 5   ② 6   ③ 7   ④ 8   ⑤ 9

해결 전략

1단계 ▶ 조건 (가)의 식의 양변을 x에 대하여 미분하여 극댓값을 갖는 x의 값을 찾고, 조건 (나)를 이용하여 $f(0)$의 값을 구한다.

2단계 ▶ 조건 (다)의 식이 정적분으로 정의된 함수임을 파악한 후 우변을 정리하여 양변을 x에 대하여 미분하고, $x=0$을 대입하여 $\int_0^2 g(t)\,dt$의 값을 찾는다.

3단계 ▶ 함수 $g'(x)$와 $f'(x)$의 관계식을 파악한 후, $\int_0^2 g(t)\,dt$의 값을 이용하여 함수 $g(x)$를 구한다.

유제 **363**

최고차항의 계수가 1인 삼차함수 $f(x)$와 다항함수 $g(x)$가 다음 조건을 만족시킨다.

(가) $(x-1)\{g(x)-g(1)\}=f(x)+\displaystyle\int_1^x (x-t)g'(t)\,dt+\int_0^1 g(t)\,dt$

(나) 함수 $f'(x)g'(x)$는 $x=2$에서 극솟값을 갖는다.

$f(0)=-3$일 때, $g(4)$의 값은?

① 2   ② 3   ③ 4   ④ 5   ⑤ 6

정적분의 활용

예제 **364**

삼차함수 $f(x)$의 도함수 $f'(x)$에 대하여 그림과 같이 함수 $y=f'(x)$의 그래프와 x축 및 두 직선 $x=a$, $x=b$ $(a<b)$로 둘러싸인 도형의 넓이를 각각 A, B, C라 할 때, 함수 $f(x)$가 다음 조건을 만족시킨다.

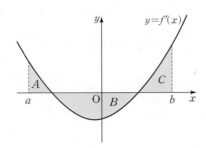

(가) $\displaystyle\int_a^b f'(x)\,dx=2$

(나) $A:B=1:2$

(다) 함수 $f(x)$의 극댓값은 4, 극솟값은 -6이다.

$a\leq x\leq b$에서 방정식 $f(x)=k$의 서로 다른 실근의 개수가 2가 되도록 하는 정수 k의 개수를 구하시오.

해결 전략

1단계 ▶ 함수 $f(x)$가 극댓값을 갖는 x의 값과 극솟값을 갖는 x의 값을 각각 α, β로 놓고, A와 B를 $f(a)$, $f(\alpha)$, $f(\beta)$로 표현한다.

2단계 ▶ 조건 (가), (나), (다)를 이용하여 $f(a)$, $f(\alpha)$, $f(\beta)$, $f(b)$의 값을 구한다.

3단계 ▶ $a\leq x\leq b$에서 곡선 $y=f(x)$와 직선 $y=k$의 교점의 개수가 2가 되도록 하는 정수 k의 개수를 구한다.

유제

365

사차함수 $f(x)$의 도함수 $f'(x)$에 대하여 그림과 같이 함수 $y=f'(x)$의 그래프가 x축과 만나는 세 점의 x좌표가 각각 a, 0, b $(a<0<b)$이고, x축 및 두 직선 $x=c$, $x=d$ $(c<a<b<d)$로 둘러싸인 도형의 넓이를 각각 A, B, C, D라 할 때, 함수 $f(x)$는 다음 조건을 만족시킨다.

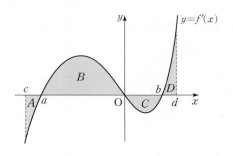

(가) $\int_{c}^{b} f'(x)\,dx=4$, $\int_{a}^{d} f'(x)\,dx=8$

(나) $\int_{c}^{0} f'(x)\,dx=3A$, $\int_{0}^{d} f'(x)\,dx=0$

(다) 함수 $f(x)$의 최솟값은 -5이다.

방정식 $f(x)=k$의 서로 다른 실근의 개수가 3이 되도록 하는 모든 실수 k의 값의 합을 구하시오.

정적분의 활용

예제 **366**

최고차항의 계수가 1인 사차함수 $f(x)$에 대하여

$$g(x) = \begin{cases} \dfrac{f(x) - f(-1)}{x+1} & (x \neq -1,\ x \neq 3) \\ 0 & (x = -1,\ x = 3) \end{cases}$$

일 때, 함수 $g(x)$는 실수 전체의 집합에서 연속이다. 방정식 $g(x) = 0$의 실근이 -1, 3뿐일 때, **보기**에서 옳은 것만을 있는 대로 고른 것은?

┤ 보기 ├

ㄱ. $f(-1) = f(3)$

ㄴ. $g'(-1) = 0$

ㄷ. $g'\left(\dfrac{5}{3}\right) = 0$일 때, 곡선 $y = f(x)$와 직선 $y = f(-1)$로 둘러싸인 부분의 넓이는 $\dfrac{256}{5}$이다.

① ㄱ   ② ㄱ, ㄴ   ③ ㄱ, ㄷ   ④ ㄴ, ㄷ   ⑤ ㄱ, ㄴ, ㄷ

해결전략

1단계 ▶ 함수 $g(x)$가 $x = 3$에서 연속임을 이용하여 ㄱ의 참, 거짓을 판단한다.

2단계 ▶ 함수 $g(x)$가 $x = -1$에서 연속이고 방정식 $g(x) = 0$의 실근이 -1과 3뿐임을 이용하여 사차함수 $f(x)$를 추론한 후 ㄴ의 참, 거짓을 판단한다.

3단계 ▶ 2단계에서 구한 함수 $f(x)$를 이용하여 조건을 만족시키는 함수 $g(x)$를 찾은 다음 ㄷ의 참, 거짓을 판단한다.

유제

367

최고차항의 계수가 1인 사차함수 $f(x)$에 대하여

$$g(x) = \begin{cases} \dfrac{f(x)-f(2)}{x-2} & (x \neq 0,\ x \neq 2) \\ f(x) & (x=0,\ x=2) \end{cases}$$

일 때, 함수 $g(x)$는 실수 전체의 집합에서 연속이다. 두 함수 $f(x)$, $g(x)$가 다음 조건을 만족시킬 때, 곡선 $y=f(x)$와 x축으로 둘러싸인 부분의 넓이를 구하시오.

> ㈎ 함수 $f(x)$는 $x=2$에서 극댓값을 갖는다.
>
> ㈏ 방정식 $\displaystyle\int_0^x g(t)\,dt=0$의 서로 다른 실근의 개수는 2이다.

정적분의 활용

예제   **368**

최고차항의 계수가 1인 삼차함수 $f(x)$와 최고차항의 계수가 -1인 이차함수 $g(x)$가 다음 조건을 만족시킨다.

> ㈎ 두 곡선 $y=f(x)$와 $y=g(x)$는 모두 x축과 점 $(1, 0)$에서 접한다.
>
> ㈏ 두 곡선 $y=f(x)$와 $y=g(x)$로 둘러싸인 부분의 넓이는 $\dfrac{27}{4}$이다.

$f(2)=\alpha$ 또는 $f(2)=\beta$일 때, $\alpha^2+\beta^2$의 값을 구하시오. (단, $\alpha \neq \beta$)

해결 전략

1단계 ▶ 조건 ㈎를 이용하여 두 함수 $f(x)$와 $g(x)$의 식을 미지수를 이용하여 나타낸다.

2단계 ▶ 삼차함수의 그래프와 x축으로 둘러싸인 부분의 넓이 공식을 이용하여 $f(x)$가 될 수 있는 삼차식을 모두 찾는다.

>> 해답 118쪽

유제 ## 369

최고차항의 계수가 각각 2, 1인 두 삼차함수 $f(x)$, $g(x)$가 다음 조건을 만족시킨다.

(개) $f(1)=f(2)=3$, $g(1)=g(2)$

(내) 곡선 $y=f(x)$ 위의 점 $(1, f(1))$에서의 접선과 곡선 $y=g(x)$ 위의 점 $(1, g(1))$에서의 접선은 서로 평행하다.

(대) 두 곡선 $y=f(x)$, $y=g(x)$와 두 직선 $x=1$, $x=2$로 둘러싸인 부분의 넓이는 1이다.

$g(1)>3$일 때, $g(1)$의 값을 구하시오.

예제 370

수직선 위를 움직이는 점 P의 시각 t에서의 위치 $x(t)$가 두 상수 a, b에 대하여 $x(t)=t(t-1)(at+b)$ $(a \neq 0)$이다. 점 P의 시각 t에서의 속도 $v(t)$가 $\int_0^1 |v(t)|\,dt = 2$를 만족시킬 때, 보기에서 옳은 것만을 있는 대로 고른 것은?

┤ 보기 ├

ㄱ. $\int_0^1 v(t)\,dt = 0$

ㄴ. $|x(t_1)| > 1$인 t_1이 열린구간 $(0,\ 1)$에 존재한다.

ㄷ. $0 \leq t \leq 1$인 모든 t에 대하여 $|x(t)| < 1$이면 $x(t_2)=0$인 t_2가 열린구간 $(0,\ 1)$에 존재한다.

① ㄱ　　　　② ㄱ, ㄴ　　　　③ ㄱ, ㄷ　　　　④ ㄴ, ㄷ　　　　⑤ ㄱ, ㄴ, ㄷ

해결전략

1단계 ▶ $v(t)$의 정적분의 값이 위치의 변화량임을 이용하여 ㄱ의 참, 거짓을 판단한다.

2단계 ▶ $\int_0^1 |v(t)|\,dt = 2$에서 점 P가 $t=0$에서 $t=1$까지 움직인 거리가 2라는 것을 파악하고, 이를 이용하여 ㄴ과 ㄷ의 참, 거짓을 판단한다.

유제

371

원점에서 출발하여 수직선 위를 움직이는 점 P의 시각 t에서의 위치 $x(t)$가 $x(t)=kt(t-a)(t-b)$이다. 함수 $x(t)$와 점 P의 시각 t에서의 속도 $v(t)$가 다음 조건을 만족시킨다. $\int_0^p |v(t)|\,dt=3$일 때, 양수 p의 값은?

(단, a, b는 상수이고 $0<a\leq b$, $k>0$)

(가) 함수 $x(t)$의 극댓값은 1이다.

(나) $\int_0^2 |v(t)|\,dt=2$

(다) 점 P는 출발 이후 원점을 한 번만 지난다.

① $\dfrac{7}{3}$　　　② $\dfrac{8}{3}$　　　③ 3　　　④ $\dfrac{10}{3}$　　　⑤ $\dfrac{11}{3}$

NE능률 | EBS중학프리미엄

스코어

단기 핵심 공략서

두께는 반으로 줄이고 점수는 두 배로 올린다!

| 개념 중심 빠른 예습 **START CORE** 교과서 필수 개념, 내신 빈출 문제로 가볍게 시작 | 초스피드 시험 대비 **SPEED CORE** 유형별 출제 포인트를 짚어 효율적 시험 대비 | 단기속성 복습 완성 **SPURT CORE** 개념 압축 점검 및 빈출 유형으로 완벽한 마무리 |

START CORE
8+2강

SPEED CORE
11~12강

SPURT CORE
8+2강

*과목: 고등 수학(상), (하) / 수학I / 수학II / 확률과 통계 / 미적분 / 기하

HIGH-END
하이엔드

강남 인강
강의교재

상위 1%를 위한 고난도 유형 완성전략!

수능·내신
1등급

수능 고난도 상위5문항 정복

수능 하이엔드 시리즈

내신 1등급 고난도 유형 공략

내신 하이엔드 시리즈

수학 I, II / 확률과 통계 / 미적분 / 기하

- 최근 10개년 오답률 상위 5문항 분석
- 대표 기출-기출변형-예상문제로 고난도 유형 완전 정복

고등수학 상,하 / 수학 I, II / 확률과 통계 / 미적분 / 기하

- 1등급을 완성 하는 고난도 빈출 문제-기출변형-최고난도 문제
  순서의 3 STEP 문제 연습

NE능률

시험직전

R

Rehearsal

371제

정답과
해설

수학II

시험직전
R
Rehearsal

정답과
해설

수학 II

I. 함수의 극한과 연속

1. 함수의 극한
🌀 1등급을 위한 필수 유형

001 ⑤	002 ②	003 ①	004 -4	005 ⑤	006 ②	007 6	008 ③	009 $-\dfrac{1}{14}$	010 ②
011 ②	012 ⑤	013 ③	014 ④	015 ①	016 ⑤	017 ⑤	018 ①	019 49	020 ⑤
021 1	022 ④	023 ①	024 ⑤	025 ⑤	026 ⑤	027 ③	028 $\dfrac{56}{5}$	029 ②	030 ④
031 ②	032 42	033 -1	034 ③	035 15	036 5	037 ①	038 ②	039 39	040 ①
041 ②	042 $\dfrac{15}{4}$	043 1	044 ②	045 4					

2. 함수의 연속
🌀 1등급을 위한 필수 유형

046 ④	047 ⑤	048 ②	049 ③	050 $\dfrac{3}{2}$	051 ④	052 ③	053 -1	054 ③	055 ⑤
056 ①	057 5	058 30	059 4	060 20	061 ⑤	062 ④	063 ④	064 ③	065 ⑤
066 ①	067 ④	068 ⑤	069 14	070 ②	071 ③	072 ③	073 ④	074 ②	075 ③
076 ③	077 3	078 ⑤							

🌀 스페셜 특강

079 ②	080 ②	081 $\dfrac{7}{9}$	082 ④	083 ⑤	084 ①

085 (1) 거짓 (2) 거짓 (3) 거짓 (4) 거짓 (5) 참 (6) 거짓 (7) 거짓 (8) 참 (9) 참 (10) 참 (11) 거짓 (12) 거짓 (13) 거짓 (14) 참 (15) 참 (16) 거짓

086 (1) 거짓 (2) 거짓 (3) 참 (4) 거짓 (5) 참 (6) 거짓 (7) 거짓 (8) 거짓 (9) 거짓 (10) 거짓 (11) 거짓 (12) 참 (13) 거짓 (14) 거짓 (15) 거짓

🌀 킬링 파트

087 ④	088 10	089 216	090 5	091 8	092 130	093 162	094 4	095 5	096 ②
097 49	098 11	099 ⑤	100 ④	101 3	102 9	103 ⑤	104 4	105 ①	106 ⑤
107 ①	108 ②	109 ⑤	110 ②						

II. 미분

1. 미분계수와 도함수
🌀 1등급을 위한 필수 유형

111 ④	112 ①	113 ⑤	114 ⑤	115 ④	116 ②	117 ①	118 6	119 ③	120 ③
121 ④	122 ⑤	123 ①	124 ③	125 ⑤	126 ③	127 ②	128 ②	129 318	130 36
131 2	132 3	133 -8	134 12	135 28	136 10	137 126	138 18	139 4	140 5
141 4	142 8	143 ④	144 9	145 ②	146 -25				

2. 도함수의 활용(1)
🌀 1등급을 위한 필수 유형

147 1	148 2	149 4	150 10	151 14	152 2	153 ②	154 ②	155 4	156 4
157 48	158 ①	159 12	160 ①	161 10	162 $\dfrac{9}{8}$	163 2	164 8	165 $(2, 2)$
166 ⑤	167 ②	168 24	169 7	170 32	171 ②	172 7	173 ⑤	174 ①

3. 도함수의 활용 (2)

175 ③	176 ①	177 ②	178 2	179 ③	180 ③	181 ①	182 ②	183 4	184 ③
185 ③	186 ③	187 4	188 ④	189 $-\dfrac{9}{2}$	190 ①	191 63	192 ①	193 ②	194 ④
195 ⑤	196 ②	197 ④	198 ⑤	199 ②	200 27	201 ②	202 ①	203 ⑤	204 ①
205 43	206 ②	207 47	208 −4	209 ①	210 ③	211 ③	212 ①	213 ⑤	

🔹 스페셜 특강

214 2	215 21	216 32	217 ④	218 −17	219 45	220 ③

221 (1) 거짓 (2) 거짓 (3) 거짓 (4) 참 (5) 거짓 (6) 거짓 (7) 참 (8) 거짓 (9) 참 (10) 참   222 ⑤

🔹 킬링 파트

223 ①	224 ②	225 ③	226 3	227 2	228 ④	229 −16	230 236	231 ③	232 ④
233 ④	234 ①	235 ③	236 51	237 ②	238 42	239 12	240 32	241 ③	242 ④
243 4	244 $-\dfrac{3}{2}$	245 186	246 ⑤	247 22	248 17	249 36	250 26	251 2	252 75

Ⅲ. 적분

1. 부정적분

253 ④	254 ①	255 ③	256 ③	257 ①	258 ③	259 243	260 ⑤	261 2	262 ②
263 12	264 ①	265 ⑤	266 ④	267 ②	268 ①	269 126	270 ⑤	271 ②	272 21
273 ①	274 ⑤	275 ④	276 ④	277 4	278 ⑤				

2. 정적분

279 ②	280 ④	281 200	282 55	283 ①	284 ①	285 ④	286 ⑤	287 ④	288 6
289 ④	290 ①	291 ③	292 ①	293 10	294 ③	295 21	296 ①	297 ④	298 ③
299 83	300 9	301 ②	302 39	303 ③	304 5	305 6	306 1	307 ②	308 ③
309 ⑤	310 ②	311 ④	312 ④	313 ③					

3. 정적분의 활용

314 ③	315 ②	316 3	317 $\dfrac{8}{3}$	318 ③	319 ③	320 ⑤	321 ②	322 11	323 25
324 14	325 13	326 ⑤	327 ③	328 ①	329 ①	330 ⑤	331 ④	332 127	333 ①
334 ③	335 130 m	336 ④	337 13	338 6	339 −2	340 ⑤	341 ①		

🔹 스페셜 특강

342 ①	343 ⑤	344 2	345 ③	346 ③	347 $\dfrac{189}{10}$

🔹 킬링 파트

348 ⑤	349 ④	350 80	351 ④	352 100	353 27	354 14	355 ⑤	356 1	357 $\dfrac{11}{6}$
358 12	359 2	360 80	361 ②	362 ⑤	363 ②	364 6	365 4	366 ③	367 $\dfrac{128}{15}$
368 18	369 $\dfrac{47}{12}$	370 ③	371 ②						

I » 함수의 극한과 연속

1. 함수의 극한

>> 본문 8~26쪽

001 $\lim\limits_{x \to 2+} f(x) + \lim\limits_{x \to 0} f(2)f(x) = 2 + 4 \times 2 = 10$ 답 ⑤

002 $-6 < n < 6$인 정수 n에 대하여 $\lim\limits_{x \to n} f(|x|)$의 값이 존재하기

위해서는

$\lim\limits_{x \to n+} f(|x|) = \lim\limits_{x \to n-} f(|x|)$

이어야 한다.

이때 $n = -5$, $n = -1$, $n = 1$, $n = 5$에서

$\lim\limits_{x \to -5+} f(|x|) = 1$, $\lim\limits_{x \to -5-} f(|x|) = -1$

$\lim\limits_{x \to -1+} f(|x|) = 0$, $\lim\limits_{x \to -1-} f(|x|) = -1$

$\lim\limits_{x \to 1+} f(|x|) = -1$, $\lim\limits_{x \to 1-} f(|x|) = 0$

$\lim\limits_{x \to 5+} f(|x|) = -1$, $\lim\limits_{x \to 5-} f(|x|) = 1$

이므로 $\lim\limits_{x \to n+} f(|x|) \neq \lim\limits_{x \to n-} f(|x|)$

따라서 $\lim\limits_{x \to n} f(|x|)$의 값이 존재하도록 하는 정수 n의 값은

-4, -3, -2, 0, 2, 3, 4의 7개이다.   답 ②

다른풀이

$g(x) = f(|x|)$라 하면 $-6 < x < 6$에서 함수 $y = g(x)$의 그

래프는 다음 그림과 같다.

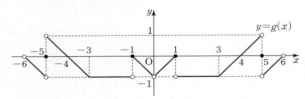

따라서 $\lim\limits_{x \to n} g(x)$, 즉 $\lim\limits_{x \to n} f(|x|)$의 값이 존재하도록 하는

정수 n의 값은 -4, -3, -2, 0, 2, 3, 4의 7개이다.

003 $f(x+2) = f(x-2)$에 x 대신 $x+2$를 대입하면

$f(x+4) = f(x)$

따라서 함수 $y = f(x)$의 그래프는 다음 그림과 같다.

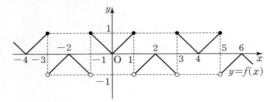

$\therefore \lim\limits_{x \to -3+} f(x) - \lim\limits_{x \to 5-} f(x) = -1 - 1 = -2$ 답 ①

다른풀이

$f(x+2) = f(x-2)$에서 $f(x+4) = f(x)$이므로

$\lim\limits_{x \to -3+} f(x) - \lim\limits_{x \to 5-} f(x) = \lim\limits_{x \to 1+} f(x) - \lim\limits_{x \to 1-} f(x)$

$= -1 - 1 = -2$

004 함수 $y = f^{-1}(x)$의 그래프는 함수 $y = f(x)$의 그래프를 직선

$y = x$에 대하여 대칭이동한 것이므로 다음 그림과 같다.

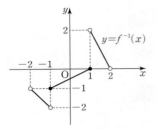

$\therefore \lim\limits_{x \to -1-} f^{-1}(x) - \lim\limits_{x \to 1+} f^{-1}(x) = -2 - 2 = -4$ 답 -4

005 ㄱ. 조건 ㉮에서 $x - f(x) = \{g(x)\}^2 \{2x + f(x)\}$이므로

$x - f(x) = 2x\{g(x)\}^2 + f(x)\{g(x)\}^2$

$x[1 - 2\{g(x)\}^2] = f(x)[\{g(x)\}^2 + 1]$

위의 식의 양변을 $x[\{g(x)\}^2 + 1]$ $(x \neq 0)$로 나누면

$\dfrac{f(x)}{x} = \dfrac{1 - 2\{g(x)\}^2}{\{g(x)\}^2 + 1}$

조건 ㉯에서 $\lim\limits_{x \to 0} g(x) = 1$이므로

$\lim\limits_{x \to 0} \{g(x)\}^2 = 1$

$\therefore \lim\limits_{x \to 0} \dfrac{f(x)}{x} = \lim\limits_{x \to 0} \dfrac{1 - 2\{g(x)\}^2}{\{g(x)\}^2 + 1}$

$= \dfrac{1 - 2}{1 + 1}$

$= -\dfrac{1}{2}$

ㄴ. $\lim\limits_{x \to 0} xf(x) = \lim\limits_{x \to 0} \left\{ x^2 \times \dfrac{f(x)}{x} \right\}$

$= \lim\limits_{x \to 0} x^2 \times \lim\limits_{x \to 0} \dfrac{f(x)}{x}$

$= 0 \times \left(-\dfrac{1}{2} \right)$ $(\because$ ㄱ$)$

$= 0$

ㄷ. $\lim\limits_{x \to 0} \dfrac{x^3 - f(x)}{x^3 + f(x)} = \lim\limits_{x \to 0} \dfrac{x^2 - \dfrac{f(x)}{x}}{x^2 + \dfrac{f(x)}{x}}$

$= \dfrac{\lim\limits_{x \to 0} x^2 - \lim\limits_{x \to 0} \dfrac{f(x)}{x}}{\lim\limits_{x \to 0} x^2 + \lim\limits_{x \to 0} \dfrac{f(x)}{x}}$

$= \dfrac{0 - \left(-\dfrac{1}{2} \right)}{0 + \left(-\dfrac{1}{2} \right)}$ $(\because$ ㄱ$)$

$= -1$

따라서 ㄱ, ㄴ, ㄷ 모두 극한값이 존재한다.   답 ⑤

006 ㄱ. $x \to 1+$일 때 $f(x) = -1$이므로

$$\lim_{x \to 1+} (f \circ f)(x) = f(-1) = -1$$

$x \to 1-$일 때 $f(x) = 1$이므로

$$\lim_{x \to 1-} (f \circ f)(x) = f(1) = 1$$

즉, $\lim_{x \to 1} (f \circ f)(x)$의 값이 존재하지 않는다.

ㄴ. $x \to 1+$일 때 $x-1 \to 0+$이고 $f(x-1) = 1$이므로

$$\lim_{x \to 1+} (f \circ f)(x-1) = f(1) = 1$$

$x \to 1-$일 때 $x-1 \to 0-$이고 $f(x-1) \to 1-$이므로

$f(x-1) = t_1$로 놓으면

$$\lim_{x \to 1-} (f \circ f)(x-1) = \lim_{t_1 \to 1-} f(t_1) = 1$$

$$\therefore \lim_{x \to 1+} (f \circ f)(x-1) = \lim_{x \to 1-} (f \circ f)(x-1) = 1$$

ㄷ. $x \to 1+$일 때 $-x \to -1-$이고 $f(-x) \to -1+$이므로

$f(-x) = t_2$로 놓으면

$$\lim_{x \to 1+} (f \circ f)(-x) = \lim_{t_2 \to -1+} f(t_2) = 0$$

$x \to 1-$일 때 $-x \to -1+$이고 $f(-x) \to 0+$이므로

$$\lim_{x \to 1-} (f \circ f)(-x) = \lim_{t_2 \to 0+} f(t_2) = 1$$

즉, $\lim_{x \to 1} (f \circ f)(-x)$의 값이 존재하지 않는다.

따라서 $x=1$에서 극한값이 존재하는 것은 ㄴ뿐이다.

답 ②

007 두 함수 $y = f(-x)$, $y = g(-x)$의 그래프는 각각 함수 $y = f(x)$의 그래프와 함수 $y = g(x)$의 그래프를 y축에 대하여 대칭이동한 것과 같으므로 $-2 < x \leq 1$에서 두 함수 $y = f(-x)$, $y = g(-x)$의 그래프는 다음 그림과 같다.

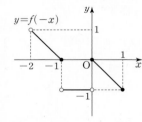 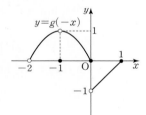

(ⅰ) $a = -1$일 때

$\lim_{x \to -1+} f(-x) = -1$, $\lim_{x \to -1+} g(-x) = 1$이므로

$$\lim_{x \to -1+} f(-x)g(-x) = -1$$

이때 $-10 < x < 7$인 모든 실수 x에 대하여

$g(x+3) = g(x)$이므로

$$\lim_{x \to -1-} f(g(x)) = \lim_{x \to 2-} f(g(x))$$

$g(x) = t$로 놓으면 $x \to 2-$일 때 $t \to 0+$이므로

$$\lim_{x \to -1-} f(g(x)) = \lim_{x \to 2-} f(g(x))$$
$$= \lim_{t \to 0+} f(t) = -1$$

$$\therefore \lim_{x \to -1+} f(-x)g(-x) = \lim_{x \to -1-} f(g(x))$$

(ⅱ) $a = 0$일 때

$\lim_{x \to 0+} f(-x) = 0$, $\lim_{x \to 0+} g(-x) = -1$이므로

$$\lim_{x \to 0+} f(-x)g(-x) = 0$$

$g(x) = t_1$로 놓으면 $x \to 0-$일 때 $t_1 \to -1+$이므로

$$\lim_{x \to 0-} f(g(x)) = \lim_{t_1 \to -1+} f(t_1) = -1$$

$$\therefore \lim_{x \to 0+} f(-x)g(-x) \neq \lim_{x \to 0-} f(g(x))$$

(ⅲ) $a = 1$일 때

$-10 < x < 7$인 모든 실수 x에 대하여

$f(x+3) = f(x)$, $g(x+3) = g(x)$이므로

$$\lim_{x \to 1+} f(-x) = \lim_{x \to -2+} f(-x) = 1,$$

$$\lim_{x \to 1+} g(-x) = \lim_{x \to -2+} g(-x) = 0$$

$$\therefore \lim_{x \to 1+} f(-x)g(-x) = 0$$

$g(x) = t_2$로 놓으면 $x \to 1-$일 때 $t_2 \to 1-$이므로

$$\lim_{x \to 1-} f(g(x)) = \lim_{t_2 \to 1-} f(t_2) = -1$$

$$\therefore \lim_{x \to 1+} f(-x)g(-x) \neq \lim_{x \to 1-} f(g(x))$$

(ⅰ), (ⅱ), (ⅲ)에 의하여 $a = -1$일 때 구하는 조건을 만족시키고, 두 함수 $f(x)$, $g(x)$의 주기가 모두 3이므로 $-10 < a < 10$에서 조건을 만족시키는 정수 a의 값은 -7, -4, -1, 2, 5, 8의 6개이다.

답 6

008 상수함수가 아닌 다항함수 $g(x)$에 대하여

$\lim_{x \to \infty} |g(x)| = \infty$이므로

$$\lim_{x \to \infty} \frac{5f(x) - 4g(x)}{g(x)} = 0$$

$$\therefore \lim_{x \to \infty} \frac{4f(x) - 3g(x)}{2g(x)}$$

$$= \lim_{x \to \infty} \frac{\frac{4}{5}\{5f(x) - 4g(x)\} + \frac{1}{5}g(x)}{2g(x)}$$

$$= \frac{2}{5} \lim_{x \to \infty} \frac{5f(x) - 4g(x)}{g(x)} + \frac{1}{10}$$

$$= \frac{2}{5} \times 0 + \frac{1}{10}$$

$$= \frac{1}{10}$$

답 ③

009 $\dfrac{f(x) + g(x)}{f(x) - g(x)} = h(x)$로 놓으면 조건 (나)에서

$$\lim_{x \to \infty} h(x) = -2$$

$f(x) + g(x) = h(x)\{f(x) - g(x)\}$이므로

$$\{h(x) - 1\}f(x) = \{h(x) + 1\}g(x)$$

$$\therefore \frac{g(x)}{f(x)} = \frac{h(x) - 1}{h(x) + 1} \ (\because f(x) \neq 0)$$

따라서 $\lim\limits_{x \to \infty} \dfrac{g(x)}{f(x)} = \lim\limits_{x \to \infty} \dfrac{h(x) - 1}{h(x) + 1} = \dfrac{-2 - 1}{-2 + 1} = 3$이므로

$$\lim_{x \to \infty} \frac{2f(x) - g(x)}{5f(x) + 3g(x)} = \lim_{x \to \infty} \frac{2 - \dfrac{g(x)}{f(x)}}{5 + 3 \times \dfrac{g(x)}{f(x)}}$$

$$= \frac{2 - 3}{5 + 3 \times 3}$$

$$= -\frac{1}{14}$$

답 $-\dfrac{1}{14}$

010 $\displaystyle\lim_{x \to 1}\frac{f(x)g(x)+3f(x)-4g(x)-12}{(x-1)^2}$

$=\displaystyle\lim_{x \to 1}\frac{f(x)\{g(x)+3\}-4\{g(x)+3\}}{(x-1)^2}$

$=\displaystyle\lim_{x \to 1}\frac{\{f(x)-4\}\{g(x)+3\}}{(x-1)(x-1)}$

$=5\displaystyle\lim_{x \to 1}\frac{g(x)+3}{x-1} \left(\because \displaystyle\lim_{x \to 1}\frac{f(x)-4}{x-1}=5\right)$

$=10$

$\therefore \displaystyle\lim_{x \to 1}\frac{g(x)+3}{x-1}=2$　　　　　　　　**답** ②

011 $x-f(x)=g(x)$로 놓으면 $f(x)=x-g(x)$이고

$\displaystyle\lim_{x \to \infty}g(x)=-2$

따라서 $\displaystyle\lim_{x \to \infty}\frac{g(x)}{x}=0$이므로

$\displaystyle\lim_{x \to \infty}\frac{\sqrt{x+3}-\sqrt{f(x)}}{\sqrt{x}-\sqrt{f(x)}}$

$=\displaystyle\lim_{x \to \infty}\frac{\sqrt{x+3}-\sqrt{x-g(x)}}{\sqrt{x}-\sqrt{x-g(x)}}$

$=\displaystyle\lim_{x \to \infty}\frac{\{\sqrt{x+3}-\sqrt{x-g(x)}\}\{\sqrt{x+3}+\sqrt{x-g(x)}\}\{\sqrt{x}+\sqrt{x-g(x)}\}}{\{\sqrt{x}-\sqrt{x-g(x)}\}\{\sqrt{x}+\sqrt{x-g(x)}\}\{\sqrt{x+3}+\sqrt{x-g(x)}\}}$

$=\displaystyle\lim_{x \to \infty}\frac{\{3+g(x)\}\{\sqrt{x}+\sqrt{x-g(x)}\}}{g(x)\{\sqrt{x+3}+\sqrt{x-g(x)}\}}$

$=\displaystyle\lim_{x \to \infty}\frac{\{3+g(x)\}\left\{\sqrt{1}+\sqrt{1-\dfrac{g(x)}{x}}\right\}}{g(x)\left\{\sqrt{1+\dfrac{3}{x}}+\sqrt{1-\dfrac{g(x)}{x}}\right\}}$

$=\dfrac{(3-2)\times(1+1)}{-2(1+1)}=-\dfrac{1}{2}$　　　　**답** ②

012 $\dfrac{f(x)+g(x)}{f(x)-g(x)}=h(x)$로 놓으면 $\displaystyle\lim_{x \to \infty}h(x)=5$이고

$f(x)+g(x)=h(x)\{f(x)-g(x)\}$에서

$\{h(x)-1\}f(x)=\{h(x)+1\}g(x)$

$f(x) \neq 0$일 때, $\dfrac{g(x)}{f(x)}=\dfrac{h(x)-1}{h(x)+1}$

따라서 $\displaystyle\lim_{x \to \infty}\dfrac{g(x)}{f(x)}=\displaystyle\lim_{x \to \infty}\dfrac{h(x)-1}{h(x)+1}=\dfrac{4}{6}=\dfrac{2}{3}$이므로

$\displaystyle\lim_{x \to \infty}\dfrac{-3f(x)+g(x)}{2f(x)-g(x)}=\displaystyle\lim_{x \to \infty}\dfrac{-3+\dfrac{g(x)}{f(x)}}{2-\dfrac{g(x)}{f(x)}}$

$=\dfrac{-3+\dfrac{2}{3}}{2-\dfrac{2}{3}}=-\dfrac{7}{4}$　　　　**답** ⑤

013 ㄱ. $\displaystyle\lim_{x \to a}g(x)$의 값이 존재한다고 가정하자.

　　$\displaystyle\lim_{x \to a}f(x)=\alpha$, $\displaystyle\lim_{x \to a}g(x)=\beta$ (α, β는 실수)로 놓으면

　　$\displaystyle\lim_{x \to a}f(x)g(x)=\displaystyle\lim_{x \to a}f(x)\times\displaystyle\lim_{x \to a}g(x)=\alpha\beta$

　　즉, $\displaystyle\lim_{x \to a}f(x)g(x)$의 값이 존재하므로 가정에 모순이다.

　　따라서 $\displaystyle\lim_{x \to a}g(x)$의 값은 존재하지 않는다. (참)

ㄴ. $-f(x)+2g(x)=h(x)$, $2f(x)-3g(x)=k(x)$로 놓으면

　　$f(x)=3h(x)+2k(x)$

　　$\displaystyle\lim_{x \to a}h(x)=\alpha$, $\displaystyle\lim_{x \to a}k(x)=\beta$ (α, β는 실수)로 놓으면

　　$\displaystyle\lim_{x \to a}f(x)=\displaystyle\lim_{x \to a}\{3h(x)+2k(x)\}=3\alpha+2\beta$

　　따라서 $\displaystyle\lim_{x \to a}f(x)$의 값이 존재한다. (참)

ㄷ. [반례] $f(x)=\begin{cases} 1 & (x<a) \\ -1 & (x \geq a) \end{cases}$, $g(x)=\begin{cases} -1 & (x<a) \\ 1 & (x \geq a) \end{cases}$

　　이면 $\displaystyle\lim_{x \to a}\{f(x)+g(x)\}=0$이지만 $\displaystyle\lim_{x \to a}f(x)$, $\displaystyle\lim_{x \to a}g(x)$

　　의 값이 각각 존재하지 않으므로

　　$\displaystyle\lim_{x \to a}f(x) \neq -\displaystyle\lim_{x \to a}g(x)$ (거짓)

따라서 옳은 것은 ㄱ, ㄴ이다.　　　　**답** ③

014 ㄱ. $\displaystyle\lim_{x \to a}f(x)=\alpha$, $\displaystyle\lim_{x \to a}f(x)g(x)=\beta$ ($\alpha \neq 0$인 실수, β는 실수)

　　로 놓으면

　　$\displaystyle\lim_{x \to a}g(x)=\displaystyle\lim_{x \to a}\dfrac{f(x)g(x)}{f(x)}$

　　　　　　　　$=\dfrac{\displaystyle\lim_{x \to a}f(x)g(x)}{\displaystyle\lim_{x \to a}f(x)}=\dfrac{\beta}{\alpha}$

　　따라서 $\displaystyle\lim_{x \to a}g(x)$의 값은 존재한다. (참)

ㄴ. $\displaystyle\lim_{x \to a}f(x)=\alpha$, $\displaystyle\lim_{x \to a}\dfrac{g(x)}{f(x)}=\beta$ (α, β는 실수)로 놓으면

　　$\displaystyle\lim_{x \to a}g(x)=\displaystyle\lim_{x \to a}\left\{f(x)\times\dfrac{g(x)}{f(x)}\right\}$

　　　　　　　　$=\displaystyle\lim_{x \to a}f(x)\times\displaystyle\lim_{x \to a}\dfrac{g(x)}{f(x)}=\alpha\beta$

　　따라서 $\displaystyle\lim_{x \to a}g(x)$의 값은 존재한다. (참)

ㄷ. [반례] $f(x)=\dfrac{1}{x-1}$, $g(x)=x+1$이면

　　$\displaystyle\lim_{x \to 0}f(x)=-1$, $\displaystyle\lim_{x \to 0}g(x)=1$

　　그런데

　　$\displaystyle\lim_{x \to 0+}f(g(x))=\displaystyle\lim_{x \to 0+}\dfrac{1}{x}=\infty$,

　　$\displaystyle\lim_{x \to 0-}f(g(x))=\displaystyle\lim_{x \to 0-}\dfrac{1}{x}=-\infty$

　　이므로 $\displaystyle\lim_{x \to 0}f(g(x))$의 값은 존재하지 않는다. (거짓)

따라서 옳은 것은 ㄱ, ㄴ이다.　　　　**답** ④

015 $\displaystyle\lim_{x \to 2}f(x)=3$, $\displaystyle\lim_{x \to 2}\dfrac{g(x)}{f(x)}=5$에서

$\displaystyle\lim_{x \to 2}g(x)=\displaystyle\lim_{x \to 2}\left\{f(x)\times\dfrac{g(x)}{f(x)}\right\}$

　　　　　　$=3\times5=15$

$x+2=t$로 놓으면 $x \to 0$일 때 $t \to 2$이므로

$\displaystyle\lim_{x \to 0}\dfrac{2x-3}{g(x+2)}=\displaystyle\lim_{t \to 2}\dfrac{2t-7}{g(t)}$

　　　　　　　$=\dfrac{-3}{15}=-\dfrac{1}{5}$　　　　**답** ①

016 $x=\dfrac{1}{t}$로 놓으면 $x \to 0+$일 때 $t \to \infty$이므로

$$\lim_{x \to 0}\frac{(x^3-3x^2)f\left(\frac{1}{x}\right)+3}{5x^2-x}=\lim_{t \to \infty}\frac{\left(\frac{1}{t^3}-\frac{3}{t^2}\right)f(t)+3}{\frac{5}{t^2}-\frac{1}{t}}$$

$$=\lim_{t \to \infty}\frac{(1-3t)f(t)+3t^3}{5t-t^2}=8$$

즉, $f(t)$는 최고차항의 계수가 1인 이차함수이므로

$f(t)=t^2+at+b$ (a, b는 상수)로 놓으면

$$\lim_{t \to \infty}\frac{(1-3t)f(t)+3t^3}{5t-t^2}=\lim_{t \to \infty}\frac{(1-3t)(t^2+at+b)+3t^3}{-t^2+5t}$$

$$=\lim_{t \to \infty}\frac{(1-3a)t^2+(a-3b)t+b}{-t^2+5t}$$

$$=\lim_{t \to \infty}\frac{1-3a+\dfrac{a-3b}{t}+\dfrac{b}{t^2}}{-1+\dfrac{5}{t}}$$

$$=3a-1$$

즉, $3a-1=8$이므로

$a=3$

$\lim\limits_{x \to 0}\dfrac{f(x)-5}{x}=a$에서 $x \to 0$일 때 (분모)$\to 0$이고 극한값이

존재하므로 (분자)$\to 0$이어야 한다.

즉, $\lim\limits_{x \to 0}\{f(x)-5\}=0$에서

$\lim\limits_{x \to 0}f(x)=5$

따라서 $f(0)=b=5$이므로

$f(x)=x^2+3x+5$

$$\therefore a=\lim_{x \to 0}\frac{f(x)-5}{x}$$

$$=\lim_{x \to 0}\frac{x^2+3x}{x}$$

$$=\lim_{x \to 0}(x+3)=3$$

답 ⑤

017 ㄱ. $\displaystyle\lim_{x \to 2}f(x)=\lim_{x \to 2}\frac{x^3-1}{x^3+x^2+2x-2}$

$$=\frac{8-1}{8+4+4-2}=\frac{1}{2}\text{ (참)}$$

ㄴ. $-x=t$로 놓으면 $x \to -\infty$일 때 $t \to \infty$이므로

$$\lim_{x \to -\infty}f(x)=\lim_{x \to -\infty}\frac{-x^3-1}{x^3+x^2-2x-2}$$

$$=\lim_{t \to \infty}\frac{t^3-1}{-t^3+t^2+2t-2}$$

$$=-1\text{ (참)}$$

ㄷ. $\displaystyle\lim_{x \to -1}f(x)=\lim_{x \to -1}\frac{-x^3-1}{x^3+x^2-2x-2}$

$$=\lim_{x \to -1}\frac{-(x+1)(x^2-x+1)}{(x+1)(x^2-2)}$$

$$=\lim_{x \to -1}\frac{-(x^2-x+1)}{x^2-2}$$

$$=3\text{ (참)}$$

따라서 ㄱ, ㄴ, ㄷ 모두 옳다.

답 ⑤

018 $\lim\limits_{x \to 0}\dfrac{f(x)}{x}=5$에서 $x \to 0$일 때 (분모)$\to 0$이고 극한값이 존

재하므로 (분자)$\to 0$이어야 한다.

$\therefore \lim\limits_{x \to 0}f(x)=0$ ...... ㉠

$\lim\limits_{x \to 2}\dfrac{f(x)}{x-2}=5$에서 $x \to 2$일 때 (분모)$\to 0$이고 극한값이 존

재하므로 (분자)$\to 0$이어야 한다.

$\therefore \lim\limits_{x \to 2}f(x)=0$ ...... ㉡

따라서 ㉡에서 $x \to 2$일 때 $f(x) \to 0$이므로

$\lim\limits_{x \to 2}(f \circ f)(x)=\lim\limits_{x \to 2}f(f(x))$

$$=\lim_{x \to 0}f(x)=0 \;(\because ㉠)$$

또, $x-2=t$로 놓으면 $x \to 2$일 때 $t \to 0$이므로

$$\lim_{x \to 2}\frac{f(x-2)}{x-2}=\lim_{t \to 0}\frac{f(t)}{t}=5$$

$$\therefore \lim_{x \to 2}\frac{\{(f \circ f)(x)-2\}f(x-2)}{x^2-4}$$

$$=\lim_{x \to 2}\frac{\{(f \circ f)(x)-2\}f(x-2)}{(x+2)(x-2)}$$

$$=\lim_{x \to 2}\left\{\frac{(f \circ f)(x)-2}{x+2}\times\frac{f(x-2)}{x-2}\right\}$$

$$=\lim_{x \to 2}\frac{(f \circ f)(x)-2}{x+2}\times\lim_{x \to 2}\frac{f(x-2)}{x-2}$$

$$=\frac{0-2}{2+2}\times 5$$

$$=-\frac{5}{2}$$

답 ①

019 다항식 $f(x)$를 $x-2$로 나누었을 때의 몫이 $g(x)$이므로

나머지를 a (a는 상수)라 하면

$f(x)=(x-2)g(x)+a$

로 놓을 수 있다.

$$\therefore \lim_{x \to 2}\frac{f(x)-4x}{x-2}=\lim_{x \to 2}\frac{(x-2)g(x)+a-4x}{x-2}=3$$

$x \to 2$일 때 (분모)$\to 0$이고 극한값이 존재하므로 (분자)$\to 0$

이어야 한다.

즉, $\lim\limits_{x \to 2}\{(x-2)g(x)+a-4x\}=0$이므로

$a=8$

따라서 $f(x)=(x-2)g(x)+8$이므로

$$\lim_{x \to 2}\frac{f(x)-4x}{x-2}=\lim_{x \to 2}\frac{(x-2)g(x)+8-4x}{x-2}$$

$$=\lim_{x \to 2}\frac{(x-2)g(x)-4(x-2)}{x-2}$$

$$=\lim_{x \to 2}\{g(x)-4\}=3$$

즉, $\lim\limits_{x \to 2}g(x)=7$이므로

$$\lim_{x \to 2}\frac{\{f(x)-8\}g(x)}{x-2}=\lim_{x \to 2}\frac{(x-2)g(x)\times g(x)}{x-2}$$

$$=\lim_{x \to 2}\{g(x)\}^2$$

$$=49$$

답 49

020 $\lim\limits_{x \to a} f(x) \neq 0$이면

$$\lim_{x \to a} \frac{f(x)+(x-a)}{f(x)-(x-a)} = \frac{\lim\limits_{x \to a} f(x)}{\lim\limits_{x \to a} f(x)} = 1 \neq \frac{7}{2}$$

이므로

$$\lim_{x \to a} f(x) = 0 \qquad \therefore f(a) = 0$$

따라서 $f(x) = (x-a)(x-b)$ (b는 상수)로 놓으면

$$\lim_{x \to a} \frac{f(x)+(x-a)}{f(x)-(x-a)} = \lim_{x \to a} \frac{(x-a)(x-b)+(x-a)}{(x-a)(x-b)-(x-a)}$$
$$= \lim_{x \to a} \frac{(x-a)(x-b+1)}{(x-a)(x-b-1)}$$
$$= \frac{a-b+1}{a-b-1} = \frac{7}{2}$$

즉, $2a-2b+2 = 7a-7b-7$이므로

$$b = a - \frac{9}{5}$$

따라서 $f(x) = (x-a)\left(x-a+\dfrac{9}{5}\right)$이므로 방정식 $f(x)=0$

의 두 근은

$$x = a \text{ 또는 } x = a - \frac{9}{5}$$

$$\therefore 5|\alpha-\beta| = 5\left|a-a+\frac{9}{5}\right| = 9$$

답 ⑤

021 (i) $a > 3$일 때

$$\lim_{x \to 3} \frac{|x^2-a^2|-|a^2-9|}{x^2-9} = \lim_{x \to 3} \frac{-(x^2-a^2)-(a^2-9)}{x^2-9}$$
$$= \lim_{x \to 3} \frac{-x^2+a^2-a^2+9}{x^2-9}$$
$$= \lim_{x \to 3} \frac{-x^2+9}{x^2-9} = -1$$

(ii) $a = 3$일 때

$$\lim_{x \to 3-} \frac{|x^2-a^2|-|a^2-9|}{x^2-9} = \lim_{x \to 3-} \frac{|x^2-9|}{x^2-9}$$
$$= \lim_{x \to 3-} \frac{-x^2+9}{x^2-9} = -1$$

$$\lim_{x \to 3+} \frac{|x^2-a|-|a^2-9|}{x^2-9} = \lim_{x \to 3+} \frac{|x^2-9|}{x^2-9}$$
$$= \lim_{x \to 3+} \frac{x^2-9}{x^2-9} = 1$$

따라서 $\lim\limits_{x \to 3} \dfrac{|x^2-a^2|-|a^2-9|}{x^2-9}$의 값이 존재하지 않는다.

(iii) $a < 3$일 때

$$\lim_{x \to 3} \frac{|x^2-a^2|-|a^2-9|}{x^2-9} = \lim_{x \to 3} \frac{x^2-a^2+(a^2-9)}{x^2-9}$$
$$= \lim_{x \to 3} \frac{x^2-9}{x^2-9} = 1$$

(i), (ii), (iii)에 의하여 $a < 3$, $b = 1$ ($\because b$는 자연수)

따라서 $a-b$의 값은 $a = 2$, $b = 1$일 때 최대이므로 구하는 최

댓값은

$$2-1 = 1$$

답 1

022 $\lim\limits_{x \to 0} \dfrac{\sqrt{x^2+2x+4}+ax-2}{x^2}$

$$= \lim_{x \to 0} \frac{\{\sqrt{x^2+2x+4}+(ax-2)\}\{\sqrt{x^2+2x+4}-(ax-2)\}}{x^2\{\sqrt{x^2+2x+4}-(ax-2)\}}$$
$$= \lim_{x \to 0} \frac{(x^2+2x+4)-(a^2x^2-4ax+4)}{x^2\{\sqrt{x^2+2x+4}-(ax-2)\}}$$
$$= \lim_{x \to 0} \frac{(1-a^2)x^2+(2+4a)x}{x^2\{\sqrt{x^2+2x+4}-(ax-2)\}}$$
$$= \lim_{x \to 0} \frac{(1-a^2)x+(2+4a)}{x\{\sqrt{x^2+2x+4}-(ax-2)\}} = b \quad \cdots\cdots \ ㉠$$

㉠에서 $x \to 0$일 때 (분모)$\to 0$이고 극한값이 존재하므로

(분자)$\to 0$이어야 한다.

즉, $\lim\limits_{x \to 0} \{(1-a^2)x+(2+4a)\} = 0$이므로

$$2+4a = 0 \qquad \therefore a = -\frac{1}{2}$$

㉠에 $a = -\dfrac{1}{2}$을 대입하면

$$b = \lim_{x \to 0} \frac{\frac{3}{4}x}{x\left\{\sqrt{x^2+2x+4}+\left(\frac{1}{2}x+2\right)\right\}}$$
$$= \lim_{x \to 0} \frac{\frac{3}{4}}{\sqrt{x^2+2x+4}+\left(\frac{1}{2}x+2\right)} = \frac{3}{16}$$

따라서 $a = -\dfrac{1}{2}$, $b = \dfrac{3}{16}$이므로

$$a+b = -\frac{1}{2}+\frac{3}{16} = -\frac{5}{16}$$

답 ④

023 $\lim\limits_{x \to 0} \dfrac{\sqrt{a^2-2x^2+x^3}-3b}{x^n} = -2$에서 $x \to 0$일 때

(분모)$\to 0$이고 극한값이 존재하므로 (분자)$\to 0$이어야 한다.

즉, $\lim\limits_{x \to 0} (\sqrt{a^2-2x^2+x^3}-3b) = 0$이므로

$$\sqrt{a^2} = 3b \qquad \therefore a = 3b \ (\because a > 0)$$

$$\therefore \lim_{x \to 0} \frac{\sqrt{a^2-2x^2+x^3}-3b}{x^n} = \lim_{x \to 0} \frac{\sqrt{a^2-2x^2+x^3}-a}{x^n}$$
$$= \lim_{x \to 0} \frac{x^2(-2+x)}{x^n(\sqrt{a^2-2x^2+x^3}+a)}$$

이때 $n = 1$이면 $\lim\limits_{x \to 0} \dfrac{x^2(x-2)}{x(\sqrt{a^2-2x^2+x^3}+a)} = 0$, $n > 2$이면

$\lim\limits_{x \to 0} \dfrac{x^2(x-2)}{x^n(\sqrt{a^2-2x^2+x^3}+a)}$의 값은 존재하지 않으므로

$n = 2$

즉, $\dfrac{-2}{a+a} = -2$에서 $a = \dfrac{1}{2}$

따라서 $b = \dfrac{1}{3}a = \dfrac{1}{6}$이므로

$$abn = \frac{1}{2} \times \frac{1}{6} \times 2 = \frac{1}{6}$$

답 ①

024 이차방정식 $ax^2+6x-4=0$의 두 근은

$$x = \frac{-3\pm\sqrt{9+4a}}{a} \qquad \therefore \alpha(a) = \frac{-3+\sqrt{9+4a}}{a}$$

$$\therefore \lim_{a \to 0+} \alpha(a) = \lim_{a \to 0+} \frac{-3+\sqrt{9+4a}}{a}$$

$$= \lim_{a \to 0+} \frac{(-3+\sqrt{9+4a})(-3-\sqrt{9+4a})}{a(-3-\sqrt{9+4a})}$$

$$= \lim_{a \to 0+} \frac{-4a}{a(-3-\sqrt{9+4a})}$$

$$= \frac{-4}{-6} = \frac{2}{3}$$

답 ⑤

025 $\displaystyle\lim_{x \to \infty} \sqrt{x}\left(\sqrt{x-\alpha}-\sqrt{x-\beta}\right)$

$$= \lim_{x \to \infty} \frac{\sqrt{x}\left(\sqrt{x-\alpha}-\sqrt{x-\beta}\right)\left(\sqrt{x-\alpha}+\sqrt{x-\beta}\right)}{\sqrt{x-\alpha}+\sqrt{x-\beta}}$$

$$= \lim_{x \to \infty} \frac{\sqrt{x}\,(-\alpha+\beta)}{\sqrt{x-\alpha}+\sqrt{x-\beta}}$$

$$= \lim_{x \to \infty} \frac{-\alpha+\beta}{\sqrt{1-\dfrac{\alpha}{x}}+\sqrt{1-\dfrac{\beta}{x}}}$$

$$= \frac{\beta-\alpha}{2}$$

이때 이차방정식 $x^2-5x-4=0$의 두 실근이 α, β이므로 근과 계수의 관계에 의하여

$\alpha+\beta=5$, $\alpha\beta=-4$

$$\therefore \beta-\alpha = \sqrt{(\alpha+\beta)^2-4\alpha\beta} = \sqrt{41} \; (\because \alpha < \beta)$$

즉, $k=\dfrac{\sqrt{41}}{2}$이므로 $2k=\sqrt{41}$

답 ⑤

026 $\left(\dfrac{4}{x}\right)^{10}+\left(\dfrac{4}{x}\right)^9+\left(\dfrac{4}{x}\right)^8+\cdots+\left(\dfrac{4}{x}\right)^2+\dfrac{4}{x}$

$$= \frac{\left(\dfrac{4}{x}\right)^{10}\left\{\left(\dfrac{x}{4}\right)^{10}-1\right\}}{\dfrac{x}{4}-1}$$

$$= \frac{1-\dfrac{4^{10}}{x^{10}}}{\dfrac{x-4}{4}} = \frac{4(x^{10}-4^{10})}{x^{10}(x-4)}$$

$$\therefore \lim_{x \to \infty} (4x-3)\left\{\left(\dfrac{4}{x}\right)^{10}+\left(\dfrac{4}{x}\right)^9+\left(\dfrac{4}{x}\right)^8+\cdots+\dfrac{4}{x}\right\}$$

$$= \lim_{x \to \infty} \frac{4(4x-3)(x^{10}-4^{10})}{x^{10}(x-4)}$$

$$= \lim_{x \to \infty} \frac{4\left(4-\dfrac{3}{x}\right)\left(1-\dfrac{4^{10}}{x^{10}}\right)}{1-\dfrac{4}{x}} = 16$$

답 ⑤

다른풀이

$\dfrac{4}{x}=t$로 놓으면 $x \to \infty$일 때 $t \to 0+$이므로

$$\lim_{x \to \infty} (4x-3)\left\{\left(\dfrac{4}{x}\right)^{10}+\left(\dfrac{4}{x}\right)^9+\left(\dfrac{4}{x}\right)^8+\cdots+\left(\dfrac{4}{x}\right)^2+\dfrac{4}{x}\right\}$$

$$= \lim_{t \to 0+} \frac{16-3t}{t}(t^{10}+t^9+t^8+\cdots+t^2+t)$$

$$= \lim_{t \to 0+} (16-3t)(t^9+t^8+t^7+\cdots+t+1)$$

$$= 16$$

027 $-x=t$로 놓으면 $x \to -\infty$일 때 $t \to \infty$이므로

$$\lim_{x \to -\infty} x\left(\sqrt{\frac{4x+1}{4x-1}}-1\right)$$

$$= \lim_{t \to \infty} \left\{-t\left(\sqrt{\frac{4t-1}{4t+1}}-1\right)\right\}$$

$$= \lim_{t \to \infty} \frac{-t\left(\sqrt{\dfrac{4t-1}{4t+1}}-1\right)\left(\sqrt{\dfrac{4t-1}{4t+1}}+1\right)}{\sqrt{\dfrac{4t-1}{4t+1}}+1}$$

$$= \lim_{t \to \infty} \frac{-t\left(\dfrac{4t-1}{4t+1}-1\right)}{\sqrt{1-\dfrac{2}{4t+1}}+1}$$

$$= \lim_{t \to \infty} \frac{\dfrac{2t}{4t+1}}{\sqrt{1-\dfrac{2}{4t+1}}+1}$$

$$= \frac{\dfrac{1}{2}}{1+1} = \frac{1}{4}$$

답 ③

028 $t=-s$로 놓으면 $t \to -\infty$일 때 $s \to \infty$이므로

$$f(x) = \lim_{t \to -\infty} \frac{x^2+4t(x^2-2x-8)}{\sqrt{25t^2+64x^2}}$$

$$= \lim_{s \to \infty} \frac{x^2-4s(x^2-2x-8)}{\sqrt{25s^2+64x^2}}$$

$$= \lim_{s \to \infty} \frac{\dfrac{x^2}{s}-4(x^2-2x-8)}{\sqrt{25+\dfrac{64x^2}{s^2}}}$$

$$= -\frac{4}{5}(x^2-2x-8)$$

$$= -\frac{4}{5}(x-1)^2+\frac{36}{5}$$

따라서 $-1 \le x \le 2$에서 $f(x)$의 최댓값은 $f(1)=\dfrac{36}{5}$, 최솟값은 $f(-1)=4$이므로 구하는 합은

$$\frac{36}{5}+4 = \frac{56}{5}$$

답 $\dfrac{56}{5}$

029 $3x+1 < f(x) < 3x+7$에서

$(3x+1)^3 < \{f(x)\}^3 < (3x+7)^3$

$$\therefore \frac{(3x+1)^3}{6x^3+1} < \frac{\{f(x)\}^3}{6x^3+1} < \frac{(3x+7)^3}{6x^3+1}$$

이때

$$\lim_{x \to \infty} \frac{(3x+1)^3}{6x^3+1} = \lim_{x \to \infty} \frac{\left(3+\dfrac{1}{x}\right)^3}{6+\dfrac{1}{x^3}} = \frac{9}{2},$$

$$\lim_{x \to \infty} \frac{(3x+7)^3}{6x^3+1} = \lim_{x \to \infty} \frac{\left(3+\dfrac{7}{x}\right)^3}{6+\dfrac{1}{x^3}} = \frac{9}{2}$$

이므로 함수의 극한의 대소 관계에 의하여

$$\lim_{x \to \infty} \frac{\{f(x)\}^3}{6x^3+1} = \frac{9}{2}$$

답 ②

030 $4x^2+8x+5=4(x+1)^2+1>0,$

$4x^2+8x+9=4(x+1)^2+5>0$이므로

$\sqrt{4x^2+8x+5}<\sqrt{f(x)}<\sqrt{4x^2+8x+9}$

$\therefore \sqrt{4x^2+8x+5}-2x+2<\sqrt{f(x)}-2x+2$
$$<\sqrt{4x^2+8x+9}-2x+2$$

이때

$\lim\limits_{x\to\infty}(\sqrt{4x^2+8x+5}-2x+2)=\lim\limits_{x\to\infty}\dfrac{16x+1}{\sqrt{4x^2+8x+5}+2x-2}$
$$=4,$$

$\lim\limits_{x\to\infty}(\sqrt{4x^2+8x+9}-2x+2)=\lim\limits_{x\to\infty}\dfrac{16x+5}{\sqrt{4x^2+8x+9}+2x-2}$
$$=4$$

이므로 함수의 극한의 대소 관계에 의하여

$\lim\limits_{x\to\infty}\{\sqrt{f(x)}-2x+2\}=4$ **답** ④

031 $[x^2+4x+5]$는 x^2+4x+5보다 크지 않은 최대의 정수이므로

$x^2+4x+4<[x^2+4x+5]\le x^2+4x+5$

$x^2+4x+4=(x+2)^2\ge0,\ x^2+4x+5=(x+2)^2+1>0$

이므로

$\sqrt{(x+2)^2}<\sqrt{[x^2+4x+5]}\le\sqrt{x^2+4x+5}$

$\therefore |x+2|-x<\sqrt{[x^2+4x+5]}-x\le\sqrt{x^2+4x+5}-x$

이때

$\lim\limits_{x\to\infty}(|x+2|-x)=\lim\limits_{x\to\infty}(x+2-x)=2,$

$\lim\limits_{x\to\infty}(\sqrt{x^2+4x+5}-x)=\lim\limits_{x\to\infty}\dfrac{4x+5}{\sqrt{x^2+4x+5}+x}=2$

이므로 함수의 극한의 대소 관계에 의하여

$\lim\limits_{x\to\infty}(\sqrt{[x^2+4x+5]}-x)=2$ **답** ②

032 $\lim\limits_{x\to1}\dfrac{f(x)}{x-1}=5$에서 $x\to1$일 때 (분모)$\to0$이고 극한값이 존재

하므로 (분자)$\to0$이어야 한다.

즉, $\lim\limits_{x\to1}f(x)=\lim\limits_{x\to1}(x^3+ax^2+bx)=0$이므로

$1+a+b=0$ $\therefore b=-a-1$ …… ㉠

$\therefore \lim\limits_{x\to1}\dfrac{f(x)}{x-1}=\lim\limits_{x\to1}\dfrac{x^3+ax^2-(a+1)x}{x-1}$
$$=\lim\limits_{x\to1}\dfrac{x(x-1)(x+a+1)}{x-1}$$
$$=\lim\limits_{x\to1}x(x+a+1)=a+2$$

즉, $a+2=5$이므로 $a=3$

$\therefore b=-4\ (\because ㉠)$

따라서 $f(x)=x^3+3x^2-4x$이므로

$f(3)=27+27-12=42$ **답** 42

033 $\lim\limits_{x\to1}\dfrac{9x^2+a^2x-6a}{-3x^2+a^2x-2a}$의 값이 존재하지 않으려면 $x\to1$일 때

(분모)$\to0$이어야 한다.

즉, $\lim\limits_{x\to1}(-3x^2+a^2x-2a)=0$에서

$a^2-2a-3=0,\ (a+1)(a-3)=0$

$\therefore a=-1$ 또는 $a=3$

(i) $a=-1$일 때

$\lim\limits_{x\to1}\dfrac{9x^2+x+6}{-3x^2+x+2}$의 값은 존재하지 않는다.

(ii) $a=3$일 때

$\lim\limits_{x\to1}\dfrac{9x^2+9x-18}{-3x^2+9x-6}=\lim\limits_{x\to1}\dfrac{9(x-1)(x+2)}{-3(x-1)(x-2)}$
$$=\lim\limits_{x\to1}\dfrac{-3(x+2)}{x-2}$$
$$=9$$

이때 $\lim\limits_{x\to1}\dfrac{9x^2+a^2x-6a}{-3x^2+a^2x-2a}$의 값이 존재하지 않아야 하므로

$a\ne3$

(i), (ii)에 의하여

$a=-1$ **답** -1

034 $\lim\limits_{x\to3}\dfrac{x^2-9}{x^2+2ax+b}=\alpha\ (\alpha\ne0$인 정수$)$라 하면 $x\to3$일 때

(분자)$\to0$이고 0이 아닌 극한값이 존재하므로 (분모)$\to0$이

어야 한다.

즉, $\lim\limits_{x\to3}(x^2+2ax+b)=0$이므로

$9+6a+b=0$ $\therefore b=-6a-9$

$\therefore \lim\limits_{x\to3}\dfrac{x^2-9}{x^2+2ax+b}=\lim\limits_{x\to3}\dfrac{x^2-9}{x^2+2ax-6a-9}$
$$=\lim\limits_{x\to3}\dfrac{(x+3)(x-3)}{(x-3)(x+2a+3)}$$
$$=\lim\limits_{x\to3}\dfrac{x+3}{x+2a+3}$$
$$=\dfrac{3}{a+3}$$

이때 $\dfrac{3}{a+3}$이 정수이려면

$a+3=-3,\ -1,\ 1,\ 3$

이어야 하므로 $a=-6,\ -4,\ -2,\ 0$

$a=-6$일 때, $b=27$

$a=-4$일 때, $b=15$

$a=-2$일 때, $b=3$

$a=0$일 때, $b=-9$

이므로 ab의 최솟값은

$-6\times27=-162$ **답** ③

035 $\lim\limits_{x\to0}\dfrac{\sqrt{x^2+x+4}+px+q}{x^2}=r$에서 $x\to0$일 때 (분모)$\to0$이

고 극한값이 존재하므로 (분자)$\to0$이어야 한다.

즉, $\lim\limits_{x\to0}(\sqrt{x^2+x+4}+px+q)=0$이므로

$2+q=0$ $\therefore q=-2$

$$\therefore \lim_{x \to 0} \frac{\sqrt{x^2+x+4}+px-2}{x^2}$$

$$=\lim_{x \to 0} \frac{(\sqrt{x^2+x+4}+px-2)\{\sqrt{x^2+x+4}-(px-2)\}}{x^2\{\sqrt{x^2+x+4}-(px-2)\}}$$

$$=\lim_{x \to 0} \frac{x^2+x+4-(px-2)^2}{x^2(\sqrt{x^2+x+4}-px+2)}$$

$$=\lim_{x \to 0} \frac{(1-p^2)x^2+(1+4p)x}{x^2(\sqrt{x^2+x+4}-px+2)}$$

$$=\lim_{x \to 0} \frac{(1-p^2)x+(1+4p)}{x(\sqrt{x^2+x+4}-px+2)}=r \quad \cdots\cdots \, \bigcirc$$

$\bigcirc$에서 $x \to 0$일 때 (분모)$\to 0$이고 극한값이 존재하므로 (분자)$\to 0$이어야 한다.

즉, $\lim_{x \to 0}\{(1-p^2)x+(1+4p)\}=0$이므로

$$1+4p=0 \quad \therefore p=-\frac{1}{4}$$

$p=-\dfrac{1}{4}$을 $\bigcirc$에 대입하면

$$r=\lim_{x \to 0} \frac{\dfrac{15}{16}x}{x\left(\sqrt{x^2+x+4}+\dfrac{1}{4}x+2\right)}$$

$$=\lim_{x \to 0} \frac{\dfrac{15}{16}}{\sqrt{x^2+x+4}+\dfrac{1}{4}x+2}=\frac{15}{64}$$

$$\therefore \frac{8qr}{p}=\frac{8 \times (-2) \times \dfrac{15}{64}}{-\dfrac{1}{4}}=15 \qquad\qquad \boxed{답}\ 15$$

036 $\displaystyle\lim_{x \to 0} \frac{p-x^n-\sqrt{p^2-x^4}}{x^4}$

$$=\lim_{x \to 0} \frac{(p-x^n-\sqrt{p^2-x^4})(p-x^n+\sqrt{p^2-x^4})}{x^4(p-x^n+\sqrt{p^2-x^4})}$$

$$=\lim_{x \to 0} \frac{p^2-2px^n+x^{2n}-(p^2-x^4)}{x^4(p-x^n+\sqrt{p^2-x^4})}$$

$$=\lim_{x \to 0} \frac{x^{2n}+x^4-2px^n}{x^4(p-x^n+\sqrt{p^2-x^4})} \quad \cdots\cdots \, \bigcirc$$

(i) $1 \le n < 4$일 때

$\bigcirc$에서

$$\lim_{x \to 0} \frac{x^{2n}+x^4-2px^n}{x^4(p-x^n+\sqrt{p^2-x^4})}$$

$$=\lim_{x \to 0} \frac{x^n+x^{4-n}-2p}{x^{4-n}(p-x^n+\sqrt{p^2-x^4})}$$

$x \to 0$일 때 (분모)$\to 0$, (분자)$\to -2p$이므로 극한값이 존재하지 않는다.

(ii) $n=4$일 때

$\bigcirc$에서

$$\lim_{x \to 0} \frac{x^{2n}+x^4-2px^n}{x^4(p-x^n+\sqrt{p^2-x^4})}=\lim_{x \to 0} \frac{x^8+x^4-2px^4}{x^4(p-x^4+\sqrt{p^2-x^4})}$$

$$=\lim_{x \to 0} \frac{x^4+1-2p}{p-x^4+\sqrt{p^2-x^4}}$$

$$=\frac{1-2p}{2p}$$

즉, $\dfrac{1-2p}{2p}=-\dfrac{1}{2}$이므로

$$p=1$$

(iii) $n>4$일 때

$\bigcirc$에서

$$\lim_{x \to 0} \frac{x^{2n}+x^4-2px^n}{x^4(p-x^n+\sqrt{p^2-x^4})}=\lim_{x \to 0} \frac{x^{2n-4}+1-2px^{n-4}}{p-x^n+\sqrt{p^2-x^4}}$$

$$=\frac{1}{2p}$$

즉, $\dfrac{1}{2p}=-\dfrac{1}{2}$이므로

$$p=-1$$

이때 $p>0$이므로 주어진 조건을 만족시키지 않는다.

(i), (ii), (iii)에 의하여 $p=1$, $n=4$이므로

$$p+n=5 \qquad\qquad \boxed{답}\ 5$$

037 $\displaystyle\lim_{x \to 1} \dfrac{f(x)}{x-1}=-2$에서 $x \to 1$일 때 (분모)$\to 0$이고 극한값이 존재하므로 (분자)$\to 0$이어야 한다.

즉, $\lim_{x \to 1} f(x)=0$이므로 $f(1)=0 \quad \cdots\cdots \, \bigcirc$

또, $\displaystyle\lim_{x \to 2} \dfrac{f(x)}{x-2}=6$에서 $x \to 2$일 때 (분모)$\to 0$이고 극한값이 존재하므로 (분자)$\to 0$이어야 한다.

즉, $\lim_{x \to 2} f(x)=0$이므로 $f(2)=0 \quad \cdots\cdots \, \bigcirc\!\!\!\bigcirc$

$\bigcirc$, $\bigcirc\!\!\!\bigcirc$에 의하여

$f(x)=(x-1)(x-2)Q(x)$ ($Q(x)$는 다항식)

로 놓으면

$$\lim_{x \to 1} \frac{f(x)}{x-1}=\lim_{x \to 1} \frac{(x-1)(x-2)Q(x)}{x-1}$$

$$=\lim_{x \to 1} (x-2)Q(x)$$

$$=-Q(1)=-2$$

$$\therefore Q(1)=2 \quad \cdots\cdots \, \bigcirc\!\!\!\bigcirc\!\!\!\bigcirc$$

또한,

$$\lim_{x \to 2} \frac{f(x)}{x-2}=\lim_{x \to 2} \frac{(x-1)(x-2)Q(x)}{x-2}$$

$$=\lim_{x \to 2} (x-1)Q(x)$$

$$=Q(2)=6 \quad \cdots\cdots \, @$$

$\bigcirc\!\!\!\bigcirc\!\!\!\bigcirc$, $@$을 만족시키는 다항식 $Q(x)$ 중 차수가 가장 낮은 다항식은 일차식이므로

$Q(x)=ax+b$ ($a \ne 0$, a, b는 상수)

로 놓을 수 있다.

$\bigcirc\!\!\!\bigcirc\!\!\!\bigcirc$, $@$에 의하여

$Q(1)=a+b=2$, $Q(2)=2a+b=6$

이므로 두 식을 연립하여 풀면

$a=4$, $b=-2$

즉, $g(x)=(x-1)(x-2)(4x-2)$이므로

방정식 $g(x)=0$의 실근은

$x=\dfrac{1}{2}$ 또는 $x=1$ 또는 $x=2$

따라서 모든 실근의 곱은

$\dfrac{1}{2}\times1\times2=1$ 답 ①

038 조건 ㈎에 의하여

$f(x)-x^3=ax+b$ (a, b는 상수)

로 놓으면

$f(x)=x^3+ax+b$

조건 ㈏의 $\lim\limits_{x\to1}\dfrac{f(x)}{x-1}=4$에서 $x\to1$일 때 (분모)$\to0$이고 극

한값이 존재하므로 (분자)$\to0$이어야 한다.

즉, $\lim\limits_{x\to1}f(x)=\lim\limits_{x\to1}(x^3+ax+b)=0$이므로

$1+a+b=0$ $\therefore b=-a-1$ ...... ㉠

$\therefore \lim\limits_{x\to1}\dfrac{f(x)}{x-1}=\lim\limits_{x\to1}\dfrac{x^3+ax+b}{x-1}$

$=\lim\limits_{x\to1}\dfrac{x^3+ax-a-1}{x-1}$

$=\lim\limits_{x\to1}\dfrac{(x-1)(x^2+x+1+a)}{x-1}$

$=\lim\limits_{x\to1}(x^2+x+1+a)$

$=3+a$

즉, $3+a=4$이므로 $a=1$

$\therefore b=-2$ ($\because$ ㉠)

따라서 $f(x)=x^3+x-2$이므로

$f(3)=27+3-2=28$ 답 ②

039 조건 ㈏에서 $g(2)=0$이고 $g(x)$는 최고차항의 계수가 1인 이

차함수이므로

$g(x)=(x-2)(x-c)$ (c는 상수)

로 놓을 수 있다.

조건 ㈎의 $\lim\limits_{x\to2}\dfrac{f(x)}{g(x)}=0$에서 $x\to2$일 때 (분모)$\to0$이고 극

한값이 존재하므로 (분자)$\to0$이어야 한다.

즉, $\lim\limits_{x\to2}f(x)=0$이므로 $f(2)=0$

따라서 $f(x)=(x-2)Q(x)$ ($Q(x)$는 이차식)

로 놓으면

$\lim\limits_{x\to2}\dfrac{f(x)}{g(x)}=\lim\limits_{x\to2}\dfrac{(x-2)Q(x)}{(x-2)(x-c)}=\lim\limits_{x\to2}\dfrac{Q(x)}{x-c}=0$에서

$Q(2)=0$

따라서 $Q(x)$는 $x-2$를 인수로 가지므로

$f(x)=(x-2)^2(x+1)$

$\therefore \lim\limits_{x\to4}\dfrac{g(x)}{f(x)}=\lim\limits_{x\to4}\dfrac{(x-2)(x-c)}{(x-2)^2(x+1)}$

$=\lim\limits_{x\to4}\dfrac{x-c}{(x-2)(x+1)}=\dfrac{4-c}{10}$

즉, $\dfrac{4-c}{10}=4$이므로 $c=-36$

따라서 $g(x)=(x-2)(x+36)$이므로

$g(3)=39$ 답 39

040 조건 ㈎에 의하여

$f(x)=2x^3+ax^2+bx+c$ (a, b, c는 상수)

로 놓을 수 있다.

조건 ㈏의 $\lim\limits_{x\to3}\dfrac{f(x-3)}{x-3}=8$에서 $x-3=t$로 놓으면 $x\to3$일

때 $t\to0$이므로

$\lim\limits_{x\to3}\dfrac{f(x-3)}{x-3}=\lim\limits_{t\to0}\dfrac{f(t)}{t}=8$

$t\to0$일 때 (분모)$\to0$이고 극한값이 존재하므로 (분자)$\to0$

이어야 한다.

즉, $\lim\limits_{t\to0}f(t)=0$이므로 $f(0)=0$

즉, $c=0$이므로

$f(x)=2x^3+ax^2+bx$

$\therefore \lim\limits_{t\to0}\dfrac{f(t)}{t}=\lim\limits_{t\to0}\dfrac{2t^3+at^2+bt}{t}$

$=\lim\limits_{t\to0}(2t^2+at+b)$

$=b$

즉, $b=8$이므로

$f(x)=2x^3+ax^2+8x$

방정식 $f(x)=0$에서 $2x^3+ax^2+8x=0$

$x(2x^2+ax+8)=0$ ...... ㉠

방정식 ㉠의 서로 다른 모든 실근의 합이 -5이므로

근과 계수의 관계에 의하여

$-\dfrac{a}{2}=-5$

$\therefore a=10$

따라서 $f(x)=2x^3+10x^2+8x$이므로

$f(-1)=-2+10-8=0$ 답 ①

041 $\overline{PA}=t$이므로 $\overline{BP}=2-t$

$\overline{PO}\perp\overline{PQ}$이므로 $\triangle POA\backsim\triangle QPB$ (AA 닮음)

즉, $\overline{BQ}:\overline{BP}=\overline{AP}:\overline{AO}$이므로

$\overline{BQ}:(2-t)=t:2$

$\therefore \overline{BQ}=t-\dfrac{t^2}{2}$

$S(t)=\dfrac{1}{2}\times\overline{BP}\times\overline{BQ}$

$=\dfrac{1}{2}\times(2-t)\times\left(t-\dfrac{t^2}{2}\right)=\dfrac{t(2-t)^2}{4}$

이므로

$\lim\limits_{t\to0+}\dfrac{S(t)}{t}=\lim\limits_{t\to0+}\dfrac{t(2-t)^2}{4t}$

$=\lim\limits_{t\to0+}\dfrac{(2-t)^2}{4}=1$ 답 ②

다른풀이

$P(2, t)$에서 직선 OP의 기울기가 $\dfrac{t}{2}$이므로 직선 PQ의 기울기는 $-\dfrac{2}{t}$

따라서 직선 PQ의 방정식은

$$y-t=-\frac{2}{t}(x-2)$$

$$\therefore y=-\frac{2}{t}x+\frac{4}{t}+t$$

이때 점 Q의 y좌표가 2이므로

$$2=-\frac{2}{t}x+\frac{4}{t}+t \qquad \therefore x=2+\frac{t^2}{2}-t$$

$$\therefore Q\left(2+\frac{t^2}{2}-t,\ 2\right)$$

따라서 $\overline{BQ}=2-\left(2+\dfrac{t^2}{2}-t\right)=t-\dfrac{t^2}{2}$이므로

$$S(t)=\frac{1}{2}\times(2-t)\times\left(t-\frac{t^2}{2}\right)$$

$$=\frac{t(2-t)^2}{4}$$

$$\therefore \lim_{t\to0+}\frac{S(t)}{t}=\lim_{t\to0+}\frac{t(2-t)^2}{4t}$$

$$=\lim_{t\to0+}\frac{(2-t)^2}{4}=1$$

042 $y=\sqrt{x+2}$에서 $y^2=x+2$

$$\therefore x=y^2-2$$

x와 y를 서로 바꾸면

$$y=x^2-2$$

$$\therefore g(x)=x^2-2\ (단,\ x\ge0)$$

직선 $y=k$와 두 함수 $y=f(x)$, $y=g(x)$의 그래프가 만나는 두 점 P, Q의 x좌표를 각각 구하면

$$k=\sqrt{x+2} \qquad \therefore x=k^2-2$$

$$k=x^2-2 \qquad \therefore x=\sqrt{k+2}$$

$k>2$일 때, $k^2-2>\sqrt{k+2}$이므로

$$\overline{PQ}=k^2-2-\sqrt{k+2}$$

$$\therefore \lim_{k\to2+}\frac{\overline{PQ}}{k-2}=\lim_{k\to2+}\frac{k^2-2-\sqrt{k+2}}{k-2}$$

$$=\lim_{k\to2+}\frac{(k^2-2-\sqrt{k+2})(k^2-2+\sqrt{k+2})}{(k-2)(k^2-2+\sqrt{k+2})}$$

$$=\lim_{k\to2+}\frac{k^4-4k^2-k+2}{(k-2)(k^2-2+\sqrt{k+2})}$$

$$=\lim_{k\to2+}\frac{(k-2)(k^3+2k^2-1)}{(k-2)(k^2-2+\sqrt{k+2})}$$

$$=\lim_{k\to2+}\frac{k^3+2k^2-1}{k^2-2+\sqrt{k+2}}$$

$$=\frac{15}{4}$$

답 $\dfrac{15}{4}$

043

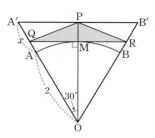

위의 그림과 같이 직선 QR와 호 AB가 접하는 점을 M이라 하면

$$\angle QOM=\frac{1}{2}\times60°=30°$$

이므로 직각삼각형 QOM에서

$$\overline{MQ}=\overline{OM}\tan30°=2\times\frac{\sqrt{3}}{3}=\frac{2\sqrt{3}}{3}$$

$$\therefore \overline{QR}=2\overline{MQ}=\frac{4\sqrt{3}}{3}$$

또, 직각삼각형 A′OP에서

$$\overline{OP}=\overline{A′O}\cos30°=\frac{\sqrt{3}}{2}(x+2)$$

$$\therefore \overline{PM}=\overline{OP}-\overline{OM}=\frac{\sqrt{3}}{2}(x+2)-2$$

$$=\frac{\sqrt{3}x+2\sqrt{3}-4}{2}$$

$$S(x)=\frac{1}{2}\times\overline{QR}\times\overline{PM}$$

$$=\frac{1}{2}\times\frac{4\sqrt{3}}{3}\times\frac{\sqrt{3}x+2\sqrt{3}-4}{2}$$

$$=x+2-\frac{4\sqrt{3}}{3}$$

$$\therefore \lim_{x\to\infty}\frac{S(x)}{x+1}=\lim_{x\to\infty}\frac{x+2-\dfrac{4\sqrt{3}}{3}}{x+1}$$

$$=\lim_{x\to\infty}\frac{1+\dfrac{2}{x}-\dfrac{4\sqrt{3}}{3x}}{1+\dfrac{1}{x}}=1$$

답 1

044 점 P의 좌표가 (t, t^2)이므로 조건 ㈎에 의하여

$$Q(2t, 0)$$

$$\therefore S(t)=\frac{1}{2}\times2t\times t^2=t^3$$

또, 조건 ㈏에 의하여 선분 OP의 수직이등분선이 y축과 만나는 점이 R이다.

이때 선분 OP의 중점을 M이라 하면 $M\left(\dfrac{t}{2},\ \dfrac{t^2}{2}\right)$이고, 직선 OP의 기울기가 $\dfrac{t^2}{t}=t$이므로 직선 MR의 기울기는 $-\dfrac{1}{t}$이다.

즉, 직선 MR의 방정식은

$$y-\frac{t^2}{2}=-\frac{1}{t}\left(x-\frac{t}{2}\right) \qquad \therefore y=-\frac{1}{t}x+\frac{t^2}{2}+\frac{1}{2}$$

$$\therefore R\left(0,\ \frac{t^2}{2}+\frac{1}{2}\right)$$

따라서 $T(t)=\dfrac{1}{2}\times\left(\dfrac{t^2}{2}+\dfrac{1}{2}\right)\times t=\dfrac{1}{4}(t^3+t)$이므로

$$\lim_{t\to0+}\frac{T(t)-S(t)}{t}=\lim_{t\to0+}\frac{\frac{1}{4}(t^3+t)-t^3}{t}$$
$$=\lim_{t\to0+}\left(-\frac{3}{4}t^2+\frac{1}{4}\right)$$
$$=\frac{1}{4}$$

답 ②

다른풀이

$R(0,\ a)$ (a는 상수)라 하면 조건 (나)에서 $\overline{RO}=\overline{RP}$이므로

$\overline{RO}^2=\overline{RP}^2$

$a^2=t^2+(t^2-a)^2$, $a^2=t^2+t^4-2at^2+a^2$

$2at^2=t^4+t^2$

$\therefore a=\dfrac{1}{2}(t^2+1)\ (\because t>0)$

$\therefore R\left(0,\ \dfrac{1}{2}(t^2+1)\right)$

045 두 함수 $y=\sqrt{x},\ y=x$의 그래프의 교점이 A이므로

$\sqrt{x}=x$에서

$x^2=x$ $\qquad\therefore x=1,\ y=1\ (\because x\neq0)$

점 $A(1,\ 1)$을 지나고 직선 $y=x$와 수직인 직선 AB의 방정식은

$y-1=-(x-1)$, 즉 $y=-x+2$

한편, $P(t,\ t)$이고 직선 $x=t$가 함수 $y=\sqrt{x}$의 그래프와 만나는 점이 Q이므로

$Q(t,\ \sqrt{t})$

또한, 점 R는 y좌표가 t이면서 직선 AB, 즉 $y=-x+2$ 위의 점이므로

$R(-t+2,\ t)$

따라서 $\overline{QP}=\sqrt{t}-t$, $\overline{PR}=-2t+2$이므로

$S(t)=\triangle OAQ=\triangle OPQ+\triangle APQ$
$$=\frac{1}{2}\times t\times(\sqrt{t}-t)+\frac{1}{2}\times(1-t)\times(\sqrt{t}-t)$$
$$=\frac{1}{2}(\sqrt{t}-t)$$

$T(t)=\triangle PBR$
$$=\frac{1}{2}\times t\times(-2t+2)$$
$$=t-t^2$$

$$\therefore \lim_{t\to1-}\frac{T(t)}{S(t)}=\lim_{t\to1-}\frac{t-t^2}{\frac{1}{2}(\sqrt{t}-t)}$$
$$=\lim_{t\to1-}\frac{2(t-t^2)(\sqrt{t}+t)}{(\sqrt{t}-t)(\sqrt{t}+t)}$$
$$=\lim_{t\to1-}\frac{2(t-t^2)(\sqrt{t}+t)}{t-t^2}$$
$$=\lim_{t\to1-}2(\sqrt{t}+t)$$
$$=2(1+1)=4$$

답 4

046 ㄱ. $\displaystyle\lim_{x\to2+}f(x)g(x)=0\times3=0$,

$\displaystyle\lim_{x\to2-}f(x)g(x)=0\times(-1)=0$

이므로 $\displaystyle\lim_{x\to2}f(x)g(x)=0$

따라서 $\displaystyle\lim_{x\to2}f(x)g(x)$의 값이 존재한다. (참)

ㄴ. $\displaystyle\lim_{x\to2+}\{f(x)+g(x)\}=0+3=3$,

$\displaystyle\lim_{x\to2-}\{f(x)+g(x)\}=0+(-1)=-1$이므로

$\displaystyle\lim_{x\to2+}\{f(x)+g(x)\}\neq\lim_{x\to2-}\{f(x)+g(x)\}$

따라서 함수 $f(x)+g(x)$는 $x=2$에서 불연속이다.

(거짓)

ㄷ. ㄱ에서 $\displaystyle\lim_{x\to2}f(x)g(x)=0$, $f(2)g(2)=2\times3=6$이므로

$\displaystyle\lim_{x\to2}f(x)g(x)\neq f(2)g(2)$

따라서 함수 $f(x)g(x)$는 $x=2$에서 불연속이다. (참)

따라서 옳은 것은 ㄱ, ㄷ이다.

답 ④

047 함수 $y=f(-x)$의 그래프는 함수 $y=f(x)$의 그래프를 y축에 대하여 대칭이동한 것이므로 두 함수 $y=f(x),\ y=f(-x)$의 그래프는 다음 그림과 같다.

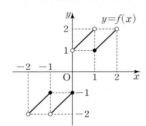 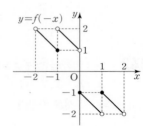

ㄱ. $\displaystyle\lim_{x\to1-}f(-x)=-2$ (참)

ㄴ. 함수 $y=f(x)+f(-x)$의 그래프는 다음 그림과 같으므로 $x=-1$에서 연속이다. (참)

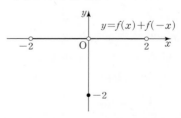

ㄷ. 함수 $f(x)+f(-x)$는 $x=0$에서만 불연속이므로 불연속인 x의 값의 개수는 1이다. (참)

따라서 ㄱ, ㄴ, ㄷ 모두 옳다.

답 ⑤

048 함수 $y=|f(x)-1|$의 그래프는 $y=f(x)$의 그래프를 y축의 방향으로 -1만큼 평행이동한 후 $y<0$인 부분을 x축에 대하여 대칭이동한 것이므로 $y=|f(x)-1|$의 그래프는 다음 그림과 같다.

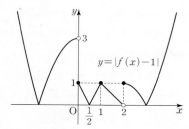

따라서 함수 $|f(x)-1|$은 $x=0$, $x=2$에서 불연속이므로

$k=0$, $k=2$

즉, k의 값의 합은

$0+2=2$

답 ②

049 $(x-a)f(x)=x^2-4x+b$에서 $x \neq a$일 때

$f(x)=\dfrac{x^2-4x+b}{x-a}$ $\qquad$ ...... ㉠

함수 $f(x)$가 실수 전체의 집합에서 연속이므로 $x=a$에서도 연속이다.

$\therefore \displaystyle\lim_{x \to a} f(x)=\lim_{x \to a}\dfrac{x^2-4x+b}{x-a}=f(a)=2$

$\displaystyle\lim_{x \to a}\dfrac{x^2-4x+b}{x-a}=2$에서 $x \to a$일 때 (분모)$\to 0$이고 극한값

이 존재하므로 (분자)$\to 0$이어야 한다.

즉, $\displaystyle\lim_{x \to a}(x^2-4x+b)=0$에서 $a^2-4a+b=0$

$\therefore b=-a^2+4a$

$\therefore \displaystyle\lim_{x \to a} f(x)=\lim_{x \to a}\dfrac{x^2-4x-a^2+4a}{x-a}$

$\qquad\qquad\quad =\displaystyle\lim_{x \to a}\dfrac{(x+a-4)(x-a)}{x-a}$

$\qquad\qquad\quad =\displaystyle\lim_{x \to a}(x+a-4)$

$\qquad\qquad\quad =2a-4$

즉, $2a-4=2$이므로

$a=3$, $b=3$

㉠에서 $f(x)=\dfrac{x^2-4x+3}{x-3}=x-1$이므로

$f(ab)=f(9)=8$

답 ③

050 $\displaystyle\lim_{x \to \infty} g(x)=\lim_{x \to \infty}\dfrac{2xf(x)+4}{x^2-4}=4$에서 $2xf(x)$는 최고차항의

계수가 4인 이차함수이므로

$f(x)=2x+a$ (a는 상수)

로 놓을 수 있다.

이때 함수 $g(x)$가 $x=2$에서 연속이므로

$\displaystyle\lim_{x \to 2} g(x)=\lim_{x \to 2}\dfrac{2x(2x+a)+4}{x^2-4}=k$ $\qquad$ ...... ㉠

㉠에서 $x \to 2$일 때 (분모)$\to 0$이고 극한값이 존재하므로

(분자)$\to 0$이어야 한다.

즉, $\displaystyle\lim_{x \to 2}\{2x(2x+a)+4\}=0$이므로

$4(4+a)+4=0$

$\therefore a=-5$

$\therefore k=\displaystyle\lim_{x \to 2} g(x)=\lim_{x \to 2}\dfrac{2x(2x-5)+4}{x^2-4}$

$\qquad =\displaystyle\lim_{x \to 2}\dfrac{4x^2-10x+4}{x^2-4}$

$\qquad =\displaystyle\lim_{x \to 2}\dfrac{2(x-2)(2x-1)}{(x-2)(x+2)}$

$\qquad =\displaystyle\lim_{x \to 2}\dfrac{2(2x-1)}{x+2}=\dfrac{3}{2}$

답 $\dfrac{3}{2}$

051 $g(x)=\dfrac{|f(x)|+f(x)}{2}$에서

$g(x)=\begin{cases} f(x) & (f(x)>0) \\ 0 & (f(x)\leq 0) \end{cases}$

$\displaystyle\lim_{x \to -1-} f(x)=f(-1)=3>0$이므로 $x \to -1-$에서

$g(x)=f(x)$

$\therefore \displaystyle\lim_{x \to -1-} g(x)=\lim_{x \to -1-} f(x)=3$

함수 $g(x)$가 $x=-1$에서 연속이므로

$\displaystyle\lim_{x \to -1+} g(x)=3$

즉, $\displaystyle\lim_{x \to -1+} g(x)=\lim_{x \to -1+} f(x)=-a\times(-3)=3$이므로

$a=1$

또한, $\displaystyle\lim_{x \to 1-} f(x)=f(1)=-1<0$이므로 $x \to 1-$에서

$g(x)=0$

함수 $g(x)$가 $x=1$에서 연속이므로

$\displaystyle\lim_{x \to 1+} g(x)=0$

즉, $\displaystyle\lim_{x \to 1+} f(x)=3+b\leq 0$이므로

$b\leq -3$

$\therefore a^2+b^2 \geq 1^2+(-3)^2=10$

따라서 a^2+b^2의 최솟값은 10이다.

답 ④

052 ㄱ. $\displaystyle\lim_{x \to -1+} f(x)g(x)=-1\times 0=0$

$\qquad \displaystyle\lim_{x \to -1-} f(x)g(x)=1\times 0=0$

$\qquad f(-1)g(-1)=0\times 0=0$

$\qquad$ 즉, $\displaystyle\lim_{x \to -1} f(x)g(x)=f(-1)g(-1)$이므로 함수

$\qquad f(x)g(x)$는 $x=-1$에서 연속이다.

ㄴ. $\displaystyle\lim_{x \to -1} f(g(x))=f(0)=0$

$\qquad f(g(-1))=f(0)=0$

$\qquad$ 즉, $\displaystyle\lim_{x \to -1} f(g(x))=f(g(-1))$이므로 함수 $f(g(x))$는

$\qquad x=-1$에서 연속이다.

ㄷ. $f(x)=t$로 놓으면 $x \to -1+$일 때 $t \to -1+$이고,

$\qquad x \to -1-$일 때 $t \to -1-$이므로

$\qquad \displaystyle\lim_{x \to -1+} g(f(x))=\lim_{t \to -1+} g(t)=0$

$\qquad \displaystyle\lim_{x \to -1-} g(f(x))=\lim_{t \to -1-} g(t)=1$

$\qquad$ 즉, $\displaystyle\lim_{x \to -1+} g(f(x)) \neq \lim_{x \to -1-} g(f(x))$이므로 함수 $g(f(x))$

$\qquad$는 $x=-1$에서 불연속이다.

따라서 $x=-1$에서 연속인 함수는 ㄱ, ㄴ이다.

답 ③

053 함수 $g(f(x))$가 실수 전체의 집합에서 연속이므로 $x=1$에서 연속이다.

$\therefore \lim_{x \to 1+} g(f(x)) = \lim_{x \to 1-} g(f(x)) = g(f(1))$

$\lim_{x \to 1+} g(f(x))$에서 $f(x)=t$로 놓으면 $x \to 1+$일 때 $t \to 0+$이고, $x \to 1-$일 때 $t \to 2+$이므로

$\lim_{x \to 1+} g(f(x)) = \lim_{t \to 0+} g(t) = g(0)$

$\lim_{x \to 1-} g(f(x)) = \lim_{t \to 2+} g(t) = g(2)$

$g(f(1)) = g(1)$

즉, $g(2) = g(1) = g(0) = 3$이므로

$g(x) = x(x-1)(x-2) + 3$
$\qquad = x^3 - 3x^2 + 2x + 3$

따라서 $a=-3$, $b=2$이므로

$a+b = -1$ 　　　　　　　　　　　 **답** -1

054 ㄱ. $g(x)=t$로 놓으면 $x \to 0$일 때 $t \to 0+$이므로

$\lim_{x \to 0} (f \circ g)(x) = \lim_{x \to 0} f(g(x)) = \lim_{t \to 0+} f(t) = 0$ (참)

ㄴ. $f(x)=s$로 놓으면 $x \to -1$일 때 $s \to 1-$이므로

$\lim_{x \to -1} (g \circ f)(x) = \lim_{x \to -1} g(f(x)) = \lim_{s \to 1-} g(s) = 1$

$(g \circ f)(-1) = g(f(-1)) = g(1) = 1$

따라서 함수 $(g \circ f)(x)$는 $x=-1$에서 연속이다. (참)

ㄷ. 함수 $g(x)$는 $x=-1$, $x=0$, $x=1$에서 불연속이므로 함수 $(g \circ f)(x)$는 $f(x)=-1$, $f(x)=0$, $f(x)=1$일 때의 연속성을 확인해야 한다.

(i) $f(x)=-1$, 즉 $x=-3$, $x=1$일 때

$f(x)=t$로 놓으면

$x \to -3+$일 때 $t \to -1+$이므로

$\lim_{x \to -3+} (g \circ f)(x) = \lim_{x \to -3+} g(f(x)) = \lim_{t \to -1+} g(t) = 1$

$x \to -3-$일 때 $t \to -1-$이므로

$\lim_{x \to -3-} (g \circ f)(x) = \lim_{x \to -3-} g(f(x)) = \lim_{t \to -1-} g(t) = 0$

즉, 함수 $(g \circ f)(x)$는 $x=-3$에서 불연속이다.

$x \to 1$일 때 $t \to -1+$이므로

$\lim_{x \to 1} (g \circ f)(x) = \lim_{x \to 1} g(f(x)) = \lim_{t \to -1+} g(t) = 1$

$(g \circ f)(1) = g(f(1)) = g(-1) = 1$

즉, 함수 $(g \circ f)(x)$는 $x=1$에서 연속이다.

(ii) $f(x)=0$, 즉 $x=-2$, $x=0$, $x=2$일 때

$f(x)=t$로 놓으면

$x \to -2$, $x \to 0$, $x \to 2$일 때 $t \to 0$이므로

$\lim_{x \to -2} (g \circ f)(x) = \lim_{x \to 0} (g \circ f)(x) = \lim_{x \to 2} (g \circ f)(x)$
$\qquad\qquad = \lim_{t \to 0} g(t) = 0$

$(g \circ f)(-2) = (g \circ f)(0) = (g \circ f)(2) = g(0)$
$\qquad\qquad\qquad\qquad\qquad = -1$

즉, 함수 $(g \circ f)(x)$는 $x=-2$, $x=0$, $x=2$에서 불연속이다.

(iii) $f(x)=1$, 즉 $x=-1$, $x=3$일 때

ㄴ에서 함수 $(g \circ f)(x)$는 $x=-1$에서 연속이다.

$f(x)=t$로 놓으면

$x \to 3+$일 때 $t \to 1+$이므로

$\lim_{x \to 3+} (g \circ f)(x) = \lim_{x \to 3+} g(f(x)) = \lim_{t \to 1+} g(t) = 0$

$x \to 3-$일 때 $t \to 1-$이므로

$\lim_{x \to 3-} (g \circ f)(x) = \lim_{x \to 3-} g(f(x)) = \lim_{t \to 1-} g(t) = 1$

즉, 함수 $(g \circ f)(x)$는 $x=3$에서 불연속이다.

(i), (ii), (iii)에 의하여 함수 $(g \circ f)(x)$가 불연속인 x의 값은 -3, -2, 0, 2, 3의 5개이다. (거짓)

따라서 옳은 것은 ㄱ, ㄴ이다. 　　　　 **답** ③

055 두 함수 $y=f(x)$, $y=g(x)$의 그래프는 다음 그림과 같다.

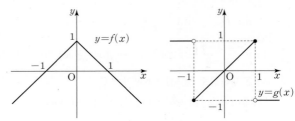

ㄱ. $g(x)=t$로 놓으면 $x \to -1+$일 때 $t \to -1+$이므로

$\lim_{x \to -1+} (f \circ g)(x) = \lim_{x \to -1+} f(g(x)) = \lim_{t \to -1+} f(t) = 0$

$x \to -1-$일 때 $t \to 1$이므로

$\lim_{x \to -1-} (f \circ g)(x) = \lim_{x \to -1-} f(g(x)) = f(1) = 0$

$\therefore \lim_{x \to -1} (f \circ g)(x) = 0$ (참)

ㄴ. $f(x)=s$로 놓으면 $x \to -1$일 때 $s \to 0$이므로

$\lim_{x \to -1} (f \circ g)(x) = \lim_{x \to -1} g(f(x)) = \lim_{s \to 0} g(s) = 0$

$(g \circ f)(-1) = g(f(-1)) = g(0) = 0$

따라서 함수 $(g \circ f)(x)$는 $x=-1$에서 연속이다. (참)

ㄷ. $f(x)$는 연속함수이고 함수 $g(x)$는 $x=\pm1$에서 불연속이므로 $x=\pm1$에서 함수 $(f \circ g)(x)$의 연속성을 확인해야 한다.

(i) $x=-1$일 때

ㄱ에서 $\lim_{x \to -1} (f \circ g)(x) = 0$

$(f \circ g)(-1) = f(g(-1)) = f(-1) = 0$

따라서 함수 $(f \circ g)(x)$는 $x=-1$에서 연속이다.

(ii) $x=1$일 때

$g(x)=t$로 놓으면 $x \to 1+$일 때 $t \to -1$이므로

$\lim_{x \to 1+} (f \circ g)(x) = \lim_{x \to 1+} f(g(x)) = f(-1) = 0$

$x \to 1-$일 때 $t \to 1-$이므로

$\lim_{x \to 1-} (f \circ g)(x) = \lim_{x \to 1-} f(g(x)) = \lim_{t \to 1-} f(t) = 0$

$(f \circ g)(1) = f(g(1)) = f(1) = 0$

따라서 함수 $(f \circ g)(x)$는 $x=1$에서 연속이다.

(i), (ii)에 의하여 함수 $(f \circ g)(x)$는 실수 전체에서 연속
이다. (참)

따라서 ㄱ, ㄴ, ㄷ 모두 옳다.　　　　　　　　　답 ⑤

056 (i) $x \neq 0$일 때

$f(x) \leq 0$이므로

$$g(x) = \frac{f(x) + |f(x)|}{2}$$

$$= \frac{f(x) - f(x)}{2} = 0$$

$$h(x) = \frac{f(x) - |f(x)|}{2}$$

$$= \frac{f(x) + f(x)}{2} = f(x)$$

(ii) $x = 0$일 때

$f(0) = 1$이므로

$$g(0) = \frac{f(0) + |f(0)|}{2}$$

$$= \frac{1 + 1}{2} = 1$$

$$h(0) = \frac{f(0) - |f(0)|}{2}$$

$$= \frac{1 - 1}{2} = 0$$

(i), (ii)에 의하여

$$g(x) = \begin{cases} 0 & (x \neq 0) \\ 1 & (x = 0) \end{cases}, \quad h(x) = \begin{cases} f(x) & (x \neq 0) \\ 0 & (x = 0) \end{cases}$$

따라서 $-1 \leq x \leq 2$에서 두 함수 $y = g(x)$, $y = h(x)$의 그래
프는 다음 그림과 같다.

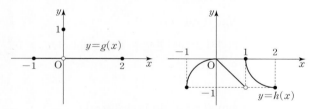

ㄱ. $\lim\limits_{x \to 1+} h(x) = 0$, $\lim\limits_{x \to 1-} h(x) = -1$이므로

$$\lim_{x \to 1+} h(x) \neq \lim_{x \to 1-} h(x)$$

따라서 $\lim\limits_{x \to 1} h(x)$는 존재하지 않는다. (거짓)

ㄴ. 닫힌구간 $[-1, 2]$에 속하는 임의의 실수 a에 대하여

$\lim\limits_{x \to a} g(x) = 0$이므로

$$\lim_{x \to a} (h \circ g)(x) = \lim_{x \to a} h(g(x)) = h(0) = 0$$

$$(h \circ g)(a) = h(g(a)) = \begin{cases} h(0) & (a \neq 0) \\ h(1) & (a = 0) \end{cases}$$에서

$h(0) = h(1) = 0$이므로 $(h \circ g)(a) = 0$

$$\therefore \lim_{x \to a} (h \circ g)(x) = (h \circ g)(a)$$

즉, 함수 $(h \circ g)(x)$는 닫힌구간 $[-1, 2]$에서 연속이다.
　　　　　　　　　　　　　　　　　　　　　　　　(참)

ㄷ. $h(x) = t$로 놓으면 $x \to 0$일 때 $t \to 0-$이므로

$$\lim_{x \to 0} (g \circ h)(x) = \lim_{x \to 0} g(h(x)) = \lim_{t \to 0-} g(t) = 0$$

$$(g \circ h)(0) = g(h(0)) = g(0) = 1$$

$$\therefore \lim_{x \to 0} (g \circ h)(x) \neq (g \circ h)(0) \ (거짓)$$

따라서 옳은 것은 ㄴ뿐이다.　　　　　　　　　답 ①

057 함수 $f(x)f(x+1)$이 $x = 0$에서 연속이려면

$$\lim_{x \to 0+} f(x)f(x+1) = \lim_{x \to 0-} f(x)f(x+1) = f(0)f(1)$$

이어야 한다.

$x + 1 = t$로 놓으면 $x = t - 1$이고 $x \to 0+$일 때

$t \to 1+$이므로

$$\lim_{x \to 0+} f(x)f(x+1) = \lim_{x \to 0+} f(x) \times \lim_{t \to 1+} f(t)$$

$$= \lim_{x \to 0+} (-2x + k) \times \lim_{t \to 1+} (-2t + k)$$

$$= k(k - 2)$$

$x \to 0-$일 때 $t \to 1-$이므로

$$\lim_{x \to 0-} f(x)f(x+1) = \lim_{x \to 0-} f(x) \times \lim_{t \to 1-} f(t)$$

$$= \lim_{x \to 0-} (-x + 3) \times \lim_{t \to 1-} (-2t + k)$$

$$= 3 \times (-2 + k)$$

$$= 3k - 6$$

$f(0)f(1) = 3 \times (-2 + k) = 3k - 6$이므로

$$k(k - 2) = 3k - 6$$

$$\therefore k^2 - 5k + 6 = 0$$

이차방정식의 근과 계수의 관계에 의하여 모든 상수 k의 값의
합은 5이다.　　　　　　　　　　　　　　　　답 5

058 조건 ㈎에 의하여

$$g(x) = 2x^2 + ax + b \ (a, \ b는 \ 상수)$$

로 놓을 수 있다.

다항함수 $g(x)$는 실수 전체의 집합에서 연속이고, 조건 ㈏에
서 $f(x)g(x)$가 실수 전체의 집합에서 연속이므로 함수
$f(x)g(x)$는 $x = 0$, $x = 2$에서 연속이어야 한다.

(i) $x = 0$일 때

$$\lim_{x \to 0+} f(x)g(x) = (-1) \times g(0) = -b$$

$$\lim_{x \to 0-} f(x)g(x) = 0$$

$$f(0)g(0) = -b$$

$$\therefore b = 0$$

(ii) $x = 2$일 때

$g(x) = 2x^2 + ax$이므로

$$\lim_{x \to 2+} f(x)g(x) = 1 \times g(2) = 8 + 2a$$

$$\lim_{x \to 2-} f(x)g(x) = (-1) \times g(2) = -8 - 2a$$

$$f(2)g(2) = 8 + 2a$$

$8 + 2a = -8 - 2a$에서 $4a = -16$

$$\therefore a = -4$$

(i), (ii)에 의하여 $g(x)=2x^2-4x$이므로

$g(5)=50-20=30$ **답 30**

059 두 함수 $f(x)$, $f(x)+a$는 $x=0$에서만 불연속이므로 함수 $f(x)\{f(x)+a\}$가 실수 전체의 집합에서 연속이면 $x=0$에서 연속이다.

$\lim\limits_{x \to 0+} f(x)\{f(x)+a\}$

$=\lim\limits_{x \to 0+}(-6x+6)(-6x+6+a)$

$=6(6+a)=36+6a$

$\lim\limits_{x \to 0-}f(x)\{f(x)+a\}$

$=\lim\limits_{x \to 0-}(x^2+6x-4)(x^2+6x-4+a)$

$=(-4)\times(-4+a)=16-4a$

$f(0)\{f(0)+a\}=k(a+k)$

$\lim\limits_{x \to 0+}f(x)\{f(x)+a\}=\lim\limits_{x \to 0-}f(x)\{f(x)+a\}$

$\qquad\qquad\qquad\qquad =f(0)\{f(0)+a\}$

이어야 하므로

$16-4a=36+6a=k(a+k)$

$16-4a=36+6a$에서 $a=-2$

$16-4a=k(a+k)$에서

$k(k-2)=24$, $k^2-2k-24=0$

$(k+4)(k-6)=0$

$\therefore k=-4$ 또는 $k=6$

따라서 $a+k$의 최댓값은

$-2+6=4$ **답 4**

060 함수 $f(x)+f(-x)$가 $x=0$에서 연속이므로

$\lim\limits_{x \to 0}\{f(x)+f(-x)\}=2f(0)$

조건 ㈏에 의하여

$\lim\limits_{x \to 0+}f(x)=8$, $\lim\limits_{x \to 0+}f(-x)=\lim\limits_{x \to 0-}f(x)=2$이므로

$\lim\limits_{x \to 0+}\{f(x)+f(-x)\}=8+2=10$

$\lim\limits_{x \to 0-}f(x)=2$, $\lim\limits_{x \to 0-}f(-x)=\lim\limits_{x \to 0+}f(x)=8$이므로

$\lim\limits_{x \to 0-}\{f(x)+f(-x)\}=2+8=10$

따라서 $10=2f(0)$이므로

$f(0)=5$

또, 함수 $f(x-2)\{f(x)-4\}$가 $x=2$에서 연속이므로

$\lim\limits_{x \to 2}f(x-2)\{f(x)-4\}=f(0)\{f(2)-4\}$ ······ ㉠

조건 ㈎에서 $\lim\limits_{x \to 2}f(x)=4$이므로

$\lim\limits_{x \to 2+}f(x-2)\{f(x)-4\}=8\times0=0$

$\lim\limits_{x \to 2-}f(x-2)\{f(x)-4\}=2\times0=0$

㉠에서

$f(0)\{f(2)-4\}=5\{f(2)-4\}=0$

이므로 $f(2)=4$

$\therefore f(0)f(2)=5\times4=20$ **답 20**

061 두 함수 $y=f(x)$, $y=g(x)$의 그래프는 다음 그림과 같다.

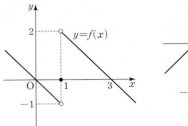 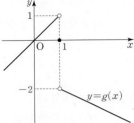

ㄱ. 두 함수 $f(x)$, $g(x)$는 모두 $x=\frac{1}{2}$에서 연속이므로

$\lim\limits_{x \to \frac{1}{2}}f(x)g(x)=f\left(\frac{1}{2}\right)\times g\left(\frac{1}{2}\right)=-\frac{1}{2}\times\frac{1}{2}=-\frac{1}{4}$ (참)

ㄴ. $\lim\limits_{x \to 1+}\{f(x)+g(x)\}=2+(-2)=0$

$\lim\limits_{x \to 1-}\{f(x)+g(x)\}=-1+1=0$

$f(1)+g(1)=0+0=0$

$\therefore \lim\limits_{x \to 1+}\{f(x)+g(x)\}=\lim\limits_{x \to 1-}\{f(x)+g(x)\}$

$\qquad\qquad\qquad\qquad =f(1)+g(1)$

즉, 함수 $f(x)+g(x)$는 $x=1$에서 연속이다. (참)

ㄷ. $g(1)=0$이므로

$f(1-a)g(1)=0$

(i) $a<0$일 때

$\lim\limits_{x \to 1+}f(x-a)g(x)=-2(2+a)$

$\lim\limits_{x \to 1-}f(x-a)g(x)=2+a$

따라서 함수 $f(x-a)g(x)$가 $x=1$에서 연속이려면

$-2(2+a)=2+a=0$

$\therefore a=-2$

(ii) $a=0$일 때

$\lim\limits_{x \to 1+}f(x)g(x)=-4$

$\lim\limits_{x \to 1-}f(x)g(x)=-1$

따라서 $a=0$이면 함수 $f(x-a)g(x)$는 $x=1$에서 불연속이다.

(iii) $a>0$일 때

$\lim\limits_{x \to 1+}f(x-a)g(x)=-2(a-1)$

$\lim\limits_{x \to 1-}f(x-a)g(x)=a-1$

따라서 함수 $f(x-a)g(x)$가 $x=1$에서 연속이려면

$-2(a-1)=a-1=0$

$\therefore a=1$

(i), (ii), (iii)에 의하여 $x=1$에서 연속이 되도록 하는 a의 값은 -2, 1의 2개이다. (참)

따라서 ㄱ, ㄴ, ㄷ 모두 옳다. **답 ⑤**

다른풀이

ㄷ. $\lim\limits_{x \to 1+}f(x-a)g(x)=-2\lim\limits_{x \to 1+}f(x-a)$

$\lim\limits_{x \to 1-}f(x-a)g(x)=\lim\limits_{x \to 1-}f(x-a)$

$f(1-a)g(1)=0$

이므로

함수 $f(x-a)g(x)$가 $x=1$에서 연속이려면

$\lim_{x\to1} f(x-a)=0$

$1-a=0$ 또는 $1-a=3$

$\therefore a=1$ 또는 $a=-2$

062 ㄱ. $\lim_{x\to1-} f(x)=0$, $\lim_{x\to1-} g(x)=1$이므로

$\lim_{x\to1-} f(x)g(x)=0$ (참)

ㄴ. $x+1=t$로 놓으면 $x\to0+$일 때 $t\to1+$이고, $x\to0-$

일 때 $t\to1-$이므로

$\lim_{x\to0+} f(x+1)=\lim_{t\to1+} f(t)=-1$

$\lim_{x\to0-} f(x+1)=\lim_{t\to1-} f(t)=0$

$\therefore \lim_{x\to0+} f(x+1)\neq\lim_{x\to0-} f(x+1)$

즉, 함수 $f(x+1)$은 $x=0$에서 불연속이다. (거짓)

ㄷ. $x-1=s$로 놓으면 $x\to1+$일 때 $s\to0+$이고, $x\to1-$

일 때 $s\to0-$이므로

$\lim_{x\to1+} |f(x)|g(x-1)=\lim_{x\to1+} |f(x)|\times\lim_{x\to1+} g(x-1)$

$=\lim_{x\to1+} |f(x)|\times\lim_{s\to0+} g(s)$

$=|-1|\times0=0$

$\lim_{x\to1-} |f(x)|g(x-1)=\lim_{x\to1-} |f(x)|\times\lim_{x\to1-} g(x-1)$

$=\lim_{x\to1-} |f(x)|\times\lim_{s\to0-} g(s)$

$=0\times1=0$

$|f(1)|g(0)=0\times0=0$

$\therefore \lim_{x\to1+} |f(x)|g(x-1)=\lim_{x\to1-} |f(x)|g(x-1)$

$=|f(1)|g(0)$

즉, 함수 $|f(x)|g(x-1)$은 $x=1$에서 연속이다. (참)

따라서 옳은 것은 ㄱ, ㄷ이다.　　　　　　　답 ④

063 함수 $g(x)$는 실수 전체의 집합에서 연속이므로 함수

$f(x)g(x)$가 실수 전체의 집합에서 연속이려면 함수 $f(x)$가

$x=2$에서 연속이거나 $g(2)=0$이어야 한다.

(ⅰ) 함수 $f(x)$가 $x=2$에서 연속일 때

$\lim_{x\to2+} f(x)=\lim_{x\to2-} f(x)=f(2)$이므로

$6-2a=4+b$　　$\therefore b=-2a+2$

이때 $-5\leq b\leq5$이므로 $-\dfrac{3}{2}\leq a\leq\dfrac{7}{2}$

따라서 가능한 정수 a의 값은 -1, 0, 1, 2, 3이므로 순서

쌍 (a, b)의 개수는 5이다.

(ⅱ) $g(2)=0$일 때

$g(2)=4+2a+b=0$이므로

$b=-2a-4$

이때 $-5\leq b\leq5$이므로 $-\dfrac{9}{2}\leq a\leq\dfrac{1}{2}$

따라서 가능한 정수 a의 값은 -4, -3, -2, -1, 0이므

로 순서쌍 (a, b)의 개수는 5이다.

(ⅰ), (ⅱ)에 의하여 구하는 순서쌍 (a, b)의 개수는

$5+5=10$　　　　　　　　　　　　　　답 ④

064 $g(x)=\begin{cases} (x-1)^2 & (x\leq0) \\ x^2+4x-1 & (x>0) \end{cases}$에서

$\lim_{x\to0+} g(x)=-1$, $g(0)=\lim_{x\to0-} g(x)=1$

함수 $f(x+a)g(x)$가 $x=0$에서 연속이 되려면

$\lim_{x\to0+} f(x+a)g(x)=\lim_{x\to0+} f(x+a)\times\lim_{x\to0+} g(x)$

$=-\lim_{x\to0+} f(x+a)$

$\lim_{x\to0-} f(x+a)g(x)=\lim_{x\to0-} f(x+a)\times\lim_{x\to0-} g(x)$

$=\lim_{x\to0-} f(x+a)$

$f(a)g(0)=f(a)$

에서 $-\lim_{x\to0+} f(x+a)=\lim_{x\to0-} f(x+a)=f(a)$

이때 $x+a=t$로 놓으면 $x\to0+$일 때 $t\to a+$이고,

$x\to0-$일 때 $t\to a-$이므로

$-\lim_{t\to a+} f(t)=\lim_{t\to a-} f(t)=f(a)$

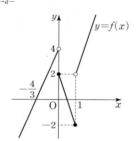

함수 $y=f(x)$의 그래프가 위의 그림과 같으므로 조건을 만족

시키는 실수 a의 값은

$a=-\dfrac{4}{3}$ 또는 $a=\dfrac{1}{2}$ 또는 $a=1$

의 3개이다.　　　　　　　　　　　　답 ③

065 중심이 원점이고 반지름의 길이가 r인 원 $x^2+y^2=r^2$이 직선

$y=-2x+4$, 즉 $2x+y-4=0$과 접하려면 원의 중심과 직

선 사이의 거리가 반지름의 길이와 같아야 하므로

$r=\dfrac{|0+0-4|}{\sqrt{2^2+1^2}}=\dfrac{4\sqrt{5}}{5}$

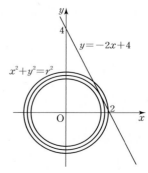

$0<r<\dfrac{4\sqrt{5}}{5}$일 때, $f(r)=0$

$r=\dfrac{4\sqrt{5}}{5}$일 때, $f(r)=1$

$r>\dfrac{4\sqrt{5}}{5}$일 때, $f(r)=2$

이므로 함수 $y=f(r)$의 그래프는 다음 그림과 같다.

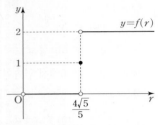

따라서 함수 $(r-k)f(r)$가 실수 전체의 집합에서 연속이려
면 $r=\dfrac{4\sqrt{5}}{5}$에서 연속이어야 하므로

$\displaystyle\lim_{r\to\frac{4\sqrt{5}}{5}+}(r-k)f(r)=\left(\dfrac{4\sqrt{5}}{5}-k\right)\times2=2\left(\dfrac{4\sqrt{5}}{5}-k\right)$

$\displaystyle\lim_{r\to\frac{4\sqrt{5}}{5}-}(r-k)f(r)=\left(\dfrac{4\sqrt{5}}{5}-k\right)\times0=0$

$\left(\dfrac{4\sqrt{5}}{5}-k\right)f\left(\dfrac{4\sqrt{5}}{5}\right)=\left(\dfrac{4\sqrt{5}}{5}-k\right)\times1=\dfrac{4\sqrt{5}}{5}-k$

에서 $2\left(\dfrac{4\sqrt{5}}{5}-k\right)=0=\dfrac{4\sqrt{5}}{5}-k$

$\therefore k=\dfrac{4\sqrt{5}}{5}$ 답 ③

066 $\sqrt{x}=\dfrac{1}{2}x+t$의 양변을 제곱하여 정리하면

$\dfrac{1}{4}x^2+(t-1)x+t^2=0$

이 x에 대한 이차방정식의 판별식을 D라 하면

$D=(t-1)^2-4\times\dfrac{1}{4}\times t^2=0$

$-2t+1=0$

$\therefore t=\dfrac{1}{2}$

즉, 곡선 $y=\sqrt{x}$와 직선 $y=\dfrac{1}{2}x+t$가 접할 때 실수 t의 값은

$\dfrac{1}{2}$이고, 직선 $y=\dfrac{1}{2}x+t$가 점 $(0,0)$을 지날 때 실수 t의 값

은 0이므로

$f(t)=\begin{cases}0 & \left(t>\dfrac{1}{2}\right)\\ 1 & \left(t=\dfrac{1}{2}\right)\\ 2 & \left(0\le t<\dfrac{1}{2}\right)\\ 1 & (t<0)\end{cases}$

따라서 함수 $y=f(t)$의 그래프는 다음 그림과 같다.

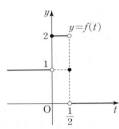

$h(t)=(2t^2+at+b)f(t)$로 놓고, 함수 $h(t)$가 실수 전체의

집합에서 연속이면 $t=0$, $t=\dfrac{1}{2}$에서 연속이다.

(ⅰ) 함수 $h(t)$가 $t=0$에서 연속일 때

$\displaystyle\lim_{t\to0+}h(t)=\lim_{t\to0+}(2t^2+at+b)f(t)=2b$

$\displaystyle\lim_{t\to0-}h(t)=\lim_{t\to0-}(2t^2+at+b)f(t)=b$

$h(0)=(2\times0^2+a\times0+b)f(0)=2b$

이므로 $2b=b$ $\therefore b=0$

(ⅱ) 함수 $h(t)$가 $t=\dfrac{1}{2}$에서 연속일 때

$\displaystyle\lim_{t\to\frac{1}{2}+}h(t)=\lim_{t\to\frac{1}{2}+}(2t^2+at+b)f(t)=0$

$\displaystyle\lim_{t\to\frac{1}{2}-}h(t)=\lim_{t\to\frac{1}{2}-}(2t^2+at+b)f(t)$

$=\left(\dfrac{1}{2}+\dfrac{a}{2}+b\right)\times2$

$=1+a+2b$

$h\left(\dfrac{1}{2}\right)=\left\{2\times\left(\dfrac{1}{2}\right)^2+a\times\dfrac{1}{2}+b\right\}f\left(\dfrac{1}{2}\right)$

$=\dfrac{1}{2}+\dfrac{1}{2}a+b$

이므로 $0=1+a+2b=\dfrac{1}{2}+\dfrac{1}{2}a+b$

$b=0$이므로 $a=-1$

(ⅰ), (ⅱ)에 의하여

$a+b=-1+0=-1$ 답 ①

067 $A=\{x\,|\,(x+2)(x-2)<0\}$

$=\{x\,|-2<x<2\}$

$=\{-1,0,1\}$

이므로 a의 값의 범위에 따른 집합 $A\cap B$의 원소의 개수

$f(a)$는 다음과 같다.

(ⅰ) $a+2\le-1$, 즉 $a\le-3$일 때

$A\cap B=\varnothing$이므로 $f(a)=0$

(ⅱ) $-1<a+2\le0$, 즉 $-3<a\le-2$일 때

$A\cap B=\{-1\}$이므로 $f(a)=1$

(ⅲ) $0<a+2\le1$, 즉 $-2<a\le-1$일 때

$A\cap B=\{-1,0\}$이므로 $f(a)=2$

(ⅳ) $1<a+2\le2$, 즉 $-1<a\le0$일 때

$A\cap B=\{-1,0,1\}$이므로 $f(a)=3$

(v) $2 < a+2 < 3$, 즉 $0 < a < 1$일 때

$A \cap B = \{-1, 0, 1\}$이므로 $f(a) = 3$

(vi) $3 \le a+2 < 4$, 즉 $1 \le a < 2$일 때

$A \cap B = \{0, 1\}$이므로 $f(a) = 2$

(vii) $4 \le a+2 < 5$, 즉 $2 \le a < 3$일 때

$A \cap B = \{1\}$이므로 $f(a) = 1$

(viii) $a+2 \ge 5$, 즉 $a \ge 3$일 때

$A \cap B = \varnothing$이므로 $f(a) = 0$

(i)~(viii)에 의하여 함수 $y = f(a)$의 그래프는 다음 그림과 같다.

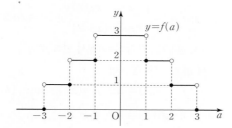

ㄱ. $\lim\limits_{a \to 2+} f(a) = 1$, $\lim\limits_{a \to 2-} f(a) = 2$이므로

$\lim\limits_{a \to 2+} f(a) \ne \lim\limits_{a \to 2-} f(a)$

따라서 $\lim\limits_{a \to 2} f(a)$의 값은 존재하지 않는다. (거짓)

ㄴ. $\lim\limits_{a \to 1+} f(a) = 2$, $f(1) = 2$이므로

$\lim\limits_{a \to 1+} f(a) = f(1)$ (참)

ㄷ. 함수 $f(a)$는 $a = -3$, $a = -2$, $a = -1$, $a = 1$, $a = 2$, $a = 3$에서 불연속이므로 함수 $f(a)$가 불연속이 되도록 하는 a의 개수는 6이다. (참)

따라서 옳은 것은 ㄴ, ㄷ이다. **답** ④

068 $x^2 - x - 12 < 0$에서

$(x+3)(x-4) < 0$

$\therefore -3 < x < 4$

$x^2 - (a-1)x - a \le 0$에서

$(x+1)(x-a) \le 0$

(i) $a \le -2$일 때

연립부등식의 정수해는 -2, -1이므로 $f(a) = 2$

(ii) $-2 < a < 0$일 때

연립부등식의 정수해는 -1이므로 $f(a) = 1$

(iii) $0 \le a < 1$일 때

연립부등식의 정수해는 -1, 0이므로 $f(a) = 2$

(iv) $1 \le a < 2$일 때

연립부등식의 정수해는 -1, 0, 1이므로 $f(a) = 3$

(v) $2 \le a < 3$일 때

연립부등식의 정수해는 -1, 0, 1, 2이므로 $f(a) = 4$

(vi) $a \ge 3$일 때

연립부등식의 정수해는 -1, 0, 1, 2, 3이므로 $f(a) = 5$

(i)~(vi)에 의하여 함수 $y = f(a)$의 그래프는 다음 그림과 같다.

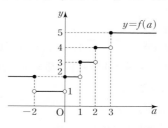

ㄱ. 함수 $f(a)$의 최댓값은 5이므로 모든 실수 a에 대하여 $f(a) \le 5$이다. (참)

ㄴ. $\lim\limits_{a \to n} f(a) = f(n)$이면 $f(a)$는 $a = n$에서 연속이다.

$-2 < n < 3$일 때, $a = n$에서 연속인 정수 n의 값은 -1뿐이다. (참)

ㄷ. 함수 $y = f(a)$의 그래프와 직선 $y = a+2$는 다음 그림과 같다.

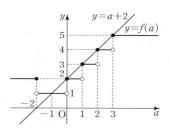

즉, 두 그래프의 교점의 개수는 5이므로 방정식 $f(a) = a+2$, 즉 $f(a) - a - 2 = 0$의 실근의 개수는 5이다. (참)

따라서 ㄱ, ㄴ, ㄷ 모두 옳다. **답** ⑤

069 도형 $|x-2| + |y| = 4$에서

$x \ge 2$, $y \ge 0$일 때

$(x-2) + y = 4$ $\therefore y = -x+6$

$x \ge 2$, $y < 0$일 때

$(x-2) - y = 4$ $\therefore y = x-6$

$x < 2$, $y \ge 0$일 때

$-(x-2) + y = 4$ $\therefore y = x+2$

$x < 2$, $y < 0$일 때

$-(x-2) - y = 4$ $\therefore y = -x-2$

즉, 도형 $|x-2| + |y| = 4$는 다음 그림과 같이 정사각형이다.

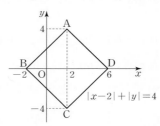

이 정사각형의 네 꼭짓점을 각각 A, B, C, D라 하면 원점 O와 직선 AB, 즉 $x - y + 2 = 0$ 사이의 거리는

$$\dfrac{|2|}{\sqrt{1^2 + (-1)^2}} = \sqrt{2}$$

원점 O와 직선 AD, 즉 $x+y-6=0$ 사이의 거리는

$$\frac{|-6|}{\sqrt{1^2+1^2}}=3\sqrt{2}$$

$\overline{OB}=2$, $\overline{OC}=\sqrt{2^2+(-4)^2}=2\sqrt{5}$, $\overline{OD}=6$이므로 r의 값의 범위에 따른 원과 정사각형의 교점의 개수 $f(r)$는 다음과 같다.

$0<r<\sqrt{2}$일 때, $f(r)=0$

$r=\sqrt{2}$일 때, $f(r)=2$

$\sqrt{2}<r<2$일 때, $f(r)=4$

$r=2$일 때, $f(r)=3$

$2<r<3\sqrt{2}$일 때, $f(r)=2$

$r=3\sqrt{2}$일 때, $f(r)=4$

$3\sqrt{2}<r<2\sqrt{5}$일 때, $f(r)=6$

$r=2\sqrt{5}$일 때, $f(r)=4$

$2\sqrt{5}<r<6$일 때, $f(r)=2$

$r=6$일 때, $f(r)=1$

$r>6$일 때, $f(r)=0$

따라서 함수 $y=f(r)$의 그래프는 다음 그림과 같다.

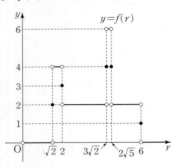

따라서 함수 $f(r)$가 $r=k$에서 불연속이 되게 하는 모든 k의 값의 합은

$$\sqrt{2}+2+3\sqrt{2}+2\sqrt{5}+6=8+4\sqrt{2}+2\sqrt{5}$$

이므로 $a=8$, $b=4$, $c=2$

$\therefore a+b+c=14$

답 14

070 ㄱ. [반례] $f(x)=\begin{cases}1 & (x<1)\\0 & (x\geq1)\end{cases}$, $g(x)=\begin{cases}2 & (x<1)\\1 & (x\geq1)\end{cases}$이면 두 함수 $f(x)$, $g(x)$는 각각 $x=1$에서 불연속이지만 함수 $f(x)-g(x)=-1$은 실수 전체의 집합에서 연속이다.

(거짓)

ㄴ. $\lim\limits_{x\to1}f(x)=f(1)$, $\lim\limits_{x\to1}g(x)=g(1)$이므로

$$\lim\limits_{x\to1}f(x)g(x)=\lim\limits_{x\to1}f(x)\times\lim\limits_{x\to1}g(x)=f(1)g(1)$$

따라서 함수 $f(x)g(x)$는 $x=1$에서 연속이다. (참)

ㄷ. [반례] $f(x)=\begin{cases}1 & (x\geq1)\\-1 & (x<1)\end{cases}$이면 $|f(x)|=1$이므로 함수 $|f(x)|$는 $x=1$에서 연속이지만 함수 $f(x)$는 $x=1$에서 불연속이다. (거짓)

따라서 옳은 것은 ㄴ뿐이다.

답 ②

071 ㄱ. 조건 ㈎에서 $f(0)=0$이고 조건 ㈏에서 (분모)$\to0$이고 극한값이 존재하므로 (분자)$\to0$이어야 한다.

$$\therefore \lim\limits_{x\to0}f(x)=0$$

따라서 $\lim\limits_{x\to0}f(x)=f(0)$이므로 함수 $f(x)$는 $x=0$에서 연속이다. (참)

ㄴ. $\lim\limits_{x\to0}g(x)=\lim\limits_{x\to0}[f(x)-\{f(x)-g(x)\}]$

$$=\lim\limits_{x\to0}f(x)-\lim\limits_{x\to0}\{f(x)-g(x)\}$$

$$=f(0)-\{f(0)-g(0)\}=g(0)$$

따라서 함수 $g(x)$는 $x=0$에서 연속이다. (참)

ㄷ. [반례] $f(x)=\begin{cases}2x & (x\leq2)\\2x+1 & (x>2)\end{cases}$, $g(x)=x+2$이면 두 함수 $f(x)$, $g(x)$는 각각 $x=0$에서 연속이다.

이때 $g(x)=t$로 놓으면

$$\lim\limits_{x\to0+}(f\circ g)(x)=\lim\limits_{x\to0+}f(g(x))=\lim\limits_{t\to2+}f(t)=5,$$

$$\lim\limits_{x\to0-}(f\circ g)(x)=\lim\limits_{x\to0-}f(g(x))=\lim\limits_{t\to2-}f(t)=4$$

$$\therefore \lim\limits_{x\to0+}(f\circ g)(x)\neq\lim\limits_{x\to0-}(f\circ g)(x)$$

즉, 함수 $(f\circ g)(x)$는 $x=0$에서 불연속이다. (거짓)

따라서 옳은 것은 ㄱ, ㄴ이다.

답 ③

072 조건 ㈎, ㈏에 의하여 두 함수 $f(x)$, $\dfrac{f(x)}{g(x)}$는 $x=a$에서 연속이다.

ㄱ. $\lim\limits_{x\to a}\dfrac{\{f(x)\}^2}{g(x)}=\lim\limits_{x\to a}\left\{f(x)\times\dfrac{f(x)}{g(x)}\right\}$

$$=\lim\limits_{x\to a}f(x)\times\lim\limits_{x\to a}\dfrac{f(x)}{g(x)}$$

$$=f(a)\times\dfrac{f(a)}{g(a)}=\dfrac{\{f(a)\}^2}{g(a)}$$

따라서 함수 $\dfrac{\{f(x)\}^2}{g(x)}$은 $x=a$에서 연속이다. (참)

ㄴ. $\lim\limits_{x\to a}\{f(x)\}^2=\lim\limits_{x\to a}\{f(x)\times f(x)\}$

$$=\lim\limits_{x\to a}f(x)\times\lim\limits_{x\to a}f(x)$$

$$=f(a)\times f(a)=\{f(a)\}^2$$

$\therefore \lim\limits_{x\to a}\{f(x)\}^2\left\{1+\dfrac{1}{g(x)}\right\}$

$$=\lim\limits_{x\to a}\left[\{f(x)\}^2+\dfrac{\{f(x)\}^2}{g(x)}\right]$$

$$=\lim\limits_{x\to a}\{f(x)\}^2+\lim\limits_{x\to a}\dfrac{\{f(x)\}^2}{g(x)}$$

$$=\{f(a)\}^2+\dfrac{\{f(a)\}^2}{g(a)}\ (\because ㄱ)$$

$$=\{f(a)\}^2\left\{1+\dfrac{1}{g(a)}\right\}$$

따라서 함수 $\{f(x)\}^2\left\{1+\dfrac{1}{g(x)}\right\}$은 $x=a$에서 연속이다.

(참)

ㄷ. [반례] $f(x)=0$, $g(x)=\begin{cases} -1 & (x<a) \\ 1 & (x \geq a) \end{cases}$이면 $\dfrac{f(x)}{g(x)}=0$이

므로 두 함수 $f(x)$, $\dfrac{f(x)}{g(x)}$는 각각 $x=a$에서 연속이지만

함수 $g(x)$는 $x=a$에서 불연속이다. (거짓)

따라서 옳은 것은 ㄱ, ㄴ이다. **답** ③

073 $f(x)=x^2+6x+3=(x+3)^2-6$이므로 닫힌구간 $[-4, -1]$

에서 함수 $y=f(x)$의 그래프는 다음 그림과 같다.

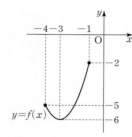

따라서 $M=f(-1)=-2$, $m=f(-3)=-6$이므로

$M-m=-2-(-6)=4$ **답** ④

074 ㄱ. $f(x)+g(x)=x-2+\dfrac{1}{x+1}$은 $x \neq -1$인 모든 실수에서

연속이다.

따라서 함수 $f(x)+g(x)$는 닫힌구간 $[0, 3]$에서 연속이

므로 최대 · 최소 정리에 의하여 최댓값과 최솟값을 모두

갖는다.

ㄴ. $f(g(x))=f\left(\dfrac{1}{x+1}\right)=\dfrac{1}{x+1}-2$는 $x \neq -1$인 모든 실수

에서 연속이다.

따라서 함수 $f(g(x))$는 닫힌구간 $[0, 3]$에서 연속이므

로 최대 · 최소 정리에 의하여 최댓값과 최솟값을 모두 갖

는다.

ㄷ. $g(f(x))=g(x-2)=\dfrac{1}{x-1}$은 $x=1$에서 불연속이다.

또한, $\lim\limits_{x \to 1+} g(f(x))=\infty$, $\lim\limits_{x \to 1-} g(f(x))=-\infty$이므로 함

수 $g(f(x))$는 닫힌구간 $[0, 3]$에서 최댓값과 최솟값을

모두 갖지 않는다.

따라서 닫힌구간 $[0, 3]$에서 최댓값과 최솟값을 모두 갖는

함수는 ㄱ, ㄴ이다. **답** ②

075 $f(x)=x^3+4x+1$로 놓으면 함수 $f(x)$는 연속함수이고,

$f(-3)=-38$, $f(-2)=-15$, $f(-1)=-4$, $f(0)=1$,

$f(1)=6$, $f(2)=17$

따라서 $f(-1)f(0)<0$이므로 사잇값의 정리에 의하여 열린

구간 $(-1, 0)$에서 방정식 $x^3+4x+1=0$의 실근이 존재한

다. **답** ③

076 ㄱ. 함수 $f(x)$가 닫힌구간 $[-3, 3]$에서 연속이므로 $x=0$에

서 연속이다.

$\lim\limits_{x \to 0} f(x)=f(0)$이므로 $\lim\limits_{x \to 0} \dfrac{g(x)-4}{4x}=-2$에서 $x \to 0$

일 때 (분모)$\to 0$이고 극한값이 존재하므로 (분자)$\to 0$이

어야 한다.

즉, $\lim\limits_{x \to 0}\{g(x)-4\}=0$이므로 $\lim\limits_{x \to 0} g(x)=4$ (참)

ㄴ. 두 함수 $f(x)$, $g(x)$는 닫힌구간 $[-3, 3]$에서 연속이므

로 최대 · 최소 정리에 의하여 최댓값과 최솟값을 갖는다.

(참)

ㄷ. [반례] $g(x)=-8x+4$일 때, $g(-1)>0$, $g(1)<0$이지

만 $f(x)=-2$이므로 방정식 $f(x)=0$은 열린구간

$(-1, 1)$에서 실근을 갖지 않는다. (거짓)

따라서 옳은 것은 ㄱ, ㄴ이다. **답** ③

077 $\lim\limits_{x \to 3} \dfrac{f(x)}{x-3}=6$에서 $x \to 3$일 때 (분모)$\to 0$이고 극한값이 존

재하므로 (분자)$\to 0$이어야 한다.

즉, $\lim\limits_{x \to 3} f(x)=0$이므로 $f(3)=0$

또, $\lim\limits_{x \to 9} \dfrac{f(x)}{x-9}=12$에서 $x \to 9$일 때 (분모)$\to 0$이고 극한값이

존재하므로 (분자)$\to 0$이어야 한다.

즉, $\lim\limits_{x \to 9} f(x)=0$이므로 $f(9)=0$

따라서

$f(x)=(x-3)(x-9)g(x)$ ($g(x)$는 다항함수)

로 놓으면

$\lim\limits_{x \to 3} \dfrac{f(x)}{x-3}=\lim\limits_{x \to 3} \dfrac{(x-3)(x-9)g(x)}{x-3}=-6g(3)$

즉, $-6g(3)=6$이므로 $g(3)=-1$

$\lim\limits_{x \to 9} \dfrac{f(x)}{x-9}=\lim\limits_{x \to 9} \dfrac{(x-3)(x-9)g(x)}{x-9}=6g(9)$

즉, $6g(9)=12$이므로 $g(9)=2$

이때 $g(x)$는 연속함수이고 $g(3)g(9)<0$이므로 사잇값의 정

리에 의하여 방정식 $g(x)=0$은 열린구간 $(3, 9)$에서 적어도

하나의 실근을 갖는다.

따라서 방정식 $f(x)=0$, 즉 $(x-3)(x-9)g(x)=0$은 닫힌

구간 $[3, 9]$에서 적어도 3개의 실근을 갖는다.

$\therefore a=3$ **답** 3

078 ㄱ. $f(x)$는 연속함수이고, 조건 ㈏에서 $f(5)f(6)<0$이므로

사잇값의 정리에 의하여 방정식 $f(x)=0$은 열린구간

$(5, 6)$에서 적어도 하나의 실근을 갖는다. (참)

ㄴ. $f(x)$는 연속함수이고, 조건 ㈎에 의하여 $f(0)=f(4)$,

$f(1)=f(3)$이므로 조건 ㈏에서

$f(3)f(4)=f(0)f(1)<0$

따라서 사잇값의 정리에 의하여 방정식 $f(x)=0$은 열린

구간 $(3, 4)$에서 적어도 하나의 실근을 갖는다. (참)

ㄷ. $f(x)$는 연속함수이고, 조건 (내)에 의하여 $f(-1)=f(5)$, $f(-2)=f(6)$이므로 조건 (내)에서

$$f(-1)f(-2)=f(5)f(6)<0$$

따라서 사잇값의 정리에 의하여 방정식 $f(x)=0$은 열린구간 $(-2, -1)$에서 적어도 하나의 실근을 갖는다.

또, ㄱ, ㄴ에 의하여 방정식 $f(x)=0$은 열린구간 $(0, 1)$, $(3, 4)$, $(5, 6)$에서 각각 적어도 하나의 실근을 갖는다.

즉, 방정식 $f(x)=0$은 적어도 4개의 실근을 갖는다. (참)

따라서 ㄱ, ㄴ, ㄷ 모두 옳다.　　　　　　　　　　답 ⑤

스페셜 특강 SPECIAL

》 본문 45~56쪽

079 $x^2+4x+4<[x^2+4x+5]\leq x^2+4x+5$

이고

$$x^2+4x+4=(x+2)^2\geq0,\ x^2+4x+5=(x+2)^2+1>0$$

이므로

$$\sqrt{x^2+4x+4}<\sqrt{[x^2+4x+5]}\leq\sqrt{x^2+4x+5}$$

$$\therefore \sqrt{x^2+4x+4}-x<\sqrt{[x^2+4x+5]}-x\leq\sqrt{x^2+4x+5}-x$$

이때

$$\lim_{x\to\infty}(\sqrt{x^2+4x+4}-x)=\lim_{x\to\infty}\{(x+2)-x\}=2,$$

$$\lim_{x\to\infty}(\sqrt{x^2+4x+5}-x)=\lim_{x\to\infty}\{(x+2)-x\}=2$$

이므로 함수의 극한의 대소 관계에 의하여

$$\lim_{x\to\infty}(\sqrt{[x^2+4x+5]}-x)=2$$　　　　답 ②

080 $\displaystyle\lim_{x\to\infty}\frac{1}{\sqrt{x^2+x+1}-x}=\lim_{x\to\infty}\frac{1}{\left(x+\dfrac{1}{2}\right)-x}=2$　　답 ②

081 $\displaystyle\lim_{x\to2}f(x)=\infty$이고 $\displaystyle\lim_{x\to2}\{2f(x)-3g(x)\}=3$이므로

$$\lim_{x\to2}\frac{g(x)}{f(x)}=\frac{2}{3}$$

또, $\displaystyle\lim_{x\to2}f(x)=\infty$이므로

$$\lim_{x\to2}\frac{x}{f(x)}=0$$

$$\therefore \lim_{x\to2}\frac{3f(x)-g(x)+x}{f(x)+(x+1)g(x)}=\lim_{x\to2}\frac{3-\dfrac{g(x)}{f(x)}+\dfrac{x}{f(x)}}{1+(x+1)\dfrac{g(x)}{f(x)}}$$

$$=\frac{3-\dfrac{2}{3}+0}{1+(2+1)\times\dfrac{2}{3}}$$

$$=\frac{7}{9}$$　　　　답 $\dfrac{7}{9}$

---

082 조건 (내)에서 $x\neq0$일 때 $f(x)\neq x$이므로

$$g(x)=\frac{x+f(x)}{x-f(x)}$$

조건 (가)에 의하여

$$\lim_{x\to0}g(x)=\lim_{x\to0}\frac{x+f(x)}{x-f(x)}=-3$$

$$\frac{1+\dfrac{f(x)}{x}}{1-\dfrac{f(x)}{x}}=-3$$에서 $1+\dfrac{f(x)}{x}=-3+\dfrac{3f(x)}{x}$

$$\therefore \frac{f(x)}{x}=2$$

$$\therefore \lim_{x\to0}\frac{2x+f(x)}{3x-f(x)}=\lim_{x\to0}\frac{2+\dfrac{f(x)}{x}}{3-\dfrac{f(x)}{x}}$$

$$=\frac{2+2}{3-2}=4$$　　　　답 ④

083 ㄱ. $\displaystyle\lim_{x\to1-}f(x)=1$, $\displaystyle\lim_{x\to1+}f(x)=0$이므로 $\displaystyle\lim_{x\to1}f(x)$의 값은 존재하지 않는다. (거짓)

ㄴ. $\displaystyle\lim_{x\to1+}f(f(x))=\lim_{x\to0+}f(x)=1$ (참)

ㄷ. $\displaystyle\lim_{x\to1-}f(f(x))=f(1)=0$ (참)

따라서 옳은 것은 ㄴ, ㄷ이다.　　　　답 ⑤

084 $f(x)=f(-x)$를 만족시키므로 구간 $(-4, 4)$에서 함수 $y=f(x)$의 그래프는 다음 그림과 같다.

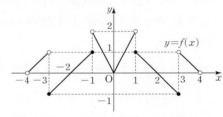

$$\lim_{x\to-4+}f(x)=0,\ \lim_{x\to-4+}f(f(x))=\lim_{x\to0+}f(x)=0$$

$$\lim_{x\to-3+}f(x)=-1,\ \lim_{x\to-3+}f(f(x))=\lim_{x\to-1+}f(x)=2$$

$$\lim_{x\to-2+}f(x)=0,\ \lim_{x\to-2+}f(f(x))=\lim_{x\to0+}f(x)=0$$

$$\lim_{x\to-1+}f(x)=2,\ \lim_{x\to-1+}f(f(x))=\lim_{x\to2-}f(x)=0$$

$$\lim_{x\to0+}f(x)=0,\ \lim_{x\to0+}f(f(x))=\lim_{x\to0+}f(x)=0$$

$$\lim_{x\to1+}f(x)=1,\ \lim_{x\to1+}f(f(x))=\lim_{x\to1-}f(x)=2$$

$$\lim_{x\to2+}f(x)=0,\ \lim_{x\to2+}f(f(x))=\lim_{x\to0-}f(x)=0$$

$$\lim_{x\to3+}f(x)=1,\ \lim_{x\to3+}f(f(x))=\lim_{x\to1-}f(x)=2$$

따라서 $\displaystyle\lim_{x\to a+}f(f(x))=\lim_{x\to a+}f(x)$를 만족시키는 정수 a의 값은 $-4, -2, 0, 2$의 4개이다.　　　　답 ①

085 (1) 거짓

[반례] $f(x)=0$, $g(x)=\begin{cases} -1 & (x \geq 0) \\ 1 & (x < 0) \end{cases}$ 이면

$\lim\limits_{x \to 0} f(x)=0$, $\lim\limits_{x \to 0} f(x)g(x)=0$

이지만 $\lim\limits_{x \to 0} g(x)$의 값은 존재하지 않는다.

(2) 거짓

[반례] $f(x)=0$, $g(x)=\begin{cases} -1 & (x \geq 0) \\ 1 & (x < 0) \end{cases}$ 이면

$f(x)=0$, $\lim\limits_{x \to 0} \dfrac{f(x)}{g(x)}=0$이지만 $\lim\limits_{x \to 0} g(x)$의 값은 존재하지 않는다.

(3) 거짓

[반례] $f(x)=\begin{cases} 1 & (x < 0) \\ -1 & (x \geq 0) \end{cases}$, $g(x)=\begin{cases} -1 & (x < 0) \\ 1 & (x \geq 0) \end{cases}$ 이면

$\lim\limits_{x \to 0+} \{f(x)+g(x)\}=(-1)+1=0$

$\lim\limits_{x \to 0-} \{f(x)+g(x)\}=1+(-1)=0$

이므로 $\lim\limits_{x \to 0} \{f(x)+g(x)\}=0$이지만 $\lim\limits_{x \to 0} f(x)$와 $\lim\limits_{x \to 0} g(x)$의 값은 모두 존재하지 않는다.

(4) 거짓

[반례] $f(x)=x+\dfrac{1}{x}$, $g(x)=\dfrac{1}{x}$이면

$\lim\limits_{x \to 0} \{f(x)-g(x)\}=\lim\limits_{x \to 0} x=0$이지만 $\lim\limits_{x \to 0} f(x)$와 $\lim\limits_{x \to 0} g(x)$의 값은 존재하지 않는다.

(5) 참

$\lim\limits_{x \to a} \{f(x)+g(x)\}=\alpha$, $\lim\limits_{x \to a} \{f(x)-g(x)\}=\beta$

(α, β는 실수)라 하면

$\lim\limits_{x \to a} \{f(x)+g(x)\}+\lim\limits_{x \to a} \{f(x)-g(x)\}=\lim\limits_{x \to a} 2f(x)$
$\qquad\qquad\qquad\qquad\qquad\qquad\qquad =\alpha+\beta$

$\therefore \lim\limits_{x \to a} f(x)=\dfrac{\alpha+\beta}{2}$

(6) 거짓

[반례] $f(x)=\begin{cases} 1 & (x < 0) \\ -1 & (x \geq 0) \end{cases}$, $g(x)=\begin{cases} -1 & (x < 0) \\ 1 & (x \geq 0) \end{cases}$ 이면

$\lim\limits_{x \to 0} f(x)$와 $\lim\limits_{x \to 0} g(x)$의 값이 모두 존재하지 않지만

$\lim\limits_{x \to 0+} \{f(x)+g(x)\}=(-1)+1=0$

$\lim\limits_{x \to 0-} \{f(x)+g(x)\}=1+(-1)=0$

이므로 $\lim\limits_{x \to 0} \{f(x)+g(x)\}=0$

(7) 거짓

[반례] $f(x)=\begin{cases} 1 & (x < 0) \\ -1 & (x \geq 0) \end{cases}$, $g(x)=\begin{cases} -1 & (x < 0) \\ 1 & (x \geq 0) \end{cases}$ 이면

$\lim\limits_{x \to 0+} \{f(x)+g(x)\}=(-1)+1=0$

$\lim\limits_{x \to 0-} \{f(x)+g(x)\}=1+(-1)=0$

이므로 $\lim\limits_{x \to 0} \{f(x)+g(x)\}=0$

$\lim\limits_{x \to 0+} f(x)g(x)=(-1) \times 1=-1$

$\lim\limits_{x \to 0-} f(x)g(x)=1 \times (-1)=-1$

이므로 $\lim\limits_{x \to 0} f(x)g(x)=-1$

이지만

$\lim\limits_{x \to 0+} \{f(x)-g(x)\}=(-1)-1=-2$

$\lim\limits_{x \to 0-} \{f(x)-g(x)\}=1-(-1)=2$

이므로 $\lim\limits_{x \to 0} \{f(x)-g(x)\}$의 값은 존재하지 않는다.

(8) 참

세 함수 $f(x)$, $g(x)$, $h(x)$에 대하여 0을 포함한 어떤 구간에서 $f(x) < h(x) < g(x)$이므로

$\lim\limits_{x \to 0} f(x) \leq \lim\limits_{x \to 0} h(x) \leq \lim\limits_{x \to 0} g(x)$

이때 $\lim\limits_{x \to 0} f(x)=0$, $\lim\limits_{x \to 0} g(x)=0$이므로

$\lim\limits_{x \to 0} h(x)=0$

(9) 참

$\lim\limits_{x \to a} g(x)=\lim\limits_{x \to a} \dfrac{f(x) \times g(x)}{f(x)}=\lim\limits_{x \to a} f(x) \times \lim\limits_{x \to a} \dfrac{g(x)}{f(x)}$

$\qquad\qquad =\lim\limits_{x \to a} f(x) \times \lim\limits_{x \to a} \dfrac{1}{\dfrac{f(x)}{g(x)}}$

$\qquad\qquad =0 \times \dfrac{1}{\alpha}=0$

(10) 참

$\lim\limits_{x \to a} f(x)=\alpha$ ($\alpha \neq 0$인 실수), $\lim\limits_{x \to a} f(x)g(x)=\beta$ (β는 실수)라 하면

$\lim\limits_{x \to a} g(x)=\lim\limits_{x \to a} \dfrac{f(x)g(x)}{f(x)}=\dfrac{\lim\limits_{x \to a} f(x)g(x)}{\lim\limits_{x \to a} f(x)}=\dfrac{\beta}{\alpha}$

(11) 거짓

[반례] $f(x)=\begin{cases} -x^2+2 & (x \neq 0) \\ 0 & (x=0) \end{cases}$, $g(x)=2$이면 모든 양수 x에 대하여 $f(x) < g(x)$이지만

$\lim\limits_{x \to 0} f(x)=\lim\limits_{x \to 0} g(x)=2$

(12) 거짓

[반례] $f(x)=x$, $g(x)=\begin{cases} x^2 & (x \neq 0) \\ 1 & (x=0) \end{cases}$ 이면

$\lim\limits_{x \to 0} f(x)=0$, $\lim\limits_{x \to 0} g(x)=0$이지만,

$\lim\limits_{x \to 0+} \dfrac{f(x)}{g(x)}=\lim\limits_{x \to 0+} \dfrac{1}{x}=\infty$, $\lim\limits_{x \to 0-} \dfrac{f(x)}{g(x)}=\lim\limits_{x \to 0-} \dfrac{1}{x}=-\infty$

이므로 $\lim\limits_{x \to 0} \dfrac{f(x)}{g(x)}$의 값은 존재하지 않는다.

(13) 거짓

[반례] $f(x)=1$, $g(x)=\begin{cases} 2 & (x \neq 1) \\ 1 & (x=1) \end{cases}$ 이면

$\lim\limits_{x \to 0} f(x)=1$, $\lim\limits_{x \to 1} g(x)=2$, $\lim\limits_{x \to 0} g(f(x))=g(1)=1$이므로

$\lim\limits_{x \to 0} g(f(x)) \neq \lim\limits_{x \to 1} g(x)$

⑭ 참

$\lim_{x \to a} g(x)$의 값이 존재한다고 가정하자.

$\lim_{x \to a} f(x) = \alpha$, $\lim_{x \to a} g(x) = \beta$ (α, β는 상수)라 하면

$\lim_{x \to a} \{f(x) + g(x)\} = \lim_{x \to a} f(x) + \lim_{x \to a} g(x) = \alpha + \beta$

즉, $\lim_{x \to a} \{f(x) + g(x)\}$의 값이 존재하므로 가정에 모순이다.

따라서 $\lim_{x \to a} g(x)$의 값은 존재하지 않는다.

⑮ 참

$\lim_{x \to a} f(x) = \infty$이므로 $\lim_{x \to a} \dfrac{1}{f(x)} = 0$

$\lim_{x \to a} f(x)g(x) = \alpha$ (α는 실수)라 하면

$\lim_{x \to a} g(x) = \lim_{x \to a} \left\{ f(x)g(x) \times \dfrac{1}{f(x)} \right\}$

$\qquad = \lim_{x \to a} f(x)g(x) \times \lim_{x \to a} \dfrac{1}{f(x)}$

$\qquad = \alpha \times 0 = 0$

⑯ 거짓

[반례] $f(x) = \begin{cases} 1 & (x \geq 0) \\ -1 & (x < 0) \end{cases}$에서 $\dfrac{1}{x} = t$로 놓으면 $x \to \infty$

일 때 $t \to 0+$이므로 $\lim_{x \to \infty} f\left(\dfrac{1}{x}\right) = \lim_{t \to 0+} f(t) = 1$이지만

$\lim_{x \to 0} f(x)$의 값은 존재하지 않는다.

086 (1) 거짓

[반례] $f(x) = \begin{cases} 1 & (x \geq 0) \\ 2 & (x < 0) \end{cases}$, $g(x) = \begin{cases} 1 & (x \geq 1) \\ 2 & (x < 1) \end{cases}$이면

$\lim_{x \to 1+} (g \circ f)(x) = g(1) = 1$

$\lim_{x \to 1-} (g \circ f)(x) = g(1) = 1$

$(g \circ f)(1) = g(f(1)) = g(1) = 1$

이므로 합성함수 $(g \circ f)(x)$가 $x = 1$에서 연속이지만 함수 $g(x)$는 $x = f(1) = 1$에서 불연속이다.

(2) 거짓

[반례] $f(x) = \begin{cases} 2 & (x \geq 0) \\ 1 & (x < 0) \end{cases}$, $g(x) = \begin{cases} 2 & (x \geq 0) \\ 1 & (x < 0) \end{cases}$이면

함수 $f(x)$는 $x = 0$에서 불연속이지만

$\lim_{x \to 0+} (g \circ f)(x) = g(2) = 2$

$\lim_{x \to 0-} (g \circ f)(x) = g(1) = 2$

$(g \circ f)(1) = g(f(1)) = g(2) = 2$

이므로 합성함수 $(g \circ f)(x)$는 $x = 0$에서 연속이다.

(3) 참

함수 $f(x)$가 $x = 0$에서 연속이므로

$\lim_{x \to 0+} f(x) = \lim_{x \to 0-} f(x) = f(0) = \alpha$ (α는 상수)로 놓으면

$\lim_{x \to 0+} \{f(x) + f(-x)\} = \alpha + \alpha = 2\alpha$

$\lim_{x \to 0-} \{f(x) + f(-x)\} = \alpha + \alpha = 2\alpha$

$f(0) + f(0) = \alpha + \alpha = 2\alpha$

이므로 함수 $f(x) + f(-x)$는 $x = 0$에서 연속이다.

(4) 거짓

[반례] $f(x) = \begin{cases} 1 & (x < 0) \\ -1 & (x \geq 0) \end{cases}$, $g(x) = \begin{cases} -1 & (x < 0) \\ 1 & (x \geq 0) \end{cases}$이면

$f(x) + g(x) = 0$이므로 함수 $f(x) + g(x)$는 $x = 0$에서 연속이지만

$f(x) - g(x) = \begin{cases} 2 & (x < 0) \\ -2 & (x \geq 0) \end{cases}$

이므로 함수 $f(x) - g(x)$는 $x = 0$에서 불연속이다.

(5) 참

함수 $f(x)$가 $x = 0$에서 연속이므로

$\lim_{x \to 0+} f(x) = \lim_{x \to 0-} f(x) = f(0) = \alpha$ (α는 상수)

로 놓을 수 있다.

이때 $x - 2 = t$로 놓으면 $x \to 2+$일 때 $t \to 0+$, $x \to 2-$

일 때 $t \to 0-$이므로

$\lim_{x \to 2+} f(x - 2) = \lim_{t \to 0+} f(t) = \alpha$

$\lim_{x \to 2-} f(x - 2) = \lim_{t \to 0-} f(t) = \alpha$

$f(2 - 2) = f(0) = \alpha$

따라서 함수 $f(x - 2)$는 $x = 2$에서 연속이다.

(6) 거짓

[반례] $f(x) = 0$, $g(x) = \begin{cases} 2 & (x \geq 0) \\ 1 & (x < 0) \end{cases}$이면 $f(x)g(x) = 0$이

므로 두 함수 $f(x)$, $f(x)g(x)$는 $x = 0$에서 연속이지만

함수 $g(x)$는 $x = 0$에서 불연속이다.

(7) 거짓

[반례] $f(x) = x$이면 함수 $f(x)$는 $x = 0$에서 연속이지만

$\dfrac{f(x^2)}{f(x)} = \dfrac{x^2}{x}$

따라서 함수 $\dfrac{f(x^2)}{f(x)}$은 $x = 0$에서 정의되지 않으므로 불연속이다.

(8) 거짓

[반례] $f(x) = \begin{cases} 1 & (x < 0) \\ -1 & (x \geq 0) \end{cases}$이면

$\lim_{x \to 0+} |f(x)| = |-1| = 1$

$\lim_{x \to 0-} |f(x)| = |1| = 1$

$|f(0)| = |-1| = 1$

이므로 함수 $|f(x)|$는 $x = 0$에서 연속이지만 함수 $f(x)$는 $x = 0$에서 불연속이다.

(9) 거짓

[반례] $f(x) = |x|$, $g(x) = \begin{cases} -1 & (x < 0) \\ 1 & (x \geq 0) \end{cases}$이면

$\lim_{x \to 0+} (f \circ g)(x) = f(1) = 1$

$\lim_{x \to 0-} (f \circ g)(x) = f(-1) = 1$

$(f \circ g)(0) = f(g(0)) = f(1) = 1$

이므로 합성함수 $(f \circ g)(x)$는 $x=0$에서 연속이지만 함수 $g(x)$는 $x=0$에서 불연속이다.

(10) 거짓

[반례] $f(x) = \begin{cases} 2 \ (x \neq 0) \\ 1 \ (x=0) \end{cases}$ 이면

$$\lim_{x \to 0+} (f \circ f)(x) = f(2) = 2$$

$$\lim_{x \to 0-} (f \circ f)(x) = f(2) = 2$$

$$(f \circ f)(0) = f(f(0)) = f(1) = 2$$

이므로 함수 $(f \circ f)(x)$는 $x=0$에서 연속이지만 함수 $f(x)$는 $x=0$에서 불연속이다.

(11) 거짓

[반례] $f(x) = \begin{cases} -1 \ (x<0) \\ 1 \ (x \geq 0) \end{cases}$ 이면 $\{f(x)\}^2 = 1$이므로

함수 $\{f(x)\}^2$은 $x=0$에서 연속이지만 함수 $f(x)$는 $x=0$에서 불연속이다.

(12) 참

함수 $|f(x)|$가 $x=0$에서 연속이므로

$$\lim_{x \to 0+} |f(x)| = \lim_{x \to 0-} |f(x)| = |f(0)| = a \ (a는 \ 상수)$$

로 놓을 수 있다.

$$\lim_{x \to 0+} \{f(x)\}^2 = \lim_{x \to 0+} |f(x)|^2 = a^2$$

$$\lim_{x \to 0-} \{f(x)\}^2 = \lim_{x \to 0-} |f(x)|^2 = a^2$$

$$\{f(0)\}^2 = |f(0)|^2 = a^2$$

이므로 함수 $\{f(x)\}^2$은 $x=0$에서 연속이다.

(13) 거짓

[반례] $f(x) = \begin{cases} -1 \ (x<0) \\ 1 \ (x \geq 0) \end{cases}$ 에서 $x^2 = t$로 놓으면 $x \to 0+$

일 때 $t \to 0+$, $x \to 0-$일 때 $t \to 0+$이므로

$$\lim_{x \to 0+} f(x^2) = \lim_{t \to 0+} f(t) = 1$$

$$\lim_{x \to 0-} f(x^2) = \lim_{t \to 0+} f(t) = 1$$

$$f(0^2) = f(0) = 1$$

따라서 함수 $f(x^2)$은 $x=0$에서 연속이지만 함수 $f(x)$는 $x=0$에서 불연속이다.

(14) 거짓

[반례] $f(x) = \begin{cases} -1 \ (x<0) \\ 1 \ (x \geq 0) \end{cases}$, $g(x) = \begin{cases} 1 \ (x<0) \\ -1 \ (x \geq 0) \end{cases}$ 이면

$$f(x)g(x) = -1$$

함수 $f(x)$, $g(x)$는 모두 $x=0$에서 불연속이지만 함수 $f(x)g(x)$는 $x=0$에서 연속이다.

(15) 거짓

[반례] $f(x) = x-1$, $g(x) = \begin{cases} 2 \ (x \geq 0) \\ 1 \ (x<0) \end{cases}$ 이면 함수 $f(x)$,

$g(x)$는 $x=1$에서 연속이다.

이때 $f(x) = t$로 놓으면 $x \to 1+$일 때 $t \to 0+$, $x \to 1-$일 때 $t \to 0-$이므로

$$\lim_{x \to 1+} (g \circ f)(x) = \lim_{t \to 0+} g(t) = 2$$

$$\lim_{x \to 1-} (g \circ f)(x) = \lim_{t \to 0-} g(t) = 1$$

$$(g \circ f)(1) = g(0) = 2$$

따라서 합성함수 $(g \circ f)(x)$는 $x=1$에서 불연속이다.

087 $\lim_{x \to -1+} f(x) = 0$, $\lim_{x \to -1-} f(x) = 1$, $f(-1) = 0$

$\lim_{x \to 0+} f(x) = 2$, $\lim_{x \to 0-} f(x) = 1$, $f(0) = 1$

$\lim_{x \to 1+} f(x) = 2$, $\lim_{x \to 1-} f(x) = -1$, $f(1) = -1$

이므로

$$A = \left\{ a \mid \lim_{x \to a+} f(x) < \lim_{x \to a-} f(x) \right\} = \{-1\}$$

$$B = \left\{ a \mid \lim_{x \to a-} f(x) \leq f(a) \right\}$$

$$= \{a \mid -2 < a < -1 \ 또는 \ -1 < a < 2\}$$

한편, $a \neq -1$, $a \neq 0$, $a \neq 1$이면

$$\lim_{x \to a} \{f(x)\}^2 = \{f(a)\}^2, \ \lim_{x \to a-} f(x) = f(a)$$

이므로 $\{f(a)\}^2 < f(a)$, $f(a)\{f(a)-1\} < 0$

$$\therefore 0 < f(a) < 1$$

따라서 $-\dfrac{3}{2} < a < -1$, $-1 < a < 0$, $\dfrac{1}{3} < a < \dfrac{2}{3}$일 때

$a \in C$

또, $\lim_{x \to -1+} \{f(x)\}^2 = 0$, $\lim_{x \to -1-} f(x) = 1$이므로 $-1 \in C$

$\lim_{x \to 0+} \{f(x)\}^2 = 4$, $\lim_{x \to 0-} f(x) = 1$이므로 $0 \notin C$

$\lim_{x \to 1+} \{f(x)\}^2 = 4$, $\lim_{x \to 1-} f(x) = -1$이므로 $1 \notin C$

$$\therefore C = \left\{ a \mid \lim_{x \to a+} \{f(x)\}^2 < \lim_{x \to a-} f(x) \right\}$$

$$= \left\{ a \mid -\dfrac{3}{2} < a < 0 \ 또는 \ \dfrac{1}{3} < a < \dfrac{2}{3} \right\}$$

따라서 옳은 것은 ④ $A \subset C$이다.   **답 ④**

088 $\lim_{x \to -1+} f(x) = 2$, $\lim_{x \to -1-} f(x) = 1$, $f(-1) = 1$

$\lim_{x \to 0+} f(x) = 0$, $\lim_{x \to 0-} f(x) = 1$, $f(0) = -1$

$\lim_{x \to 1+} f(x) = 0$, $\lim_{x \to 1-} f(x) = 2$, $f(1) = 1$

이므로

$$A = \left\{ a \mid \lim_{x \to a-} f(x) < \lim_{x \to a+} f(x) \right\} = \{-1\}$$

$B=\left\{a \mid f(a) \leq \lim\limits_{x \to a+} f(x)\right\}$

$\quad =\{a \mid -2<a<1 \ 또는 \ 1<a<2\}$

$\therefore (B-A)^C=\{-1, 1\}$

이때 $(B-A)^C \subset C$이므로 $-1 \in C$, $1 \in C$

한편, 집합 C의 원소는 함수 $f(g(x))$가 $x=a$에서 불연속이 되는 a이므로 함수 $f(g(x))$는 $x=-1$, $x=1$에서 불연속이다.

이때 $g(x)$는 다항함수이므로 연속함수이고 함수 $f(x)$가 $x=-1$, $x=0$, $x=1$에서 불연속이므로 $g(-1)$, $g(1)$이 각각 -1 또는 0 또는 1이어야 한다.

일차함수 $g(x)$의 최고차항의 계수가 양수이므로 $g(x)=px+q$ (p, q는 상수, $p>0$)로 놓으면

$g(-1)<g(1)$

(i) $g(-1)=-1$, $g(1)=0$일 때

$\quad g(-1)=-p+q=-1$, $g(1)=p+q=0$

위의 두 식을 연립하여 풀면

$\quad p=\dfrac{1}{2}$, $q=-\dfrac{1}{2}$

따라서 $g(x)=\dfrac{1}{2}x-\dfrac{1}{2}$이므로

$\quad g(5)=2$

(ii) $g(-1)=-1$, $g(1)=1$일 때

(i)과 같은 방법으로 $g(x)$를 구하면

$\quad g(x)=x$

$\quad \therefore g(5)=5$

(iii) $g(-1)=0$, $g(1)=1$일 때

(i)과 같은 방법으로 $g(x)$를 구하면

$\quad g(x)=\dfrac{1}{2}x+\dfrac{1}{2}$

$\quad \therefore g(5)=3$

(i), (ii), (iii)에 의하여 가능한 $g(5)$의 값의 합은

$2+5+3=10$ 　　　　　　　　　　 **답** 10

089 조건 ㈎에서 $\lim\limits_{x \to \infty} \dfrac{2f(x)}{x^4+2x^2+3}=2$이므로 함수 $f(x)$는 최고차항의 계수가 1인 사차함수이다.

조건 ㈏의 $\lim\limits_{x \to 1} \dfrac{f(x)}{x-1}=\alpha$에서 $x \to 1$일 때 (분모) $\to 0$이고 극한값이 존재하므로 (분자) $\to 0$이어야 한다.

$\therefore \lim\limits_{x \to 1} f(x)=0$

$\lim\limits_{x \to 2} \dfrac{f(x)}{x-2}=\beta$에서 $x \to 2$일 때 (분모) $\to 0$이고 극한값이 존재하므로 (분자) $\to 0$이어야 한다.

$\therefore \lim\limits_{x \to 2} f(x)=0$

이때 다항함수 $f(x)$는 연속함수이므로

$f(1)=f(2)=0$

또, $\alpha\beta=0$이므로 $\alpha=0$ 또는 $\beta=0$

$\alpha=0$이면 $\lim\limits_{x \to 1} \dfrac{f(x)}{x-1}=0$이므로 다항함수 $f(x)$는 $(x-1)^2$을 인수로 갖는다.

$\beta=0$이면 $\lim\limits_{x \to 2} \dfrac{f(x)}{x-2}=0$이므로 다항함수 $f(x)$는 $(x-2)^2$을 인수로 갖는다.

또한, 조건 ㈐에서 1, 2가 아닌 어떤 실수 γ에 대하여

$\lim\limits_{x \to \gamma} \dfrac{1}{f(x)}$의 값이 존재하지 않으므로

$f(\gamma)=0$ ($\gamma \neq 1$, $\gamma \neq 2$)

$\therefore f(x)=(x-1)^2(x-2)(x-\gamma)$ 또는

$\quad\quad f(x)=(x-1)(x-2)^2(x-\gamma)$

(i) $f(x)=(x-1)^2(x-2)(x-\gamma)$일 때

$\quad f(3)=8$이므로 $4(3-\gamma)=8$

즉, $\gamma=1$이므로 모순이다.

(ii) $f(x)=(x-1)(x-2)^2(x-\gamma)$일 때

$\quad f(3)=8$이므로 $2(3-\gamma)=8$

$\quad \therefore \gamma=-1$

(i), (ii)에 의하여 $f(x)=(x-1)(x-2)^2(x+1)$이므로

$f(5)=4 \times 9 \times 6=216$ 　　　　　　 **답** 216

090 다항함수 $f(x)$의 최고차항의 차수를 n, 최고차항의 계수를 a ($a>0$)라 하자.

(i) $n>4$일 때

$\quad \lim\limits_{x \to \infty} \{\sqrt{f(x)}-x^2\}=\lim\limits_{x \to \infty} \dfrac{f(x)-x^4}{\sqrt{f(x)}+x^2}$

$\quad\quad\quad =\lim\limits_{x \to \infty} \dfrac{1-\dfrac{x^4}{f(x)}}{\dfrac{1}{\sqrt{f(x)}}+\dfrac{x^2}{f(x)}}$

$n>4$에서

$\lim\limits_{x \to \infty} \dfrac{x^4}{f(x)}=\lim\limits_{x \to \infty} \dfrac{1}{\sqrt{f(x)}}=\lim\limits_{x \to \infty} \dfrac{x^2}{f(x)}=0$

즉, $\lim\limits_{x \to \infty} \{\sqrt{f(x)}-x^2\}$의 값이 존재하지 않으므로 조건 ㈎에 모순이다.

(ii) $n<4$일 때

$\quad \lim\limits_{x \to \infty} \{\sqrt{f(x)}-x^2\}=\lim\limits_{x \to \infty} \dfrac{f(x)-x^4}{\sqrt{f(x)}+x^2}$

$\quad\quad\quad =\lim\limits_{x \to \infty} \dfrac{\dfrac{f(x)}{x^4}-1}{\sqrt{\dfrac{f(x)}{x^8}}+\dfrac{1}{x^2}}$

$n<4$에서

$\lim\limits_{x \to \infty} \dfrac{f(x)}{x^4}=\lim\limits_{x \to \infty} \sqrt{\dfrac{f(x)}{x^8}}=\lim\limits_{x \to \infty} \dfrac{1}{x^2}=0$

즉, $\lim\limits_{x \to \infty} \{\sqrt{f(x)}-x^2\}$의 값은 존재하지 않으므로 조건 ㈎에 모순이다.

(iii) $n=4$일 때

$\quad f(x)=ax^4+bx^3+cx^2+dx+e$ (b, c, d, e는 상수)

로 놓으면

$$\lim_{x \to \infty} \sqrt{\frac{f(x)}{x^4}} = \lim_{x \to \infty} \sqrt{\frac{ax^4 + bx^3 + cx^2 + dx + e}{x^4}} = \sqrt{a}$$

이므로

$$\lim_{x \to \infty} \{\sqrt{f(x)} - x^2\} = \lim_{x \to \infty} \frac{f(x) - x^4}{\sqrt{f(x)} + x^2}$$

$$= \lim_{x \to \infty} \frac{\dfrac{f(x)}{x^2} - x^2}{\sqrt{\dfrac{f(x)}{x^4}} + 1}$$

$$= \lim_{x \to \infty} \frac{\dfrac{f(x)}{x^2} - x^2}{\sqrt{a} + 1}$$

$$= 2 \ (\because \ \text{조건 (개)})$$

즉, $\lim\limits_{x \to \infty} \left\{\dfrac{f(x)}{x^2} - x^2\right\} = 2(\sqrt{a} + 1)$이므로

$$\lim_{x \to \infty} \left\{\frac{f(x)}{x^2} - x^2\right\}$$

$$= \lim_{x \to \infty} \left\{\left(ax^2 + bx + c + \frac{d}{x} + \frac{e}{x^2}\right) - x^2\right\}$$

$$= \lim_{x \to \infty} \left\{(a-1)x^2 + bx + c + \frac{d}{x} + \frac{e}{x^2}\right\}$$

$$= 2(\sqrt{a} + 1)$$

따라서 $a = 1$, $b = 0$, $c = 2(\sqrt{a} + 1) = 4$이므로

$$f(x) = x^4 + 4x^2 + dx + e$$

한편, 조건 (내)에서 $\lim\limits_{x \to 0} \dfrac{x}{f(x)}$의 값이 존재하지 않으므로

$$f(0) = 0 \qquad \therefore \ e = 0$$

$$\lim_{x \to 0} \frac{x}{f(x)} = \lim_{x \to 0} \frac{x}{x^4 + 4x^2 + dx}$$

$$= \lim_{x \to 0} \frac{1}{x^3 + 4x + d}$$

의 값이 존재하지 않으므로

$$d = 0$$

(i), (ii), (iii)에 의하여 $f(x) = x^4 + 4x^2$이므로

$$f(1) = 5 \hfill \text{답 5}$$

091 조건 (내)의 $\lim\limits_{x \to 1} \dfrac{f(x) + g(x) - 4}{x - 1} = 1$에서 $x \to 1$일 때

(분모)$\to 0$이고 극한값이 존재하므로 (분자)$\to 0$이어야 한다.

즉, $\lim\limits_{x \to 1} \{f(x) + g(x) - 4\} = 0$이고, 함수 $f(x) + g(x) - 4$는

다항함수이므로

$$f(1) + g(1) - 4 = 0 \qquad \therefore \ f(1) + g(1) = 4$$

이때 $f(1)g(1) = 4$이므로

$$f(1) = 2, \ g(1) = 2$$

또한, 조건 (개)에서 $f(0) = g(0) = 2$이므로 삼차함수

$f(x) - 2$, $g(x) - 2$는 각각 $x(x-1)$을 인수로 갖는다.

따라서

$$f(x) = x(x-1)(x+a) + 2,$$
$$g(x) = x(x-1)(x+b) + 2 \ (a, b \text{는 상수})$$

로 놓으면 조건 (내)에서

$$\lim_{x \to 1} \frac{f(x) + g(x) - 4}{x - 1}$$

$$= \lim_{x \to 1} \frac{x(x-1)(x+a) + x(x-1)(x+b)}{x - 1}$$

$$= \lim_{x \to 1} \{x(x+a) + x(x+b)\}$$

$$= a + b + 2 = 1$$

$$\therefore \ a + b = -1 \qquad \cdots\cdots \ \bigcirc$$

한편, 조건 (다)에 의하여 함수 $f(x) - g(x)$의 이차항의 계수

가 3이므로

$$a - b = 3 \qquad \cdots\cdots \ \bigcirc$$

$\bigcirc$, $\bigcirc$을 연립하여 풀면

$$a = 1, \ b = -2$$

$$\therefore \ f(x) = x(x-1)(x+1) + 2, \ g(x) = x(x-1)(x-2) + 2$$

따라서 $g(2) = 2$이므로

$$f(g(2)) = f(2) = 8 \hfill \text{답 8}$$

092 $g(2) = 0$이므로 $f(2) \neq 0$이면

$$\lim_{x \to 2} \frac{f(x) - g(x)}{f(x) + g(x)} = 1$$

이는 조건 (내)에 모순이므로

$$f(2) = 0$$

즉, 이차함수 $f(x)$는 $x - 2$를 인수로 갖고, 조건 (개)에서 모든

실수 x에 대하여 $f(x) \geq 0$이므로

$$f(x) = (x-2)^2$$

따라서 조건 (내)의 $\lim\limits_{x \to 2} \dfrac{f(x) - g(x)}{f(x) + g(x)} = \dfrac{2}{3}$에서 삼차함수 $g(x)$

도 $(x-2)^2$을 인수로 가져야 하므로

$$g(x) = (x-2)^2(x-b) \ (b \text{는 상수})$$

로 놓으면

$$\lim_{x \to 2} \frac{f(x) - g(x)}{f(x) + g(x)} = \lim_{x \to 2} \frac{1 - x + b}{1 + x - b}$$

$$= \frac{b - 1}{3 - b} = \frac{2}{3}$$

$$3b - 3 = 6 - 2b \qquad \therefore \ b = \frac{9}{5}$$

따라서 $g(x) = (x-2)^2\left(x - \dfrac{9}{5}\right)$이므로

$$g(7) = 130 \hfill \text{답 130}$$

093 $\lim\limits_{x \to a} \dfrac{g(x+1)}{f(x-2)g(x-1)}$의 값이 존재하지 않으려면

$$\lim_{x \to a} f(x-2)g(x-1) = 0$$이어야 한다.

이때 $f(x-2)g(x-1)$은 사차식이고 $a = -2$, $a = 0$, $a = 2$

에서 극한값이 존재하지 않으므로

$$f(x-2)g(x-1) = 6x(x+2)(x-2)(x-k) \ (k \text{는 상수})$$

로 놓을 수 있다.

(i) $f(x-2)=3x$일 때

$g(x-1)=2(x+2)(x-2)(x-k)$이므로

$$\lim_{x\to a}\frac{g(x+1)}{f(x-2)g(x-1)}$$

$$=\lim_{x\to a}\frac{2x(x+4)(x+2-k)}{6x(x+2)(x-2)(x-k)}$$

$$=\lim_{x\to a}\frac{(x+4)(x+2-k)}{3(x+2)(x-2)(x-k)}$$

이때 $a=-2$, 2, k일 때 극한값이 존재하지 않을 수 있으므로 주어진 조건에 의하여

$k=0$

그런데 $k=0$이면

$$\lim_{x\to a}\frac{(x+4)(x+2-k)}{3(x+2)(x-2)(x-k)}=\lim_{x\to a}\frac{(x+4)(x+2)}{3(x+2)(x-2)x}$$

$$=\lim_{x\to a}\frac{x+4}{3x(x-2)}$$

이므로 $a=-2$일 때 극한값이 존재하게 되어 주어진 조건을 만족시키지 않는다.

(ii) $f(x-2)=3(x+2)$일 때

$g(x-1)=2x(x-2)(x-k)$이므로

$$\lim_{x\to a}\frac{g(x+1)}{f(x-2)g(x-1)}$$

$$=\lim_{x\to a}\frac{2x(x+2)(x+2-k)}{6x(x+2)(x-2)(x-k)}$$

$$=\lim_{x\to a}\frac{x+2-k}{3(x-2)(x-k)}$$

이때 극한값이 존재하지 않도록 하는 실수 a의 개수는 2 이하이므로 주어진 조건을 만족시키지 않는다.

(iii) $f(x-2)=3(x-2)$일 때

$g(x-1)=2x(x+2)(x-k)$이므로

$$\lim_{x\to a}\frac{g(x+1)}{f(x-2)g(x-1)}$$

$$=\lim_{x\to a}\frac{2(x+2)(x+4)(x+2-k)}{6x(x+2)(x-2)(x-k)}$$

$$=\lim_{x\to a}\frac{(x+4)(x+2-k)}{3x(x-2)(x-k)}$$

이때 $a=0$, 2, k일 때 극한값이 존재하지 않을 수 있으므로 주어진 조건에 의하여

$k=-2$

$$\therefore \lim_{x\to a}\frac{(x+4)(x+2-k)}{3x(x-2)(x-k)}$$

$$=\lim_{x\to a}\frac{(x+4)^2}{3x(x-2)(x+2)}$$

따라서 $a=-2$, $a=0$, $a=2$일 때 극한값이 존재하지 않으므로 주어진 조건을 만족시킨다.

(iv) $f(x-2)=3(x-k)$일 때

$g(x-1)=2x(x+2)(x-2)$이므로

$$\lim_{x\to a}\frac{g(x+1)}{f(x-2)g(x-1)}=\lim_{x\to a}\frac{2x(x+2)(x+4)}{6x(x+2)(x-2)(x-k)}$$

$$=\lim_{x\to a}\frac{x+4}{3(x-2)(x-k)}$$

이때 극한값이 존재하지 않도록 하는 실수 a의 개수는 2 이하이므로 주어진 조건을 만족시키지 않는다.

(i)~(iv)에 의하여

$f(x-2)=3(x-2)$, $g(x-1)=2x(x+2)^2$

따라서 $f(x)=3x$, $g(x)=2(x+1)(x+3)^2$이므로

$f(4)+g(2)=12+6\times25=162$

답 162

094 (i) 함수 $y=f(x)$의 그래프가 x축과 만나지 않을 때

방정식 $f(x)=0$이 실근을 갖지 않으므로 방정식 $f(x^2)=0$도 실근을 갖지 않는다.

즉, $f(a^2)=0$인 a의 값이 존재하지 않는다.

따라서 함수 $g(a)=\lim_{x\to a}\dfrac{f(x^2)}{(x-2)f(x+3)}$이 $a=2$에서 정의되지 않는다.

(ii) 함수 $y=f(x)$의 그래프가 x축과 접할 때

$f(x)=(x-a)^2$ (a는 실수)이라 하면

$$g(a)=\lim_{x\to a}\frac{f(x^2)}{(x-2)f(x+3)}$$

$$=\lim_{x\to a}\frac{(x^2-a)^2}{(x-2)(x+3-a)^2}$$

함수 $g(a)$가 $a=2$에서 정의되기 위해서는

$$\lim_{x\to2}(x^2-a)^2=0 \qquad \therefore a=4$$

즉, $g(a)=\lim_{x\to a}\dfrac{(x^2-4)^2}{(x-2)(x-1)^2}$이므로 $a=1$에서 정의되지 않는다.

(iii) 함수 $y=f(x)$의 그래프가 x축과 서로 다른 두 점에서 만날 때

함수 $g(a)=\lim_{x\to a}\dfrac{f(x^2)}{(x-2)f(x+3)}$이 $a=2$에서 정의되기 위해서는

$$\lim_{x\to2}f(x^2)=f(4)=0$$

또한, 함수 $g(a)=\lim_{x\to a}\dfrac{f(x^2)}{(x-2)f(x+3)}$이 $a=1$에서 정의되기 위해서는

$$\lim_{x\to1}f(x^2)=f(1)=0$$

$$\therefore f(x)=(x-4)(x-1)$$

이때 $f(x^2)=(x^2-4)(x^2-1)$, $f(x+3)=(x-1)(x+2)$이므로

$$g(a)=\lim_{x\to a}\frac{(x^2-4)(x^2-1)}{(x-2)(x-1)(x+2)}$$

$$=\lim_{x\to a}(x+1)$$

$$=a+1$$

따라서 함수 $g(a)$는 실수 전체의 집합에서 정의된다.

(i), (ii), (iii)에 의하여

$f(x)=(x-4)(x-1)$

$\therefore f(5)=4$

답 4

095 $\overline{IR}=\overline{IB}$이고 $\angle IBA=\angle IRA=90°$이므로

$\triangle AIR \equiv \triangle AIB$ (RHS 합동)

$\therefore \angle RIA=\angle BIA$

또한, $\angle RIC=\angle BIQ$이고, 다음 그림과 같이 점 I에서 선분 QC에 내린 수선의 발을 H라 하면

$\overline{IQ}=\overline{IC}$ ($\because \overline{IR}=\overline{IB}$)이므로

$\angle CIH=\angle QIH$

$\therefore \angle RIA+\angle RIC+\angle CIH=\angle BIA+\angle BIQ+\angle QIH$

$$=180°$$

따라서 세 점 A, I, H는 한 직선 위에 있다.

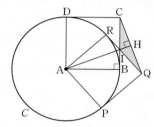

위의 그림과 같이 점 I에서 선분 QC에 내린 수선의 발을 H라 하면 삼각형 IQC가 이등변삼각형이므로 직선 HI는 점 A를 지난다.

$\overline{CI}=t$이므로

$\overline{BI}=4-t$

직각삼각형 ABI에서 피타고라스 정리에 의하여

$\overline{AI}=\sqrt{(4-t)^2+4^2}$

$\quad=\sqrt{t^2-8t+32}$

$\triangle ABI \infty \triangle CHI$ (AA 닮음)이므로

$\overline{AI}:\overline{CI}=\overline{AB}:\overline{CH}$에서

$\sqrt{t^2-8t+32}:t=4:\overline{CH}$

$\therefore \overline{CH}=\dfrac{4t}{\sqrt{t^2-8t+32}}$

또, $\overline{AI}:\overline{CI}=\overline{BI}:\overline{HI}$에서

$\sqrt{t^2-8t+32}:t=(4-t):\overline{HI}$

$\therefore \overline{HI}=\dfrac{t(4-t)}{\sqrt{t^2-8t+32}}$

이때 삼각형 IQC는 이등변삼각형이므로

$L=\overline{CI}+\overline{QI}+\overline{CQ}$

$\quad=2\overline{CI}+2\overline{CH}$

$\quad=2t+2\times\dfrac{4t}{\sqrt{t^2-8t+32}}$

$\quad=\dfrac{2t(\sqrt{t^2-8t+32}+4)}{\sqrt{t^2-8t+32}}$

$S=\dfrac{1}{2}\times\overline{CQ}\times\overline{HI}$

$\quad=\dfrac{1}{2}\times 2\overline{CH}\times\overline{HI}$

$\quad=\overline{CH}\times\overline{HI}$

$\quad=\dfrac{4t}{\sqrt{t^2-8t+32}}\times\dfrac{t(4-t)}{\sqrt{t^2-8t+32}}$

$\quad=\dfrac{4t^2(4-t)}{t^2-8t+32}$

$\therefore \displaystyle\lim_{t\to 0+}\dfrac{L^2}{4S}=\lim_{t\to 0+}\dfrac{\left\{\dfrac{2t(\sqrt{t^2-8t+32}+4)}{\sqrt{t^2-8t+32}}\right\}^2}{\dfrac{16t^2(4-t)}{t^2-8t+32}}$

$\qquad=\displaystyle\lim_{t\to 0+}\dfrac{(\sqrt{t^2-8t+32}+4)^2}{4(4-t)}$

$\qquad=\left(\dfrac{4\sqrt{2}+4}{4}\right)^2$

$\qquad=(\sqrt{2}+1)^2$

$\qquad=3+2\sqrt{2}$

따라서 $p=3$, $q=2$이므로

$p+q=5$

답 5

096

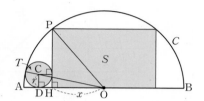

위의 그림과 같이 반원 C의 중심을 O, 두 선분 AH, PH와 호 AP에 동시에 접하는 원의 중심을 C, 이 원이 선분 AH와 접하는 점을 D라 하자.

$\overline{OH}=x$ $(0<x<1)$라 하면 직각삼각형 PHO에서 피타고라스 정리에 의하여

$\overline{PH}=\sqrt{1-x^2}$

$\therefore S=2\overline{OH}\times\overline{PH}$

$\quad=2x\sqrt{1-x^2}$

$\overline{CD}=r$라 하면

$\overline{CO}=1-r$, $\overline{DO}=x+r$

이므로 직각삼각형 OCD에서 피타고라스 정리에 의하여

$(x+r)^2+r^2=(1-r)^2$

$r^2+2(1+x)r+x^2-1=0$

$\therefore r=-(1+x)+\sqrt{2+2x}$ $(\because r>0)$

$\therefore T=\pi r^2$

$\quad=\pi\{-(1+x)+\sqrt{2+2x}\}^2$

$\quad=\pi(1+x)(\sqrt{2}-\sqrt{1+x})^2$

$\quad=\pi(1+x)(3+x-2\sqrt{2+2x})$

점 P가 점 A에 한없이 가까워지면 점 H 또한 점 A에 한없이 가까워지므로 $x\to 1-$이다.

$\therefore \displaystyle\lim_{x\to 1-}\dfrac{T}{S\times\overline{PH}^3}$

$=\displaystyle\lim_{x\to 1-}\dfrac{\pi(1+x)(3+x-2\sqrt{2+2x})}{2x\sqrt{1-x^2}\times(\sqrt{1-x^2})^3}$

$=\displaystyle\lim_{x\to 1-}\dfrac{\pi(1+x)(3+x-2\sqrt{2+2x})}{2x(1-x^2)^2}$

$=\displaystyle\lim_{x\to 1-}\dfrac{\pi(3+x-2\sqrt{2+2x})}{2x(1+x)(1-x)^2}$

$=\displaystyle\lim_{x\to 1-}\dfrac{\pi(3+x-2\sqrt{2+2x})(3+x+2\sqrt{2+2x})}{2x(1+x)(1-x)^2(3+x+2\sqrt{2+2x})}$

$$= \lim_{x \to 1^-} \frac{\pi(x^2 - 2x + 1)}{2x(1+x)(1-x)^2(3+x+2\sqrt{2+2x})}$$

$$= \lim_{x \to 1^-} \frac{\pi}{2x(1+x)(3+x+2\sqrt{2+2x})}$$

$$= \frac{\pi}{2 \times 2 \times 8} = \frac{\pi}{32}$$

답 ②

097 (i) $g(t) = 1$일 때

다음 그림과 같이 직선 l이 색칠된 영역에 위치할 때, 직선 l과 함수 $y = f(x)$의 그래프는 한 점에서 만난다.

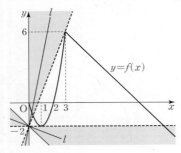

(ii) $g(t) = 2$일 때

다음 그림과 같이 직선 l이 점 $(1, -2)$를 지나거나 점 $(3, 6)$을 지날 때 직선 l과 함수 $y = f(x)$의 그래프는 두 점에서 만난다.

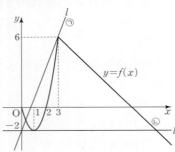

(iii) $g(t) = 3$일 때

다음 그림과 같이 직선 l이 색칠된 영역에 위치할 때, 직선 l과 함수 $y = f(x)$의 그래프는 세 점에서 만난다.

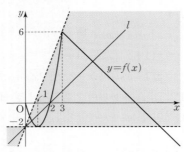

(ii)에서 직선 ㉠, ㉡과 함수 $y = f(x)$의 그래프의 교점의 x좌표를 각각 t_1, t_2, t_3, t_4 $(t_1 < t_2 < t_3 < t_4)$라 하면 (i), (ii), (iii)에 의하여

$$g(t) = \begin{cases} 1 \ (0 \le t < t_1 \ \text{또는} \ t > t_4) \\ 2 \ (t = t_1, \, t_2, \, t_3, \, t_4) \\ 3 \ (t_1 < t < t_2 \ \text{또는} \ t_2 < t < t_3 \ \text{또는} \ t_3 < t < t_4) \end{cases}$$

이고 함수 $y = g(t)$의 그래프는 다음 그림과 같다.

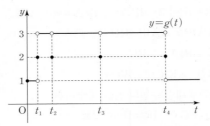

따라서 $g(a) \ne \lim\limits_{t \to a^+} g(t)$를 만족시키는 실수 a의 값은 t_1, t_2, t_3, t_4이다.

직선 ㉠의 방정식은

$$y = \frac{8}{3}x - 2$$

따라서 t_1, t_3은 방정식 $2x^2 - 4x = \frac{8}{3}x - 2$, 즉

$2x^2 - \frac{20}{3}x + 2 = 0$의 두 근이므로 이차방정식의 근과 계수의 관계에 의하여

$$t_1 + t_3 = \frac{\frac{20}{3}}{2} = \frac{10}{3}$$

직선 ㉡의 방정식은

$$y = -2$$

따라서 t_2는 방정식 $2x^2 - 4x = -2$, 즉 $2(x-1)^2 = 0$의 근이므로

$$t_2 = 1$$

또, t_4는 방정식 $-x + 9 = -2$의 근이므로

$$t_4 = 11$$

따라서 $t_1 + t_2 + t_3 + t_4 = \frac{10}{3} + 1 + 11 = \frac{46}{3}$이므로

$p = 3$, $q = 46$

$\therefore p + q = 49$

답 49

098 (i) $g(t) = 1$일 때

다음 그림과 같이 직선 l이 점 $(0, 2)$를 지나거나 점 $(5, -3)$을 지날 때 직선 l과 함수 $y = f(x)$의 그래프는 한 점에서 만난다.

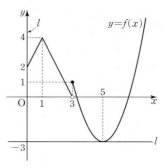

(ii) $g(t) = 2$일 때

다음 그림과 같이 직선 l이 색칠된 영역에 위치할 때, 직선 l과 함수 $y = f(x)$의 그래프는 두 점에서 만난다.

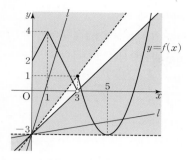

(iii) $g(t)=3$일 때

다음 그림과 같이 직선 l이 색칠된 영역에 위치할 때, 직선 l과 함수 $y=f(x)$의 그래프는 세 점에서 만난다.

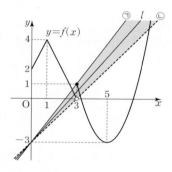

(iii)에서 직선 ㉠과 함수 $y=f(x)$의 그래프가 만나는 세 점 중 x좌표가 가장 작은 점의 좌표를 $(t_1, f(t_1))$, x좌표가 가장 큰 점의 좌표를 $(t_4, f(t_4))$라 하고, 직선 ㉡과 함수 $y=f(x)$의 그래프가 만나는 두 점 중 x좌표가 작은 점의 좌표를 $(t_2, f(t_2))$, x좌표가 큰 점의 좌표를 $(t_3, f(t_3))$이라 하면 (i), (ii), (iii)에 의하여

$$g(t)=\begin{cases} 1 \ (t=0 \ \text{또는} \ t=5) \\ 2 \ (0<t<t_1 \ \text{또는} \ t_2 \le t<5 \ \text{또는} \ 5<t \le t_3 \ \text{또는} \ t>t_4) \\ 3 \ (t_1 \le t<t_2 \ \text{또는} \ t_3<t \le t_4) \end{cases}$$

이고 함수 $y=g(t)$의 그래프는 다음 그림과 같다.

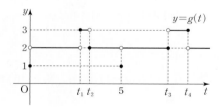

따라서 $g(a)<\lim\limits_{t \to a+} g(t)$를 만족시키는 a의 값은 0, 5, t_3이다.
직선 ㉡의 방정식은 $y=x-3$
따라서 t_3은 방정식 $x-3=(x-5)^2-3$, 즉 $x^2-11x+25=0$의 근이므로

$$t_3=\frac{11+\sqrt{21}}{2} \ (\because t_3 \ge 5)$$

따라서 모든 실수 a의 값의 합은

$$0+5+\frac{11+\sqrt{21}}{2}=\frac{21+\sqrt{21}}{2}$$

즉, $p=\frac{21}{2}$, $q=\frac{1}{2}$이므로

$p+q=11$

답 11

099 이차방정식 $x^2-2ax+3a=0$의 판별식을 D라 하면

$$\frac{D}{4}=a^2-3a=a(a-3)$$

$$\therefore f(a)=\begin{cases} 0 \ (0<a<3) \\ 1 \ (a=0 \ \text{또는} \ a=3) \\ 2 \ (a<0 \ \text{또는} \ a>3) \end{cases}$$

ㄱ. $\lim\limits_{a \to 3+} f(a)=2$

$a-3=t$로 놓으면 $a \to 3+$일 때 $t \to 0+$이므로

$$\lim\limits_{a \to 3+} f(a-3)=\lim\limits_{t \to 0+} f(t)=0$$

$$\therefore \lim\limits_{a \to 3+} \{f(a)+f(a-3)\}=2+0=2 \ (참)$$

ㄴ. 함수 $f(a)$는 $a=0$, $a=3$에서 불연속이므로 함수 $f(a)g(a)$가 실수 전체의 집합에서 연속이려면 $g(0)=g(3)=0$이어야 한다.

$$\therefore g(a)=-a(a-3)$$
$$=-\left(a-\frac{3}{2}\right)^2+\frac{9}{4}$$

따라서 이차함수 $g(a)$는 $a=\frac{3}{2}$에서 최댓값 $\frac{9}{4}$를 갖는다.

(참)

ㄷ. 방정식 $f(a)-(a-k)^2=1$, 즉 $f(a)=(a-k)^2+1$의 서로 다른 실근의 개수는 두 함수 $y=f(a)$, $y=(a-k)^2+1$의 그래프의 교점의 개수와 같다.

두 함수 $y=f(a)$, $y=(a-k)^2+1$의 그래프는 다음 그림과 같다.

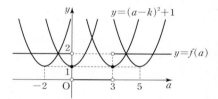

$k=-2$, $k=0$, $k=3$, $k=5$일 때 서로 다른 두 점에서 만나므로 모든 정수 k의 값의 합은

$$-2+0+3+5=6 \ (참)$$

따라서 ㄱ, ㄴ, ㄷ 모두 옳다. **답** ⑤

100 방정식 $\left|\dfrac{4x}{x-2}\right|=t+2$, 즉 $\left|\dfrac{4x}{x-2}\right|-2=t$의 서로 다른 실근의 개수는 함수 $y=\left|\dfrac{4x}{x-2}\right|-2$의 그래프와 직선 $y=t$의 교점의 개수와 같다.

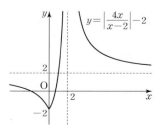

함수 $y=\left|\dfrac{4x}{x-2}\right|-2$의 그래프가 앞의 그림과 같으므로

$$f(t)=\begin{cases}0\ (t<-2)\\1\ (t=-2\ \text{또는}\ t=2)\\2\ (-2<t<2\ \text{또는}\ t>2)\end{cases}$$

따라서 함수 $y=f(t)$의 그래프는 다음 그림과 같다.

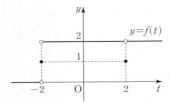

ㄱ. $f(2)=1$ (거짓)

ㄴ. 함수 $(|2t-a|+b)f(t)$에서 $g(t)=|2t-a|+b$로 놓으면 함수 $g(t)$는 모든 실수 t에서 연속이고 함수 $f(t)$는 $t=-2$, $t=2$에서 불연속이므로 함수 $g(t)f(t)$가 모든 실수 t에서 연속이려면

$g(-2)=g(2)=0$

즉, $|-4-a|+b=0$, $|4-a|+b=0$이므로

$a=0$, $b=-4$

$\therefore a-b=4$ (참)

ㄷ. 방정식 $f(t)-kt^2+3=0$, 즉 $f(t)=kt^2-3$의 서로 다른 실근의 개수는 함수 $y=f(t)$의 그래프와 함수 $y=kt^2-3$의 그래프의 교점의 개수와 같으므로 두 그래프가 서로 다른 세 점에서 만나려면 다음 그림과 같아야 한다.

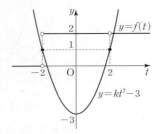

즉, 함수 $y=kt^2-3$의 그래프가 두 점 $(-2,\ 1)$, $(2,\ 1)$을 지나야 하므로

$1=4k-3$, $4k=4$

$\therefore k=1$ (참)

따라서 실수 k의 개수는 1이다.

따라서 옳은 것은 ㄴ, ㄷ이다. **답** ④

101 함수 $f(x)$는 $x=\pm1$에서 불연속이므로 함수 $f(x+a)f(x-a)$는

$x+a=\pm1$, $x-a=\pm1$

즉, $x=-1-a$, $x=1-a$, $x=-1+a$, $x=1+a$에서의 연속성을 조사해야 한다.

또한, $f(x+a)f(x-a)=f(x-(-a))f(x+(-a))$이므로

$g(a)=g(-a)$

즉, 함수 $y=g(a)$의 그래프는 y축에 대하여 대칭이다.

(i) $a=0$일 때

함수 $f(x)$는 $x=\pm1$에서 불연속이므로 $\{f(x)\}^2$의 $x=1$에서의 연속성을 조사하면

$\displaystyle\lim_{x\to1+}\{f(x)\}^2=(-3)^2=9$

$\displaystyle\lim_{x\to1-}\{f(x)\}^2=3^2=9$

$\{f(1)\}^2=(-3)^2=9$

따라서 함수 $y=\{f(x)\}^2$은 $x=1$에서 연속이다.

또한, 함수 $y=f(x)$의 그래프는 y축에 대하여 대칭이므로 $x=1$에서 연속이면 $x=-1$에서도 연속이다.

따라서 $\{f(x)\}^2$은 실수 전체의 집합에서 연속이므로

$g(0)=0$

(ii) $0<a<1$일 때

두 함수 $y=f(x-a)$, $y=f(x+a)$의 그래프는 다음 그림과 같다.

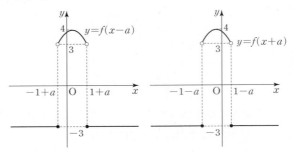

이때

$\displaystyle\lim_{x\to-1-a+}f(x+a)f(x-a)=3\times f(-1-2a)$
$=3\times(-3)=-9$

$\displaystyle\lim_{x\to-1-a-}f(x+a)f(x-a)=-3\times f(-1-2a)$
$=-3\times(-3)=9$

이므로 함수 $f(x+a)f(x-a)$는 $x=-1-a$에서 불연속이다.

마찬가지로 $x=-1+a$, $x=1-a$, $x=1+a$에서의 연속성을 조사하면 모두 불연속이므로

$g(a)=4$

(iii) $a=1$일 때

함수 $f(x+1)f(x-1)$은 $x=-2$, $x=0$, $x=2$에서 불연속이므로

$g(1)=3$

(iv) $a>1$일 때

두 함수 $y=f(x-a)$, $y=f(x+a)$의 그래프는 다음 그림과 같다.

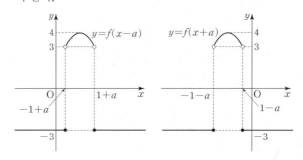

(ii)와 같은 방법으로 $x=-1-a$, $x=-1+a$,
$x=1-a$, $x=1+a$에서의 연속성을 조사하면 모두 불연
속이므로
$$g(a)=4$$
(i)~(iv)에 의하여
$$g(a)=\begin{cases} 0 & (a=0) \\ 4 & (0<a<1) \\ 3 & (a=1) \\ 4 & (a>1) \end{cases}$$
함수 $y=g(a)$의 그래프는 y축에 대하여 대칭이므로 다음 그림과 같다.

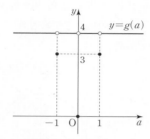

따라서 함수 $g(a)$의 불연속점은 $a=-1$, $a=0$, $a=1$의 3개이다.

답 3

102 함수 $y=f(x)$의 그래프는 다음 그림과 같다.

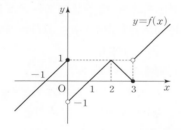

함수 $f(x+3a)$는 $x=-3a$, $x=-3a+3$에서 불연속이고,
함수 $f(x-a)$는 $x=a$, $x=a+3$에서 불연속이다.
따라서 함수 $f(x+3a)f(x-a)$는 $x=-3a$, $x=-3a+3$,
$x=a$, $x=a+3$에서의 연속성을 조사해야 한다.
(i) $x=-3a$에서 연속성
$$f(0)f(-4a)=f(-4a)$$
$$\lim_{x\to-3a-}f(x+3a)f(x-a)=\lim_{x\to-3a-}f(x-a)$$
$$\lim_{x\to-3a+}f(x+3a)f(x-a)=-\lim_{x\to-3a+}f(x-a)$$
이때 $a=0$이면
$$f(-4a)=\lim_{x\to-3a-}f(x-a)=-\lim_{x\to-3a+}f(x-a)=1$$
이고,
$$a=-\frac{1}{4}, \ a=\frac{1}{4}$$이면
$$f(-4a)=\lim_{x\to-3a-}f(x-a)=-\lim_{x\to-3a+}f(x-a)=0$$
이다.

따라서 $a=-\dfrac{1}{4}$, $a=0$, $a=\dfrac{1}{4}$일 때 함수
$f(x+3a)f(x-a)$는 $x=-3a$에서 연속이다.
(ii) $x=-3a+3$에서 연속성
$$f(3)f(-4a+3)=0$$
$$\lim_{x\to-3a+3-}f(x+3a)f(x-a)=0$$
$$\lim_{x\to-3a+3+}f(x+3a)f(x-a)=\lim_{x\to-3a+3+}f(x-a)$$
$$\lim_{x\to-4a+3+}f(x)=0$$, 즉 $a=\dfrac{1}{2}$, $a=1$일 때 함수
$f(x+3a)f(x-a)$는 연속이다.
(iii) $x=a$에서 연속성
$$f(4a)f(0)=f(4a)$$
$$\lim_{x\to a-}f(x+3a)f(x-a)=\lim_{x\to a-}f(x+3a)$$
$$\lim_{x\to a+}f(x+3a)f(x-a)=-\lim_{x\to a+}f(x+3a)$$
이때 $a=0$이면
$$f(4a)=\lim_{x\to a-}f(x+3a)=-\lim_{x\to a+}f(x+3a)=1$$이고,
$$a=-\frac{1}{4}, \ a=\frac{1}{4}$$이면
$$f(4a)=\lim_{x\to a-}f(x+3a)=-\lim_{x\to a+}f(x+3a)=0$$이다.

따라서 $a=-\dfrac{1}{4}$, $a=0$, $a=\dfrac{1}{4}$일 때 함수
$f(x+3a)f(x-a)$는 $x=a$에서 연속이다.
(iv) $x=a+3$에서 연속성
$$f(4a+3)f(3)=0$$
$$\lim_{x\to a+3-}f(x+3a)f(x-a)=0$$
$$\lim_{x\to a+3+}f(x+3a)f(x-a)=\lim_{x\to a+3+}f(x+3a)$$
$$\lim_{x\to 4a+3+}f(x)=0$$, 즉 $a=-1$, $a=-\dfrac{1}{2}$일 때 함수
$f(x+3a)f(x-a)$는 연속이다.

(i)~(iv)에 의하여 $a\neq-1$, $a\neq-\dfrac{1}{2}$, $a\neq-\dfrac{1}{4}$, $a\neq0$, $a\neq\dfrac{1}{4}$,
$a\neq\dfrac{1}{2}$, $a\neq1$일 때 함수 $f(x+3a)f(x-a)$가 $x=-3a$,
$x=-3a+3$, $x=a$, $x=a+3$에서 불연속이다.
한편, $-3a=a+3$, 즉 $a=-\dfrac{3}{4}$이면
함수 $f(x+3a)f(x-a)$가 $x=-\dfrac{3}{4}$, $x=\dfrac{9}{4}$, $x=\dfrac{21}{4}$에서 불연속이고 $-3a+3=a$, 즉 $a=\dfrac{3}{4}$이면 함수 $f(x+3a)f(x-a)$
가 $x=-\dfrac{9}{4}$, $x=\dfrac{3}{4}$, $x=\dfrac{15}{4}$에서 불연속이다.
따라서
$a\neq-1$, $a\neq-\dfrac{3}{4}$, $a\neq-\dfrac{1}{2}$, $a\neq-\dfrac{1}{4}$, $a\neq0$, $a\neq\dfrac{1}{4}$, $a\neq\dfrac{1}{2}$,
$a\neq\dfrac{3}{4}$, $a\neq1$일 때, $g(a)=4$이고 $a=-\dfrac{3}{4}$, $a=\dfrac{3}{4}$일 때,
$g(a)=3$이다.
또한,

$a=-1$, $a=-\dfrac{1}{2}$일 때, 함수 $f(x+3a)f(x-a)$가

$x=-3a$, $x=-3a+3$, $x=a$에서 불연속이고, $x=a+3$에서 연속이므로

$g(a)=3$

$a=\dfrac{1}{2}$, $a=1$일 때, 함수 $f(x+3a)f(x-a)$가 $x=-3a$,

$x=a$, $x=a+3$에서 불연속이고, $x=-3a+3$에서 연속이므로

$g(a)=3$

$a=-\dfrac{1}{4}$, $a=\dfrac{1}{4}$일 때, 함수 $f(x+3a)f(x-a)$가

$x=-3a+3$, $x=a+3$에서 불연속이고, $x=-3a$, $x=a$에서 연속이므로

$g(a)=2$

$a=0$일 때, 함수 $f(x+3a)f(x-a)$는 $x=3$에서 불연속이고 $x=0$에서 연속이므로 $g(0)=1$이다.

따라서 함수 $y=g(a)$의 그래프는 다음 그림과 같다.

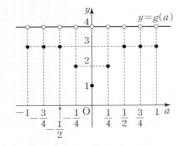

따라서 함수 $g(a)$의 불연속점의 개수는 9이다. **답** 9

103 함수 $f(t)$는 직선 $y=x+4$와 원 $x^2+y^2=r^2$으로 이루어진 도형과 직선 $x+y=t$, 즉 $y=-x+t$의 교점의 개수이다.

따라서 원 $x^2+y^2=r^2$의 중심 $(0,\,0)$과 직선 $y=x+4$, 즉 $x-y+4=0$ 사이의 거리를 d라 하면

$$d=\dfrac{|4|}{\sqrt{1^2+(-1)^2}}=2\sqrt{2}$$

이때 원의 반지름의 길이 r의 값의 범위에 따라 교점의 개수가 달라진다.

(i) $r<2\sqrt{2}$일 때

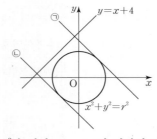

원 $x^2+y^2=r^2$과 직선 $y=x+4$가 만나지 않으므로 위의 그림과 같이 직선 $y=-x+t$가 원 $x^2+y^2=r^2$과 접할 때, 즉 직선 ㉠ 또는 ㉡이 되도록 하는 t의 값에서 함수 $f(t)$는 불연속이므로 불연속점의 개수는 2이다.

(ii) $r=2\sqrt{2}$일 때

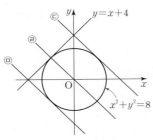

원 $x^2+y^2=8$과 직선 $y=x+4$가 한 점에서 만나므로 위의 그림과 같이 직선 $y=-x+t$가 원 $x^2+y^2=8$과 접할 때와 원 $x^2+y^2=8$과 직선 $y=x+4$의 접점을 지날 때, 즉 직선 ㉢ 또는 ㉣ 또는 ㉤이 되도록 하는 t의 값에서 함수 $f(t)$는 불연속이므로 불연속점의 개수는 3이다.

(iii) $r>2\sqrt{2}$일 때

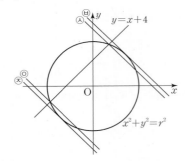

원 $x^2+y^2=r^2$과 직선 $y=x+4$가 서로 다른 두 점에서 만나므로 위의 그림과 같이 직선 $y=-x+t$가 원 $x^2+y^2=r^2$과 접할 때와 원 $x^2+y^2=r^2$과 직선 $y=x+4$의 교점을 지날 때, 즉 직선 ㉥ 또는 ㉦ 또는 ㉧ 또는 ㉨이 되도록 하는 t의 값에서 함수 $f(t)$는 불연속이므로 불연속점의 개수는 4이다.

(i), (ii), (iii)에 의하여 $r=2\sqrt{2}$

직선 $x+y=t$, 즉 $x+y-t=0$이 원 $x^2+y^2=8$과 접하면

(㉢ 또는 ㉤) 원의 중심 $(0,\,0)$과 직선 사이의 거리가

반지름의 길이인 $2\sqrt{2}$와 같아야 하므로

$$\dfrac{|-t|}{\sqrt{1^2+1^2}}=2\sqrt{2}$$

$\therefore t=-4$ 또는 $t=4$

또한, 직선 $y=x+4$와 원 $x^2+y^2=8$의 접점을 구하면

$x^2+(x+4)^2=8$, $2x^2+8x+8=0$

$2(x+2)^2=0$ $\quad\therefore x=-2$

즉, 직선 $x+y=t$가 점 $(-2,\,2)$를 지날 때(㉣),

$t=0$

$$\therefore f(t)=\begin{cases}1\ (t<-4)\\2\ (t=-4)\\3\ (-4<t<0)\\2\ (t=0)\\3\ (0<t<4)\\2\ (t=4)\\1\ (t>4)\end{cases}$$

ㄱ. $r=2\sqrt{2}$ (참)

ㄴ. $\lim\limits_{t\to 0+}f(t)=3$, $\lim\limits_{t\to 0-}f(t)=3$이므로

$\lim\limits_{t\to 0}f(t)=3$ (참)

ㄷ. 함수 $f(t)$는 $t=-4$, $t=0$, $t=4$에서 불연속이다.

$t=-4$에서 함수 $f(t)\{f(t)-k\}$가 연속이려면

$\lim\limits_{t\to -4-}f(t)\{f(t)-k\}=1-k$

$\lim\limits_{t\to -4+}f(t)\{f(t)-k\}=3(3-k)=9-3k$

$f(-4)\{f(-4)-k\}=2(2-k)=4-2k$

에서 $1-k=9-3k=4-2k$

위의 식을 만족시키는 실수 k의 값은 존재하지 않으므로 함수 $f(t)\{f(t)-k\}$는 $t=-4$에서 항상 불연속이다.

$t=0$에서 함수 $f(t)\{f(t)-k\}$가 연속이려면

$\lim\limits_{t\to 0-}f(t)\{f(t)-k\}=3(3-k)=9-3k$

$\lim\limits_{t\to 0+}f(t)\{f(t)-k\}=3(3-k)=9-3k$

$f(0)\{f(0)-k\}=2(2-k)=4-2k$

에서 $9-3k=4-2k$

$\therefore k=5$

즉, $k=5$이면 함수 $f(t)\{f(t)-k\}$는 $t=0$에서 연속이다.

$t=4$에서 함수 $f(t)\{f(t)-k\}$가 연속이려면

$\lim\limits_{t\to 4-}f(t)\{f(t)-k\}=3(3-k)=9-3k$

$\lim\limits_{t\to 4+}f(t)\{f(t)-k\}=1-k$

$f(4)\{f(4)-k\}=2(2-k)=4-2k$

에서 $9-3k=1-k=4-2k$

위의 식을 만족시키는 실수 k의 값이 존재하지 않으므로 함수 $f(t)\{f(t)-k\}$는 $t=4$에서 항상 불연속이다.

즉, 함수 $f(t)\{f(t)-k\}$의 불연속인 점의 개수가 최소가 되려면 $k=5$이어야 한다. (참)

따라서 ㄱ, ㄴ, ㄷ 모두 옳다.

답 ⑤

104 함수 $f(t)$는 두 직선 $y=x$, $y=ax+3a$로 이루어진 도형과 직선 $y=tx+4a$의 교점의 개수이다.

(i) $a=1$일 때

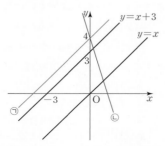

위의 그림과 같이 직선 $y=tx+4a$가 직선 $y=x$와 평행할 때의 t의 값에서만 함수 $f(t)$가 불연속이다.

즉, 직선 $y=tx+4a$가 직선 ㉠과 같이 직선 $y=x$와 평행하려면

$t=1$

직선 $y=tx+4a$가 직선 ㉡과 같이 직선 $y=x$와 평행하지 않으려면

$t\neq 1$

$\therefore f(t)=\begin{cases}0 & (t=1)\\ 2 & (t\neq 1)\end{cases}$

이는 함수 $f(t)$가 세 점에서 불연속이라는 조건에 모순이다.

(ii) $0<a<1$일 때

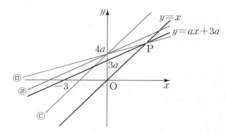

위의 그림과 같이 직선 $y=x$와 직선 $y=ax+3a$의 교점을 P라 하자.

이때 점 P의 x좌표는 $x=ax+3a$에서

$(1-a)x=3a$

$\therefore x=\dfrac{3a}{1-a}$

점 P는 직선 $y=x$ 위의 점이므로

$P\left(\dfrac{3a}{1-a}, \dfrac{3a}{1-a}\right)$

직선 $y=tx+4a$가 직선 $y=x$와 평행할 때의 t, 직선 $y=ax+3a$와 평행할 때의 t, 교점 P를 지날 때의 t의 값에서 함수 $f(t)$가 불연속이다.

직선 $y=tx+4a$가 직선 ㉢과 같이 직선 $y=x$와 평행하려면

$t=1$

직선 $y=tx+4a$가 직선 ㉣과 같이 직선 $y=ax+3a$와 평행하려면

$t=a$

직선 $y=tx+4a$가 직선 ㉤과 같이 점 $P\left(\dfrac{3a}{1-a}, \dfrac{3a}{1-a}\right)$를 지나려면

$\dfrac{3a}{1-a}=\dfrac{3a}{1-a}t+4a$

$\dfrac{3a}{1-a}(t-1)=-4a$, $t-1=\dfrac{4(a-1)}{3}$

$\therefore t=\dfrac{4a-1}{3}$

따라서 $\alpha+\beta+\gamma=1+a+\dfrac{4a-1}{3}=\dfrac{7a+2}{3}=\dfrac{16}{3}$이므로

$a=2$

이는 $0<a<1$에 모순이다.

(iii) $a > 1$일 때

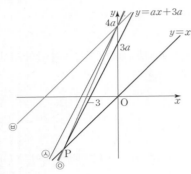

직선 $y = tx + 4a$가 직선 $y = x$와 평행할 때의 t, 직선
$y = ax + 3a$와 평행할 때의 t, 교점 P를 지날 때의 t의 값
에서 함수 $f(t)$가 불연속이다.

직선 $y = tx + 4a$가 직선 ㉻과 같이 직선 $y = x$와 평행하려면
$t = 1$

직선 $y = tx + 4a$가 직선 ㉯과 같이 직선 $y = ax + 3a$와 평
행하려면
$t = a$

직선 $y = tx + 4a$가 직선 ◎과 같이 점 $P\left(\dfrac{3a}{1-a}, \dfrac{3a}{1-a}\right)$
를 지나려면 (ii)에서
$t = \dfrac{4a-1}{3}$

따라서 $\alpha + \beta + \gamma = 1 + a + \dfrac{4a-1}{3} = \dfrac{7a+2}{3} = \dfrac{16}{3}$이므로
$a = 2$

(i), (ii), (iii)에 의하여

$$f(t) = \begin{cases} 2 & (t < 1) \\ 1 & (t = 1) \\ 2 & (1 < t < 2) \\ 1 & (t = 2) \\ 2 & \left(2 < t < \dfrac{7}{3}\right) \\ 1 & \left(t = \dfrac{7}{3}\right) \\ 2 & \left(t > \dfrac{7}{3}\right) \end{cases}$$

$\therefore a \times f(3) = 2 \times 2 = 4$ 답 4

105 조건 ㉮의 $f(x)g(x) = x(x+3)$에 $x = 0$을 대입하면
$f(0)g(0) = 0$
$\therefore f(0) = 0$ (∵ 조건 ㉯)
이때 $f(x)$는 최고차항의 계수가 1인 삼차함수이므로
$f(x) = x(x^2 + ax + b)$ (a, b는 상수)
로 놓을 수 있다.
따라서 조건 ㉮에서
$g(x) = \dfrac{x(x+3)}{f(x)} = \dfrac{x(x+3)}{x(x^2+ax+b)}$ (단, $f(x) \neq 0$)

이고, 함수 $g(x)$가 실수 전체의 집합에서 연속이므로 $x = 0$
에서 연속이다.
$$\begin{aligned} \therefore g(0) &= \lim_{x \to 0} g(x) \\ &= \lim_{x \to 0} \dfrac{x(x+3)}{x(x^2+ax+b)} \\ &= \lim_{x \to 0} \dfrac{x+3}{x^2+ax+b} \\ &= \dfrac{3}{b} \end{aligned}$$

즉, $\dfrac{3}{b} = 1$이므로
$b = 3$

또, 함수 $g(x) = \dfrac{x+3}{x^2+ax+3}$이 실수 전체의 집합에서 연속
이어야 하므로 방정식 $x^2 + ax + 3 = 0$은 허근을 가져야 한다.
이차방정식 $x^2 + ax + 3 = 0$의 판별식을 D라 하면
$D = a^2 - 12 < 0$, $a^2 < 12$
$\therefore -2\sqrt{3} < a < 2\sqrt{3}$ …… ㉠
$f(1) = 1 \times (1^2 + a + 3) = a + 4$에서 $a + 4$가 자연수이므로 a
는 -3 이상의 정수이다.
따라서 가능한 a의 값은
$-3, -2, -1, 0, 1, 2, 3$ (∵ ㉠)
이때 $g(2) = \dfrac{5}{2a+7}$이므로 $g(2)$는 $a = 3$일 때 최솟값 $\dfrac{5}{13}$를
갖는다.   답 ①

106 조건 ㉮의 $f(x)g(x) = (x-2)^2(x+3)$에 $x = 2$를 대입하면
$f(2)g(2) = 0$
$\therefore f(2) = 0$ (∵ 조건 ㉯)
이때 $f(x)$는 최고차항의 계수가 1인 사차함수이므로
$f(x) = (x-2)(x^3 + ax^2 + bx + c)$ (a, b, c는 상수)
로 놓으면
$$\begin{aligned} \lim_{x \to 2} \dfrac{f(x) - f(2)}{x-2} &= \lim_{x \to 2} (x^3 + ax^2 + bx + c) \\ &= 8 + 4a + 2b + c \end{aligned}$$
즉, $8 + 4a + 2b + c = 0$이므로
$c = -8 - 4a - 2b$ …… ㉠
$$\begin{aligned} \therefore f(x) &= (x-2)(x^3 + ax^2 + bx + c) \\ &= (x-2)(x^3 + ax^2 + bx - 8 - 4a - 2b) \\ &= (x-2)^2\{x^2 + (a+2)x + 2a + b + 4\} \end{aligned}$$
따라서 조건 ㉮에서 $f(x) \neq 0$일 때
$$\begin{aligned} g(x) &= \dfrac{(x-2)^2(x+3)}{f(x)} \\ &= \dfrac{(x-2)^2(x+3)}{(x-2)^2\{x^2 + (a+2)x + 2a + b + 4\}} \end{aligned}$$
이고, 함수 $g(x)$가 실수 전체의 집합에서 연속이므로 $x = 2$
에서 연속이다.

$$\therefore g(2)=\lim_{x\to2}g(x)$$
$$=\lim_{x\to2}\frac{(x-2)^2(x+3)}{(x-2)^2\{x^2+(a+2)x+2a+b+4\}}$$
$$=\lim_{x\to2}\frac{x+3}{x^2+(a+2)x+2a+b+4}$$
$$=\frac{5}{4a+b+12}$$

즉, $\dfrac{5}{4a+b+12}=5$이므로

$4a+b+12=1$ $\quad\therefore b=-4a-11$

또, 함수 $g(x)=\dfrac{x+3}{x^2+(a+2)x-2a-7}$이 실수 전체의 집합에서 연속이어야 하므로 방정식 $x^2+(a+2)x-2a-7=0$은 허근을 가져야 한다.

이차방정식 $x^2+(a+2)x-2a-7=0$의 판별식을 D라 하면

$D=(a+2)^2-4(-2a-7)<0$

$a^2+12a+32<0$

$(a+8)(a+4)<0$

$\therefore -8<a<-4$ ...... ㉡

$f(0)=-8a-28$에서 $-8a-28$은 8 이하의 자연수이고, ㉡에 의하여 $4<-8a-28<36$이므로

$-8a-28=5$ 또는 $-8a-28=6$ 또는 $-8a-28=7$ 또는 $-8a-28=8$

$\therefore a=-\dfrac{33}{8}$ 또는 $a=-\dfrac{17}{4}$ 또는 $a=-\dfrac{35}{8}$ 또는 $a=-\dfrac{9}{2}$

이때

$$g(4)=\frac{7}{16+4(a+2)-2a-7}$$
$$=\frac{7}{2a+17}$$

이므로 $g(4)$는 $a=-\dfrac{9}{2}$일 때 최댓값 $\dfrac{7}{8}$을 갖는다. **답** ⑤

107 (i) $0<a<2$일 때

함수 $y=f(x)$의 그래프는 다음 그림과 같다.

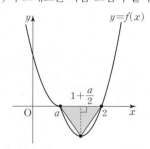

함수 $f(x)$가 닫힌구간 $\left[0,\ 1+\dfrac{a}{2}\right]$에서 연속이고

$f(0)f\left(1+\dfrac{a}{2}\right)<0$이므로 사잇값의 정리에 의하여 0과

$1+\dfrac{a}{2}$ 사이에 $f(c)=0$인 c가 적어도 하나 존재한다.

조건 ㈏에서 세 점 $(2,\ f(2))$, $(a,\ f(a))$,

$\left(1+\dfrac{a}{2},\ f\left(1+\dfrac{a}{2}\right)\right)$를 꼭짓점으로 하는 삼각형의 넓이가

$\dfrac{1}{8}$이므로

$$\frac{1}{2}\times(2-a)\times\left\{-\left(1+\frac{a}{2}-2\right)\left(1+\frac{a}{2}-a\right)\right\}=\frac{1}{8}$$

$$\frac{(2-a)^3}{8}=\frac{1}{8},\ (2-a)^3=1$$

$\therefore a=1$

(ii) $a>2$일 때

함수 $y=f(x)$의 그래프는 다음 그림과 같다.

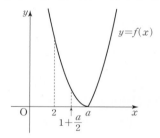

이때 0과 $1+\dfrac{a}{2}$ 사이에 $f(c)=0$인 c가 존재하지 않으므로 조건 ㈎를 만족시키지 않는다.

(i), (ii)에 의하여 $a=1$이므로

$$f(x)=\begin{cases}(x-1)^2 & (x\le1)\\(x-1)(x-2) & (x>1)\end{cases}$$

$\therefore f(3a)=f(3)=2\times1=2$ **답** ①

108 (i) $0<a<1$일 때

$a<1<a+1$이므로 함수 $y=f(x)$의 그래프는 다음 그림과 같다.

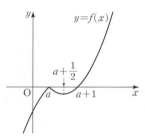

따라서 1과 $a+\dfrac{1}{2}$ 사이에 $f(c)=0$인 c가 존재하지 않으므로 조건 ㈎를 만족시키지 않는다.

(ii) $a>1$일 때

함수 $y=f(x)$의 그래프는 다음 그림과 같다.

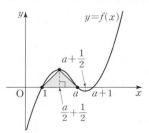

함수 $f(x)$가 닫힌구간 $\left[\dfrac{a}{2}+\dfrac{1}{2},\ a+\dfrac{1}{2}\right]$에서 연속이고

$f\left(\dfrac{a}{2}+\dfrac{1}{2}\right)f\left(a+\dfrac{1}{2}\right)<0$이므로 사잇값의 정리에 의하여

$\dfrac{a}{2}+\dfrac{1}{2}$과 $a+\dfrac{1}{2}$ 사이에 $f(c)=0$인 c가 적어도 하나 존재한다.

조건 (나)에서 세 점 $(1,\ f(1))$, $(a,\ f(a))$,

$\left(\dfrac{a}{2}+\dfrac{1}{2},\ f\left(\dfrac{a}{2}+\dfrac{1}{2}\right)\right)$을 꼭짓점으로 하는 삼각형의 넓이가

1이므로

$\dfrac{1}{2}\times(a-1)\times\left\{-\left(\dfrac{a}{2}+\dfrac{1}{2}-1\right)\left(\dfrac{a}{2}+\dfrac{1}{2}-a\right)\right\}=1$

$\dfrac{(a-1)^3}{8}=1$, $(a-1)^3=8$

$\therefore a=3$

(i), (ii)에 의하여 $a=3$이므로

$f(x)=\begin{cases} -(x-1)(x-3) & (x\le3) \\ (x-3)(x-4) & (x>3) \end{cases}$

$\therefore f(2a)=f(6)=3\times2=6$ 　　　　답 ②

---

109 조건 (나)의 $\displaystyle\lim_{x\to-2}\dfrac{f(x)-4}{x+2}$에서 $x\to-2$일 때 (분모)$\to0$이고

극한값이 존재하므로 (분자)$\to0$이어야 한다.

$\therefore \displaystyle\lim_{x\to-2}\{f(x)-4\}=0$

또한, $\displaystyle\lim_{x\to3}\dfrac{f(x)-1}{x-3}$에서 $x\to3$일 때 (분모)$\to0$이고 극한값

이 존재하므로 (분자)$\to0$이어야 한다.

$\therefore \displaystyle\lim_{x\to3}\{f(x)-1\}=0$

이때 함수 $f(x)$는 연속함수이므로

$f(-2)=4$, $f(3)=1$

조건 (가)에서 $f(-x)=2-f(x)$이므로

$f(2)=2-f(-2)=-2$

$f(-3)=2-f(3)=1$

또, $f(0)=2-f(0)$이므로 $f(0)=1$

ㄱ. $f(0)f(2)<0$, $f(2)f(3)<0$

이므로 사잇값의 정리에 의하여 방정식 $f(x)=0$은 열린

구간 $(0,\ 2)$, $(2,\ 3)$에서 각각 적어도 하나의 실근을 갖

는다. 따라서 열린구간 $(-3,\ 3)$에서 적어도 2개의 실근

을 갖는다. (참)

ㄴ. $\{f(x)\}^2=f(x)$에서 $f(x)\{f(x)-1\}=0$

$\therefore f(x)=0$ 또는 $f(x)=1$

ㄱ에서 방정식 $f(x)=0$은 열린구간 $(-3,\ 3)$에서 적어

도 2개의 실근이 존재한다.

또, $f(0)=1$, $f(-3)=1$, $f(3)=1$이므로 방정식

$f(x)=1$은 적어도 3개의 실근을 갖는다.

이때 두 방정식 $f(x)=0$과 $f(x)=1$의 공통근은 존재하

지 않으므로 방정식 $\{f(x)\}^2=f(x)$는 닫힌구간 $[-3,\ 3]$

에서 적어도 5개의 실근을 갖는다. (참)

ㄷ. $\{f(x)\}^2-xf(x)-x-1$

$=\{f(x)-1\}\{f(x)+1\}-x\{f(x)+1\}$

$=\{f(x)-x-1\}\{f(x)+1\}=0$

에서

$f(x)=x+1$ 또는 $f(x)=-1$

$f(x)=x+1$에서 $f(x)-x-1=0$

$g(x)=f(x)-x-1$로 놓으면 함수 $g(x)$는 닫힌구간

$[-3,\ 3]$에서 연속이고

$g(-3)=f(-3)+3-1=3$

$g(3)=f(3)-3-1=-3$

즉, $g(-3)g(3)<0$이므로 사잇값의 정리에 의하여 방정

식 $g(x)=0$, 즉 $f(x)=x+1$은 열린구간 $(-3,\ 3)$에서

적어도 1개의 실근을 갖는다.

$f(x)=-1$에서 $f(x)+1=0$

$h(x)=f(x)+1$로 놓으면 함수 $h(x)$는 닫힌구간

$[-3,\ 3]$에서 연속이고

$h(-3)=f(-3)+1=2$

$h(-2)=f(-2)+1=5$

$h(0)=f(0)+1=2$

$h(2)=f(2)+1=-1$

$h(3)=f(3)+1=2$

즉, $h(0)h(2)<0$, $h(2)h(3)<0$이므로 사잇값의 정리

에 의하여 방정식 $h(x)=0$, 즉 $f(x)=-1$은 열린구간

$(0,\ 2)$, $(2,\ 3)$에서 각각 적어도 하나의 실근을 갖는다.

따라서 열린구간 $(-3,\ 3)$에서 적어도 2개의 실근을 갖

는다.

한편, 두 방정식 $f(x)=x+1$과 $f(x)=-1$이 공통근을

갖기 위해서는 $x=-2$이어야 하는데 $f(-2)=4$이므로

두 방정식은 공통근을 갖지 않는다.

즉, 주어진 방정식은 열린구간 $(-3,\ 3)$에서 적어도 3개

의 실근을 갖는다. (참)

따라서 ㄱ, ㄴ, ㄷ 모두 옳다. 　　　　답 ⑤

참고 ㄷ. $g(x)=f(x)-x-1$에서

$g(0)=f(0)-1=0$

이므로 $x=0$은 방정식 $f(x)=x+1$의 근이다.

---

110 조건 (나)에서 $t=-1$, $t=2$일 때 각각 (분모)$\to0$이고 극한값

이 존재하므로 (분자)$\to0$이어야 한다.

$\therefore \displaystyle\lim_{x\to-1}\{f(x)+4\}=0$, $\displaystyle\lim_{x\to2}\{f(x)+4\}=0$

이때 함수 $f(x)$가 연속함수이므로

$f(-1)=f(2)=-4$

조건 (가)에서 $f(x)+f(-x)=4$이므로

$f(-1)+f(1)=4$ $\therefore f(1)=8$

$f(-2)+f(2)=4$ $\therefore f(-2)=8$

또, $f(0)+f(0)=4$이므로 $f(0)=2$

ㄱ. $f(-2)f(-1)<0,\ f(-1)f(0)<0,\ f(1)f(2)<0$
이므로 사잇값의 정리에 의하여 방정식 $f(x)=0$은 열린구간 $(-2,\ -1),\ (-1,\ 0),\ (1,\ 2)$에서 각각 적어도 하나의 실근을 갖는다. 따라서 열린구간 $(-2,\ 2)$에서 적어도 3개의 실근을 갖는다. (참)

ㄴ. $\{f(x)\}^2=3f(x)$에서 $f(x)\{f(x)-3\}=0$
$\therefore f(x)=0$ 또는 $f(x)=3$
ㄱ에서 방정식 $f(x)=0$은 열린구간 $(-2,\ 2)$에서 적어도 3개의 실근을 갖는다.
$f(x)=3$에서 $f(x)-3=0$
$g(x)=f(x)-3$으로 놓으면 함수 $g(x)$는 닫힌구간 $[-2,\ 2]$에서 연속이고
$g(-2)=f(-2)-3=5$
$g(-1)=f(-1)-3=-7$
$g(0)=f(0)-3=-1$
$g(1)=f(1)-3=5$
$g(2)=f(2)-3=-7$
즉, $g(-2)g(-1)<0,\ g(0)g(1)<0,\ g(1)g(2)<0$이므로 사잇값의 정리에 의하여 방정식 $g(x)=0$, 즉 $f(x)=3$은 열린구간 $(-2,\ -1),\ (0,\ 1),\ (1,\ 2)$에서 각각 적어도 하나의 실근을 갖는다. 따라서 열린구간 $(-2,\ 2)$에서 적어도 3개의 실근을 갖는다.
이때 두 방정식 $f(x)=0$과 $f(x)=3$의 공통근은 존재하지 않으므로 방정식 $\{f(x)\}^2=3f(x)$는 열린구간 $(-2,\ 2)$에서 적어도 6개의 실근을 갖는다. (참)

ㄷ. $\{f(x)\}^2+(x-4)f(x)-2x+4$
$=\{f(x)\}^2+(x-4)f(x)-2(x-2)$
$=\{f(x)+x-2\}\{f(x)-2\}=0$
에서
$f(x)=-x+2$ 또는 $f(x)=2$
$f(x)=-x+2$에서 $f(x)+x-2=0$
$h(x)=f(x)+x-2$로 놓으면 함수 $h(x)$는 닫힌구간 $[-2,\ 2]$에서 연속이고
$h(-2)=f(-2)-2-2=4$
$h(-1)=f(-1)-1-2=-7$
$h(0)=f(0)-2=0$
$h(1)=f(1)+1-2=7$
$h(2)=f(2)+2-2=-4$
즉, $h(-2)h(-1)<0,\ h(0)=0,\ h(1)h(2)<0$이므로 사잇값의 정리에 의하여 방정식 $h(x)=0$, 즉 $f(x)=-x+2$는 열린구간 $(-2,\ 2)$에서 적어도 3개의 실근을 갖는다.

$f(x)=2$에서 $f(x)-2=0$
$i(x)=f(x)-2$로 놓으면 함수 $i(x)$는 닫힌구간 $[-2,\ 2]$에서 연속이고
$i(-2)=f(-2)-2=6$
$i(-1)=f(-1)-2=-6$
$i(0)=f(0)-2=0$
$i(1)=f(1)-2=6$
$i(2)=f(2)-2=-6$
즉, $i(-2)i(-1)<0,\ i(0)=0,\ i(1)i(2)<0$이므로 사잇값의 정리에 의하여 방정식 $i(x)=0$, 즉 $f(x)=2$는 열린구간 $(-2,\ 2)$에서 적어도 3개의 실근을 갖는다.
이때 두 방정식 $f(x)=-x+2$와 $f(x)=2$는 $x=0$을 공통근으로 가지므로 주어진 방정식은 열린구간 $(-2,\ 2)$에서 적어도 5개의 실근을 갖는다. (거짓)

따라서 옳은 것은 ㄱ, ㄴ이다.   답 ②

II ≫ 미분

1. 미분계수와 도함수

≫ 본문 84~96쪽

111 함수 $f(x)=-x^2+8x+1$에서 x의 값이 a에서 $a+2$까지 변할 때의 평균변화율은

$\dfrac{f(a+2)-f(a)}{(a+2)-a}$

$=\dfrac{\{-(a+2)^2+8(a+2)+1\}-(-a^2+8a+1)}{2}$

$=\dfrac{-4a+12}{2}$

$=-2a+6$

이고, $x=3$에서의 미분계수는

$f'(3)=\lim\limits_{x\to 3}\dfrac{f(x)-f(3)}{x-3}$

$\quad=\lim\limits_{x\to 3}\dfrac{(-x^2+8x+1)-(-9+24+1)}{x-3}$

$\quad=\lim\limits_{x\to 3}\dfrac{-x^2+8x-15}{x-3}$

$\quad=\lim\limits_{x\to 3}\dfrac{-(x-3)(x-5)}{x-3}$

$\quad=\lim\limits_{x\to 3}(-x+5)=2$

이므로 $-2a+6=2$

$\therefore a=2$ **답 ④**

112 곡선 $y=f(x)$ 위의 $x=2$인 점에서의 접선 l의 기울기는 $f'(2)$와 같고, 접선 l은 두 점 $(0, -8)$, $(2, -4)$를 지나므로

$f'(2)=\dfrac{-4-(-8)}{2-0}=2$

$\therefore \lim\limits_{h\to 0}\dfrac{f(2+h)-f(2)}{2h}=\lim\limits_{h\to 0}\dfrac{f(2+h)-f(2)}{h}\times\dfrac{1}{2}$

$\qquad\qquad\qquad\qquad\qquad =f'(2)\times\dfrac{1}{2}=2\times\dfrac{1}{2}=1$ **답 ①**

113 조건 ㈎에 의하여 함수 $f(x)$는 최고차항의 계수가 1인 이차함수이다.

또, 조건 ㈏에 의하여 함수 $y=f(x)$의 그래프는 직선 $x=1$에 대하여 대칭이므로

$f(x)=(x-1)^2+k$ (k는 상수)

로 놓을 수 있다.

조건 ㈐에서 $f(0)=1+k=3$ $\therefore k=2$

$\therefore f(x)=(x-1)^2+2=x^2-2x+3$

함수 $f(x)$에 대하여 x의 값이 a에서 b까지 변할 때의 평균변화율은 $\dfrac{f(b)-f(a)}{b-a}$이므로

$m=\dfrac{f(b)-f(a)}{b-a}$

$\quad=\dfrac{(b^2-2b+3)-(a^2-2a+3)}{b-a}$

$\quad=\dfrac{b^2-a^2-2b+2a}{b-a}=\dfrac{(b-a)(b+a)-2(b-a)}{b-a}$

$\quad=b+a-2$

ㄱ. $a=2$, $b=4$이면

$\quad m=4+2-2=4$ (참)

ㄴ. $a+b=3$이면

$\quad m=3-2=1$ (참)

ㄷ. $f'(c)=\lim\limits_{x\to c}\dfrac{f(x)-f(c)}{x-c}$

$\qquad\quad =\lim\limits_{x\to c}(x+c-2)$

$\qquad\quad =2c-2$

$\quad m=b+a-2=2c-2$이므로

$\quad f'(c)=m$ (참)

따라서 ㄱ, ㄴ, ㄷ 모두 옳다. **답 ⑤**

다른풀이

ㄴ. $a+b=3$이면 $b=3-a$

$\therefore m=\dfrac{f(b)-f(a)}{b-a}=\dfrac{f(3-a)-f(a)}{3-a-a}$

$\qquad =\dfrac{(3-a)^2-2(3-a)+3-(a^2-2a+3)}{3-2a}$

$\qquad =\dfrac{3-2a}{3-2a}=1$

114 $\lim\limits_{h\to 0}\dfrac{f(2+h)-f(2-h)}{h}$

$=\lim\limits_{h\to 0}\dfrac{\{f(2+h)-f(2)\}-\{f(2-h)-f(2)\}}{h}$

$=\lim\limits_{h\to 0}\dfrac{f(2+h)-f(2)}{h}-\lim\limits_{h\to 0}\dfrac{f(2-h)-f(2)}{-h}\times(-1)$

$=f'(2)-\{-f'(2)\}=2f'(2)$

$=2\times 3=6$ **답 ⑤**

115 조건 ㈎에서 $x=1$을 대입하면

$f(1)=-f(-1)$

이므로 조건 ㈏에서

$\lim\limits_{h\to 0}\dfrac{f(-1+4h)+f(1)}{2h}$

$=\lim\limits_{h\to 0}\dfrac{f(-1+4h)-f(-1)}{2h}$

$=\lim\limits_{h\to 0}\dfrac{f(-1+4h)-f(-1)}{4h}\times 2$

$=2f'(-1)=24$

즉, $f'(-1)=12$이므로

$$\lim_{x \to -1} \frac{f(x) + f(1)}{x^3 + 1}$$

$$= \lim_{x \to -1} \frac{f(x) - f(-1)}{(x+1)(x^2 - x + 1)}$$

$$= \lim_{x \to -1} \left\{ \frac{f(x) - f(-1)}{x - (-1)} \times \frac{1}{x^2 - x + 1} \right\}$$

$$= f'(-1) \times \frac{1}{3} = 12 \times \frac{1}{3} = 4$$ 답 ④

116 $\displaystyle \lim_{h \to 0} \frac{f(a + 4h) - f(a + h^2)}{h}$

$$= \lim_{h \to 0} \frac{\{f(a + 4h) - f(a)\} - \{f(a + h^2) - f(a)\}}{h}$$

$$= \lim_{h \to 0} \frac{f(a + 4h) - f(a)}{4h} \times 4 - \lim_{h \to 0} \frac{f(a + h^2) - f(a)}{h^2} \times h$$

$$= 4f'(a) - f'(a) \times 0 = 4f'(a)$$

$$= 4 \times 4 = 16$$ 답 ②

117 $f(x) = x^3 - x^2 - 3x + 3$에서

$f(1) = 0$

$$\therefore \lim_{h \to 0} \frac{|f(1 + h^2)| - |f(1 - h^2)|}{h^2}$$

$$= \lim_{h \to 0} \left\{ \left| \frac{f(1 + h^2)}{h^2} \right| - \left| \frac{f(1 - h^2)}{-h^2} \times (-1) \right| \right\}$$

$$= \lim_{h \to 0} \left\{ \left| \frac{f(1 + h^2) - f(1)}{h^2} \right| \right.$$

$$\left. - \left| \frac{f(1 - h^2) - f(1)}{-h^2} \times (-1) \right| \right\}$$

$$= |f'(1)| - |-f'(1)| = 0$$ 답 ①

다른풀이

$f(1 + h^2) = (1 + h^2)^3 - (1 + h^2)^2 - 3(1 + h^2) + 3$

$\quad = h^6 + 3h^4 + 3h^2 + 1 - (h^4 + 2h^2 + 1) - 3 - 3h^2 + 3$

$\quad = h^6 + 2h^4 - 2h^2$

$f(1 - h^2) = (1 - h^2)^3 - (1 - h^2)^2 - 3(1 - h^2) + 3$

$\quad = -h^6 + 3h^4 - 3h^2 + 1 - (h^4 - 2h^2 + 1) - 3 + 3h^2 + 3$

$\quad = -h^6 + 2h^4 + 2h^2$

$$\therefore \lim_{h \to 0} \frac{|f(1 + h^2)| - |f(1 - h^2)|}{h^2}$$

$$= \lim_{h \to 0} \frac{|h^6 + 2h^4 - 2h^2| - |-h^6 + 2h^4 + 2h^2|}{h^2}$$

$$= \lim_{h \to 0} \{|h^4 + 2h^2 - 2| - |-h^4 + 2h^2 + 2|\}$$

$$= |-2| - |2| = 0$$

118 $\overline{AH} = f(a) - f(1)$, $\overline{BH} = a - 1$이므로 삼각형 ABH의 넓이는

$$\frac{1}{2}\{f(a) - f(1)\}(a - 1) = a^3 - 3a + 2$$

$$= (a + 2)(a - 1)^2$$

이때 $a > 1$이므로

$f(a) - f(1) = 2(a + 2)(a - 1)$

$$\therefore f'(1) = \lim_{a \to 1} \frac{f(a) - f(1)}{a - 1}$$

$$= \lim_{a \to 1} \frac{2(a + 2)(a - 1)}{a - 1}$$

$$= \lim_{a \to 1} \{2(a + 2)\}$$

$$= 2 \times 3 = 6$$ 답 6

119 $3x + 2 - f(x) \leq g(x) \leq 3x + 2 + f(x)$에서

$3x + 2 - f(x) \leq 3x + 2 + f(x)$

$\therefore f(x) \geq 0$

(i) $x > 0$일 때

$\dfrac{f(x)}{x} \geq 0$이므로

$$\lim_{x \to 0+} \frac{f(x) - f(0)}{x - 0} = \lim_{x \to 0+} \frac{f(x)}{x} \geq 0 \ (\because f(0) = 0)$$

(ii) $x < 0$일 때

$\dfrac{f(x)}{x} \leq 0$이므로

$$\lim_{x \to 0-} \frac{f(x) - f(0)}{x - 0} = \lim_{x \to 0-} \frac{f(x)}{x} \leq 0 \ (\because f(0) = 0)$$

(i), (ii)에 의하여 $\displaystyle \lim_{x \to 0} \frac{f(x) - f(0)}{x - 0} = 0$, 즉 $f'(0) = 0$

또한, $3x + 2 - f(x) \leq g(x) \leq 3x + 2 + f(x)$에서

$2 - f(0) \leq g(0) \leq 2 + f(0)$

이때 $f(0) = 0$이므로

$2 \leq g(0) \leq 2$ $\therefore g(0) = 2$

$\therefore 3x - f(x) \leq g(x) - g(0) \leq 3x + f(x)$ ...... ㉠

(iii) $x > 0$일 때

㉠에서 $\dfrac{3x - f(x)}{x} \leq \dfrac{g(x) - g(0)}{x} \leq \dfrac{3x + f(x)}{x}$이므로

$$\lim_{x \to 0+} \frac{3x - f(x)}{x} \leq \lim_{x \to 0+} \frac{g(x) - g(0)}{x} \leq \lim_{x \to 0+} \frac{3x + f(x)}{x}$$

$$3 - f'(0) \leq \lim_{x \to 0+} \frac{g(x) - g(0)}{x} \leq 3 + f'(0)$$

$$3 \leq \lim_{x \to 0+} \frac{g(x) - g(0)}{x} \leq 3$$

$$\therefore \lim_{x \to 0+} \frac{g(x) - g(0)}{x} = 3$$

(iv) $x < 0$일 때

㉠에서 $\dfrac{3x - f(x)}{x} \geq \dfrac{g(x) - g(0)}{x} \geq \dfrac{3x + f(x)}{x}$이므로

$$\lim_{x \to 0-} \frac{3x + f(x)}{x} \leq \lim_{x \to 0-} \frac{g(x) - g(0)}{x} \leq \lim_{x \to 0-} \frac{3x - f(x)}{x}$$

$$3 + f'(0) \leq \lim_{x \to 0-} \frac{g(x) - g(0)}{x} \leq 3 - f'(0)$$

$$3 \leq \lim_{x \to 0-} \frac{g(x) - g(0)}{x} \leq 3$$

$$\therefore \lim_{x \to 0-} \frac{g(x) - g(0)}{x} = 3$$

(iii), (iv)에 의하여 $\displaystyle \lim_{x \to 0} \frac{g(x) - g(0)}{x} = 3$, 즉 $g'(0) = 3$

$\therefore g(0) + g'(0) = 2 + 3 = 5$ 답 ③

120 $\lim\limits_{x\to1}\dfrac{f(x)}{x-1}=1$에서 $x\to1$일 때 (분모)$\to0$이고 극한값이 존재하므로 (분자)$\to0$이어야 한다.

$\therefore \lim\limits_{x\to1}f(x)=0$

이때 $f(1)=0$이므로 $\lim\limits_{x\to1}f(x)=f(1)$, 즉 함수 $f(x)$는 $x=1$에서 연속이다.

ㄱ. $\lim\limits_{x\to1}g(x)=\lim\limits_{x\to1}\left[\{f(x)+g(x)\}-f(x)\right]$

$\qquad=\lim\limits_{x\to1}\{f(x)+g(x)\}-\lim\limits_{x\to1}f(x)$

$\qquad=\{f(1)+g(1)\}-f(1)=g(1)$

따라서 함수 $g(x)$는 $x=1$에서 연속이다. (참)

ㄴ. [반례] $f(x)=x-1$이고 $g(x)=\begin{cases}1 & (x\geq1)\\-1 & (x<1)\end{cases}$ 일 때,

$\lim\limits_{x\to1}f(x)g(x)=f(1)g(1)=0$이지만 $x=1$에서 함수 $g(x)$의 극한값이 존재하지 않으므로 함수 $g(x)$는 $x=1$에서 불연속이다. (거짓)

ㄷ. 함수 $f(x)g(x)$가 $x=1$에서 미분가능하므로 $x=1$에서의 미분계수가 존재한다.

즉,

$\lim\limits_{x\to1}\dfrac{f(x)g(x)-f(1)g(1)}{x-1}=\lim\limits_{x\to1}\dfrac{f(x)g(x)}{x-1}=\alpha$

(α는 상수)

로 놓고 $\dfrac{f(x)g(x)}{x-1}=h(x)$로 놓으면

$\lim\limits_{x\to1}h(x)=\alpha$

$\therefore \lim\limits_{x\to1}g(x)=\lim\limits_{x\to1}\dfrac{h(x)}{\dfrac{f(x)}{x-1}}$

$\qquad=\dfrac{\lim\limits_{x\to1}h(x)}{\lim\limits_{x\to1}\dfrac{f(x)}{x-1}}$

$\qquad=\lim\limits_{x\to1}h(x)=\alpha$

즉, $\lim\limits_{x\to1}g(x)$의 값이 존재한다. (참)

따라서 옳은 것은 ㄱ, ㄷ이다. **답** ③

121 함수 $f(x)$는 $x=0$에서 연속이므로 $\lim\limits_{x\to0}f(x)=f(0)$이고, $x=0$에서 미분가능하지 않으므로 $\lim\limits_{x\to0}\dfrac{f(x)-f(0)}{x}$의 값은 존재하지 않는다.

ㄱ. $g(x)=xf(x)-1$로 놓으면 $g(0)=-1$이므로

$\lim\limits_{h\to0}\dfrac{g(0+h)-g(0)}{h}=\lim\limits_{h\to0}\dfrac{hf(h)-1-(-1)}{h}$

$\qquad=\lim\limits_{h\to0}\dfrac{hf(h)}{h}$

$\qquad=\lim\limits_{h\to0}f(h)=f(0)$

따라서 함수 $g(x)=xf(x)-1$의 $x=0$에서의 미분계수가 존재하므로 $x=0$에서 미분가능하다.

ㄴ. $k(x)=x^{50}f(x)+3f(x)-1$로 놓으면 $k(0)=3f(0)-1$이므로

$\lim\limits_{h\to0}\dfrac{k(0+h)-k(0)}{h}$

$=\lim\limits_{h\to0}\dfrac{h^{50}f(h)+3f(h)-1-\{3f(0)-1\}}{h}$

$=\lim\limits_{h\to0}\dfrac{h^{50}f(h)+3\{f(h)-f(0)\}}{h}$

$=\lim\limits_{h\to0}h^{49}f(h)+3\lim\limits_{h\to0}\dfrac{f(h)-f(0)}{h}$

$=3\lim\limits_{h\to0}\dfrac{f(h)-f(0)}{h}$

따라서 함수 $k(x)=x^{50}f(x)+3f(x)-1$의 $x=0$에서의 미분계수가 존재하지 않는다.

ㄷ. $i(x)=\dfrac{4}{4-x^3f(x)}$로 놓으면 $i(0)=1$이므로

$\lim\limits_{h\to0}\dfrac{i(0+h)-i(0)}{h}=\lim\limits_{h\to0}\dfrac{\dfrac{4}{4-h^3f(h)}-1}{h}$

$\qquad=\lim\limits_{h\to0}\dfrac{h^3f(h)}{h\{4-h^3f(h)\}}$

$\qquad=\lim\limits_{h\to0}\dfrac{h^2f(h)}{4-h^3f(h)}=0$

따라서 함수 $i(x)=\dfrac{4}{4-x^3f(x)}$의 $x=0$에서의 미분계수가 존재하므로 $x=0$에서 미분가능하다.

따라서 $x=0$에서 미분가능한 함수는 ㄱ, ㄷ이다. **답** ④

122 $g(x)=|x-3|$에서 $g(x)=\begin{cases}3-x & (x<3)\\x-3 & (x\geq3)\end{cases}$

ㄱ. $f(x)-g(x)=\begin{cases}2x-4 & (x<3)\\-2 & (x\geq3)\end{cases}$ 이므로

$\lim\limits_{x\to3+}\{f(x)-g(x)\}=\lim\limits_{x\to3+}(-2)=-2$

$\lim\limits_{x\to3-}\{f(x)-g(x)\}=\lim\limits_{x\to3-}(2x-4)=2$

따라서 $\lim\limits_{x\to3}\{f(x)-g(x)\}$의 값이 존재하지 않으므로 함수 $f(x)-g(x)$는 $x=3$에서 불연속이다. (참)

ㄴ. $f(x)g(x)=\begin{cases}-(x-1)(x-3) & (x<3)\\(x-3)(x-5) & (x\geq3)\end{cases}$ 에서

$\lim\limits_{x\to3}f(x)g(x)=f(3)g(3)=0$이므로 함수 $f(x)g(x)$는 $x=3$에서 연속이다.

또한,

$\lim\limits_{x\to3+}\dfrac{f(x)g(x)-f(3)g(3)}{x-3}=\lim\limits_{x\to3+}\dfrac{(x-3)(x-5)}{x-3}$

$\qquad=\lim\limits_{x\to3+}(x-5)=-2$

$\lim\limits_{x\to3-}\dfrac{f(x)g(x)-f(3)g(3)}{x-3}=\lim\limits_{x\to3-}\dfrac{-(x-1)(x-3)}{x-3}$

$\qquad=\lim\limits_{x\to3-}(-x+1)=-2$

이므로 함수 $f(x)g(x)$의 $x=3$에서의 미분계수가 존재한다. 즉, 함수 $f(x)g(x)$는 $x=3$에서 미분가능하다. (참)

ㄷ. $f(x)g(x)=\begin{cases} -(x-1)(x-3) & (x<3) \\ (x-3)(x-5) & (x\geq 3) \end{cases}$ 이므로

$|f(x)g(x)|=\begin{cases} (x-1)(x-3) & (x<1) \\ -(x-1)(x-3) & (1\leq x<3) \\ -(x-3)(x-5) & (3\leq x<5) \\ (x-3)(x-5) & (x\geq 5) \end{cases}$

따라서 함수 $y=|f(x)g(x)|$의 그래프는 다음 그림과 같다.

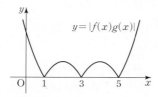

따라서 함수 $|f(x)g(x)|$는 $x=1$, $x=3$, $x=5$에서 미분 가능하지 않으므로 미분가능하지 않은 점의 개수는 3이다. (참)

따라서 ㄱ, ㄴ, ㄷ 모두 옳다.   **답** ⑤

123 함수 $|f(x)|$가 $x=1$에서 미분가능하므로 $x=1$에서 연속이다.
따라서 함수 $f(x)$는 $x=1$에서 불연속이고 함수 $|f(x)|$는 $x=1$에서 연속이므로
$$\lim_{x\to 1-} x\neq \lim_{x\to 1+}(2x^3+ax+b),\ \lim_{x\to 1-}|x|=\lim_{x\to 1+}|2x^3+ax+b|$$
즉, $\lim_{x\to 1+}(2x^3+ax+b)=-1$이므로
$$2+a+b=-1$$
$$\therefore b=-a-3 \quad\cdots\cdots\ \text{㉠}$$
함수 $|f(x)|$는 $x=1$에서 미분가능하고,
$$\lim_{x\to 1-}\frac{|f(x)|-|f(1)|}{x-1}=\lim_{x\to 1-}\frac{x-1}{x-1}=1$$
이므로 $\lim_{x\to 1+}\dfrac{|f(x)|-|f(1)|}{x-1}=1$이어야 한다.
이때 $\lim_{x\to 1+}f(x)=-1<0$이므로 $x\to 1+$에서
$|f(x)|=-f(x)$
$$\therefore \lim_{x\to 1+}\frac{|f(x)|-|f(1)|}{x-1}$$
$$=\lim_{x\to 1+}\frac{-(2x^3+ax+b)-1}{x-1}$$
$$=\lim_{x\to 1+}\frac{-2x^3-ax+a+2}{x-1}\ (\because \text{㉠})$$
$$=\lim_{x\to 1+}\frac{(x-1)(-2x^2-2x-a-2)}{x-1}$$
$$=\lim_{x\to 1+}(-2x^2-2x-a-2)$$
$$=-a-6$$
즉, $-a-6=1$이므로 $a=-7$
$a=-7$을 ㉠에 대입하면
$b=4$
따라서 $x>1$에서 $f(x)=2x^3-7x+4$
$$\therefore f(2)=16-14+4=6 \quad\quad \text{답} ①$$

124 $f'(x)=\lim_{h\to 0}\frac{f(x+h)-f(x)}{h}$
$$=\lim_{h\to 0}\frac{f(x)+f(h)+5xh-f(x)}{h}$$
$$=\lim_{h\to 0}\frac{f(h)+5xh}{h}$$
$$=\lim_{h\to 0}\frac{f(h)}{h}+5x=2+5x$$
$$\therefore f'(3)=2+15=17 \quad\quad \text{답} ③$$

125 $x=0$, $y=0$을 주어진 식에 대입하면
$$f(0)=f(0)+f(0)+0$$
$$\therefore f(0)=0 \quad\cdots\cdots\ \text{㉠}$$
또한, $x=0$에서의 접선의 기울기가 4이므로
$$f'(0)=4 \quad\cdots\cdots\ \text{㉡}$$
도함수의 정의에 의하여
$$f'(x)=\lim_{h\to 0}\frac{f(x+h)-f(x)}{h}$$
$$=\lim_{h\to 0}\frac{f(x)+f(h)+2xh-f(x)}{h}$$
$$=\lim_{h\to 0}\frac{f(h)+2xh}{h}$$
$$=\lim_{h\to 0}\frac{f(h)}{h}+2x$$
$$=\lim_{h\to 0}\frac{f(h)-f(0)}{h}+2x\ (\because \text{㉠})$$
$$=f'(0)+2x=2x+4\ (\because \text{㉡})$$
$$\therefore f'(1)=2+4=6 \quad\quad \text{답} ⑤$$

126 조건 ㈏에 $x=0$, $y=0$을 대입하면
$$f(0)=f(0)+f(0)+0 \quad \therefore f(0)=0 \quad\cdots\cdots\ \text{㉠}$$
조건 ㈎에서
$$\lim_{h\to 0}\frac{f(4h)}{h}=\lim_{h\to 0}\frac{f(4h)-f(0)}{h}\ (\because \text{㉠})$$
$$=\lim_{h\to 0}\frac{f(4h)-f(0)}{4h}\times 4$$
$$=4f'(0)$$
즉, $4f'(0)=4$이므로 $f'(0)=1 \quad\cdots\cdots\ \text{㉡}$
도함수의 정의에 의하여
$$f'(x)=\lim_{h\to 0}\frac{f(x+h)-f(x)}{h}$$
$$=\lim_{h\to 0}\frac{f(x)+f(h)+2xh(x+h)-f(x)}{h}\ (\because \text{조건 ㈏})$$
$$=\lim_{h\to 0}\left\{\frac{f(h)}{h}+2x(x+h)\right\}$$
$$=\lim_{h\to 0}\left\{\frac{f(h)-f(0)}{h}+2x(x+h)\right\}\ (\because \text{㉠})$$
$$=f'(0)+2x^2=2x^2+1\ (\because \text{㉡})$$
$$\therefore \sum_{k=1}^{5}f'(k)=\sum_{k=1}^{5}(2k^2+1)$$
$$=2\times\frac{5\times 6\times 11}{6}+5=115 \quad\quad \text{답} ③$$

127 조건 ⑦에 $x=0$, $y=0$을 대입하면

$$f(0)=f(0)+f(0)+0$$

$$\therefore f(0)=0 \qquad \cdots\cdots \ \text{㉠}$$

도함수의 정의에 의하여

$$f'(x)=\lim_{h\to 0}\frac{f(x+h)-f(x)}{h}$$

$$=\lim_{h\to 0}\frac{f(x)+f(h)+6x^2h+6xh^2-4xh-f(x)}{h}$$

$$(\because \ \text{조건 ⑦})$$

$$=\lim_{h\to 0}\left\{\frac{f(h)}{h}+6x^2+6xh-4x\right\}$$

$$=\lim_{h\to 0}\left\{\frac{f(h)-f(0)}{h}+6x^2+6xh-4x\right\}(\because \ \text{㉠})$$

$$=f'(0)+6x^2-4x$$

$$=6x^2-4x-1 \ (\because \ \text{조건 ⑭})$$

한편, $f(1)=-1$, $f'(1)=1$이므로

$$f(1)+f'(1)=0 \qquad \cdots\cdots \ \text{㉡}$$

$$\therefore \lim_{x\to 1}\frac{f(x)+f'(x)}{x-1}$$

$$=\lim_{x\to 1}\frac{f(x)+f'(x)-f(1)-f'(1)}{x-1}(\because \ \text{㉡})$$

$$=\lim_{x\to 1}\left\{\frac{f(x)-f(1)}{x-1}+\frac{f'(x)-f'(1)}{x-1}\right\}$$

$$=f'(1)+\lim_{x\to 1}\frac{6x^2-4x-1-1}{x-1}$$

$$=1+\lim_{x\to 1}\frac{2(3x+1)(x-1)}{x-1}$$

$$=1+\lim_{x\to 1}2(3x+1)$$

$$=1+2\times 4=9 \qquad\qquad \text{답 ②}$$

128 $f(1)=3$에서 $a+b+c=3 \qquad \cdots\cdots \ \text{㉠}$

$f'(x)=2ax+b$이므로

$f'(1)=0$에서 $2a+b=0 \qquad \cdots\cdots \ \text{㉡}$

$f'(3)=4$에서 $6a+b=4 \qquad \cdots\cdots \ \text{㉢}$

㉠, ㉡, ㉢을 연립하여 풀면

$$a=1, \ b=-2, \ c=4$$

$$\therefore abc=-8 \qquad\qquad \text{답 ②}$$

129 $f(x)=27x^3+27ax^2+9a^2x+a^3$이므로

$$f'(x)=81x^2+54ax+9a^2$$

$f'(1)=81+54a+9a^2=81$이므로

$$9a^2+54a=0, \ 9a(a+6)=0$$

$$\therefore a=-6 \ (\because \ a\neq 0)$$

따라서 $f'(x)=81x^2-324x+324$이므로

$$f'(0)=324$$

$$\therefore a+f'(0)=-6+324=318 \qquad \text{답 318}$$

다른풀이

$f(x)=(3x+a)^3$에서

$$f'(x)=3\times(3x+a)^2\times(3x+a)'=9(3x+a)^2$$

$f'(1)=9(a+3)^2=81$이므로

$$(a+3)^2=9$$

$$\therefore a=-6 \ (\because \ a\neq 0)$$

참고 미분가능한 함수 $f(x)$에 대하여 $y=\{f(x)\}^n$ (n은 자연수)

이면

$$y=n\{f(x)\}^{n-1}f'(x)$$

130 조건 ⑭에서 $g(x)=x^2f(x)$의 양변을 x에 대하여 미분하면

$$g'(x)=2xf(x)+x^2f'(x)$$

$$\therefore f'(x)g(x)-f(x)g'(x)$$

$$=f'(x)\times x^2f(x)-f(x)\times\{2xf(x)+x^2f'(x)\}$$

$$=-2x\{f(x)\}^2$$

따라서 조건 ⑦에서 $-2x\{f(x)\}^2=-18x^3$이므로

$$\{f(x)\}^2=9x^2 \ (\because \ x>0)$$

이때 $f(x)$는 다항함수이므로

$$f(x)=-3x \ \text{또는} \ f(x)=3x$$

조건 ⑭에서

$f(x)=-3x$일 때, $g(x)=-3x^3$

$f(x)=3x$일 때, $g(x)=3x^3$

즉, $f(x)g(x)=9x^4$이므로 양변을 x에 대하여 미분하면

$$f'(x)g(x)+f(x)g'(x)=36x^3$$

$$\therefore f'(1)g(1)+f(1)g'(1)=36 \qquad \text{답 36}$$

131 조건 ⑦에 의하여

$$f(x)=(x-a)(x-b)(x-c)$$

조건 ⑭에 의하여 $f(6)=3$이므로

$$(6-a)(6-b)(6-c)=3 \qquad \cdots\cdots \ \text{㉠}$$

$$f'(x)=(x-b)(x-c)+(x-a)(x-c)+(x-a)(x-b)$$

이므로

$$f'(6)=(6-b)(6-c)+(6-a)(6-c)+(6-a)(6-b)$$

$$=\frac{3}{6-a}+\frac{3}{6-b}+\frac{3}{6-c} \ (\because \ \text{㉠})$$

또한, 조건 ⑭에 의하여 $f'(6)=12$이므로

$$\frac{3}{6-a}+\frac{3}{6-b}+\frac{3}{6-c}=12$$

위의 식의 양변을 6으로 나누면

$$\frac{1}{12-2a}+\frac{1}{12-2b}+\frac{1}{12-2c}=2 \qquad \text{답 2}$$

132 $g(x)=\begin{cases} 2 & (x\leq -1) \\ f(x) & (-1<x<1) \\ -2 & (x\geq 1) \end{cases}$ 에서

$$g'(x)=\begin{cases} 0 & (x<-1) \\ f'(x) & (-1<x<1) \\ 0 & (x>1) \end{cases}$$

$f(x)=x^3+ax^2+bx+c \ (a, \ b, \ c$는 상수$)$로 놓으면

$$f'(x)=3x^2+2ax+b$$

함수 $g(x)$가 실수 전체의 집합에서 미분가능하므로 실수 전체의 집합에서 연속이다.

따라서 $f(-1)=2$, $f(1)=-2$이어야 하므로

$f(-1)=-1+a-b+c=2$ ...... ㉠

$f(1)=1+a+b+c=-2$ ...... ㉡

또한, 함수 $g(x)$가 실수 전체의 집합에서 미분가능하므로

$f'(-1)=f'(1)=0$이어야 한다.

$f'(-1)=3-2a+b=0$ ...... ㉢

$f'(1)=3+2a+b=0$ ...... ㉣

㉠, ㉡, ㉢, ㉣을 연립하여 풀면

$a=0$, $b=-3$, $c=0$

$\therefore f(x)=x^3-3x$, $f'(x)=3x^2-3$

이때 $f(-x)=-f(x)$이므로 모든 실수 x에 대하여

$g(-x)=-g(x)$

$\therefore \dfrac{g(t)-g(-t)}{2t}=\dfrac{2g(t)}{2t}=\dfrac{g(t)}{t}$

(i) $t \geq 1$일 때

$\quad -2 \leq \dfrac{g(t)}{t}=\dfrac{-2}{t}<0$

(ii) $t \leq -1$일 때

$\quad -2 \leq \dfrac{g(t)}{t}=\dfrac{2}{t}<0$

(iii) $-1<t<1$ $(t\neq 0)$일 때

$\quad \dfrac{g(t)}{t}=\dfrac{f(t)}{t}=t^2-3$이므로

$\quad -3 < \dfrac{g(t)}{t}<-2$

(i), (ii), (iii)에 의하여

$-3 < \dfrac{g(t)-g(-t)}{2t}<0$

따라서 $-k \leq -3$이므로 $k \geq 3$

즉, k의 최솟값은 3이다. **답** 3

133 $\dfrac{1}{n}=h$로 놓으면 $n \to \infty$일 때 $h \to 0+$이므로

$\displaystyle\lim_{n\to\infty} n\left\{f\left(-1+\dfrac{1}{n}\right)-f\left(-1-\dfrac{1}{n}\right)\right\}$

$=\displaystyle\lim_{h\to 0+}\dfrac{f(-1+h)-f(-1-h)}{h}$

$=\displaystyle\lim_{h\to 0+}\dfrac{\{f(-1+h)-f(-1)\}-\{f(-1-h)-f(-1)\}}{h}$

$=\displaystyle\lim_{h\to 0+}\dfrac{f(-1+h)-f(-1)}{h}+\lim_{h\to 0+}\dfrac{f(-1-h)-f(-1)}{-h}$

$=f'(-1)+f'(-1)$

$=2f'(-1)$

$f(x)=(x^2+2x)(-x^2+2x+3)$에서

$f'(x)=(2x+2)(-x^2+2x+3)+(x^2+2x)(-2x+2)$

따라서 $f'(-1)=-4$이므로 구하는 값은

$2f'(-1)=-8$ **답** -8

134 $\displaystyle\lim_{x\to 1}\dfrac{f(1)-f(x)}{x^2+x-2}=\lim_{x\to 1}\dfrac{f(1)-f(x)}{(x-1)(x+2)}$

$=\displaystyle\lim_{x\to 1}\left\{\dfrac{f(x)-f(1)}{x-1}\times\left(-\dfrac{1}{x+2}\right)\right\}$

$=-\dfrac{1}{3}f'(1)=-1$

$\therefore f'(1)=3$

따라서 $\dfrac{1}{n}=h$로 놓으면 $n\to\infty$일 때 $h\to 0+$이므로

$\displaystyle\lim_{n\to\infty} n\left\{f\left(\dfrac{n+3}{n}\right)-f\left(\dfrac{n-1}{n}\right)\right\}$

$=\displaystyle\lim_{h\to 0+}\dfrac{f(1+3h)-f(1-h)}{h}$

$=\displaystyle\lim_{h\to 0+}\dfrac{\{f(1+3h)-f(1)\}-\{f(1-h)-f(1)\}}{h}$

$=\displaystyle\lim_{h\to 0+}\dfrac{f(1+3h)-f(1)}{3h}\times 3+\lim_{h\to 0+}\dfrac{f(1-h)-f(1)}{-h}$

$=3f'(1)+f'(1)$

$=4f'(1)$

$=4\times 3=12$ **답** 12

135 $\displaystyle\lim_{x\to 2}\dfrac{x^n-x^3+4x-16}{x-2}=k$에서 $x\to 2$일 때 (분모)$\to 0$이고 극한값이 존재하므로 (분자)$\to 0$이다.

즉, $\displaystyle\lim_{x\to 2}(x^n-x^3+4x-16)=2^n-8+8-16=0$이므로

$2^n=16$

$\therefore n=4$

$f(x)=x^4-x^3+4x$로 놓으면 $f(2)=16$이므로

$\displaystyle\lim_{x\to 2}\dfrac{x^4-x^3+4x-16}{x-2}=\lim_{x\to 2}\dfrac{f(x)-f(2)}{x-2}=f'(2)$

$f'(x)=4x^3-3x^2+4$이므로

$f'(2)=32-12+4=24$

따라서 $k=24$이므로

$n+k=4+24=28$ **답** 28

다른풀이

$k=\displaystyle\lim_{x\to 2}\dfrac{x^4-x^3+4x-16}{x-2}$

$=\displaystyle\lim_{x\to 2}\dfrac{(x-2)(x^3+x^2+2x+8)}{x-2}$

$=\displaystyle\lim_{x\to 2}(x^3+x^2+2x+8)$

$=8+4+4+8=24$

136 $\displaystyle\lim_{x\to 2}\dfrac{f(x)+1}{x-2}=k$에서 $x\to 2$일 때 (분모)$\to 0$이고 극한값이 존재하므로 (분자)$\to 0$이다.

즉, $\displaystyle\lim_{x\to 2}\{f(x)+1\}=0$이므로

$f(2)+1=0$ $\therefore f(2)=-1$

$\therefore k=\displaystyle\lim_{x\to 2}\dfrac{f(x)+1}{x-2}$

$=\displaystyle\lim_{x\to 2}\dfrac{f(x)-f(2)}{x-2}=f'(2)$

$$\therefore \lim_{h\to 0}\dfrac{10+\sum\limits_{n=1}^{10}f(2+nh)}{h}$$

$$=\lim_{h\to 0}\dfrac{\sum\limits_{n=1}^{10}\{f(2+nh)+1\}}{h}$$

$$=\lim_{h\to 0}\sum_{n=1}^{10}\dfrac{f(2+nh)-f(2)}{h}$$

$$=\lim_{h\to 0}\sum_{n=1}^{10}\dfrac{f(2+nh)-f(2)}{nh}\times n$$

$$=\sum_{n=1}^{10}nf'(2)=f'(2)\sum_{n=1}^{10}n$$

$$=k\times\dfrac{10\times 11}{2}=55k$$

즉, $55k=550$이므로

$k=10$ 답 10

137 $f(x)=|x^2-7x+12|=|(x-3)(x-4)|$

$$=\begin{cases} x^2-7x+12 & (x\le 3 \text{ 또는 } x\ge 4) \\ -x^2+7x-12 & (3<x<4) \end{cases}$$

(i) $x\ne 3$, $x\ne 4$일 때

함수 $f(x)$는 미분가능하므로

$$g(x)=\lim_{h\to 0}\dfrac{f(x+h)-f(x-h)}{h}$$

$$=\lim_{h\to 0}\dfrac{\{f(x+h)-f(x)\}-\{f(x-h)-f(x)\}}{h}$$

$$=\lim_{h\to 0}\dfrac{f(x+h)-f(x)}{h}+\lim_{h\to 0}\dfrac{f(x-h)-f(x)}{-h}$$

$$=f'(x)+f'(x)$$

$$=2f'(x)$$

(ii) $x=3$일 때

$$g(3)=\lim_{h\to 0}\dfrac{f(3+h)-f(3-h)}{h}$$

$$=\lim_{h\to 0}\dfrac{|h(-1+h)|-|-h(-1-h)|}{h}$$

$$=\lim_{h\to 0}\dfrac{|h|(1-h)-|h|(1+h)}{h}$$

$$(\because -1+h<0,\ -1-h<0)$$

$$=\lim_{h\to 0}\dfrac{-2h|h|}{h}$$

$$=\lim_{h\to 0}(-2|h|)=0$$

(iii) $x=4$일 때

$$g(4)=\lim_{h\to 0}\dfrac{f(4+h)-f(4-h)}{h}$$

$$=\lim_{h\to 0}\dfrac{|(1+h)h|-|(1-h)(-h)|}{h}$$

$$=\lim_{h\to 0}\dfrac{|h|(1+h)-|h|(1-h)}{h}$$

$$(\because 1+h>0,\ 1-h>0)$$

$$=\lim_{h\to 0}\dfrac{2h|h|}{h}$$

$$=\lim_{h\to 0}2|h|=0$$

(i), (ii), (iii)에 의하여

$$g(x)=\begin{cases} 4x-14 & (x<3 \text{ 또는 } x>4) \\ -4x+14 & (3<x<4) \\ 0 & (x=3 \text{ 또는 } x=4) \end{cases}$$

$$\therefore \sum_{k=0}^{10}|g(k)|$$

$$=|g(0)|+|g(1)|+|g(2)|+|g(3)|+|g(4)|$$

$$\qquad\qquad\qquad +\sum_{k=5}^{10}(4k-14)$$

$$=|-14|+|-10|+|-6|+0+0+\dfrac{6(6+26)}{2}$$

$$=30+96=126$$ 답 126

138 조건 (나)에서 $\lim\limits_{x\to\infty}\dfrac{f(x)+2g(x)}{x^3+2x^2+4}=2$이므로 함수

$f(x)+2g(x)$는 최고차항의 계수가 2인 삼차함수이다.

두 다항함수 $f(x)$, $g(x)$의 최고차항의 계수가 모두 1이므로

$f(x)$는 이차 이하의 함수이고, $g(x)$는 삼차함수이다.

이때 $f(x)$가 상수함수 또는 일차함수이면 $f'(1)=4$를 만족

시키지 않으므로 $f(x)$는 이차함수이다.

$f(x)=x^2+ax+b$ (a, b는 상수)로 놓으면

$f'(x)=2x+a$

$f'(1)=2+a=4$ $\quad\therefore a=2$

또한, 조건 (가)의 $f(x)+g(x)=x^3+3x^2-2$에서

$$g(x)=x^3+3x^2-2-f(x)$$

$$=x^3+3x^2-2-(x^2+2x+b)$$

$$=x^3+2x^2-2x-2-b$$

따라서 $g'(x)=3x^2+4x-2$이므로

$g'(2)=12+8-2=18$ 답 18

139 최고차항의 계수가 1인 다항함수 $f(x)$의 최고차항을 x^n

(n은 자연수)으로 놓으면 조건 (가)에서 $f(x^2)$의 최고차항은

x^{2n}이고, $\{f'(x)\}^2$의 최고차항은 n^2x^{2n-2}

이때 $2n>2n-2$이므로 분모의 최고차항의 차수는 $2n$이다.

$x^2f(x)$의 최고차항은 x^{n+2}이고 $\lim\limits_{x\to\infty}\dfrac{x^2f(x)}{f(x^2)+\{f'(x)\}^2}=1$이

므로

$n+2=2n$ $\quad\therefore n=2$

즉, $f(x)$는 이차함수이므로

$f(x)=x^2+px+q$ (p, q는 상수), $f'(x)=2x+p$

로 놓을 수 있다.

조건 (나)의 $\lim\limits_{x\to 1}\dfrac{f(x)+f'(x)}{x-1}=2$에서 $x\to 1$일 때 (분모)$\to 0$

이고 극한값이 존재하므로 (분자)$\to 0$이어야 한다.

즉, $\lim\limits_{x\to 1}\{f(x)+f'(x)\}=0$이므로

$f(1)+f'(1)=0$

$2p+q+3=0$ $\quad\therefore q=-2p-3$

따라서
$$f(x)+f'(x)=x^2+(2+p)x-p-3$$
$$=(x-1)(x+p+3)$$
이므로 조건 (나)에서
$$\lim_{x \to 1}\frac{f(x)+f'(x)}{x-1}=\lim_{x \to 1}\frac{(x-1)(x+p+3)}{x-1}$$
$$=\lim_{x \to 1}(x+p+3)=4+p$$
즉, $4+p=2$이므로 $p=-2$
따라서 $q=1$이므로 $f(x)=x^2-2x+1$
$$\therefore f(3)=9-6+1=4$$
답 4

140 조건 (가)의 $\lim\limits_{x \to 2}\dfrac{f(x)}{(x-2)^2}$에서 $x \to 2$일 때 (분모)$\to 0$이고 극

한값이 존재하므로 (분자)$\to 0$이어야 한다.

즉, $\lim\limits_{x \to 2}f(x)=f(2)=0$이므로 함수 $f(x)$는 $x-2$를 인수로

갖는다.

따라서 $f(x)=(x-2)g(x)$ ($g(x)$는 이차식)로 놓으면
$$\lim_{x \to 2}\frac{f(x)}{(x-2)^2}=\lim_{x \to 2}\frac{(x-2)g(x)}{(x-2)^2}=\lim_{x \to 2}\frac{g(x)}{x-2}$$

위의 식에서 $x \to 2$일 때 (분모)$\to 0$이고 극한값이 존재하므

로 (분자)$\to 0$이어야 한다.

마찬가지 방법으로 함수 $g(x)$도 $x-2$를 인수로 가지므로
$$f(x)=(x-2)^2(px+q) \; (p, q는 상수, p \neq 0)$$
로 놓을 수 있다.

조건 (나)의 $\lim\limits_{x \to 1}\dfrac{f(x)-3}{x-1}=-5$에서 $x \to 1$일 때 (분모)$\to 0$이

고 극한값이 존재하므로 (분자)$\to 0$이어야 한다.

즉, $\lim\limits_{x \to 1}\{f(x)-3\}=0$이므로
$$f(1)=3$$
$$\therefore p+q=3 \quad \cdots\cdots \; \bigcirc$$
$$\lim_{x \to 1}\frac{f(x)-3}{x-1}=\lim_{x \to 1}\frac{f(x)-f(1)}{x-1}=f'(1)이므로$$
$$f'(1)=-5$$
이때 $f'(x)=2(x-2)(px+q)+(x-2)^2p$이므로
$$f'(1)=-2(p+q)+p=-5$$
$$\therefore p+2q=5 \quad \cdots\cdots \; \bigcirc$$
$\bigcirc$, $\bigcirc$을 연립하여 풀면
$$p=1, q=2$$
따라서 $f(x)=(x-2)^2(x+2)$이므로
$$f(3)=5$$
답 5

141 조건 (가)의 $\lim\limits_{x \to 1}\dfrac{f(x+1)}{x-1}$에서 $x \to 1$일 때 (분모)$\to 0$이고 극

한값이 존재하므로 (분자)$\to 0$이어야 한다.

즉, $\lim\limits_{x \to 1}f(x+1)=0$이므로 $f(2)=0$

조건 (나)의 $\lim\limits_{x \to 3}\dfrac{f(x)}{(x-3)\{f'(x)\}^2}=1$에서 $x \to 3$일 때

(분모)$\to 0$이고 극한값이 존재하므로 (분자)$\to 0$이어야 한다.

즉, $\lim\limits_{x \to 3}f(x)=0$이므로 $f(3)=0$

따라서 $f(x)=(x-2)(x-3)(x-k)$ (k는 상수)로 놓으면
$$f'(x)=(x-3)(x-k)+(x-2)(x-k)+(x-2)(x-3)$$
$$=3x^2-(2k+10)x+5k+6$$
이를 조건 (나)에 대입하면
$$\lim_{x \to 3}\frac{f(x)}{(x-3)\{f'(x)\}^2}$$
$$=\lim_{x \to 3}\frac{(x-2)(x-3)(x-k)}{(x-3)\{3x^2-(2k+10)x+5k+6\}^2}$$
$$=\lim_{x \to 3}\frac{(x-2)(x-k)}{\{3x^2-(2k+10)x+5k+6\}^2}$$
$$=\frac{3-k}{(3-k)^2}=1$$
따라서 $k \neq 3$이므로
$$\frac{1}{3-k}=1 \qquad \therefore k=2$$
즉, $f(x)=(x-2)^2(x-3)$이므로
$$f(4)=4$$
답 4

142 조건 (가)에 의하여
$$f(x)=-x^3+ax^2+bx+c \; (a, b, c는 상수)$$
로 놓으면
$$f'(x)=-3x^2+2ax+b$$
조건 (나)에서 모든 실수 x에 대하여 $f'(x) \leq f'(3)$이므로 이

차함수 $f'(x)$는 $x=3$에서 최댓값을 갖는다.

이때 함수 $y=f'(x)$의 그래프의 축의 방정식이
$$x=-\frac{2a}{-6}=\frac{a}{3}이므로$$
$$\frac{a}{3}=3 \qquad \therefore a=9$$
$$\therefore f(x)=-x^3+9x^2+bx+c, \; f'(x)=-3x^2+18x+b$$
또한, 함수 $y=f(x)$의 그래프 위의 점 $(1, 0)$에서의 접선의

기울기가 3이므로
$$f(1)=0, \; f'(1)=3$$
$$-1+9+b+c=0, \; -3+18+b=3$$
$$\therefore b=-12, \; c=4$$
따라서 $f(x)=-x^3+9x^2-12x+4$이므로
$$f(2)=-8+36-24+4=8$$
답 8

143 다항식 x^4+ax^2+b를 $(x-2)^2$으로 나누었을 때의 몫을

$Q(x)$라 하면
$$x^4+ax^2+b=(x-2)^2Q(x)+4x+3 \quad \cdots\cdots \; \bigcirc$$
위의 식의 양변에 $x=2$를 대입하면
$$16+4a+b=11 \qquad \therefore b=-4a-5 \quad \cdots\cdots \; \bigcirc$$
$\bigcirc$의 양변을 x에 대하여 미분하면
$$4x^3+2ax=2(x-2)Q(x)+(x-2)^2Q'(x)+4$$
위의 식의 양변에 $x=2$를 대입하면
$$32+4a=4 \qquad \therefore a=-7$$

$a=-7$을 ⓛ에 대입하면 $b=23$

$\therefore a+b=-7+23=16$ 답 ④

144 조건 ㈎에 의하여

$f(x)=(x-2)^2g(x)+ax+b$ (a, b는 상수) $\quad\cdots\cdots$ ㉠

로 놓을 수 있다.

조건 ㈏에 의하여 $g(3)=5$

조건 ㈐의 $\lim\limits_{x\to3}\dfrac{f(x)-g(x)}{x-3}=1$에서 $x\to3$일 때 (분모)$\to0$

이고 극한값이 존재하므로 (분자)$\to0$이어야 한다.

즉, $\lim\limits_{x\to3}\{f(x)-g(x)\}=0$이므로

$f(3)=g(3)=5$

㉠의 양변에 $x=3$을 대입하면

$f(3)=g(3)+3a+b$

이때 $f(3)=g(3)=5$이므로 $3a+b=0$

$\therefore b=-3a$ $\quad\cdots\cdots$ ⓛ

또, 두 다항함수 $f(x)$, $g(x)$는 미분가능하므로

$\lim\limits_{x\to3}\dfrac{f(x)-g(x)}{x-3}=\lim\limits_{x\to3}\dfrac{f(x)-f(3)-g(x)+g(3)}{x-3}$

$\qquad\qquad\qquad=\lim\limits_{x\to3}\dfrac{f(x)-f(3)}{x-3}-\lim\limits_{x\to3}\dfrac{g(x)-g(3)}{x-3}$

$\qquad\qquad\qquad=f'(3)-g'(3)=1$

㉠의 양변을 x에 대하여 미분하면

$f'(x)=2(x-2)g(x)+(x-2)^2g'(x)+a$

위의 식의 양변에 $x=3$을 대입하면

$f'(3)=2g(3)+g'(3)+a$

$f'(3)-g'(3)=2g(3)+a$

이때 $f'(3)-g'(3)=1$이고 $g(3)=5$이므로

$1=10+a$

$\therefore a=-9$

$a=-9$를 ⓛ에 대입하면 $b=27$

따라서 $f(x)=(x-2)^2g(x)-9x+27$이므로

$f(2)=9$ 답 9

145 $f(x)=ax^2+bx+c$ (a, b, c는 상수, $a\neq0$)로 놓으면

$f'(x)=2ax+b$

$(x+3)f'(x)-2f(x)+4=0$에서

$(x+3)(2ax+b)-2(ax^2+bx+c)+4=0$

$\therefore (6a-b)x+(3b-2c+4)=0$

이 등식이 x에 대한 항등식이므로

$6a-b=0$, $3b-2c+4=0$ $\quad\cdots\cdots$ ㉠

또한, $f(0)=-7$이므로 $c=-7$

$c=-7$을 ㉠에 대입하여 풀면

$b=-6$, $a=-1$

따라서 $f'(x)=-2x-6$이므로

$f'(-5)=4$ 답 ②

다른풀이

주어진 등식에 $x=0$을 대입하면

$3f'(0)-2\times(-7)+4=0$ $\quad\therefore f'(0)=-6$

주어진 등식에 $x=-3$을 대입하면

$-2f(-3)+4=0$ $\quad\therefore f(-3)=2$

$f(x)=ax^2+bx+c$ (a, b, c는 상수, $a\neq0$)로 놓으면

$f'(x)=2ax+b$이므로

$f(0)=c=-7$, $f'(0)=b=-6$

$f(-3)=9a-3b+c=9a+11=2$이므로

$a=-1$

따라서 $f'(x)=-2x-6$이므로

$f'(-5)=4$

146 $(x^2-1)f'(x)=2xf(x)+kx^2-3$ $\quad\cdots\cdots$ ㉠

(i) $f(x)$가 일차함수일 때

　조건 ㈏에서 $f(0)=2$이므로

　$f(x)=ax+2$ (a는 0이 아닌 상수)

　로 놓으면 $f'(x)=a$

　㉠의 양변에 $x=0$을 대입하면

　$-f'(0)=-3$ $\quad\therefore a=3$

　따라서 $f(x)=3x+2$이므로 ㉠에서

　(좌변)$=(x^2-1)\times3=3x^2-3$

　(우변)$=2x(3x+2)+kx^2-3$

　$\qquad\quad=(6+k)x^2+4x-3$

　(좌변)$\neq$(우변)이므로 조건 ㈎를 만족시키지 않는다.

(ii) $f(x)$가 n($n\geq2$인 자연수)차함수일 때

　$f(x)$의 최고차항을 ax^n (a는 0이 아닌 상수)이라 하자.

　$f'(x)$의 최고차항은 anx^{n-1}이므로 ㉠의 양변의 최고차항

　을 비교하면

　$anx^{n+1}=2ax^{n+1}$ $\quad\therefore n=2$ ($\because a\neq0$)

(i), (ii)에 의하여 $f(x)$는 이차함수이다.

조건 ㈏에서 $f(0)=2$이므로

$f(x)=ax^2+bx+2$ (a, b는 상수, $a\neq0$)

로 놓으면 $f'(x)=2ax+b$

㉠의 양변에 $x=0$을 대입하면

$-f'(0)=-3$, $f'(0)=3$

$\therefore b=3$

$\therefore f(x)=ax^2+3x+2$, $f'(x)=2ax+3$

위의 두 식을 ㉠에 대입하면

$(x^2-1)(2ax+3)=2x(ax^2+3x+2)+kx^2-3$

$\therefore 2ax^3+3x^2-2ax-3=2ax^3+(6+k)x^2+4x-3$

이 등식이 x에 대한 항등식이므로

$3=6+k$, $-2a=4$

$\therefore k=-3$, $a=-2$

따라서 $f(x)=-2x^2+3x+2$이므로

$f(k)=f(-3)=-18-9+2=-25$ 답 -25

147 함수 $y=f(x)$의 그래프 위의 점 $P(1, 4)$에서의 접선의 방정식이 $y=6x-2$이므로

$$f'(1)=6$$

$h=\dfrac{1}{3n}$로 놓으면 $n \to \infty$일 때 $h \to 0+$이므로

$$\lim_{n \to \infty} \frac{n}{2}\left\{f\left(1+\frac{1}{3n}\right)-f(1)\right\}=\lim_{h \to 0+}\frac{f(1+h)-f(1)}{6h}$$

$$=\frac{1}{6}f'(1)$$

$$=\frac{1}{6}\times6=1 \qquad \text{답} 1$$

148 조건 (내)의 $\displaystyle\lim_{x \to 2}\frac{f(x)-4}{\sqrt{x+2}-2}=8$에서 $x \to 2$일 때 (분모)$\to 0$이고 극한값이 존재하므로 (분자)$\to 0$이어야 한다.

즉, $\displaystyle\lim_{x \to 2}\{f(x)-4\}=0$에서 $f(2)=4$

$$\therefore \lim_{x \to 2}\frac{f(x)-4}{\sqrt{x+2}-2}=\lim_{x \to 2}\frac{f(x)-f(2)}{\sqrt{x+2}-2}$$

$$=\lim_{x \to 2}\frac{\{f(x)-f(2)\}(\sqrt{x+2}+2)}{(\sqrt{x+2}-2)(\sqrt{x+2}+2)}$$

$$=\lim_{x \to 2}\frac{f(x)-f(2)}{x-2}\times\lim_{x \to 2}(\sqrt{x+2}+2)$$

$$=4f'(2)$$

즉, $4f'(2)=8$이므로 $f'(2)=2$

$$\therefore f'(-2)=\lim_{h \to 0}\frac{f(-2+h)-f(-2)}{h}$$

$$=\lim_{h \to 0}\frac{f(2-h)-f(2)}{h} \ (\because \text{조건 (개)})$$

$$=\lim_{h \to 0}\frac{f(2-h)-f(2)}{-h}\times(-1)$$

$$=-f'(2)=-2$$

따라서 점 $(-2, f(-2))$에서의 접선의 방정식은

$$y=-2(x+2)+4=-2x$$

즉, $g(x)=-2x$이므로

$$g(-1)=2 \qquad \text{답} 2$$

149 모든 실수 x에 대하여 $f(-x)=-f(x)$이므로

$$f(x)=ax^3+bx \ (a, b\text{는 상수}, a\neq0) \qquad \cdots\cdots \text{㉠}$$

로 놓을 수 있다.

$\displaystyle\lim_{x \to 2}\frac{f(x)}{x-2}=-8$에서 $x \to 2$일 때 (분모)$\to 0$이고 극한값이 존재하므로 (분자)$\to 0$이어야 한다.

즉, $\displaystyle\lim_{x \to 2}f(x)=0$이므로 $f(2)=0$

$$\therefore \lim_{x \to 2}\frac{f(x)}{x-2}=\lim_{x \to 2}\frac{f(x)-f(2)}{x-2}=f'(2)=-8$$

$f(2)=0$이므로 ㉠에서

$$8a+2b=0 \qquad \cdots\cdots \text{㉡}$$

㉠에서 $f'(x)=3ax^2+b$이고 $f'(2)=-8$이므로

$$12a+b=-8 \qquad \cdots\cdots \text{㉢}$$

㉡, ㉢을 연립하여 풀면

$$a=-1, b=4$$

$$\therefore f(x)=-x^3+4x, f'(x)=-3x^2+4$$

따라서 $f(1)=3$, $f'(1)=1$이므로 점 $(1, f(1))$에서의 접선의 방정식은

$$y=(x-1)+3=x+2$$

즉, $g(x)=x+2$이므로

$$g(2)=4 \qquad \text{답} 4$$

150 $f(x)=x^3-3x^2+5x$로 놓으면

$$f'(x)=3x^2-6x+5$$

기울기가 2인 접선의 접점의 좌표를 $(a, f(a))$라 하면

$$f'(a)=3a^2-6a+5=2$$

$$3(a-1)^2=0$$

$$\therefore a=1$$

따라서 접점의 좌표는 $(1, 3)$이다.

점 $(1, 3)$을 x축의 방향으로 m만큼, y축의 방향으로 n만큼 평행이동한 점 $(1+m, 3+n)$이 직선 $y=2x+1$ 위에 있으므로

$$3+n=2(1+m)+1$$

$$\therefore n=2m$$

$$\therefore \frac{5n}{m}=\frac{10m}{m}=10 \qquad \text{답} 10$$

다른풀이

주어진 조건에서 직선 $y=2x+1$을 x축의 방향으로 $-m$만큼, y축의 방향으로 $-n$만큼 평행이동한 직선

$y+n=2(x+m)+1$, 즉 $y=2x+2m-n+1$

이 곡선 $y=x^3-3x^2+5x$에 접한다.

$f(x)=x^3-3x^2+5x$로 놓으면 $f'(x)=3x^2-6x+5$

접점의 좌표를 $(a, f(a))$라 하면

$$f'(a)=3a^2-6a+5=2, a^2-2a+1=0$$

$$\therefore a=1$$

즉, 접점의 좌표가 $(1, 3)$이므로

$$3=2+2m-n+1$$

$$\therefore n=2m$$

151 $f(x)=x^3-3x^2+x+2$로 놓으면

$$f'(x)=3x^2-6x+1$$

이때 $f'(a)=f'(b)=m_1$이므로 방정식 $f'(x)=m_1$, 즉

$3x^2-6x+1-m_1=0$의 두 실근이 a, b이다.

따라서 이차방정식의 근과 계수의 관계에 의하여

$a+b=-\dfrac{-6}{3}=2,\ ab=\dfrac{1-m_1}{3}$ ...... ㉠

또한, 선분 AB의 중점의 x좌표는 $\dfrac{a+b}{2}=1$이므로

$m_2=f'(1)=3-6+1=-2$

이때 $m_1+m_2=2$이므로

$m_1=2-(-2)=4$

따라서 ㉠에서

$ab=\dfrac{1-4}{3}=-1$

$\therefore a^3+b^3=(a+b)^3-3ab(a+b)$
$\qquad\qquad =2^3-3\times(-1)\times 2$
$\qquad\qquad =14$

답 14

152 $f(x)=x^3+3x^2+2x$로 놓으면

$f'(x)=3x^2+6x+2$

두 점 P, Q의 좌표를 $(\alpha,\ f(\alpha))$, $(\beta,\ f(\beta))$라 하면 두 점 P, Q에서의 접선의 기울기가 m이므로

$f'(\alpha)=f'(\beta)=m$

따라서 이차방정식 $3x^2+6x+2=m$, 즉

$3x^2+6x+2-m=0$의 두 실근이 α, β이므로 이차방정식의 근과 계수의 관계에 의하여

$\alpha+\beta=-\dfrac{6}{3}=-2,\ \alpha\beta=\dfrac{2-m}{3}$ ...... ㉠

이때 직선 PQ가 x축과 평행하려면 $f(\alpha)=f(\beta)$이어야 하므로

$\alpha^3+3\alpha^2+2\alpha=\beta^3+3\beta^2+2\beta$

$\alpha^3-\beta^3+3(\alpha^2-\beta^2)+2(\alpha-\beta)=0$

$(\alpha-\beta)\{\alpha^2+\alpha\beta+\beta^2+3(\alpha+\beta)+2\}=0$

$\therefore \alpha^2+\alpha\beta+\beta^2+3(\alpha+\beta)+2=0\ (\because \alpha\neq\beta)$

즉, $(\alpha+\beta)^2-\alpha\beta+3(\alpha+\beta)+2=0$이므로 ㉠을 대입하면

$(-2)^2-\dfrac{2-m}{3}+3\times(-2)+2=0$

$\dfrac{2-m}{3}=0$

$\therefore m=2$

답 2

153 $f(x)=x^3-6x^2+11x-6$으로 놓으면

$f'(x)=3x^2-12x+11$

접선의 기울기가 m이므로 $f'(x)=m$에서

$3x^2-12x+11=m$

$\therefore 3x^2-12x+11-m=0$ ...... ㉠

ㄱ. 두 점 P, Q의 x좌표를 각각 α, β라 하면 α, β는 이차방정식 ㉠의 서로 다른 두 실근이므로 이차방정식의 근과 계수의 관계에 의하여

$\alpha+\beta=-\dfrac{-12}{3}=4$ (참)

ㄴ. ㄱ에서 α, β가 이차방정식 ㉠의 서로 다른 두 실근이므로 이차방정식 ㉠의 판별식을 D_1이라 하면

$\dfrac{D_1}{4}=(-6)^2-3(11-m)>0$

$3+3m>0,\ 3m>-3$

$\therefore m>-1$ (참)

ㄷ. 곡선 $y=x^3-6x^2+11x-6$에 접하고 기울기가 m인 두 직선은 평행하므로 두 접선 사이의 거리와 $\overline{PQ}$의 길이가 같으려면 두 점 $P(\alpha,\ \alpha^3-6\alpha^2+11\alpha-6)$, $Q(\beta,\ \beta^3-6\beta^2+11\beta-6)$을 지나는 직선과 접선이 수직이어야 한다.

즉, 직선 PQ의 기울기가 $-\dfrac{1}{m}$이어야 하므로

$\dfrac{(\alpha^3-6\alpha^2+11\alpha-6)-(\beta^3-6\beta^2+11\beta-6)}{\alpha-\beta}=-\dfrac{1}{m}$

$\dfrac{(\alpha^3-\beta^3)-6(\alpha^2-\beta^2)+11(\alpha-\beta)}{\alpha-\beta}=-\dfrac{1}{m}$

$\alpha\neq\beta$이므로

$m\{\alpha^2+\alpha\beta+\beta^2-6(\alpha+\beta)+11\}=-1$

$m\{(\alpha+\beta)^2-\alpha\beta-6(\alpha+\beta)+11\}=-1$ ...... ㉡

한편, α, β는 이차방정식 ㉠의 서로 다른 두 실근이므로 이차방정식의 근과 계수의 관계에 의하여

$\alpha+\beta=4,\ \alpha\beta=\dfrac{11-m}{3}$

이를 ㉡에 대입하면

$m\left(16-\dfrac{11-m}{3}-24+11\right)=-1$

$m(m-2)=-3$

$\therefore m^2-2m+3=0$

이 이차방정식의 판별식을 D_2라 하면

$\dfrac{D_2}{4}=(-1)^2-3=-2<0$

따라서 이 이차방정식을 만족시키는 실수 m이 존재하지 않으므로 두 접선 사이의 거리와 $\overline{PQ}$의 길이가 같도록 하는 실수 m은 존재하지 않는다. (거짓)

따라서 옳은 것은 ㄱ, ㄴ이다.

답 ②

154 $f(x)=x^2-4x+2$로 놓으면 $f'(x)=2x-4$

접점의 좌표를 $(t,\ t^2-4t+2)$라 하면 이 점에서의 접선의 기울기는 $f'(t)=2t-4$이므로 접선의 방정식은

$y-(t^2-4t+2)=(2t-4)(x-t)$

$\therefore y=(2t-4)x-t^2+2$

이 직선이 점 $(0,\ a)$를 지나므로

$a=-t^2+2$ $\therefore t^2=2-a$ ...... ㉠

t에 대한 이차방정식 ㉠의 두 근이 b, 3이므로

$b^2=2-a,\ 9=2-a$

$\therefore a=-7,\ b=-3\ (\because b\neq 3)$

$\therefore a+b=-10$

답 ②

155 $f(x)=(x+2)^2\ (x\geq0)$에서

$f'(x)=2(x+2)\ (x>0)$

접점 A의 좌표를 $(t,\ (t+2)^2)\ (t>0)$이라 하면 점 A에서의 접선의 기울기는 $f'(t)=2(t+2)$이므로 점 A에서의 접선의 방정식은

$y-(t+2)^2=2(t+2)(x-t)$

$\therefore y=2(t+2)x-t^2+4$

이 접선이 점 $P(0,\ -a)$를 지나므로

$-a=-t^2+4$ $\qquad\therefore t=\sqrt{a+4}\ (\because t>0)$

$\therefore A(\sqrt{a+4},\ a+8+4\sqrt{a+4})$

한편, 함수 $y=f(x)$의 그래프는 다음 그림과 같이 y축에 대하여 대칭이므로

$B(-\sqrt{a+4},\ a+8+4\sqrt{a+4})$

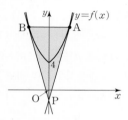

따라서 삼각형 PAB의 넓이 $S(a)$는

$S(a)=\dfrac{1}{2}\times2\sqrt{a+4}\times\{(a+8+4\sqrt{a+4})+a\}$

$\qquad=2(a+4)(2+\sqrt{a+4})$

$\therefore \displaystyle\lim_{a\to\infty}\dfrac{2S(a)}{a\sqrt{a}}=\lim_{a\to\infty}\dfrac{4(a+4)(2+\sqrt{a+4})}{a\sqrt{a}}$

$\qquad=\displaystyle\lim_{a\to\infty}4\left(1+\dfrac{4}{a}\right)\left(\dfrac{2}{\sqrt{a}}+\sqrt{1+\dfrac{4}{a}}\right)$

$\qquad=4\times(1+0)\times(0+1)=4$ **답** 4

156 $f(x)=x^3-6x^2+9$로 놓으면

$f'(x)=3x^2-12x$

접점의 좌표를 $(t,\ t^3-6t^2+9)$라 하면 이 점에서의 접선의 기울기는 $f'(t)=3t^2-12t$이므로 접선의 방정식은

$y=(3t^2-12t)(x-t)+t^3-6t^2+9$

이 직선이 점 $(a,\ 9)$를 지나므로

$9=(3t^2-12t)(a-t)+t^3-6t^2+9$

$2t^3-(3a+6)t^2+12at=0$

$t\{2t^2-3(a+2)t+12a\}=0$ $\qquad\cdots\cdots$ ㉠

이때 접선이 오직 한 개 존재하려면 t에 대한 방정식 ㉠의 실근이 1개이어야 한다.

$t=0$이 방정식 ㉠의 실근이므로 이차방정식 $2t^2-3(a+2)t+12a=0$이 허근을 가져야 한다.

이 이차방정식의 판별식을 D라 하면

$D=9(a+2)^2-96a<0$

$3(a+2)^2-32a<0,\ 3a^2-20a+12<0$

$(3a-2)(a-6)<0$

$\therefore \dfrac{2}{3}<a<6$

따라서 $p=\dfrac{2}{3},\ q=6$이므로

$pq=\dfrac{2}{3}\times6=4$ **답** 4

157 삼차함수 $f(x)$가 모든 실수 x에 대하여 $f(-x)=-f(x)$를 만족시키므로

$f(x)=x^3+ax\ (a$는 상수$)$

로 놓을 수 있다.

$\therefore f'(x)=3x^2+a$

접점의 좌표를 $(t,\ t^3+at)$라 하면 접선의 기울기는

$f'(t)=3t^2+a$

이므로 접선의 방정식은

$y-(t^3+at)=(3t^2+a)(x-t)$

$\therefore y=(3t^2+a)x-2t^3$

이 직선이 점 $(0,\ -16)$을 지나므로

$-16=-2t^3,\ t^3=8$ $\qquad\therefore t=2$

따라서 접점의 좌표는 $(2,\ 8+2a)$이고 이 점이 x축 위에 있으므로

$8+2a=0$ $\qquad\therefore a=-4$

따라서 $f(x)=x^3-4x$이므로

$f(4)=64-16=48$ **답** 48

158 $f(x)=2x^3+1,\ g(x)=ax^2+bx$로 놓으면

$f'(x)=6x^2,\ g'(x)=2ax+b$

두 곡선이 점 $(1,\ 3)$에서 만나므로

$g(1)=3$ $\qquad\therefore a+b=3$ $\qquad\cdots\cdots$ ㉠

또한, 점 $(1,\ 3)$에서의 두 접선이 서로 수직이므로

$f'(1)g'(1)=-1,\ 6(2a+b)=-1$

$\therefore 2a+b=-\dfrac{1}{6}$ $\qquad\cdots\cdots$ ㉡

㉠, ㉡을 연립하여 풀면

$a=-\dfrac{19}{6},\ b=\dfrac{37}{6}$

$\therefore b-a=\dfrac{28}{3}$ **답** ①

159 $f(x)=\dfrac{1}{3}x^3-x$에서

$f'(x)=x^2-1$

이때 $f'(0)=-1$이므로 원점에서 함수 $y=f(x)$의 그래프에 그은 접선 l의 방정식은

$y=-x$

따라서 원점을 지나고 직선 l에 수직인 직선의 방정식은

$y=x$이므로 주어진 조건에 의하여 원 C의 중심은 곡선

$y=\dfrac{1}{3}x^3-x$와 직선 $y=x$의 교점이다.

$\frac{1}{3}x^3-x=x$에서

$x^3-6x=0,\ x(x-\sqrt{6})(x+\sqrt{6})=0$

$\therefore x=0$ 또는 $x=\pm\sqrt{6}$

즉, 원점을 지나는 원 C의 중심의 좌표는

$(\sqrt{6},\ \sqrt{6})$ 또는 $(-\sqrt{6},\ -\sqrt{6})$

따라서 원 C의 반지름의 길이 r는

$r=\sqrt{6+6}=2\sqrt{3}$

$\therefore r^2=12$ **답** 12

160 조건 ㈐에서

$f_i{}'(0)=\lim\limits_{x\to0}\dfrac{f_i(x)+2kx}{f_i(x)+kx}$

          $=\lim\limits_{x\to0}\dfrac{\dfrac{f_i(x)}{x}+2k}{\dfrac{f_i(x)}{x}+k}$ ……㉠

이때

$\lim\limits_{x\to0}\dfrac{f_i(x)}{x}=\lim\limits_{x\to0}\dfrac{f_i(x)-f_i(0)}{x-0}$ ($\because$ 조건 ㈎)

                   $=f_i{}'(0)$

이므로 ㉠에서

$f_i{}'(0)=\dfrac{f_i{}'(0)+2k}{f_i{}'(0)+k}$

$f_i{}'(0)=a$ (a는 실수)라 하면

$a=\dfrac{a+2k}{a+k},\ a(a+k)=a+2k$

$\therefore a^2+(k-1)a-2k=0$ ……㉡

한편, 조건 ㈐에서 두 곡선 $y=f_1(x),\ y=f_2(x)$의 원점에서의 접선이 서로 직교하므로

$f_1{}'(0)f_2{}'(0)=-1$

a에 대한 이차방정식 ㉡의 두 근이 $f_1{}'(0),\ f_2{}'(0)$이므로 이차방정식의 근과 계수의 관계에 의하여

$f_1{}'(0)f_2{}'(0)=-2k=-1$ $\therefore k=\dfrac{1}{2}$ **답** ①

161 $f(x)=-x^2+4$에서 $f'(x)=-2x$

$f'(-1)=2$이므로 점 $(-1,\ 3)$에서의 접선의 방정식은

$y-3=2(x+1)$ $\therefore y=2x+5$ ……㉠

$g(x)=x^3-kx+21$에서 $g'(x)=3x^2-k$

직선 $y=2x+5$와 곡선 $y=g(x)$의 접점의 좌표를 $(t,\ g(t))$라 하면 $g'(t)=3t^2-k$이므로 접선의 방정식은

$y-(t^3-kt+21)=(3t^2-k)(x-t)$

$\therefore y=(3t^2-k)x-2t^3+21$ ……㉡

두 접선 ㉠, ㉡이 일치해야 하므로

$3t^2-k=2,\ -2t^3+21=5$

$-2t^3+21=5$에서 $2t^3=16,\ t^3=8$

$\therefore t=2$

$\therefore k=3t^2-2=12-2=10$ **답** 10

162 $f(x)=\dfrac{1}{3}x^3$으로 놓으면

$f'(x)=x^2$

접점의 좌표를 $\left(t,\ \dfrac{1}{3}t^3\right)$이라 하면 이 점에서의 접선의 기울기는 $f'(t)=t^2$이므로 접선의 방정식은

$y-\dfrac{1}{3}t^3=t^2(x-t)$ $\therefore y=t^2x-\dfrac{2}{3}t^3$ ……㉠

이 직선이 점 $(2,\ 0)$을 지나므로

$0=2t^2-\dfrac{2}{3}t^3$

$2t^2\left(1-\dfrac{t}{3}\right)=0$

$\therefore t=3$ ($\because t>0$)

$t=3$을 ㉠에 대입하면 공통인 접선의 방정식은

$y=9x-18$

따라서 곡선 $y=ax^2$과 직선 $y=9x-18$이 접하므로 이차방정식 $ax^2=9x-18$, 즉 $ax^2-9x+18=0$이 중근을 가져야 한다.

이 이차방정식의 판별식을 D라 하면

$D=(-9)^2-72a=0$

$72a=81$ $\therefore a=\dfrac{9}{8}$ **답** $\dfrac{9}{8}$

163 $f(x)=-x^3+ax+4,\ g(x)=x^2+3$에서

$f'(x)=-3x^2+a,\ g'(x)=2x$

두 곡선이 $x=t$인 점에서 공통인 접선을 가지므로

$f(t)=g(t),\ f'(t)=g'(t)$

$f(t)=g(t)$에서

$-t^3+at+4=t^2+3$

$\therefore t^3+t^2-at-1=0$ ……㉠

$f'(t)=g'(t)$에서

$-3t^2+a=2t$

$\therefore a=3t^2+2t$ ……㉡

㉡을 ㉠에 대입하면

$t^3+t^2-3t^3-2t^2-1=0$

$2t^3+t^2+1=0,\ (t+1)(2t^2-t+1)=0$

$\therefore t=-1$ ($\because 2t^2-t+1>0$)

$t=-1$을 ㉡에 대입하면

$a=1$

$g(-1)=4,\ g'(-1)=-2$이므로 공통인 접선의 방정식은

$y-4=-2(x+1)$ $\therefore y=-2x+2$

따라서 $h(x)=-2x+2,\ f(x)=-x^3+x+4$이므로

$f(1)+h(2)=4+(-2)=2$ **답** 2

164 $f(x)=x^3+16$에서 $f'(x)=3x^2$이므로 곡선 $y=f(x)$ 위의 점 $(a,\ a^3+16)$에서의 접선의 방정식은

$y-(a^3+16)=3a^2(x-a)$

$\therefore y=3a^2x-2a^3+16$ ……㉠

$g(x)=x^3-16$에서 $g'(x)=3x^2$이므로 곡선 $y=g(x)$ 위의
점 (b, b^3-16)에서의 접선의 방정식은
$$y-(b^3-16)=3b^2(x-b)$$
$$\therefore y=3b^2x-2b^3-16 \quad \cdots\cdots \text{ⓛ}$$
두 접선 ㉠, ⓛ이 일치하므로
$$3a^2=3b^2,\ -2a^3+16=-2b^3-16$$
$3a^2=3b^2$에서 $a=-b\ (\because a\neq b)$
$-2a^3+16=-2b^3-16$에서
$$a^3-b^3=16,\ -2b^3=16,\ b^3=-8$$
$$\therefore b=-2$$
따라서 $a=2$이므로
$$a^2+b^2=2^2+(-2)^2=8 \qquad\qquad \text{답 } 8$$

165 $f(x)=x^2-2x+2$, $g(x)=-x^2+6x-6$에서
$$f'(x)=2x-2,\ g'(x)=-2x+6$$
두 곡선의 접점의 x좌표를 t라 하면 $f'(t)=g'(t)$에서
$$2t-2=-2t+6 \quad \therefore t=2$$
따라서 접선 l의 기울기는 $f'(2)=g'(2)=2$이므로 두 직선
m, n의 기울기는 모두 $-\dfrac{1}{2}$이다.

점 A의 x좌표를 a라 하면 $f'(a)=-\dfrac{1}{2}$이므로
$$2a-2=-\frac{1}{2} \quad \therefore a=\frac{3}{4}$$
$$\therefore \text{A}\left(\frac{3}{4}, \frac{17}{16}\right)$$
점 B의 x좌표를 b라 하면 $g'(b)=-\dfrac{1}{2}$이므로
$$-2b+6=-\frac{1}{2} \quad \therefore b=\frac{13}{4}$$
$$\therefore \text{B}\left(\frac{13}{4}, \frac{47}{16}\right)$$
따라서 선분 AB의 중점의 좌표는
$$\left(\frac{1}{2}\left(\frac{3}{4}+\frac{13}{4}\right),\ \frac{1}{2}\left(\frac{17}{16}+\frac{47}{16}\right)\right),\ \text{즉 }(2, 2)\text{이다.} \quad \text{답 }(2, 2)$$

166 $f(x)=\begin{cases} x^2+2x+4\ (x\geq 0) \\ x^3+3x+4\ (x<0) \end{cases}$에서
$$f'(x)=\begin{cases} 2x+2\ (x>0) \\ 3x^2+3\ (x<0) \end{cases}$$
점 A의 좌표를 $(t, f(t))\ (t>0)$라 하면 $f'(t)=2t+2$이므로
점 A에서의 접선의 방정식은
$$y-(t^2+2t+4)=(2t+2)(x-t)$$
$$\therefore y=(2t+2)x-t^2+4 \quad \cdots\cdots \text{㉠}$$
접선 ㉠이 원점을 지나므로
$$0=-t^2+4$$
$$t^2=4 \quad \therefore t=2\ (\because t>0)$$
$$\therefore \text{A}(2, 12)$$

점 B의 좌표를 $(s, f(s))\ (s<0)$라 하면 $f'(s)=3s^2+3$이므
로 점 B에서의 접선의 방정식은
$$y-(s^3+3s+4)=(3s^2+3)(x-s)$$
$$\therefore y=(3s^2+3)x-2s^3+4 \quad \cdots\cdots \text{ⓛ}$$
이때 접선 ⓛ이 ㉠과 평행하므로
$$3s^2+3=6,\ s^2=1$$
$$\therefore s=-1\ (\because s<0)$$
따라서 점 B의 좌표는 $(-1, 0)$이므로 직선 AB의 기울기는
$$\frac{12-0}{2-(-1)}=4 \qquad\qquad \text{답 ⑤}$$

167 $f(x)=x^3+5$로 놓으면
$$f'(x)=3x^2$$
점 $\text{A}(t, t^3+5)$에서의 접선의 기울기는 $f'(t)=3t^2$이므로 접
선의 방정식은
$$y-(t^3+5)=3t^2(x-t) \quad \therefore y=3t^2x-2t^3+5$$
$$\therefore \text{B}(0, -2t^3+5)$$
이 접선에 수직인 직선의 기울기는 $-\dfrac{1}{3t^2}$이므로 점 A를 지
나고 점 A에서의 접선에 수직인 직선의 방정식은
$$y-(t^3+5)=-\frac{1}{3t^2}(x-t)$$
$$\therefore y=-\frac{1}{3t^2}x+\frac{1}{3t}+t^3+5$$
$$\therefore \text{C}\left(0, \frac{1}{3t}+t^3+5\right)$$
따라서 삼각형 ABC의 넓이 $S(t)$는
$$S(t)=\frac{1}{2}\times |t|\times \overline{\text{BC}}$$
$$=\frac{1}{2}\times |t|\times \left|\left(\frac{1}{3t}+t^3+5\right)-(-2t^3+5)\right|$$
$$=\frac{1}{6}+\frac{3}{2}t^4$$
$$\therefore \lim_{t\to 0}S(t)=\lim_{t\to 0}\left(\frac{1}{6}+\frac{3}{2}t^4\right)=\frac{1}{6} \qquad \text{답 ②}$$

168 $f(x)=2x^3-4x$에서
$$f'(x)=6x^2-4$$
점 $\text{A}(-1, 2)$에서의 접선의 기울기는 $f'(-1)=2$이므로 접
선의 방정식은
$$y-2=2(x+1) \quad \therefore y=2x+4$$
이 직선과 곡선 $y=f(x)$의 교점의 x좌표는
$$2x^3-4x=2x+4$$
$$x^3-3x-2=0,\ (x+1)^2(x-2)=0$$
$$\therefore x=-1 \text{ 또는 } x=2$$
$$\therefore \text{B}(2, 8)$$
또한, 점 $\text{C}(1, -2)$에서의 접선의 기울기는 $f'(1)=2$이므
로 접선의 방정식은
$$y+2=2(x-1) \quad \therefore y=2x-4$$

이 직선과 곡선 $y=f(x)$의 교점의 x좌표는

$2x^3-4x=2x-4$

$x^3-3x+2=0$, $(x-1)^2(x+2)=0$

$\therefore x=-2$ 또는 $x=1$

$\therefore D(-2, -8)$

이때 두 점 A, C가 원점에 대하여 대칭이고 두 점 B, D도 원점에 대하여 대칭이므로 사각형 ABCD는 평행사변형이다.

$\overline{AB}=\sqrt{\{2-(-1)\}^2+(8-2)^2}=\sqrt{3^2+6^2}=3\sqrt{5}$

이고, 점 C$(1, -2)$와 직선 AB, 즉 $2x-y+4=0$ 사이의 거리가

$$\frac{|2-(-2)+4|}{\sqrt{2^2+(-1)^2}}=\frac{8}{\sqrt{5}}$$

이므로 사각형 ABCD의 넓이는

$3\sqrt{5}\times\dfrac{8}{\sqrt{5}}=24$ **답** 24

참고 곡선 $y=f(x)$는 원점에 대하여 대칭이고 점 A와 점 C가 원점에 대하여 대칭이므로 점 B와 점 D도 원점에 대하여 대칭이다. 따라서 점 B의 좌표가 $(2, 8)$임을 이용하여 점 D의 좌표가 $(-2, -8)$임을 구할 수도 있다.

169 $f(x)=x^3+3$에서 $f'(x)=3x^2$

점 A$(-1, 2)$에서의 접선의 기울기는 $f'(-1)=3$이므로 접선의 방정식은

$y-2=3(x+1)$ $\therefore y=3x+5$

이 직선과 곡선 $y=f(x)$의 교점의 x좌표는

$x^3+3=3x+5$

$x^3-3x-2=0$, $(x+1)^2(x-2)=0$

$\therefore x=-1$ 또는 $x=2$

$\therefore B(2, 11)$

구하는 원의 넓이가 최대가 되려면 점 P가 직선 AB와 가장 멀리 떨어져 있어야 하므로 점 P에서의 접선이 직선 AB와 평행해야 한다.

직선 AB의 기울기가 3이므로 $3t^2=3$에서

$t^2=1$ $\therefore t=1$ $(\because -1<t<2)$

$\therefore P(1, 4)$

점 P$(1, 4)$와 직선 AB, 즉 $3x-y+5=0$ 사이의 거리를 지름으로 하는 원의 반지름의 길이를 r라 하면

$$2r=\frac{|3-4+5|}{\sqrt{3^2+(-1)^2}}=\frac{4}{\sqrt{10}}$$

$\therefore r=\dfrac{2}{\sqrt{10}}$

따라서 원의 넓이의 최댓값은 $\pi\times\left(\dfrac{2}{\sqrt{10}}\right)^2=\dfrac{2}{5}\pi$이므로

$p=5$, $q=2$

$\therefore p+q=7$ **답** 7

170 직선 $y=f'(t)(x-t)+f(t)$는 곡선 $y=f(x)$ 위의 점 $(t, f(t))$에서의 접선이므로 $0\leq x\leq 2$인 모든 실수 x에 대하

여 부등식 $f(x)\leq f'(t)(x-t)+f(t)$가 성립하려면 다음 그림과 같이 $0\leq x\leq 2$에서 접선이 함수 $y=f(x)$의 그래프의 위쪽에 놓여야 한다.

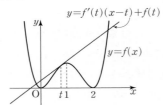

이때 $f(0)=0$이므로 $0<t\leq 1$에서 접선의 y절편은 0 이상이어야 한다.

$f(x)=x^2(x-2)^2$에서

$f'(x)=2x(x-2)^2+2x^2(x-2)$

$\qquad=4x(x-1)(x-2)$

점 $(t, f(t))$에서의 접선의 기울기는

$f'(t)=4t(t-1)(t-2)$

이므로 접선의 방정식은

$y-t^2(t-2)^2=4t(t-1)(t-2)(x-t)$

$\therefore y=4t(t-1)(t-2)x+t^2(t-2)(-3t+2)$

이 접선의 y절편이 0 이상이어야 하므로

$t^2(t-2)(-3t+2)\geq 0$

$t^2\geq 0$이므로 $(t-2)(3t-2)\leq 0$

$\therefore \dfrac{2}{3}\leq t\leq 2$

그런데 $0<t\leq 1$이므로

$\dfrac{2}{3}\leq t\leq 1$

이때 함수 $y=f(x)$의 그래프는 직선 $x=1$에 대하여 대칭이므로 $1\leq t\leq\dfrac{4}{3}$에서도 주어진 부등식이 성립한다.

따라서 주어진 부등식을 만족시키는 실수 t의 값의 범위는

$\dfrac{2}{3}\leq t\leq\dfrac{4}{3}$이므로

$p=\dfrac{2}{3}$, $q=\dfrac{4}{3}$

$\therefore 36pq=36\times\dfrac{2}{3}\times\dfrac{4}{3}=32$ **답** 32

171 함수 $f(x)=x^3-3x$는 닫힌구간 $[-\sqrt{3}, \sqrt{3}]$에서 연속이고 열린구간 $(-\sqrt{3}, \sqrt{3})$에서 미분가능하다.

또한, $f(-\sqrt{3})=f(\sqrt{3})=0$이므로 롤의 정리에 의하여 $f'(c)=0$인 실수 c가 열린구간 $(-\sqrt{3}, \sqrt{3})$에 적어도 하나 존재한다.

$f'(x)=3x^2-3$이므로

$f'(c)=3c^2-3=0$, $3(c+1)(c-1)=0$

$\therefore c=-1$ 또는 $c=1$

따라서 구하는 모든 실수 c의 값의 곱은

$-1\times 1=-1$ **답** ②

172 함수 $f(x)$는 닫힌구간 $[2, 4]$에서 연속이고, 열린구간 $(2, 4)$에서 미분가능하므로 평균값 정리에 의하여

$$\frac{f(4)-f(2)}{4-2}=f'(c)$$

인 c가 열린구간 $(2, 4)$에 적어도 하나 존재한다.

조건 ㈏에서 $|f'(c)|\leq 3$이므로

$$\left|\frac{f(4)-f(2)}{2}\right|\leq 3$$

조건 ㈎에서 $f(4)=1$이므로

$$-3\leq\frac{1-f(2)}{2}\leq 3 \qquad \therefore -5\leq f(2)\leq 7$$

따라서 $f(2)$의 최댓값은 7이다. **[답]** 7

173 $f'(x)=\dfrac{2x^2-3x+4}{x^2-x+1}$에서

$$\lim_{x\to\infty}f'(x)=2 \quad\cdots\cdots\ \bigcirc$$

$x>0$에서

$$f\left(\frac{1+2x}{x}\right)-f\left(\frac{1-x}{x}\right)=f\left(\frac{1}{x}+2\right)-f\left(\frac{1}{x}-1\right)$$

함수 $f(x)$는 실수 전체의 집합에서 미분가능하므로 닫힌구간 $\left[\frac{1}{x}-1, \frac{1}{x}+2\right]$에서 연속이고 열린구간 $\left(\frac{1}{x}-1, \frac{1}{x}+2\right)$에서 미분가능하다.

따라서 평균값 정리에 의하여

$$f'(c)=\frac{f\left(\frac{1}{x}+2\right)-f\left(\frac{1}{x}-1\right)}{\frac{1}{x}+2-\left(\frac{1}{x}-1\right)}=\frac{f\left(\frac{1}{x}+2\right)-f\left(\frac{1}{x}-1\right)}{3}$$

을 만족시키는 실수 c가 열린구간 $\left(\frac{1}{x}-1, \frac{1}{x}+2\right)$에 적어도 하나 존재한다.

즉, $f\left(\frac{1+2x}{x}\right)-f\left(\frac{1-x}{x}\right)=3f'(c)$이고 $x\to 0+$일 때 $\frac{1}{x}+2\to\infty$, $\frac{1}{x}-1\to\infty$이므로 $c\to\infty$이다.

$$\therefore \lim_{x\to 0+}\left\{f\left(\frac{1+2x}{x}\right)-f\left(\frac{1-x}{x}\right)\right\}=\lim_{c\to\infty}3f'(c)$$
$$=3\times 2=6 \ (\because \bigcirc)$$ **[답]** ⑤

174 함수 $f(x)$가 실수 전체의 집합에서 미분가능하므로 $x=1$에서 미분가능하다.

조건 ㈎에서 $x\leq 1$일 때, $f(x)=ax^2+bx$이므로

$$\begin{aligned}f'(1)&=\lim_{x\to 1-}\frac{f(x)-f(1)}{x-1}\\&=\lim_{x\to 1-}\frac{ax^2+bx-a-b}{x-1}\\&=\lim_{x\to 1-}\frac{a(x-1)(x+1)+b(x-1)}{x-1}\\&=\lim_{x\to 1-}\{a(x+1)+b\}\\&=2a+b\end{aligned}$$

또한, 평균값 정리에 의하여 $\dfrac{f(x_2)-f(x_1)}{x_2-x_1}=f'(c)$를 만족시키는 c가 열린구간 (x_1, x_2)에 적어도 하나 존재한다.

즉, 조건 ㈏에 의하여

$$f'(c)\leq 5$$

이때 x_1, x_2가 1 이상의 임의의 서로 다른 두 실수이므로 $x>1$에서 $f'(x)\leq 5$이다.

$$\therefore 2a+b\leq 5$$

이를 만족시키는 두 자연수 a, b의 순서쌍 (a, b)는 $(1, 1)$, $(1, 2)$, $(1, 3)$, $(2, 1)$의 4개이다. **[답]** ①

175 $f(x)=x^3+2ax^2-9x+3$에서

$$f'(x)=3x^2+4ax-9$$

함수 $f(x)$가 열린구간 $(-1, 2)$에서 감소하려면 $-1<x<2$에서 $f'(x)\leq 0$이어야 한다.

$f'(-1)=3-4a-9\leq 0$에서 $a\geq-\dfrac{3}{2}$

$f'(2)=12+8a-9\leq 0$에서 $a\leq-\dfrac{3}{8}$

따라서 $-\dfrac{3}{2}\leq a\leq-\dfrac{3}{8}$이므로

$$M=-\frac{3}{8},\ m=-\frac{3}{2}$$

$$\therefore Mm=\frac{9}{16}$$ **[답]** ③

176 (i) $x>2a$일 때

　$f(x)=x^3+6x^2+15(x-2a)+10$에서

　$f'(x)=3x^2+12x+15=3(x+2)^2+3>0$

　이므로 함수 $f(x)$는 $x>2a$에서 증가한다.

(ii) $x\leq 2a$일 때

　$f(x)=x^3+6x^2-15(x-2a)+10$에서

　$f'(x)=3x^2+12x-15=3(x+5)(x-1)$

　이때 $f'(x)\geq 0$이어야 하므로

　$(x+5)(x-1)\geq 0 \qquad \therefore x\leq-5$ 또는 $x\geq 1$

　따라서 오른쪽 그림과 같이 $2a\leq-5$이어야 하므로

　$a\leq-\dfrac{5}{2}$

(i), (ii)에 의하여 $a\leq-\dfrac{5}{2}$

따라서 실수 a의 최댓값은 $-\dfrac{5}{2}$이다. **[답]** ①

177 $f(x)=ax^3+bx^2+2ax+2b$에서

$f'(x)=3ax^2+2bx+2a$

조건 ㈎에 의하여 함수 $f(x)$는 일대일함수이어야 하므로 실수 전체의 집합에서 함수 $f(x)$는 증가하거나 감소해야 한다.

(ⅰ) 함수 $f(x)$가 증가할 때

함수 $f(x)$가 실수 전체의 집합에서 증가하므로

$a>0$　∴ $0<a\leq2$ (∵ 조건 ㈏)

모든 실수 x에 대하여 $f'(x)\geq0$이므로 이차방정식 $f'(x)=0$의 판별식을 D라 하면

$\dfrac{D}{4}=b^2-6a^2\leq0$

∴ $b^2\leq6a^2$

$a=1$일 때, $b^2\leq6$이므로 정수 a, b의 순서쌍 (a,b)는

$(1,-2)$, $(1,-1)$, $(1,0)$, $(1,1)$, $(1,2)$

의 5개

$a=2$일 때, $b^2\leq24$이므로 정수 a, b의 순서쌍 (a,b)는

$(2,-4)$, $(2,-3)$, $\cdots$, $(2,4)$

의 9개

따라서 조건을 만족시키는 순서쌍 (a,b)는 14개이다.

(ⅱ) 함수 $f(x)$가 감소할 때

함수 $f(x)$가 실수 전체의 집합에서 감소하므로

$a<0$　∴ $-2\leq a<0$ (∵ 조건 ㈏)

모든 실수 x에 대하여 $f'(x)\leq0$이므로 이차방정식 $f'(x)=0$의 판별식을 D라 하면

$\dfrac{D}{4}=b^2-6a^2\leq0$

∴ $b^2\leq6a^2$

$a=-1$ 또는 $a=-2$일 때 (ⅰ)과 같이 b의 값이 결정되므로 구하는 순서쌍 (a,b)는 14개이다.

(ⅰ), (ⅱ)에 의하여 구하는 순서쌍 (a,b)의 개수는

$14+14=28$　　　　答 ②

178 $f(x)=x^3+4ax^2+\dfrac{1}{3}(32+16a)x$로 놓으면

$f'(x)=3x^2+8ax+\dfrac{1}{3}(32+16a)$

곡선 $y=f(x)$가 직선 $y=t$와 오직 한 점에서 만나려면 함수 $f(x)$가 일대일함수이어야 한다. 이때 함수 $f(x)$의 최고차항의 계수가 양수이므로 함수 $f(x)$는 실수 전체의 집합에서 증가해야 한다.

즉, 모든 실수 x에 대하여 $f'(x)\geq0$이어야 하므로 이차방정식 $f'(x)=0$의 판별식을 D라 하면

$\dfrac{D}{4}=(4a)^2-(32+16a)\leq0$

$16(a^2-a-2)\leq0$, $(a+1)(a-2)\leq0$

∴ $-1\leq a\leq2$

따라서 실수 a의 최댓값은 2이다.　　　答 2

179 조건 ㈎, ㈏에 의하여 함수 $y=f(x)$의 그래프는 직선 $x=1$에 대하여 대칭이고 $x=-1$, $x=3$에서 극솟값 2를 갖는다.

함수 $f(x)$는 최고차항의 계수가 1인 사차함수이므로

$f(x)-2=(x+1)^2(x-3)^2$

∴ $f(x)=(x+1)^2(x-3)^2+2$

　　　　$=x^4-4x^3-2x^2+12x+11$

$f'(x)=4x^3-12x^2-4x+12$

　　　　$=4(x+1)(x-1)(x-3)$

이므로 $f'(x)=0$에서

$x=-1$ 또는 $x=1$ 또는 $x=3$

이때 $x=1$의 좌우에서 $f'(x)$의 부호가 양 $(+)$에서 음 $(-)$으로 바뀌므로 함수 $f(x)$는 $x=1$에서 극대이고 극댓값은

$f(1)=2^2\times(-2)^2+2=18$　　　答 ③

다른풀이

조건 ㈎에서 함수 $y=f(x)$의 그래프가 직선 $x=1$에 대하여 대칭이므로 함수 $f(x)$는 $x=1$에서 극댓값을 갖는다.

조건 ㈏에서 함수 $f(x)$는 $x=3$, $x=-1$에서 극솟값 2를 가지므로

$f(x)=(x+1)^2(x-3)^2+2$

따라서 구하는 극댓값은

$f(1)=2^2\times(-2)^2+2=18$

180 조건 ㈎, ㈏에 의하여 함수 $y=f(x)$의 그래프는 다음 그림과 같다.

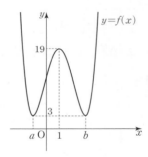

함수 $f(x)$가 $x=a$, $x=b$ $(a<b)$에서 극솟값을 갖는다고 하면

$f(x)-3=(x-a)^2(x-b)^2$

으로 놓을 수 있다.

따라서 $f(x)=(x-a)^2(x-b)^2+3$이므로

$f'(x)=2(x-a)(x-b)^2+2(x-a)^2(x-b)$

　　　　$=2(x-a)(x-b)(2x-a-b)$

$f'(x)=0$에서

$x=a$ 또는 $x=b$ 또는 $x=\dfrac{a+b}{2}$

조건 ㈎에서 함수 $f(x)$가 $x=1$에서 극댓값을 가지므로

$\dfrac{a+b}{2}=1$, $a+b=2$

∴ $b=2-a$　　　……㉠

한편, 조건 ㈎에서 $f(1)=19$이므로

$(1-a)^2(1-b)^2+3=19$

$(1-a)^2(1-b)^2=16$

$(1-a)^2(-1+a)^2=16$ $(\because \text{㉠})$

$(a-1)^4=16$, $a-1=\pm2$

$\therefore a=-1$ 또는 $a=3$

이때 $a<b$이므로

$a=-1$, $b=3$ $(\because \text{㉠})$

따라서 $f(x)=(x+1)^2(x-3)^2+3$이므로

$f(2)=3^2\times(-1)^2+3=12$ **답** ③

181 조건 ㈎의 $\displaystyle\lim_{x\to2}\dfrac{f(x)}{x-2}=-3$에서 $x\to2$일 때 (분모)$\to0$이고

극한값이 존재하므로 (분자)$\to0$이어야 한다.

즉, $\displaystyle\lim_{x\to2}f(x)=0$이므로 $f(2)=0$ $\cdots\cdots$ ㉠

$\therefore \displaystyle\lim_{x\to2}\dfrac{f(x)}{x-2}=\lim_{x\to2}\dfrac{f(x)-f(2)}{x-2}=f'(2)=-3$

$f(x)=x^3+ax^2+bx+c$ $(a,b,c$는 상수$)$로 놓으면

$f'(x)=3x^2+2ax+b$

$f'(2)=-3$에서

$4a+b=-15$ $\cdots\cdots$ ㉡

조건 ㈏에서 $f'(-1)=0$이므로

$-2a+b=-3$ $\cdots\cdots$ ㉢

㉡, ㉢을 연립하여 풀면

$a=-2$, $b=-7$

따라서 $f(x)=x^3-2x^2-7x+c$이고, ㉠에서

$f(2)=8-8-14+c=0$

$\therefore c=14$

즉, $f(x)=x^3-2x^2-7x+14$이므로

$f(3)=27-18-21+14=2$ **답** ①

182 조건 ㈎에 의하여

$f(x)=3x^3+ax^2+bx+c$ $(a,b,c$는 상수$)$

로 놓으면

$f'(x)=9x^2+2ax+b$

조건 ㈏에 의하여 두 점 $(\alpha, f(\alpha))$, $(\beta, f(\beta))$를 잇는 선분의 중점의 좌표가 $(0,1)$이므로

$\dfrac{\alpha+\beta}{2}=0$, $\dfrac{f(\alpha)+f(\beta)}{2}=1$

$\therefore \beta=-\alpha$, $f(\alpha)+f(\beta)=2$

이때 함수 $f(x)$가 $x=\alpha$, $x=\beta$에서 극값을 가지므로 이차방정식 $f'(x)=0$의 해는 α, β, 즉 α, $-\alpha$이고 이차방정식의 근과 계수의 관계에 의하여

$0=-\dfrac{2a}{9}$, $-\alpha^2=\dfrac{b}{9}$ $\therefore a=0$, $b=-9\alpha^2$

따라서 $f(x)=3x^3-9\alpha^2x+c$이므로

$f(\alpha)+f(\beta)=f(\alpha)+f(-\alpha)=2$에서

$3\alpha^3-9\alpha^3+c+(-3\alpha^3+9\alpha^3+c)=2$

$\therefore c=1$

또, $|f(\alpha)-f(-\alpha)|=96$이므로

$|-12\alpha^3|=96$, $12\alpha^3=\pm96$

$\alpha^3=\pm8$ $\therefore \alpha=\pm2$

따라서 $b=-9\alpha^2=-36$이므로

$f(x)=3x^3-36x+1$

$\therefore f(1)=-32$ **답** ②

183 $f(x)=-x^3+px^2+qx+r$ $(p,q,r$는 상수$)$로 놓으면

$f'(x)=-3x^2+2px+q$

함수 $f(x)$가 $x=a$, $x=b$에서 극값을 가지므로 이차방정식 $f'(x)=0$의 해는 a, b이다.

따라서 이차방정식의 근과 계수의 관계에 의하여

$a+b=\dfrac{2p}{3}$, $ab=-\dfrac{q}{3}$ $\cdots\cdots$ ㉠

두 점 $(a, f(a))$, $(b, f(b))$가 모두 직선 $y=2x$ 위에 있으므로

$-a^3+pa^2+qa+r=2a$ $\cdots\cdots$ ㉡

$-b^3+pb^2+qb+r=2b$ $\cdots\cdots$ ㉢

㉡$-$㉢을 하면

$-(a^3-b^3)+p(a^2-b^2)+q(a-b)=2(a-b)$

$-(a-b)(a^2+ab+b^2)+p(a-b)(a+b)+q(a-b)$

$\qquad\qquad\qquad\qquad\qquad =2(a-b)$

$a\ne b$이므로 양변을 $a-b$로 나누면

$-(a^2+ab+b^2)+p(a+b)+q=2$

㉠에서 $p=\dfrac{3}{2}(a+b)$, $q=-3ab$이므로

$-a^2-ab-b^2+\dfrac{3}{2}(a+b)^2-3ab=2$

$(a-b)^2=4$

$\therefore a-b=-2$ $(\because a<b)$

$\therefore |f(a)-f(b)|=|2(a-b)|$

$\qquad\qquad\qquad =|2\times(-2)|=4$ **답** 4

184 $h'(x)=f'(x)-g'(x)=0$에서

$x=a$ 또는 $x=c$ 또는 $x=e$

함수 $h(x)$의 증가와 감소를 표로 나타내면 다음과 같다.

x	$\cdots$	a	$\cdots$	c	$\cdots$	e	$\cdots$
$h'(x)$	$+$	0	$-$	0	$+$	0	$-$
$h(x)$	$\nearrow$	극대	$\searrow$	극소	$\nearrow$	극대	$\searrow$

따라서 함수 $h(x)$는 $x=c$에서 극소이다. **답** ③

185 $g(x)=\dfrac{f'(x)}{x}$에서

$f'(x)=xg(x)$

$f'(x)=0$에서 $x=0$ 또는 $g(x)=0$

$\therefore x=b$ 또는 $x=0$ 또는 $x=c$ 또는 $x=d$

함수 $f(x)$의 증가와 감소를 표로 나타내면 다음과 같다.

x	$\cdots$	b	$\cdots$	0	$\cdots$	c	$\cdots$	d	$\cdots$
$f'(x)$	$-$	0	$+$	0	$+$	0	$-$	0	$+$
$f(x)$	$\searrow$	극소	$\nearrow$		$\nearrow$	극대	$\searrow$	극소	$\nearrow$

ㄱ. 함수 $f(x)$는 열린구간 $(b, 0)$에서 증가한다. (참)

ㄴ. 함수 $f(x)$는 $x=b$에서 극솟값을 갖는다. (참)

ㄷ. 함수 $f(x)$는 $x=b$, $x=c$, $x=d$에서 극값을 가지므로 닫힌구간 $[a, e]$에서 3개의 극값을 갖는다. (거짓)

따라서 옳은 것은 ㄱ, ㄴ이다.　　　　　　　　답 ③

186 $f(x)=x^3+3(a-1)x^2-3(a-7)x$에서
$f'(x)=3x^2+6(a-1)x-3(a-7)$

함수 $f(x)$가 $x\leq0$에서 극값을 갖지 않는 경우는 다음과 같다.

(i) 함수 $f(x)$가 모든 실수 x에서 극값을 갖지 않을 때
이차방정식 $f'(x)=0$의 판별식을 D라 하면
$\dfrac{D}{4}=9(a-1)^2+9(a-7)\leq0$
$a^2-a-6\leq0$, $(a+2)(a-3)\leq0$
$\therefore -2\leq a\leq3$

(ii) 함수 $f(x)$가 $x>0$에서 극값을 모두 가질 때
이차방정식 $f'(x)=0$이 서로 다른 두 양의 실근을 가져야 하므로
$\dfrac{D}{4}>0$에서 $a<-2$ 또는 $a>3$　　　$\cdots\cdots$ ㉠
또, 이차방정식의 근과 계수의 관계에 의하여
(두 근의 합)$=-2(a-1)>0$에서 $a<1$　　$\cdots\cdots$ ㉡
(두 근의 곱)$=-(a-7)>0$에서 $a<7$　　$\cdots\cdots$ ㉢
㉠, ㉡, ㉢에서 $a<-2$

(i), (ii)에 의하여 $a\leq3$

따라서 a의 최댓값은 3이다.　　　　　　　답 ③

187 함수 $y=g(x)$의 그래프는 함수 $y=f(x)$의 그래프를 x축에 대하여 대칭이동한 후 y축의 방향으로 b만큼 평행이동한 것이므로
$g(x)=-f(x)+b$
$h(x)=f(x)-g(x)$로 놓으면
$h(x)=2f(x)-b$
$\therefore h'(x)=2f'(x)=2(3x^2+2ax+a+6)$

삼차함수 $h(x)$가 극값을 가지려면 이차방정식 $h'(x)=0$이 서로 다른 두 실근을 가져야 하므로 이차방정식
$3x^2+2ax+a+6=0$의 판별식을 D라 하면
$\dfrac{D}{4}=a^2-3(a+6)>0$
$a^2-3a-18>0$, $(a+3)(a-6)>0$
$\therefore a<-3$ 또는 $a>6$

따라서 10 이하의 자연수 a는 7, 8, 9, 10의 4개이다.　답 4

188 조건 ㈎에 의하여 함수 $f(x)$의 역함수 $g(x)$가 존재하고, 삼차함수 $f(x)$의 최고차항의 계수가 양수이므로 모든 실수 x에 대하여 $f'(x)\geq0$이어야 한다.

이때 $f'(x)=3x^2+2ax+12-a^2$이므로 이차방정식
$f'(x)=0$의 판별식을 D라 하면
$\dfrac{D}{4}=a^2-3(12-a^2)\leq0$
$4a^2-36\leq0$, $(a+3)(a-3)\leq0$
$\therefore -3\leq a\leq3$　　　$\cdots\cdots$ ㉠

조건 ㈏에 의하여 $f(1)=4$이므로
$f(1)=1+a+12-a^2+3=4$
$a^2-a-12=0$, $(a+3)(a-4)=0$
$\therefore a=-3\ (\because ㉠)$

따라서 $f(x)=x^3-3x^2+3x+3$이므로
$f(-a)=f(3)=12$　　　　　　　　　답 ④

189 $f(x)=-x^4+4x^3+ax^2$에서
$f'(x)=-4x^3+12x^2+2ax$
$\qquad\quad=-2x(2x^2-6x-a)$

사차함수 $f(x)$가 극솟값을 가지려면 삼차방정식 $f'(x)=0$이 서로 다른 세 실근을 가져야 하고, 방정식 $f'(x)=0$의 한 실근이 $x=0$이므로 이차방정식 $2x^2-6x-a=0$은 0이 아닌 서로 다른 두 실근을 가져야 한다.

즉, $a\neq0$이어야 하므로 이차방정식 $2x^2-6x-a=0$의 판별식을 D라 하면
$\dfrac{D}{4}=9+2a>0$, $a>-\dfrac{9}{2}$
$\therefore -\dfrac{9}{2}<a<0$ 또는 $a>0$

따라서 $\alpha=-\dfrac{9}{2}$, $\beta=0$, $\gamma=0$이므로
$\alpha-\beta+\gamma=-\dfrac{9}{2}$　　　　　　　답 $-\dfrac{9}{2}$

190 $f(x)=x^4+(a-2)x^2-2ax$에서
$f'(x)=4x^3+2(a-2)x-2a$
$\qquad\quad=2(x-1)(2x^2+2x+a)$

사차함수 $f(x)$가 극댓값을 갖지 않으려면 삼차방정식
$f'(x)=0$이 한 실근과 두 허근을 갖거나 한 실근과 중근 또는 삼중근을 가져야 한다.

(i) $f'(x)=0$이 한 실근과 두 허근을 갖는 경우
이차방정식 $2x^2+2x+a=0$이 허근을 가져야 하므로 이 이차방정식의 판별식을 D라 하면
$\dfrac{D}{4}=1-2a<0$　　$\therefore a>\dfrac{1}{2}$

(ii) $f'(x)=0$이 한 실근과 중근을 갖는 경우
이차방정식 $2x^2+2x+a=0$이 $x=1$을 근으로 갖거나 1이 아닌 실수를 중근으로 가져야 한다.

ⓐ 이차방정식 $2x^2+2x+a=0$이 $x=1$을 근으로 가질 때

$4+a=0$ ∴ $a=-4$

ⓑ 이차방정식 $2x^2+2x+a=0$이 1이 아닌 실수를 중근으로 가질 때

이 이차방정식의 판별식을 D라 하면

$\dfrac{D}{4}=1-2a=0$ ∴ $a=\dfrac{1}{2}$

ⓐ, ⓑ에 의하여 $a=-4$ 또는 $a=\dfrac{1}{2}$

(iii) $f'(x)=0$이 삼중근을 가지는 경우

이차방정식 $2x^2+2x+a=0$이 $x=1$을 중근으로 가질 수 없으므로 삼차방정식 $f'(x)=0$은 삼중근을 가질 수 없다.

(i), (ii), (iii)에 의하여 모든 실수 a의 값의 범위는

$a=-4$ 또는 $a\geq\dfrac{1}{2}$

따라서 a의 최솟값은 -4이다. **탑** ①

191 $f(x)=-x^4-\dfrac{4}{3}x^3+12x^2$에서

$f'(x)=-4x^3-4x^2+24x=-4x(x^2+x-6)$

$=-4x(x+3)(x-2)$

$f'(x)=0$에서 $x=-3$ 또는 $x=0$ 또는 $x=2$

함수 $f(x)$의 증가와 감소를 표로 나타내면 다음과 같다.

x	$\cdots$	-3	$\cdots$	0	$\cdots$	2	$\cdots$
$f'(x)$	$+$	0	$-$	0	$+$	0	$-$
$f(x)$	↗	63	↘	0	↗	$\dfrac{64}{3}$	↘

따라서 함수 $f(x)$는 $x=-3$에서 최대이므로 함수 $f(x)$의 최댓값은

$f(-3)=63$

한편, $g(x)=x^2+k$에서 함수 $g(x)$는 $x=0$에서 최솟값 k를 갖는다.

임의의 두 실수 x_1, x_2에 대하여 $f(x_1)\leq g(x_2)$가 성립하기 위해서는

($f(x)$의 최댓값)$\leq$($g(x)$의 최솟값)

이어야 하므로

$k\geq63$

따라서 실수 k의 최솟값은 63이다. **탑** 63

192 $f(x)=x^4+ax^2+ax+1$에서

$f'(x)=4x^3+2ax+a$

따라서 점 $(t, f(t))$에서의 접선의 기울기는

$f'(t)=4t^3+2at+a$

이므로 접선의 방정식은

$y-(t^4+at^2+at+1)=(4t^3+2at+a)(x-t)$

∴ $y=(4t^3+2at+a)x-3t^4-at^2+1$

따라서 $g(t)=-3t^4-at^2+1$이므로

$g'(t)=-12t^3-2at=-2t(6t^2+a)$

(i) $a\geq0$일 때

$g'(t)=0$에서 $t=0$

함수 $g(t)$의 증가와 감소를 표로 나타내면 다음과 같다.

t	$\cdots$	0	$\cdots$
$g'(t)$	$+$	0	$-$
$g(t)$	↗	1	↘

따라서 함수 $g(t)$는 $t=0$에서 극대이면서 최대이므로 최댓값은 $g(0)=1$

즉, $g(t)\leq2$가 성립한다.

(ii) $a<0$일 때

$g'(t)=0$에서 $t=0$ 또는 $t=\pm\sqrt{-\dfrac{a}{6}}$

함수 $g(t)$의 증가와 감소를 표로 나타내면 다음과 같다.

t	$\cdots$	$-\sqrt{-\dfrac{a}{6}}$	$\cdots$	0	$\cdots$	$\sqrt{-\dfrac{a}{6}}$	$\cdots$
$g'(t)$	$+$	0	$-$	0	$+$	0	$-$
$g(t)$	↗	$\dfrac{a^2}{12}+1$	↘	1	↗	$\dfrac{a^2}{12}+1$	↘

따라서 함수 $g(t)$는 $t=\pm\sqrt{-\dfrac{a}{6}}$일 때 최대이므로 최댓값은 $\dfrac{a^2}{12}+1$이다.

$\dfrac{a^2}{12}+1\leq2$에서 $a^2\leq12$

∴ $-2\sqrt{3}\leq a<0$ ($\because a<0$)

(i), (ii)에 의하여 $a\geq-2\sqrt{3}$

따라서 a의 최솟값은 $-2\sqrt{3}$이다. **탑** ①

193 $f(x)=x^3-9x^2+60$

$f'(x)=3x^2-18x=3x(x-6)$

$f'(x)=0$에서 $x=0$ 또는 $x=6$

함수 $f(x)$의 증가와 감소를 표로 나타내면 다음과 같다.

x	$\cdots$	0	$\cdots$	6	$\cdots$
$f'(x)$	$+$	0	$-$	0	$+$
$f(x)$	↗	60	↘	-48	↗

따라서 함수 $f(x)$는 $x=0$에서 극댓값 60, $x=6$에서 극솟값 -48을 가지므로 함수 $y=f(x)$의 그래프는 다음 그림과 같다.

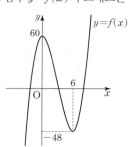

(i) $-3 \le a < 0$일 때

닫힌구간 $[a-1, a]$에서 함수 $f(x)$는 증가하므로 $f(x)$의 최댓값은 $f(a)$이다.

$\therefore g(a) = f(a)$

(ii) $0 \le a < 1$일 때

닫힌구간 $[a-1, a]$에서 함수 $f(x)$의 최댓값은 $f(0)$이다.

$\therefore g(a) = f(0) = 60$

(iii) $1 \le a \le 4$일 때

닫힌구간 $[a-1, a]$에서 함수 $f(x)$는 감소하므로 $f(x)$의 최댓값은 $f(a-1)$이다.

$\therefore g(a) = f(a-1)$

(i), (ii), (iii)에 의하여

$$g(a) = \begin{cases} f(a) & (-3 \le a < 0) \\ 60 & (0 \le a < 1) \\ f(a-1) & (1 \le a \le 4) \end{cases}$$

따라서 $-3 \le a \le 4$에서 함수 $y = g(a)$의 그래프는 다음 그림과 같다.

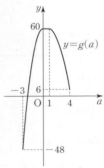

즉, $M = 60$, $m = f(-3) = -48$이므로

$M + m = 12$

답 ②

194 다음 그림과 같이 직육면체의 밑면의 한 변의 길이를 x $(0 < x < 3\sqrt{2})$, 높이를 y라 하자.

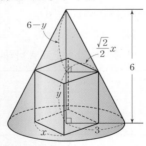

직육면체의 밑면의 대각선의 길이는 $\sqrt{2}x$이므로

$6 : 3 = (6-y) : \dfrac{\sqrt{2}}{2}x$

$\therefore y = -\sqrt{2}x + 6$

원뿔에 내접하는 직육면체의 부피를 $f(x)$라 하면

$f(x) = x^2 y = x^2(-\sqrt{2}x + 6) = -\sqrt{2}x^3 + 6x^2$

$\therefore f'(x) = -3\sqrt{2}x^2 + 12x$

$\qquad = -3\sqrt{2}x(x - 2\sqrt{2})$

$f'(x) = 0$에서 $x = 2\sqrt{2}$ $(\because 0 < x < 3\sqrt{2})$

함수 $f(x)$의 증가와 감소를 표로 나타내면 다음과 같다.

x	(0)	$\cdots$	$2\sqrt{2}$	$\cdots$	$(3\sqrt{2})$
$f'(x)$		$+$	0	$-$	
$f(x)$		$\nearrow$	극대	$\searrow$	

따라서 함수 $f(x)$는 $x = 2\sqrt{2}$에서 극대이면서 최대이므로 최댓값은

$f(2\sqrt{2}) = -\sqrt{2} \times (2\sqrt{2})^3 + 6 \times (2\sqrt{2})^2 = 16$

즉, 직육면체의 부피의 최댓값은 16이다. 답 ④

195 곡선 $y = f(x)$와 x축의 교점의 좌표는

$(-1, 0), (2, 0), (6, 0)$

또, 곡선 $y = g(x)$와 x축의 교점의 좌표는

$(-1, 0), (2, 0)$

이므로 $\text{A}(-1, 0)$, $\text{B}(2, 0)$

이때 두 함수 $y = f(x)$, $y = g(x)$의 그래프는 다음 그림과 같다.

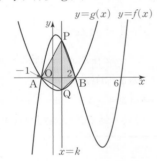

따라서 사각형 PAQB의 넓이는

$\dfrac{1}{2} \times \overline{\text{AB}} \times \overline{\text{PQ}} = \dfrac{3}{2} \times \overline{\text{PQ}}$

$f(k) = (k+1)(k-2)(k-6)$, $g(k) = (k+1)(k-2)$이므로

$\overline{\text{PQ}} = (k+1)(k-2)(k-6) - (k+1)(k-2)$

$\qquad = (k+1)(k-2)(k-7)$

이때 사각형 PAQB의 넓이를 $h(k)$라 하면

$h(k) = \dfrac{3}{2}(k+1)(k-2)(k-7)$

$\therefore h'(k) = \dfrac{3}{2}\{(k-2)(k-7) + (k+1)(k-7)$

$\qquad\qquad\qquad\qquad + (k+1)(k-2)\}$

$\qquad = \dfrac{3}{2}(3k^2 - 16k + 5)$

$\qquad = \dfrac{3}{2}(3k-1)(k-5)$

$h'(k) = 0$에서 $k = \dfrac{1}{3}$ $(\because -1 < k < 2)$

열린구간 $(-1, 2)$에서 함수 $h(k)$의 증가와 감소를 표로 나타내면 다음과 같다.

k	(-1)	$\cdots$	$\dfrac{1}{3}$	$\cdots$	(2)
$h'(k)$		$+$	0	$-$	
$h(k)$		$\nearrow$	극대	$\searrow$	

따라서 함수 $h(k)$는 $k=\dfrac{1}{3}$에서 극대이면서 최대이므로 최댓값은

$$h\left(\dfrac{1}{3}\right)=\dfrac{3}{2}\times\dfrac{4}{3}\times\left(-\dfrac{5}{3}\right)\times\left(-\dfrac{20}{3}\right)=\dfrac{200}{9}$$

즉, 사각형 PAQB의 넓이의 최댓값은 $\dfrac{200}{9}$이다. 답 ⑤

196 두 함수 $f(x)=x^3-3x^2-8x+6$, $g(x)=x+k$의 그래프가 서로 다른 세 점에서 만나려면 방정식
$x^3-3x^2-8x+6=x+k$, 즉 $x^3-3x^2-9x+6-k=0$이 서로 다른 세 실근을 가져야 한다.
$h(x)=x^3-3x^2-9x+6-k$로 놓으면
$h'(x)=3x^2-6x-9=3(x+1)(x-3)$
$h'(x)=0$에서 $x=-1$ 또는 $x=3$
함수 $h(x)$의 증가와 감소를 표로 나타내면 다음과 같다.

x	$\cdots$	-1	$\cdots$	3	$\cdots$
$h'(x)$	$+$	0	$-$	0	$+$
$h(x)$	↗	$11-k$	↘	$-21-k$	↗

따라서 $h(x)=0$이 서로 다른 세 실근을 가지려면
$(11-k)(-21-k)<0$, $(k+21)(k-11)<0$
$\therefore -21<k<11$
따라서 $M=10$, $m=-20$이므로
$Mm=10\times(-20)=-200$ 답 ②

197 모든 실수 x에 대하여 $f(-x)=-f(x)$이므로
$f(x)=ax^3+bx$ (a, b는 상수, $a\neq0$)로 놓으면
$f'(x)=3ax^2+b$
조건 ㈎에 의하여 함수 $f'(x)$가 $x=0$에서 최솟값 -6을 가지므로
$a>0$, $b=-6$
$f'(x)=0$에서 $3ax^2-6=0$ $\therefore x=\pm\sqrt{\dfrac{2}{a}}$
조건 ㈏에 의하여 방정식 $|f(x)|=2$가 서로 다른 네 실근을 가지므로 함수 $y=f(x)$의 그래프와 직선 $y=2$, $y=-2$가 다음 그림과 같아야 한다.

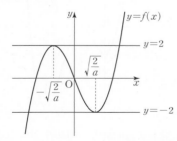

즉, 함수 $f(x)$의 극댓값이 2, 극솟값이 -2이어야 하므로
$f\left(\sqrt{\dfrac{2}{a}}\right)=-2$

$a\times\left(\sqrt{\dfrac{2}{a}}\right)^3-6\times\sqrt{\dfrac{2}{a}}=-2$ $\therefore a=8$

따라서 $f(x)=8x^3-6x$이므로
$f(1)=2$ 답 ④

198 $f(x)=x^3-9x^2+24x-19$에서
$f'(x)=3x^2-18x+24$
$\qquad\quad=3(x-2)(x-4)$
$f'(x)=0$에서 $x=2$ 또는 $x=4$
함수 $f(x)$의 증가와 감소를 표로 나타내면 다음과 같다.

x	$\cdots$	2	$\cdots$	4	$\cdots$
$f'(x)$	$+$	0	$-$	0	$+$
$f(x)$	↗	1	↘	-3	↗

따라서 함수 $y=|f(x)|$의 그래프는 다음 그림과 같다.

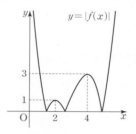

x에 대한 방정식 $|f(x)|=k$의 서로 다른 실근의 개수는 함수 $y=|f(x)|$의 그래프와 직선 $y=k$가 만나는 서로 다른 점의 개수와 같다.
따라서 $a_1=5$, $a_2=4$, $a_3=3$, $a_4=2$이므로

$$\sum_{k=1}^{4}a_k=a_1+a_2+a_3+a_4$$
$$\qquad\qquad=5+4+3+2=14$$ 답 ⑤

199 두 점 A$(4,-2)$, B$(-1,3)$을 지나는 직선의 방정식은
$y=-x+2$
이때 함수 $y=2x^3-15x^2+23x+a$의 그래프와 선분 AB가 만나는 점의 개수는 닫힌구간 $[-1,4]$에서 곡선 $y=2x^3-15x^2+23x+a$가 직선 $y=-x+2$와 만나는 점의 개수와 같다.
따라서 함수 $y=2x^3-15x^2+23x+a$의 그래프와 선분 AB가 한 점에서 만나려면 방정식 $2x^3-15x^2+23x+a=-x+2$, 즉
$-2x^3+15x^2-24x+2=a$ $(-1\leq x\leq4)$의 실근의 개수가 1이어야 한다.
$f(x)=-2x^3+15x^2-24x+2$로 놓으면
$f'(x)=-6x^2+30x-24$
$\qquad\quad=-6(x-1)(x-4)$
$f'(x)=0$에서 $x=1$ 또는 $x=4$
닫힌구간 $[-1,4]$에서 함수 $f(x)$의 증가와 감소를 표로 나타내면 다음과 같다.

x	-1	$\cdots$	1	$\cdots$	4
$f'(x)$		$-$	0	$+$	
$f(x)$	43	↘	-9	↗	18

따라서 닫힌구간 $[-1, 4]$에서 함수 $y=f(x)$의 그래프는 다음 그림과 같다.

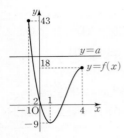

닫힌구간 $[-1, 4]$에서 방정식 $f(x)=a$의 실근의 개수가 1이려면

$18<a\leq43$ 또는 $a=-9$

따라서 정수 a의 개수는 26이다.   답 ②

200 $f(t)-mt=0$에서 $f(t)=mt$

$\therefore \dfrac{f(t)}{t}=m$ (단, $t\neq0$)

이때 $\dfrac{f(t)}{t}=\dfrac{f(t)-0}{t-0}$이므로 $\dfrac{f(t)}{t}$의 값은 두 점 $(0, 0)$, $(t, f(t))$를 지나는 직선의 기울기이다.

또한, 실수 m의 최솟값이 7이므로 직선 $y=7x$는 곡선 $y=f(x)$의 접선이다.

$f(x)=x(x-2)^2+a$에서

$f'(x)=(x-2)^2+2x(x-2)$
$\qquad=(x-2)(3x-2)$
$\qquad=3x^2-8x+4$

기울기가 7인 접선의 접점의 좌표를 $(\alpha, f(\alpha))(\alpha>0)$라 하면

$f'(\alpha)=3\alpha^2-8\alpha+4=7$

$3\alpha^2-8\alpha-3=0$, $(3\alpha+1)(\alpha-3)=0$

$\therefore \alpha=3 \ (\because \alpha>0)$

따라서 접점의 좌표가 $(3, 3+a)$이므로 접선의 방정식은

$y=7(x-3)+3+a \qquad \therefore y=7x+a-18$

이 직선이 $y=7x$이므로

$a-18=0$

$\therefore a=18$

따라서 $f(x)=x(x-2)^2+18$이므로

$a+f(-1)=18+(-1)\times(-3)^2+18=27$ 답 27

201 t초 후의 두 점 P, Q가 움직인 거리의 차를 $f(t)$라 하면

$f(t)=|t^3-3t^2|$

정사각형의 둘레의 길이가 4이므로 두 점이 움직인 거리의 차가 4의 배수일 때 두 점은 만난다.

$g(t)=t^3-3t^2$으로 놓으면

$g'(t)=3t^2-6t=3t(t-2)$

$g'(t)=0$에서 $t=2 \ (\because t>0)$

$0<t\leq5$에서 함수 $g(t)$의 증가와 감소를 표로 나타내면 다음과 같다.

t	(0)	$\cdots$	2	$\cdots$	5
$g'(t)$		$-$	0	$+$	
$g(t)$		$\searrow$	-4	$\nearrow$	50

따라서 $0<t\leq5$에서 함수 $y=|g(t)|$, 즉 $y=f(t)$의 그래프는 다음 그림과 같다.

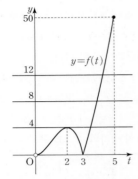

두 점 P, Q가 움직인 거리의 차가 0일 때 1번, 차가 4일 때 2번, 차가 8, 12, 16, $\cdots$, 48일 때 각각 1번씩이므로 총 14번 만난다.   답 ②

202 방정식 $f(x)=t$의 서로 다른 실근의 개수는 방정식 $f(x)-2=t-2$의 서로 다른 실근의 개수와 같다.

$g(x)=f(x)-2$로 놓으면 $g(x)=x^2(x-3)(3x-5)$이므로

$g'(x)=2x(x-3)(3x-5)+x^2(3x-5)+x^2(x-3)\times3$
$\qquad=12x^3-42x^2+30x$
$\qquad=6x(x-1)(2x-5)$

$g'(x)=0$에서 $x=0$ 또는 $x=1$ 또는 $x=\dfrac{5}{2}$

함수 $g(x)$의 증가와 감소를 표로 나타내면 다음과 같다.

x	$\cdots$	0	$\cdots$	1	$\cdots$	$\dfrac{5}{2}$	$\cdots$
$g'(x)$		$-$	0	$+$	0	$-$	0	$+$
$g(x)$		$\searrow$	0	$\nearrow$	4	$\searrow$	$-\dfrac{125}{16}$	$\nearrow$

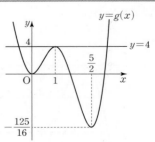

따라서 함수 $y=g(x)$의 그래프가 위의 그림과 같으므로 직선 $y=t-2$와 만나는 점의 개수가 3이려면

$t-2=0$ 또는 $t-2=4$

$\therefore t=2$ 또는 $t=6$

따라서 구하는 t의 값의 합은 8이다.   답 ①

203 방정식 $(g \circ f)(x) = g(f(x)) = 0$에서

$$f(x) = \pm\sqrt{k}$$

따라서 $x^4 - 8x^2 = \sqrt{k}$ 또는 $x^4 - 8x^2 = -\sqrt{k}$를 만족시키는 x의 개수가 4이어야 한다.

$f(x) = x^4 - 8x^2$에서

$$f'(x) = 4x^3 - 16x = 4x(x+2)(x-2)$$

$f'(x) = 0$에서 $x = -2$ 또는 $x = 0$ 또는 $x = 2$

함수 $f(x)$의 증가와 감소를 표로 나타내면 다음과 같다.

x	$\cdots$	-2	$\cdots$	0	$\cdots$	2	$\cdots$
$f'(x)$	$-$	0	$+$	0	$-$	0	$+$
$f(x)$	$\searrow$	-16	$\nearrow$	0	$\searrow$	-16	$\nearrow$

따라서 함수 $y = f(x)$의 그래프는 다음과 같다.

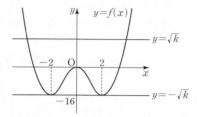

방정식 $x^4 - 2x^2 = \sqrt{k}$ 또는 $x^4 - 2x^2 = -\sqrt{k}$를 만족시키는 x의 개수가 4이려면

$$-\sqrt{k} = -16, \ \sqrt{k} = 16$$

$$\therefore k = 16^2 = 256$$

답 ⑤

204 $f(x) = \dfrac{3}{4}x^4 - 2x^3 - 12x^2 + 28$에서

$$f'(x) = 3x^3 - 6x^2 - 24x$$
$$= 3x(x+2)(x-4)$$

$f'(x) = 0$에서 $x = -2$ 또는 $x = 0$ 또는 $x = 4$

함수 $f(x)$의 증가와 감소를 표로 나타내면 다음과 같다.

x	$\cdots$	-2	$\cdots$	0	$\cdots$	4	$\cdots$
$f'(x)$	$-$	0	$+$	0	$-$	0	$+$
$f(x)$	$\searrow$	8	$\nearrow$	28	$\searrow$	-100	$\nearrow$

이때 $h(x) = \begin{cases} f(x) \ (f(x) \geq 10) \\ g(x) \ (f(x) < 10) \end{cases}$ 이므로 함수 $y = h(x)$의 그래프는 다음 그림과 같다.

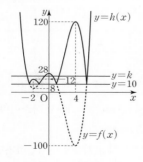

방정식 $h(x) = k$의 서로 다른 실근의 개수는 곡선 $y = h(x)$와 직선 $y = k$의 교점의 개수와 같으므로 방정식 $h(x) = k$가

서로 다른 6개의 실근을 갖도록 하는 실수 k의 값의 범위는

$$12 < k < 28$$

따라서 자연수 k는 13, 14, $\cdots$, 27의 15개이다.

답 ①

205 함수 $f(x)$는 최고차항의 계수가 1인 사차함수이므로 함수 $g(x) = f(x) - f(1)$은 최고차항의 계수가 1이고 $g(1) = f(1) - f(1) = 0$인 사차함수이다.

이때 함수 $|g(x)|$가 $x = 3$에서만 미분가능하지 않으므로

$$g(x) = (x-1)^3(x-3)$$
$$\therefore g'(x) = 3(x-1)^2(x-3) + (x-1)^3$$
$$= (x-1)^2(4x-10)$$
$$= 2(x-1)^2(2x-5)$$

$g'(x) = 0$에서 $x = 1$ 또는 $x = \dfrac{5}{2}$

함수 $g(x)$의 증가와 감소를 표로 나타내면 다음과 같다.

x	$\cdots$	1	$\cdots$	$\dfrac{5}{2}$	$\cdots$
$g'(x)$	$-$	0	$-$	0	$+$
$g(x)$	$\searrow$	0	$\searrow$	$-\dfrac{27}{16}$	$\nearrow$

$f(x) = g(x) + f(1) \geq -\dfrac{27}{16} + f(1)$이므로 함수 $|f(x)|$가 실수 전체의 집합에서 미분가능하려면

$$f(1) - \dfrac{27}{16} \geq 0 \qquad \therefore f(1) \geq \dfrac{27}{16}$$

따라서 $f(1)$의 최솟값이 $\dfrac{27}{16}$이므로

$$p = 16, \ q = 27$$

$$\therefore p + q = 43$$

답 43

206 $f(x) = x^3 - 6x^2 + n$으로 놓으면

$$f'(x) = 3x^2 - 12x = 3x(x-4)$$

$f'(x) = 0$에서 $x = 0$ 또는 $x = 4$

닫힌구간 $[-3, 4]$에서 함수 $f(x)$의 증가와 감소를 표로 나타내면 다음과 같다.

x	-3	$\cdots$	0	$\cdots$	4
$f'(x)$		$+$	0	$-$	
$f(x)$	$n-81$	$\nearrow$	n	$\searrow$	$n-32$

따라서 닫힌구간 $[-3, 4]$에서 $f(x)$의 최댓값은 n, 최솟값은 $n-81$이다.

$|f(x)| < 60$에서 $-60 < f(x) < 60$이므로

$$-60 < n-81$이고 $n < 60$$

$$\therefore 21 < n < 60$$

따라서 자연수 n의 최댓값은 59, 최솟값은 22이므로 구하는 합은

$$59 + 22 = 81$$

답 ②

207 $f(x)=\dfrac{1}{3}x^3+2kx^2+5$로 놓으면

$f'(x)=x^2+4kx=x(x+4k)$

(i) $k\geq0$일 때

$x\geq k$에서 $f'(x)\geq0$

따라서 $x\geq k$에서 함수 $f(x)$는 증가하므로 $f(x)$의 최솟값은

$f(k)=\dfrac{1}{3}k^3+2k^3+5=\dfrac{7}{3}k^3+5>0$

즉, $x\geq k$인 모든 실수 x에 대하여 부등식

$\dfrac{1}{3}x^3+2kx^2+5\geq0$이 성립한다.

(ii) $k<0$일 때

$f'(x)=0$에서 $x=0$ 또는 $x=-4k$

$x\geq k$에서 함수 $f(x)$의 증가와 감소를 표로 나타내면 다음과 같다.

x	k	$\cdots$	0	$\cdots$	$-4k$	$\cdots$
$f'(x)$		$+$	0	$-$	0	$+$
$f(x)$	$\dfrac{7}{3}k^3+5$	↗	5	↘	$\dfrac{32}{3}k^3+5$	↗

따라서 $x\geq k$에서 함수 $f(x)$는 $x=-4k$에서 최솟값

$\dfrac{32}{3}k^3+5$를 가지므로 주어진 부등식이 성립하려면

$\dfrac{32}{3}k^3+5\geq0$, $k^3\geq-\dfrac{15}{32}$

$\therefore -k^3\leq\dfrac{15}{32}$

(i), (ii)에 의하여 $-k^3$의 최댓값은 $\dfrac{15}{32}$이므로

$p=32$, $q=15$

$\therefore p+q=32+15=47$　　　　　　　**답** 47

208 두 함수 $y=f(x)$, $y=g(x)$의 그래프가 y축에서 만나므로

$f(0)=g(0)$

또, x좌표가 -3인 점에서의 접선이 서로 일치하므로

$f(-3)=g(-3)$, $f'(-3)=g'(-3)$

$h(x)=f(x)-g(x)$로 놓으면

$h'(x)=f'(x)-g'(x)$

$h(0)=0$, $h(-3)=0$, $h'(-3)=0$이고, 함수 $h(x)$는 최고

차항의 계수가 1인 삼차함수이므로

$h(x)=x(x+3)^2=x^3+6x^2+9x$

$\therefore h'(x)=3x^2+12x+9=3(x+3)(x+1)$

$h'(x)=0$에서 $x=-3$ 또는 $x=-1$

함수 $h(x)$의 증가와 감소를 표로 나타내면 다음과 같다.

x	$\cdots$	-3	$\cdots$	-1	$\cdots$
$h'(x)$	$+$	0	$-$	0	$+$
$h(x)$	↗	0	↘	-4	↗

따라서 함수 $y=h(x)$의 그래프는 다음 그림과 같다.

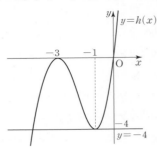

부등식 $f(x)+4\leq g(x)$에서 $h(x)\leq-4$

방정식 $h(x)=-4$를 만족시키는 x의 값은

$x^3+6x^2+9x=-4$에서

$x^3+6x^2+9x+4=0$, $(x+1)^2(x+4)=0$

$\therefore x=-4$ 또는 $x=-1$

부등식 $h(x)\leq-4$, 즉 $f(x)+4\leq g(x)$의 해는

$x\leq-4$ 또는 $x=-1$

따라서 $a\leq-4$이므로 실수 a의 최댓값은 -4이다.　**답** -4

209 $x^3-24x+\dfrac{1}{x^3}-\dfrac{24}{x}+100-n>0$에서

$\left(x^3+\dfrac{1}{x^3}\right)-24\left(x+\dfrac{1}{x}\right)+100>n$

$x+\dfrac{1}{x}=t$로 놓으면 $x>0$이므로 산술평균과 기하평균의 관

계에 의하여

$t=x+\dfrac{1}{x}\geq2\sqrt{x\times\dfrac{1}{x}}=2$ (단, 등호는 $x=1$일 때 성립)

또한,

$x^3+\dfrac{1}{x^3}=\left(x+\dfrac{1}{x}\right)^3-3\times x\times\dfrac{1}{x}\times\left(x+\dfrac{1}{x}\right)$

$\qquad\qquad=t^3-3t$

이므로 주어진 부등식은

$t^3-3t-24t+100>n$

$\therefore t^3-27t+100>n$

$g(t)=t^3-27t+100$ $(t\geq2)$으로 놓으면

$g'(t)=3t^2-27$

$\qquad=3(t+3)(t-3)$

$g'(t)=0$에서 $t=3$ $(\because t\geq2)$

$t\geq2$에서 함수 $g(t)$의 증가와 감소를 표로 나타내면 다음과

같다.

t	2	$\cdots$	3	$\cdots$
$g'(t)$		$-$	0	$+$
$g(t)$	54	↘	46	↗

따라서 함수 $g(t)$는 $t=3$에서 극소이면서 최소이므로

$g(t)\geq g(3)=46$

$t\geq2$에서 부등식 $g(t)>n$이 성립하려면

$n<46$

따라서 자연수 n의 개수는 45이다.　　　　　　**답** ①

210 $f(t)=at^3+bt^2+ct$에서 $g(t)=f'(t)=3at^2+2bt+c$

음이 아닌 실수 t에 대하여 $3f(t)=tg(t)+2ct$가 항상 성립하므로

$3(at^3+bt^2+ct)=t(3at^2+2bt+c)+2ct$

$3at^3+3bt^2+3ct=3at^3+2bt^2+3ct$

항등식의 성질에 의하여 $3b=2b$이므로

$b=0$ $\therefore g(t)=3at^2+c$

한편, 점 P가 시각 $t=2$에서 운동 방향을 바꾸므로

$g(2)=12a+c=0$

$\therefore c=-12a$ ······ ㉠

또한, 점 P의 시각 t에서의 가속도는

$g'(t)=6at$

$g'(2)=12$에서 $12a=12$

$\therefore a=1$

㉠에 의하여 $c=-12$

따라서 $g(t)=3t^2-12$이므로 점 P의 시각 $t=3$에서의 속도는

$g(3)=27-12=15$

답 ③

211 ㄱ. $f(2)=g(2)$, $f(6)=g(6)$, $f(8)=g(8)$이므로 두 점 P, Q는 $t=2$, $t=6$, $t=8$일 때 모두 세 번 만난다. (참)

ㄴ. 함수 $y=f(t)$의 그래프는 t의 값이 커질수록 접선의 기울기가 점점 커지므로 $f'(8)>f'(2)$이다.

따라서 점 P의 $t=8$일 때의 속력은 $t=2$일 때의 속력보다 빠르다. (참)

ㄷ. $t=6$, $t=8$일 때, 두 점 P, Q의 위치는 서로 같다. 즉,

$f(6)=g(6)$, $f(8)=g(8)$ ······ ㉠

함수 $f(t)$는 $6\leq t\leq 8$에서 증가하므로 $6\leq t\leq 8$일 때, 점 P가 움직인 거리는

$f(8)-f(6)$

이때 $6\leq t\leq 8$에서 함수 $g(t)$가 최솟값을 갖는 t의 값을 t_1이라 하자.

함수 $g(t)$는 $6\leq t\leq t_1$에서 감소하다가 $t_1\leq t\leq 8$에서 증가하므로 $6\leq t\leq 8$일 때 점 Q가 움직인 거리는

$\{g(6)-g(t_1)\}+\{g(8)-g(t_1)\}=g(6)+g(8)-2g(t_1)$

$\therefore$ (점 Q가 움직인 거리)$-$(점 P가 움직인 거리)

$=\{g(6)+g(8)-2g(t_1)\}-\{f(8)-f(6)\}$

$=2\{g(6)-g(t_1)\}>0\ (\because ㉠)$

따라서 점 Q가 움직인 거리가 점 P가 움직인 거리보다 길다. (거짓)

따라서 옳은 것은 ㄱ, ㄴ이다.

답 ③

212 가로등의 꼭대기 지점을 A, 가로등이 지면과 만나는 지점을 B, t초 후에 철수가 위치한 지점을 D, 철수의 그림자의 머리끝을 C, 철수의 머리가 위치한 지점을 E라 하자.

이때 철수의 그림자의 길이를 $l(t)$, 지점 B에서부터 철수의 그림자의 머리끝까지의 거리를 $f(t)$라 하자.

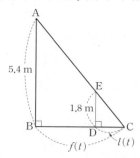

$\triangle ABC \backsim \triangle EDC$ (AA 닮음)이고 닮음비는 $3:1$이므로

$f(t):l(t)=3:1$, $\{\overline{BD}+l(t)\}:l(t)=3:1$

$\overline{BD}+l(t)=3l(t)$ $\therefore l(t)=\dfrac{1}{2}\overline{BD}$

이때 $\overline{BD}=\dfrac{1}{9}t^3+\dfrac{1}{6}t$이므로

$l(t)=\dfrac{1}{18}t^3+\dfrac{1}{12}t$

$\therefore f(t)=\overline{BD}+l(t)=\dfrac{1}{6}t^3+\dfrac{1}{4}t$

따라서 철수의 그림자의 머리끝이 움직이는 속도 $v(t)$와 가속도 $a(t)$는 각각

$v(t)=\dfrac{1}{2}t^2+\dfrac{1}{4}$, $a(t)=t$

한편, 철수의 속도는

$\left(\dfrac{1}{9}t^3+\dfrac{1}{6}t\right)'=\dfrac{1}{3}t^2+\dfrac{1}{6}$

이므로 철수의 속도가 $\dfrac{3}{2}$ m/s가 되는 순간의 시각은

$\dfrac{1}{3}t^2+\dfrac{1}{6}=\dfrac{3}{2}$, $t^2=4$

$\therefore t=2\ (\because t>0)$

따라서 구하는 가속도는 $a(2)=2$이므로

$k=2$

답 ①

213 점 P가 출발한 지 $t\ (5\leq t\leq 10)$초 후에 점 P는 선분 OA 위에 있으므로 점 P의 좌표는

$P(0,\ 2(t-5))$

또한, 점 Q가 출발한 지 $t\ (5\leq t\leq 10)$초 후에 점 Q는 선분 EF 위에 있으므로 점 Q의 좌표는

$Q(10-(t-5),\ 5)$, 즉 $Q(15-t,\ 5)$

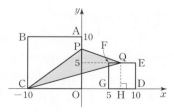

위의 그림과 같이 점 Q에서 x축에 내린 수선의 발을 H라 하면

(삼각형 CPQ의 넓이)

=(삼각형 COP의 넓이)+(사다리꼴 POHQ의 넓이)

$\qquad$ −(삼각형 CHQ의 넓이)

이므로 삼각형 CPQ의 넓이를 $S(t)$라 하면

$S(t)=\dfrac{1}{2}\times10\times2(t-5)+\dfrac{1}{2}\{2(t-5)+5\}(15-t)$

$\qquad\qquad\qquad\qquad\qquad -\dfrac{1}{2}\times(25-t)\times5$

$\qquad=10(t-5)+\dfrac{1}{2}(2t-5)(15-t)+\dfrac{5}{2}(t-25)$

$\qquad=-t^2+30t-150$

$\therefore S'(t)=-2t+30$

따라서 $t=8$일 때의 삼각형 CPQ의 넓이의 변화율은

$S'(8)=-2\times8+30=14$ $\qquad$ 답 ⑤

스페셜 특강 SPECIAL

≫ 본문 125~136쪽

214 조건 (나)에서 주어진 식이 xy 꼴을 포함하므로 함수 $f(x)$는 이차함수이다.

조건 (가)에 의하여 $f(0)=0$, $2f'(0)=2$, 즉 $f'(0)=1$이므로 함수 $f(x)$를

$f(x)=ax^2+x$ ($a\ne0$인 상수) $\quad$ …… ㉠

로 놓을 수 있다.

㉠에 x 대신 $x+y$를 대입하면

$f(x+y)=a(x+y)^2+(x+y)=a(x^2+y^2+2xy)+(x+y)$

이때 $f(x)=ax^2+x$, $f(y)=ay^2+y$이므로

$f(x+y)=f(x)+f(y)+2xy$에서

$a(x^2+y^2+2xy)+(x+y)=a(x^2+y^2)+(x+y)+2xy$

$2axy=2xy$ $\quad\therefore a=1$

따라서 $f(x)=x^2+x$이므로 $f(1)=2$ $\qquad$ 답 2

215 주어진 식이 $xy(x-y)$ 꼴을 포함하므로 함수 $f(x)$는 삼차함수이다.

주어진 식의 양변에 $x=0$, $y=0$을 대입하면

$f(0)=0$

이때 $f'(0)=2$이므로 함수 $f(x)$를

$f(x)=ax^3+bx^2+2x$ (a, b는 상수, $a\ne0$) $\quad$ …… ㉠

로 놓을 수 있다.

㉠에 x 대신 $x-y$를 대입하면

$f(x-y)=a(x-y)^3+b(x-y)^2+2(x-y)$

이때 $f(x)=ax^3+bx^2+2x$, $f(y)=ay^3+by^2+2y$이므로

$f(x-y)=f(x)-f(y)+3xy(x-y)$에서

$a(x-y)^3+b(x-y)^2+2(x-y)$

$\qquad=a(x^3-y^3)+b(x^2-y^2)+2(x-y)+3x^2y-3xy^2$

$-3ax^2y+3axy^2-2bxy+by^2=-by^2+3x^2y-3xy^2$

$\therefore a=-1$, $b=0$

따라서 $f(x)=-x^3+2x$이므로

$f(-3)=27-6=21$ $\qquad$ 답 21

216 조건 (가)에서 함수 $y=f'(x)$의 그래프가 y축에 대하여 대칭이므로 함수 $y=f(x)$의 그래프는 점 $(0, f(0))$에 대하여 대칭임을 알 수 있다.

즉, 점 $(0, f(0))$은 곡선 $y=f(x)$의 변곡점이다.

이때 조건 (나)에 의하여

$f(2)=0$, $f'(2)=0$

이고, 삼차함수 $f(x)$의 최고차항의 계수가 1이므로 함수 $y=f(x)$의 그래프는 다음 그림과 같다.

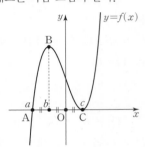

이때 곡선 $y=f(x)$와 x축이 만나는 점을 각각 A, C, 함수 $f(x)$가 극대인 점을 B라 하고 점 A, B, C의 x좌표를 각각 a, b, c라 하면

$c=2$

따라서 삼차함수의 그래프의 비율 관계에 의하여

$\overline{\text{AO}}:\overline{\text{OC}}=(0-a):2=2:1$이므로

$a=-4$

$\therefore f(x)=(x+4)(x-2)^2$

또한, $(b+4):(0-b)=2:1=1:1$이므로

$b=-2$

이때 함수 $f(x)$는 $x=-2$에서 극대이므로 구하는 극댓값은

$f(-2)=2\times(-4)^2=32$ $\qquad$ 답 32

217 최고차항의 계수가 1이고 모든 실수 x에 대하여 $f(-x)=-f(x)$를 만족시키는 삼차함수 $y=f(x)$의 그래프는 다음 두 가지 경우 중 하나이다.

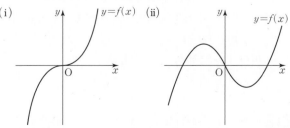

이때 방정식 $|f(x)|=2$의 서로 다른 실근이 4개이려면 함수 $y=|f(x)|$의 그래프가 다음 그림과 같아야 한다.

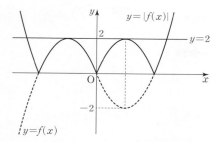

따라서 함수 $f(x)$의 극솟값은 -2, 극댓값은 2이다.

한편, 삼차함수의 그래프의 비율 관계에 의하여
$$f(x)=x(x-\sqrt{3}a)(x+\sqrt{3}a)=x^3-3a^2x \ (a>0$$인 상수$)$$
로 놓을 수 있다.

이때 함수 $f(x)$는 $x=a$에서 극솟값 -2를 가지므로
$$f(a)=a^3-3a^3=-2a^3=-2 \qquad \therefore \ a=1$$
따라서 $f(x)=x^3-3x$이므로
$$f(3)=27-9=18$$

답 ④

218 $f(x)=ax^3+bx^2+cx+d \ (a, b, c, d$는 상수, $a\neq0)$
로 놓으면 조건 ㈎에서 $f(0)=1$이므로
$$d=1$$
또한, $f'(x)=3ax^2+2bx+c$이고, 조건 ㈏에서
$f'(0)=-3$, $f'(1)=-3$이므로
$$f'(x)=3ax(x-1)-3=3ax^2-3ax-3$$
$$\therefore \ c=-3, \ b=-\frac{3}{2}a \qquad \cdots\cdots \ \bigcirc$$

한편, α, β는 방정식 $f'(x)=0$의 두 실근이므로 이차방정식의 근과 계수의 관계에 의하여
$$\alpha+\beta=-\frac{-3a}{3a}=1, \ \alpha\beta=\frac{-3}{3a}=-\frac{1}{a}$$

삼차함수의 성질에 의하여
$$|f(\alpha)-f(\beta)|=\frac{|a|}{2}|\beta-\alpha|^3$$
이므로 조건 ㈐에서
$$\frac{|a|}{2}|\beta-\alpha|^3=|\alpha-\beta|$$
$|\alpha-\beta|\neq0$이므로 양변을 $|\alpha-\beta|$로 나누면
$$|\alpha-\beta|^2=\frac{2}{|a|}$$
이때 $|\alpha-\beta|^2=(\alpha+\beta)^2-4\alpha\beta=1+\frac{4}{a}$이므로
$$1+\frac{4}{a}=\frac{2}{|a|}$$
이때 $a>0$이면 $1+\frac{4}{a}=\frac{2}{a}$에서 $a=-2$이므로 모순이다.

즉, $a<0$이므로 $1+\frac{4}{a}=-\frac{2}{a}$에서
$$a+4=-2 \qquad \therefore \ a=-6$$
㉠에서 $b=9$이므로
$$f(x)=-6x^3+9x^2-3x+1$$
$$\therefore \ f(2)=-48+36-6+1=-17$$

답 -17

다른풀이

조건 ㈎에서
$$f(x)=ax^3+bx^2+cx+1 \ (a, b, c$$는 상수, $a\neq0)$$
로 놓으면 $f'(x)=3ax^2+2bx+c$

조건 ㈏에 의하여 $f'(0)=c=-3$, $f'(1)=3a+2b+c=-3$
이므로
$$b=-\frac{3}{2}a$$

α, β는 방정식 $f'(x)=0$의 두 실근이므로 이차방정식의 근과 계수의 관계에 의하여
$$\alpha+\beta=-\frac{2b}{3a}=1, \ \alpha\beta=\frac{c}{3a}=-\frac{1}{a}$$

또, $f(x)=ax^3-\frac{3}{2}ax^2-3x+1$이므로 조건 ㈐에서
$$\begin{aligned}|f(\alpha)-f(\beta)| &= \left|a(\alpha^3-\beta^3)-\frac{3}{2}a(\alpha^2-\beta^2)-3(\alpha-\beta)\right| \\ &= \left|(\alpha-\beta)\left\{a\left(\alpha^2+\alpha\beta+\beta^2-\frac{3}{2}\alpha-\frac{3}{2}\beta\right)-3\right\}\right| \\ &= |\alpha-\beta|\left|a\left\{(\alpha+\beta)^2-\alpha\beta-\frac{3}{2}(\alpha+\beta)\right\}-3\right| \\ &= |\alpha-\beta|\left|a\left(1+\frac{1}{a}-\frac{3}{2}\right)-3\right| \\ &= |\alpha-\beta|\left|-\frac{1}{2}a-2\right|\end{aligned}$$

조건 ㈐에 의하여 $|\alpha-\beta|\left|-\frac{1}{2}a-2\right|=|\alpha-\beta|$이고
$|\alpha-\beta|\neq0$이므로
$$-\frac{1}{2}a-2=\pm1 \qquad \therefore \ a=-6 \ 또는 \ a=-2$$
$a=-2$일 때, $f'(x)=-6x^2+6x-3<0$
이므로 방정식 $f'(x)=0$의 실근은 0개이다.
$$\therefore \ a=-6$$
따라서 $f(x)=-6x^3+9x^2-3x+1$이므로
$$f(2)=-17$$

219 $f(x)=ax^4+bx^2+c$에서 $f(x)=f(-x)$이므로 함수
$y=f(x)$의 그래프는 y축에 대하여 대칭이다.

이때 조건 ㈎에서 방정식 $f(x)=0$의 서로 다른 실근의 개수가 3이므로
$$f(0)=0 \qquad \therefore \ c=0$$
조건 ㈏에 의하여 $f(2)=0$이므로
$$f(2)=16a+4b=0에서 \ b=-4a$$
$$\therefore \ f(x)=ax^4-4ax^2=ax^2(x^2-4)$$
$$\qquad\qquad =ax^2(x+2)(x-2)$$
이때 $x=\alpha$에서 함수 $f(x)$가 극솟값을 갖는다고 하면 사차함수의 그래프의 비율 관계에 의하여
$$a:2=1:\sqrt{2} \qquad \therefore \ \alpha=\sqrt{2}$$
따라서 $f(\sqrt{2})=-4$이므로
$$-4a=-4 \qquad \therefore \ a=1$$

즉, $f(x)=x^2(x^2-4)$이므로
$f(3)=9\times5=45$

답 45

다른풀이

$f(x)=ax^4+bx^2+c$에서
$f'(x)=4ax^3+2bx=2x(2ax^2+b)$
$f'(x)=0$에서 $x=-\sqrt{-\dfrac{b}{2a}}$ 또는 $x=0$ 또는 $x=\sqrt{-\dfrac{b}{2a}}$

이때 조건 (개)에서 $y=f(x)$의 그래프와 x축이 서로 다른 세 점에서 만나므로 $f(x)$는 $x=0$에서 극댓값 0을 갖는다.
$\therefore c=0$

조건 (내)에서 $f(2)=16a+4b=0$ $\therefore b=-4a$

$f\left(\sqrt{-\dfrac{b}{2a}}\right)=a\times\dfrac{b^2}{4a^2}+b\times\left(-\dfrac{b}{2a}\right)=-4$에서

$\dfrac{16a^3}{4a^2}-\dfrac{16a^2}{2a}=-4$

$4a-8a=-4\ (\because a>0)$

$\therefore a=1$

따라서 $f(x)=x^4-4x^2$이므로 $f(3)=81-36=45$

220 $g(x)=f(x)-f(1)$로 놓으면
$g(1)=0$
이때 조건 (개)에 의하여 $g'(2)=0$이고, 조건 (내)에서 함수 $|g(x)|$는 오직 $x=a$에서만 미분가능하지 않으므로
$g'(1)=0$
따라서 두 함수 $y=|g(x)|$, $y=g(x)$의 그래프는 다음 그림과 같다.

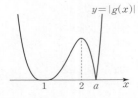
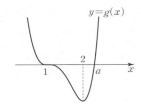

이때 사차함수의 그래프의 비율 관계에 의하여
$(2-1):(a-2)=3:1$
$3a-6=1$ $\therefore a=\dfrac{7}{3}$

따라서 $g(x)=(x-1)^3\left(x-\dfrac{7}{3}\right)$이므로
$f(4)-f(3)=\{g(4)+f(1)\}-\{g(3)+f(1)\}$
$=g(4)-g(3)$
$=3^3\times\dfrac{5}{3}-2^3\times\dfrac{2}{3}=\dfrac{119}{3}$

답 ③

221 (1) 거짓

[반례] $f(x)=|x-3|$이면 $\lim\limits_{x\to3}f(x)=f(3)=0$이지만
$\lim\limits_{h\to0+}\dfrac{f(3+2h)-f(3)}{h}=\lim\limits_{h\to0+}\dfrac{|2h|}{h}=2$,
$\lim\limits_{h\to0-}\dfrac{f(3+2h)-f(3)}{h}=\lim\limits_{h\to0-}\dfrac{|2h|}{h}=-2$

이므로 $\lim\limits_{h\to0}\dfrac{f(3+2h)-f(3)}{h}$의 값은 존재하지 않는다.

(2) 거짓

[반례] $f(x)=\begin{cases}x+1\ (x\neq3)\\ 5\quad\ (x=3)\end{cases}$이면

$\lim\limits_{x\to3}\dfrac{f(x)-4}{x-3}=\lim\limits_{x\to3}\dfrac{x-3}{x-3}=1$

이지만 $f(3)\neq4$

(3) 거짓

h^2은 항상 양수이므로 좌극한, 즉 좌미분계수를 알 수 없다.

(4) 참

$h^3=t$로 놓으면 $h\to0$일 때 $t\to0$이므로
$\lim\limits_{h\to0}\dfrac{f(-1+h^3)-f(-1)}{h^3}=\lim\limits_{t\to0}\dfrac{f(-1+t)-f(-1)}{t}$
$=f'(-1)$
따라서 $f'(-1)$이 존재한다.

(5) 거짓

[반례] $a=0$, $f(x)=|x|$이면
$\lim\limits_{h\to0+}\dfrac{f(3h)-f(-3h)}{h}=\lim\limits_{h\to0+}\dfrac{3h-3h}{h}=0$,
$\lim\limits_{h\to0-}\dfrac{f(3h)-f(-3h)}{h}=\lim\limits_{h\to0-}\dfrac{-3h+3h}{h}=0$
$\therefore\lim\limits_{h\to0}\dfrac{f(3h)-f(-3h)}{h}=0$

그런데 $\lim\limits_{h\to0+}\dfrac{f(h)-f(0)}{h}=\lim\limits_{h\to0+}\dfrac{h}{h}=1$,
$\lim\limits_{h\to0-}\dfrac{f(h)-f(0)}{h}=\lim\limits_{h\to0+}\dfrac{-h}{h}=-1$

이므로 $\lim\limits_{h\to0}\dfrac{f(h)-f(0)}{h}$의 값은 존재하지 않는다.

(6) 거짓

[반례] $f(x)=\begin{cases}1\ (x\leq0)\\ -1\ (x>0)\end{cases}$, $g(x)=x^2$이면

$h(0)=f(0)g(0)=0$,
$\lim\limits_{x\to0+}\dfrac{h(x)-h(0)}{x-0}=\lim\limits_{x\to0+}\dfrac{-x^2}{x}=0$,
$\lim\limits_{x\to0-}\dfrac{h(x)-h(0)}{x-0}=\lim\limits_{x\to0-}\dfrac{x^2}{x}=0$

이므로 함수 $h(x)$는 $x=0$에서 미분가능지만, 함수 $f(x)$는 $x=0$에서 불연속이므로 미분가능하지 않다.

(7) 참

$\lim\limits_{x\to1}\dfrac{f(x)g(x)-f(1)g(1)}{x-1}$
$=\lim\limits_{x\to1}\dfrac{f(x)g(x)-f(x)g(1)+f(x)g(1)-f(1)g(1)}{x-1}$
$=\lim\limits_{x\to1}\left[\dfrac{f(x)\{g(x)-g(1)\}}{x-1}+\dfrac{g(1)\{f(x)-f(1)\}}{x-1}\right]$
$=\lim\limits_{x\to1}\dfrac{f(x)\{g(x)-g(1)\}}{x-1}\ (\because g(1)=0)$
$=g'(1)\lim\limits_{x\to1}f(x)=0\ (\because g'(1)=0)$
따라서 함수 $f(x)g(x)$는 $x=1$에서 미분가능하다.

(8) 거짓

   (ⅰ) $x>0$일 때

$$\lim_{x\to0+}\frac{|x|f(x)-0}{x-0}=\lim_{x\to0+}\frac{xf(x)}{x}$$
$$=\lim_{x\to0+}f(x)=f(0)$$

   (ⅱ) $x<0$일 때

$$\lim_{x\to0-}\frac{|x|f(x)-0}{x-0}=\lim_{x\to0-}\frac{-xf(x)}{x}$$
$$=\lim_{x\to0-}\{-f(x)\}=-f(0)$$

(ⅰ), (ⅱ)에 의하여 $f(0)\neq0$이면 함수 $|x|f(x)$의 $x=0$에서의 좌미분계수와 우미분계수가 다르므로 함수 $|x|f(x)$는 $x=0$에서 미분가능하지 않다.

(9) 참

$g(x)=\dfrac{x}{f(x)}$로 놓으면 두 함수 $f(x)$, $g(x)$는 $x=0$에서 연속이고

$$\lim_{h\to0+}\frac{g(0+h)-g(0)}{h}=\lim_{h\to0+}\frac{\frac{h}{f(h)}}{h}=\frac{1}{f(0)},$$

$$\lim_{h\to0-}\frac{g(0+h)-g(0)}{h}=\lim_{h\to0-}\frac{\frac{h}{f(h)}}{h}=\frac{1}{f(0)}$$

이므로 $\displaystyle\lim_{h\to0}\frac{g(h)-g(0)}{h}$의 값이 존재한다.

즉, 함수 $g(x)$는 $x=0$에서 미분가능하다.

⑩ 참

$h\neq0$일 때, $|f(h)-f(0)|\leq|2h|$의 양변을 $|h|$로 나누면

$$\left|\frac{f(0+h)-f(0)}{h}\right|\leq2$$

이므로 극한의 대소 관계에 의하여

$$\lim_{h\to0}\left|\frac{f(0+h)-f(0)}{h}\right|=|f'(0)|\leq2$$

따라서 $-2\leq f'(0)\leq2$이므로

$f'(0)\leq2$

📋 답 풀이 참조

222 ㄱ. $\displaystyle\lim_{h\to0}\frac{f(1+h)-f(1)}{h}=f'(1)=0$이므로 함수 $f(x)$는 $x=1$에서 미분가능하다.

즉, $x=1$에서 연속이므로

$\displaystyle\lim_{x\to1}f(x)=f(1)$ (참)

ㄴ. $\displaystyle\lim_{h\to0}\frac{f(1+h)-f(1)}{h}=f'(1)=0$이므로

$$\lim_{h\to0}\frac{f(1+h)-f(1-h)}{2h}$$
$$=\lim_{h\to0}\left\{\frac{f(1+h)-f(1)}{h}\times\frac{1}{2}+\frac{f(1-h)-f(1)}{-h}\times\frac{1}{2}\right\}$$
$$=\frac{1}{2}f'(1)+\frac{1}{2}f'(1)$$
$$=f'(1)=0\ (참)$$

ㄷ. $f(x)=|x-1|$일 때

$$\lim_{h\to0}\frac{f(1+h)-f(1-h)}{2h}=\lim_{h\to0}\frac{|h|-|-h|}{2h}=0\ (참)$$

따라서 ㄱ, ㄴ, ㄷ 모두 옳다.

📋 답 ⑤

223 $0<t\leq1$일 때, $f(t)=3t$이므로

$$g(t)=\frac{f(t)-f(0)}{t-0}=\frac{3t}{t}=3$$

$t>1$일 때, $f(t)=t^3+at^2+bt$이므로

$$g(t)=\frac{f(t)-f(0)}{t-0}=\frac{t^3+at^2+bt}{t}$$
$$=t^2+at+b$$

한편, 함수 $g(t)$가 $t>0$에서 미분가능하므로 $t=1$에서 연속이다.

즉, $\displaystyle\lim_{t\to1+}g(t)=\lim_{t\to1-}g(t)=g(1)$이어야 하므로

$1+a+b=3$

$\therefore b=2-a$ …… ㉠

또한, 함수 $g(t)$가 $t=1$에서 미분가능하므로

$$\lim_{t\to1+}\frac{g(t)-g(1)}{t-1}=\lim_{t\to1-}\frac{g(t)-g(1)}{t-1}$$

$$\lim_{t\to1+}\frac{g(t)-g(1)}{t-1}=\lim_{t\to1+}\frac{t^2+at+b-3}{t-1}$$
$$=\lim_{t\to1+}\frac{t^2+at-1-a}{t-1}\ (\because ㉠)$$
$$=\lim_{t\to1+}\frac{(t-1)(t+1+a)}{t-1}=2+a$$

$$\lim_{t\to1-}\frac{g(t)-g(1)}{t-1}=\lim_{t\to1-}\frac{3-3}{t-1}=0$$

이므로 $2+a=0$ $\therefore a=-2$

$a=-2$를 ㉠에 대입하면 $b=4$

$$\therefore g(t)=\begin{cases}3 & (0<t\leq1)\\ t^2-2t+4 & (t>1)\end{cases}$$

따라서 함수 $y=g(t)$의 그래프는 다음 그림과 같다.

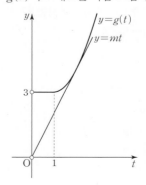

이때 직선 $y=mt$가 $y=g(t)$의 그래프와 만나면서 m의 값이 최소이려면 직선 $y=mt$가 $t>1$에서 함수 $y=g(t)$의 그래프와 접해야 한다.

$t^2-2t+4=mt$에서 $t^2-(m+2)t+4=0$

이 이차방정식의 판별식을 D라 하면

$D=\{-(m+2)\}^2-16=0$

$m^2+4m-12=0$

$(m+6)(m-2)=0$

$\therefore m=2\ (\because m>0)$

따라서 실수 m의 최솟값은 2이다.　　　　　　　**답** ①

224 (i) $0<t\le1$일 때, $f(t)=4t$이므로

$$g(t)=\frac{f(t)-f(0)}{t-0}$$

$$=\frac{4t}{t}=4$$

(ii) $t>1$일 때, $f(t)=5-2t$이므로

$$g(t)=\frac{f(t)-f(0)}{t-0}$$

$$=\frac{5-2t}{t}=\frac{5}{t}-2$$

(i), (ii)에 의하여

$$g(t)=\begin{cases}4 & (0<t\le1)\\[2mm]\dfrac{5}{t}-2 & (t>1)\end{cases}$$

따라서 $h(t)=\dfrac{2t^2+at+b}{g(t)+2}$로 놓으면

$$h(t)=\begin{cases}\dfrac{1}{6}(2t^2+at+b) & (0<t\le1)\\[2mm]\dfrac{1}{5}(2t^3+at^2+bt) & (t>1)\end{cases}$$

함수 $h(t)$가 $t=1$에서 미분가능하므로 $t=1$에서 연속이다.

즉, $\lim\limits_{t\to1+}h(t)=\lim\limits_{t\to1-}h(t)=h(1)$이므로

$\dfrac{1}{5}(2+a+b)=\dfrac{1}{6}(2+a+b)$

$2+a+b=0$

$\therefore a+b=-2$ 　　　…… ㉠

한편, $h'(t)=\begin{cases}\dfrac{1}{6}(4t+a) & (0<t<1)\\[2mm]\dfrac{1}{5}(6t^2+2at+b) & (t>1)\end{cases}$ 이고

함수 $h(t)$가 $t=1$에서 미분가능하므로

$\lim\limits_{t\to1+}h'(t)=\lim\limits_{t\to1-}h'(t)$

$\dfrac{1}{5}(6+2a+b)=\dfrac{1}{6}(4+a)$

$36+12a+6b=20+5a$

$\therefore 7a+6b=-16$ 　　　…… ㉡

㉠, ㉡을 연립하여 풀면

$a=-4,\ b=2$

$\therefore a^2+b^2=16+4=20$　　　　　　**답** ②

225 (i) $0<t\le1$일 때

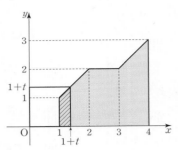

위의 그림에서

$$f(t)=\frac{1}{2}\times(1+1+t)\times t$$

$$=\frac{1}{2}t^2+t$$

(ii) $1<t\le2$일 때

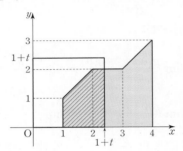

위의 그림에서

$$f(t)=\frac{1}{2}\times(1+2)\times1+(1+t-2)\times2$$

$$=2t-\frac{1}{2}$$

(iii) $2<t\le3$일 때

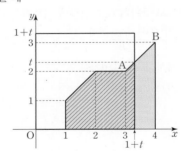

위의 그림에서 두 점 $A(3,\ 2)$, $B(4,\ 3)$을 지나는 직선의 방정식은 $y=x-1$이므로

$$f(t)=\frac{1}{2}\times(1+2)\times1+1\times2+\frac{1}{2}\times(2+t)\times(1+t-3)$$

$$=\frac{3}{2}+2+\frac{1}{2}(t+2)(t-2)$$

$$=\frac{1}{2}t^2+\frac{3}{2}$$

(i), (ii), (iii)에 의하여

$$f(t)=\begin{cases}\dfrac{1}{2}t^2+t & (0<t\le1)\\[2mm]2t-\dfrac{1}{2} & (1<t\le2)\\[2mm]\dfrac{1}{2}t^2+\dfrac{3}{2} & (2<t\le3)\end{cases}$$

$$\therefore f'(t) = \begin{cases} t+1 & (0 < t < 1) \\ 2 & (1 < t < 2) \\ t & (2 < t < 3) \end{cases}$$

ㄱ. $f(1) = \dfrac{3}{2}$ (참)

ㄴ. $\displaystyle\lim_{t \to 1+} f'(t) = \lim_{t \to 1-} f'(t) = 2,$

$\displaystyle\lim_{t \to 2+} f'(t) = \lim_{t \to 2-} f'(t) = 2$이므로

함수 $f(t)$는 열린구간 $(0, 3)$에서 미분가능하다. (거짓)

ㄷ. $\displaystyle\sum_{k=1}^{6} f'\left(\dfrac{2k-1}{4}\right)$

$= f'\left(\dfrac{1}{4}\right) + f'\left(\dfrac{3}{4}\right) + f'\left(\dfrac{5}{4}\right) + f'\left(\dfrac{7}{4}\right) + f'\left(\dfrac{9}{4}\right) + f'\left(\dfrac{11}{4}\right)$

$= \left(\dfrac{1}{4}+1\right) + \left(\dfrac{3}{4}+1\right) + 2 + 2 + \dfrac{9}{4} + \dfrac{11}{4}$

$= 3 + 4 + 5 = 12$ (참)

따라서 옳은 것은 ㄱ, ㄷ이다.   답 ③

226 (i) $0 < t \le 1$일 때

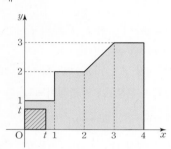

위의 그림에서

$f(t) = t \times t = t^2$

(ii) $1 < t \le 2$일 때

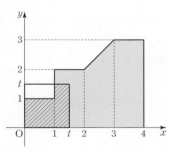

위의 그림에서

$f(t) = 1 \times 1 + (t-1) \times t = t^2 - t + 1$

(iii) $2 < t \le 3$일 때

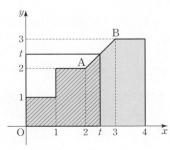

위의 그림에서 두 점 $A(2, 2)$, $B(3, 3)$을 지나는 직선의
방정식은 $y = x$이므로

$$f(t) = 1 \times 1 + 1 \times 2 + \dfrac{1}{2} \times (t+2) \times (t-2)$$

$$= \dfrac{1}{2}t^2 + 1$$

(iv) $3 < t < 4$일 때

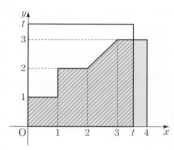

위의 그림에서

$$f(t) = 1 \times 1 + 1 \times 2 + \dfrac{1}{2} \times (2+3) \times 1 + (t-3) \times 3$$

$$= 3t - \dfrac{7}{2}$$

(i) ~ (iv)에 의하여

$$f(t) = \begin{cases} t^2 & (0 < t \le 1) \\ t^2 - t + 1 & (1 < t \le 2) \\ \dfrac{1}{2}t^2 + 1 & (2 < t \le 3) \\ 3t - \dfrac{7}{2} & (3 < t < 4) \end{cases}$$

$$\therefore f'(t) = \begin{cases} 2t & (0 < t < 1) \\ 2t-1 & (1 < t < 2) \\ t & (2 < t < 3) \\ 3 & (3 < t < 4) \end{cases}$$

$\displaystyle\lim_{t \to 1+} f'(t) = \lim_{t \to 1+}(2t-1) = 1$, $\displaystyle\lim_{t \to 1-} f'(t) = \lim_{t \to 1-} 2t = 2$

이므로 $\displaystyle\lim_{t \to 1+} f'(t) \ne \lim_{t \to 1-} f'(t)$

$\displaystyle\lim_{t \to 2+} f'(t) = \lim_{t \to 2+} t = 2$, $\displaystyle\lim_{t \to 2-} f'(t) = \lim_{t \to 2-}(2t-1) = 3$

이므로 $\displaystyle\lim_{t \to 2+} f'(t) \ne \lim_{t \to 2-} f'(t)$

$\displaystyle\lim_{t \to 3+} f'(t) = 3$, $\displaystyle\lim_{t \to 3-} f'(t) = \lim_{t \to 3-} t = 3$이므로

$\displaystyle\lim_{t \to 3+} f'(t) = \lim_{t \to 3-} f'(t)$

따라서 함수 $f(t)$는 $t=1$, $t=2$에서 미분가능하지 않으므로
구하는 합은

$1 + 2 = 3$ 답 3

227 $g(x) = x^{2k}f(x)$에서

$g'(x) = 2kx^{2k-1}f(x) + x^{2k}f'(x)$

조건 (가)에서 $g(2) \ne 0$이므로 $f(2) \ne 0$

$g'(2) = 0$이므로

$2k \times 2^{2k-1}f(2) + 2^{2k}f'(2) = 0$

$2^{2k}\{kf(2) + f'(2)\} = 0$

$\therefore f'(2) = -kf(2)$ ...... ㉠

한편, 조건 (나)에서 함수 $y = f(x)$의 그래프 위의 점 $(2, f(2))$
에서의 접선의 방정식은

$$y - f(2) = f'(2)(x-2)$$

이 접선이 점 $\left(\dfrac{5}{2}, 0\right)$을 지나므로

$$-f(2) = f'(2) \times \dfrac{1}{2}$$

$$\therefore f'(2) = -2f(2) \qquad \cdots\cdots \text{ⓒ}$$

㉠, ㉡에서 $k=2$

답 2

228 $f(x) = \dfrac{g(x)}{x^k}$에서 $g(x) = x^k f(x)$이므로

$$g'(x) = kx^{k-1}f(x) + x^k f'(x)$$

조건 ㈎에서 $g(4) \neq 0$이므로 $f(4) \neq 0$

$g'(4) = 0$이므로

$$k \times 4^{k-1}f(4) + 4^k f'(4) = 0$$

$$\therefore f'(4) = -\dfrac{k}{4}f(4) \qquad \cdots\cdots \text{㉠}$$

한편, 조건 ㈏에서 함수 $y=f(x)$의 그래프 위의 점 $(4, f(4))$에서의 접선의 방정식은

$$y - f(4) = f'(4)(x-4)$$

이 접선이 점 $\left(\dfrac{17}{4}, 0\right)$을 지나므로

$$-f(4) = f'(4) \times \dfrac{1}{4}$$

$$\therefore f'(4) = -4f(4) \qquad \cdots\cdots \text{㉡}$$

㉠, ㉡에서 $-\dfrac{k}{4} = -4$

$$\therefore k = 16$$

따라서 $g(x) = x^{16}f(x)$, $g'(x) = 16x^{15}f(x) + x^{16}f'(x)$이므로

$$\dfrac{g'(1)}{g(1)} - \dfrac{f'(1)}{f(1)} = \dfrac{16f(1) + f'(1)}{f(1)} - \dfrac{f'(1)}{f(1)} = 16$$

답 ④

229 $f(x) = x^4 - 4x^3 + 1$로 놓으면

$$f'(x) = 4x^3 - 12x^2$$

점 A의 좌표를 $(a, a^4 - 4a^3 + 1)$이라 하면 $f'(a) = 4a^3 - 12a^2$

이므로 점 A에서의 접선의 방정식은

$$y - (a^4 - 4a^3 + 1) = (4a^3 - 12a^2)(x-a)$$

$$\therefore y = (4a^3 - 12a^2)x - 3a^4 + 8a^3 + 1$$

이 직선이 곡선 $y=f(x)$와 만나는 점의 x좌표는 방정식

$$x^4 - 4x^3 + 1 = (4a^3 - 12a^2)x - 3a^4 + 8a^3 + 1$$

의 실근과 같다.

즉, $x^4 - 4x^3 - (4a^3 - 12a^2)x + 3a^4 - 8a^3 = 0$에서

$$(x-a)^2\{x^2 + (2a-4)x + 3a^2 - 8a\} = 0$$

x에 대한 이차방정식 $x^2 + (2a-4)x + 3a^2 - 8a = 0$의 두 실근을 b, c라 하면 b, c는 각각 두 점 B, C의 x좌표이므로 이차방정식의 근과 계수의 관계에 의하여

$$b+c = -2a+4, \quad bc = 3a^2 - 8a \qquad \cdots\cdots \text{㉠}$$

이때 점 A가 선분 BC의 중점이므로

$$a = \dfrac{b+c}{2}$$

㉠에 의하여 $2a = -2a + 4$

$$\therefore a = 1$$

$a=1$을 ㉠에 각각 대입하면

$$b+c = 2, \quad bc = -5 \qquad \cdots\cdots \text{㉡}$$

한편, 곡선 $y=f(x)$ 위의 두 점 B, C에서의 접선의 기울기는 각각

$$m_1 = f'(b) = 4b^3 - 12b^2$$

$$m_2 = f'(c) = 4c^3 - 12c^2$$

$$\therefore m_1 + m_2$$
$$= (4b^3 - 12b^2) + (4c^3 - 12c^2)$$
$$= 4(b^3 + c^3) - 12(b^2 + c^2)$$
$$= 4\{(b+c)^3 - 3bc(b+c)\} - 12\{(b+c)^2 - 2bc\}$$
$$= 4 \times \{2^3 - 3 \times (-5) \times 2\} - 12 \times \{2^2 - 2 \times (-5)\} \ (\because \text{㉡})$$
$$= 152 - 168 = -16$$

답 -16

230 $f'(0) = m$이라 하면 점 $O(0, 0)$에서의 접선의 방정식은

$$y = mx$$

직선 $y = mx$가 곡선 $y = f(x)$와 만나는 점의 x좌표는 방정식 $f(x) = mx$의 실근이다.

이때 방정식 $f(x) = mx$의 0이 아닌 두 실근이 각각 a, b이고, 점 O가 선분 AB의 중점이므로

$$\dfrac{a+b}{2} = 0 \qquad \therefore b = -a$$

따라서 방정식 $f(x) - mx = 0$은 0을 중근으로, a와 $-a$를 중근이 아닌 실근으로 가지므로 인수정리에 의하여

$$f(x) - mx = x^2(x+a)(x-a)$$

$$\therefore f(x) = x^2(x+a)(x-a) + mx$$

$f'(x) = 2x(x+a)(x-a) + x^2(x-a) + x^2(x+a) + m$이고,

곡선 $y = f(x)$ 위의 점 O에서의 접선과 곡선 $y = f(x)$ 위의 점 A에서의 접선이 수직이므로

$$f'(0) \times f'(a) = -1$$

즉, $m \times (2a^3 + m) = -1$이므로

$$2a^3 + m = -\dfrac{1}{m} \ (\because m \neq 0)$$

$$\therefore 2a^3 = -\left(m + \dfrac{1}{m}\right)$$

한편, $a > -a$에서 $a > 0$이므로

$$m < 0$$

$m = -n \ (n > 0)$으로 놓으면 산술평균과 기하평균의 관계에 의하여

$$2a^3 = n + \dfrac{1}{n} \geq 2\sqrt{n \times \dfrac{1}{n}} = 2 \ (\text{단, 등호는 } n=1\text{일 때 성립})$$

즉, $a^3 \geq 1$에서 $(a-1)(a^2 + a + 1) \geq 0$이므로

$$a \geq 1 \ (\because a^2 + a + 1 > 0)$$

따라서 a의 최솟값은 1이고, 이때 $m = -n = -1$이므로

$$f(x) = x^2(x+1)(x-1) - x$$

$$\therefore f(4) = 4^2 \times 5 \times 3 - 4 = 236$$

답 236

231 $f(x)=\dfrac{1}{3}x^3-kx^2+1$에서

$$f'(x)=x^2-2kx=x(x-2k)$$

$f'(x)=0$에서 $x=0$ 또는 $x=2k$

이때 $k>0$이므로 함수 $f(x)$는 $x=0$에서 극댓값 $f(0)=1$,

$x=2k$에서 극솟값 $f(2k)=1-\dfrac{4}{3}k^3$을 갖는다.

한편, 두 점 A, B에서의 접선 l, m의 기울기가 모두 $3k^2$이므로 $f'(x)=x^2-2kx=3k^2$에서

$$x^2-2kx-3k^2=0$$
$$(x+k)(x-3k)=0$$
$$\therefore x=-k \text{ 또는 } x=3k$$

따라서 두 점 A, B의 x좌표를 각각 $-k$, $3k$라 하면

$$f(-k)=1-\dfrac{4}{3}k^3, \ f(3k)=1$$

이므로 점 A는 직선 $y=1-\dfrac{4}{3}k^3$ 위의 점이고, 점 B는 직선 $y=1$ 위의 점이다.

다음 그림과 같이 직선 l과 직선 $y=1$의 교점을 C, 직선 m 과 직선 $y=1-\dfrac{4}{3}k^3$의 교점을 D라 하면 네 접선 $y=1$,

$y=1-\dfrac{4}{3}k^3$, l, m으로 둘러싸인 도형은 평행사변형이다.

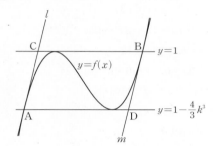

곡선 $y=f(x)$ 위의 점 $A\left(-k, \ 1-\dfrac{4}{3}k^3\right)$에서의 접선의 방정식은

$$y-\left(1-\dfrac{4}{3}k^3\right)=3k^2(x+k)$$

점 C의 y좌표가 1이므로 위의 식에 $y=1$을 대입하면

$$\dfrac{4}{3}k^3=3k^2(x+k) \qquad \therefore x=-\dfrac{5}{9}k$$

$$\therefore C\left(-\dfrac{5}{9}k, \ 1\right)$$

따라서 $\overline{BC}=3k-\left(-\dfrac{5}{9}k\right)=\dfrac{32}{9}k$이고, 평행사변형 ADBC의 넓이는 24이므로

$$\dfrac{32}{9}k\times\left\{1-\left(1-\dfrac{4}{3}k^3\right)\right\}=24$$

$$k^4=\dfrac{3^4}{2^4} \qquad \therefore k=\dfrac{3}{2} \ (\because k>0)$$ **답** ③

232 $f(x)=x^3-2kx^2+3k^2x+1$에서

$$f'(x)=3x^2-4kx+3k^2$$

이차방정식 $f'(x)=0$의 판별식을 D라 하면

$$\dfrac{D}{4}=(-2k)^2-3\times3k^2=-5k^2<0$$

즉, 모든 실수 x에 대하여 $f'(x)>0$이므로 함수 $f(x)$는 증가한다.

한편, 두 점 A, B에서의 접선 l, m의 기울기가 모두 $2k^2$이므로 $f'(x)=3x^2-4kx+3k^2=2k^2$에서

$$3x^2-4kx+k^2=0$$
$$(3x-k)(x-k)=0$$
$$\therefore x=\dfrac{k}{3} \text{ 또는 } x=k$$

따라서 두 점 A, B의 x좌표를 각각 $\dfrac{k}{3}$, k라 하면

$$f\left(\dfrac{k}{3}\right)=\dfrac{22}{27}k^3+1, \ f(k)=2k^3+1$$

다음 그림과 같이 직선 m과 직선 $x=\dfrac{k}{3}$의 교점을 C, 직선 l 과 직선 $x=k$의 교점을 D라 하면 네 직선 $x=\dfrac{k}{3}$, $x=k$, l, m으로 둘러싸인 도형은 평행사변형이다.

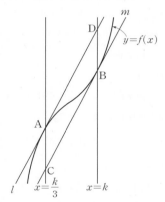

곡선 $y=f(x)$ 위의 점 $B(k, 2k^3+1)$에서의 접선의 방정식은

$$y-(2k^3+1)=2k^2(x-k) \qquad \therefore y=2k^2x+1$$

점 C의 x좌표는 $\dfrac{k}{3}$이므로 위의 식에 $x=\dfrac{k}{3}$를 대입하면

$$y=2k^2\times\dfrac{k}{3}+1=\dfrac{2}{3}k^3+1$$

$$\therefore C\left(\dfrac{k}{3}, \ \dfrac{2}{3}k^3+1\right)$$

따라서 $\overline{AC}=\dfrac{22}{27}k^3+1-\left(\dfrac{2}{3}k^3+1\right)=\dfrac{4}{27}k^3$이고, 평행사변형 ACBD의 넓이는 32이므로

$$\dfrac{4}{27}k^3\times\left(k-\dfrac{k}{3}\right)=32$$

$$k^4=4\times81 \qquad \therefore k=3\sqrt{2} \ (\because k>0)$$ **답** ④

233 함수 $g(x)$가 $x=1$에서 미분가능하므로 $x=1$에서 연속이고 $g'(1)$의 값이 존재한다.

따라서

$$g'(1)=\lim_{h\to0+}\dfrac{g(1+h)-g(1)}{h}=\lim_{h\to0-}\dfrac{g(1+h)-g(1)}{h}$$

또한, 함수 $g(x)$는 $x=1$에서 연속이므로

$g(x)=\begin{cases} f(x)+a & (x\leq1) \\ -f(x+b) & (x>1) \end{cases}$ 에서 $f(1)+a=-f(1+b)$

이때

$\lim\limits_{h\to0+}\dfrac{g(1+h)-g(1)}{h}$

$=\lim\limits_{h\to0+}\dfrac{-f(1+b+h)-\{f(1)+a\}}{h}$

$=\lim\limits_{h\to0+}\left\{-\dfrac{f(1+b+h)-f(1+b)}{h}\right\}$

$=-f'(1+b)$

$\lim\limits_{h\to0-}\dfrac{g(1+h)-g(1)}{h}$

$=\lim\limits_{h\to0-}\dfrac{\{f(1+h)+a\}-\{f(1)+a\}}{h}$

$=\lim\limits_{h\to0-}\dfrac{f(1+h)-f(1)}{h}$

$=f'(1)$

에서

$-f'(1+b)=f'(1)$

한편, $f(x)=x^4-6x^2+8x+3$에서

$f'(x)=4x^3-12x+8=4(x-1)^2(x+2)$

이므로 $f'(1)=0$에서

$f'(1+b)=0$, $f'(-2)=0$ $\therefore b=-3$

또한, 함수 $g(x)$는 $x=1$에서 연속이므로

$\lim\limits_{x\to1+}g(x)=\lim\limits_{x\to1-}g(x)=g(1)$

$\lim\limits_{x\to1+}\{-f(x-3)\}=\lim\limits_{x\to1-}\{f(x)+a)\}=f(1)+a$

$-f(-2)=f(1)+a$

$\therefore a=-f(1)-f(-2)=-6-(-21)=15$

$\therefore g(x)=\begin{cases} f(x)+15 & (x\leq1) \\ -f(x-3) & (x>1) \end{cases}$

한편, $f'(x)=0$에서 $x=-2$ 또는 $x=1$이므로 함수 $f(x)$의 증가와 감소를 표로 나타내면 다음과 같다.

x	$\cdots$	-2	$\cdots$	1	$\cdots$
$f'(x)$	$-$	0	$+$	0	$+$
$f(x)$	$\searrow$	-21	$\nearrow$	6	$\nearrow$

두 함수 $y=f(x)$, $y=g(x)$의 그래프는 다음 그림과 같다.

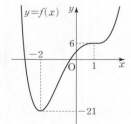 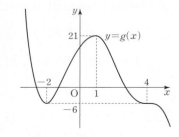

따라서 함수 $g(x)$는 $x=-2$에서 극솟값 -6, $x=1$에서 극댓값 21을 가지므로 구하는 합은

$-6+21=15$

답 ④

234 함수 $g(x)$가 $x=3$에서 미분가능하므로 $x=3$에서 연속이고 $g'(3)$의 값이 존재한다.

따라서

$g'(3)=\lim\limits_{h\to0+}\dfrac{g(3+h)-g(3)}{h}=\lim\limits_{h\to0-}\dfrac{g(3+h)-g(3)}{h}$

또한, 함수 $g(x)$는 $x=3$에서 연속이므로

$g(x)=\begin{cases} f(x) & (x<3) \\ f(x-a)+b & (x\geq3) \end{cases}$ 에서 $f(3)=f(3-a)+b$

이때

$\lim\limits_{h\to0+}\dfrac{g(3+h)-g(3)}{h}$

$=\lim\limits_{h\to0+}\dfrac{\{f(3-a+h)+b\}-\{f(3-a)+b\}}{h}$

$=\lim\limits_{h\to0+}\dfrac{f(3-a+h)-f(3-a)}{h}$

$=f'(3-a)$

$\lim\limits_{h\to0-}\dfrac{g(3+h)-g(3)}{h}$

$=\lim\limits_{h\to0-}\dfrac{f(3+h)-\{f(3-a)+b\}}{h}$

$=\lim\limits_{h\to0-}\dfrac{f(3+h)-f(3)}{h}$

$=f'(3)$

에서 $f'(3-a)=f'(3)$

한편, $f(x)=2x^3-3x^2-12x-3$에서

$f'(x)=6x^2-6x-12$

$\therefore f'(3)=6\times3^2-6\times3-12=24$

방정식 $f'(x)=f'(3)$에서

$6x^2-6x-12=24$

$x^2-x-6=0$

$(x-3)(x+2)=0$

$\therefore x=3$ 또는 $x=-2$

따라서 $f'(3)=f'(-2)$이므로

$3-a=-2$ $(\because a\neq0)$

$\therefore a=5$

또한, 함수 $g(x)$는 $x=3$에서 연속이므로

$\lim\limits_{x\to3+}g(x)=\lim\limits_{x\to3-}g(x)=g(3)$

$\lim\limits_{x\to3+}\{f(x-5)+b\}=\lim\limits_{x\to3-}f(x)=f(-2)+b$

$-7+b=-12$

$\therefore b=-5$

$\therefore g(x)=\begin{cases} f(x) & (x<3) \\ f(x-5)-5 & (x\geq3) \end{cases}$

한편, $f'(x)=0$에서 $x=-1$ 또는 $x=2$이므로 함수 $f(x)$의 증가와 감소를 표로 나타내면 다음과 같다.

x	$\cdots$	-1	$\cdots$	2	$\cdots$
$f'(x)$	$+$	0	$-$	0	$+$
$f(x)$	$\nearrow$	4	$\searrow$	-23	$\nearrow$

두 함수 $y=f(x)$, $y=g(x)$의 그래프는 다음 그림과 같다.

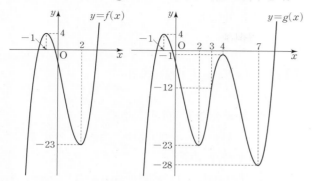

따라서 함수 $g(x)$는 $x=-1$, $x=4$에서 각각 극댓값 4, -1을 갖고, $x=2$, $x=7$에서 각각 극솟값 -23, -28을 갖는다.
즉, $M=4+(-1)+(-23)+(-28)=-48$이므로
$a+b+M=5+(-5)+(-48)=-48$ 답 ①

235 조건 ⑺에 의하여
$f(x)+2x+k=-(x-a)^3$ (a는 실수) ······ ㉠
으로 놓을 수 있다.
조건 ⑷의 $xf(x)\leq f(x)$에서
$(x-1)f(x)\leq 0$
$x>1$이면 $x-1>0$이므로 $f(x)\leq 0$
$x<1$이면 $x-1<0$이므로 $f(x)\geq 0$
이때 함수 $f(x)$는 실수 전체의 집합에서 연속이므로
$f(1)=0$
㉠에 $x=1$을 대입하면 $f(1)+2+k=-(1-a)^3$
$\therefore k=-(1-a)^3-2$ ······ ㉡
$\therefore g(x)=|-(x-a)^3|$
$\quad =\begin{cases} -(x-a)^3 & (x<a) \\ (x-a)^3 & (x\geq a) \end{cases}$
$g'(x)=\begin{cases} -3(x-a)^2 & (x<a) \\ 3(x-a)^2 & (x>a) \end{cases}$
이때 $g'(1)=3>0$이므로 $a\leq 1$
즉, $g'(1)=3(1-a)^2=3$이므로
$1-a=1$ 또는 $1-a=-1$
$\therefore a=0$ 또는 $a=2$
그런데 $a\leq 1$이므로 $a=0$
따라서 ㉡에서 $k=-3$ 답 ③

236 조건 ⑺에 의하여
$f(x)-k(x+1)=(x-a)(x-b)^3$ (a, b는 상수, $a\neq b$)
  ······ ㉠
으로 놓을 수 있다.
조건 ⑷의 $|x|f(x)\geq f(x)$에서
$(|x|-1)f(x)\geq 0$

$x>1$ 또는 $x<-1$일 때, $f(x)\geq 0$
$-1<x<1$일 때, $f(x)\leq 0$
이때 함수 $f(x)$는 실수 전체의 집합에서 연속이므로
$f(-1)=0$, $f(1)=0$
즉, $f(-1)=0$이므로 ㉠에서
$f(-1)=(-1-a)(-1-b)^3=0$
$\therefore a=-1$ 또는 $b=-1$
(i) $a=-1$일 때
 $f(x)-k(x+1)=(x+1)(x-b)^3$에서
 $f(x)=(x+1)\{(x-b)^3+k\}$
 이때 $f(1)=0$이므로
 $2\{(1-b)^3+k\}=0$ $\therefore k=(b-1)^3$
 또, $f(0)=-1$이므로
 $-b^3+k=-1$ $\therefore k=b^3-1$
 즉, $(b-1)^3=b^3-1$이므로
 $3b^2-3b=0$, $3b(b-1)=0$
 $\therefore b=0$ 또는 $b=1$
 따라서
 $f(x)=(x+1)(x^3-1)$ 또는 $f(x)=(x+1)(x-1)^3$
 이고, 이 두 함수는 각각 조건 ⑷를 만족시키므로
 $f(2)=3\times 7=21$ 또는 $f(2)=3\times 1=3$
(ii) $b=-1$일 때
 $f(x)-k(x+1)=(x-a)(x+1)^3$에서
 $f(x)=(x+1)\{(x-a)(x+1)^2+k\}$
 이때 $f(1)=0$이므로
 $2\{4(1-a)+k\}=0$ $\therefore k=4a-4$
 또, $f(0)=-1$이므로
 $k-a=-1$ $\therefore k=a-1$
 즉, $4a-4=a-1$이므로
 $3a=3$ $\therefore a=1$
 따라서 $f(x)=(x-1)(x+1)^3$이고, 함수 $f(x)$는 조건 ⑷를 만족시키므로
 $f(2)=3^3=27$
(i), (ii)에 의하여 가능한 모든 $f(2)$의 값의 합은
$21+3+27=51$ 답 51

237 조건 ⑺에 의하여
$f(-2)=-8+4a-2b+c=0$
$f(2)=8+4a+2b+c=0$
위의 두 식을 연립하면
$b=-4$, $c=-4a$
$\therefore f(x)=x^3+ax^2-4x-4a$
$\quad =x^2(x+a)-4(x+a)$
$\quad =(x-2)(x+2)(x+a)$
$f'(x)=3x^2+2ax-4$

조건 (나)에서 $|x| \le 2$인 모든 실수 x에 대하여
$f(x) \ge 2 - |x| \ge 0$이므로 $-a > 2$이어야 한다.
따라서 함수 $y = f(x)$의 그래프가 [그림 1] 또는 [그림 2]와 같아야 한다.

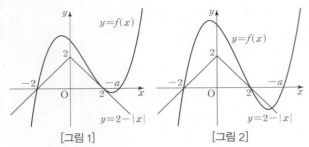

[그림 1]　　　　[그림 2]

즉,
$f'(-2) = 8 - 4a \ge 1$, $f'(2) = 8 + 4a \le -1$
이어야 하므로
$a \le -\dfrac{9}{4}$
$f(x) = (x-2)(x+2)(x+a)$에서
$f(4) = 12(4+a) = 48 + 12a \le 21$
따라서 $f(4)$의 최댓값은 21이다.　　　　**답** ②

238 $f(0) = 0$이므로 최고차항의 계수가 1인 삼차함수 $f(x)$를
$f(x) = x^3 + ax^2 + bx$ (a, b는 상수)
로 놓을 수 있다.
$g(x) = -x^2 - 4x$로 놓으면 $x \ge -4$에서 $f(x) \ge g(x)$이어야
하므로 두 함수 $y = f(x)$, $y = g(x)$의 그래프의 개형은 다음
그림과 같아야 한다.

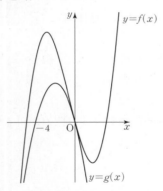

즉, $f(-4) \ge 0$, $f'(0) = g'(0)$이어야 하므로
$f(-4) = -64 + 16a - 4b \ge 0$
$\therefore 4a - b \ge 16$　　…… ㉠
$f'(x) = 3x^2 + 2ax + b$, $g'(x) = -2x - 4$이므로
$f'(0) = g'(0)$에서
$b = -4$
$b = -4$를 ㉠에 대입하면
$4a + 4 \ge 16$
$\therefore a \ge 3$

따라서 $f(3) = 27 + 9a + 3b = 9a + 15 \ge 42$이므로 $f(3)$의 최
솟값은 42이다.　　　　**답** 42

239 $g(x) = f(x) - f(1)$로 놓으면
$g(1) = 0$
이므로 조건 (나)에 의하여
$g(x) = k(x-a)(x-1)^3$ ($a > 2$, k는 0이 아닌 상수)
으로 놓을 수 있다.
$\therefore g'(x) = k(x-1)^3 + 3k(x-a)(x-1)^2$
$\qquad = k(x-1)^2(x-1+3x-3a)$
$\qquad = k(x-1)^2(4x-3a-1)$
조건 (가)에 의하여 $g'(2) = f'(2) = 0$이므로
$k(7-3a) = 0$
$k \ne 0$이므로 $7 - 3a = 0$
$\therefore a = \dfrac{7}{3}$
따라서 $g'(x) = k(x-1)^2(4x-8)$이므로
$f'(x) = g'(x)$
$\qquad = k(x-1)^2(4x-8)$
$\therefore \dfrac{f'(5)}{f'(3)} = \dfrac{192k}{16k} = 12$　　　　**답** 12

240 함수 $y = g(x)$의 그래프는 $x \ge 0$일 때 함수 $y = f(x)$의 그래
프와 같고, $x < 0$일 때 함수 $y = f(x)$의 그래프에서 $x > 0$인
부분을 y축에 대하여 대칭이동한 것이다.
조건 (가)에 의하여 다항식 $f(x)$를 x^2으로 나누었을 때의 몫을
$Q(x)$ ($Q(x)$는 이차식)라 하면
$f(x) = x^2 Q(x)$, $f'(x) = 2xQ(x) + x^2 Q'(x)$
$f(0) = 0$, $f'(0) = 0$　　…… ㉠
이므로 $g(0) = g'(0) = 0$
즉, 함수 $g(x)$는 $x = 0$에서 극값을 갖는다.
이때 함수 $y = f(x)$의 그래프가 원점을 지나고 최고차항의 계
수가 1이므로 함수 $y = g(x) - 27$의 그래프는 x축과 적어도
두 점에서 만난다.
$g'(a) = 0$이고 조건 (나)에서 함수 $y = |g(x) - 27|$이 실수 전체
의 집합에서 미분가능하므로 함수 $y = g(x) - 27$의 그래프는
[그림 1]과 같아야 한다.

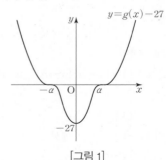

[그림 1]

따라서 함수 $y=f(x)$의 그래프는 [그림 2]와 같다.

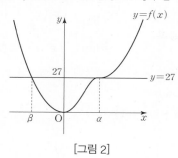

[그림 2]

즉,

$f(x)-27=(x-\alpha)^3(x-\beta)$ $(\alpha>0,\ \beta<0)$

로 놓으면 ㉠에서 $f(0)=0$이므로

$\alpha^3\beta=-27$ ······ ㉡

또한, $f'(x)=3(x-\alpha)^2(x-\beta)+(x-\alpha)^3$이고 ㉠에서

$f'(0)=0$이므로

$f'(0)=-3\alpha^2\beta-\alpha^3=0$ ∴ $\beta=-\dfrac{\alpha}{3}$ ······ ㉢

㉢을 ㉡에 대입하면

$\alpha^3\times\left(-\dfrac{\alpha}{3}\right)=-27,\ \alpha^4=81$

∴ $\alpha=3,\ \beta=-1\ (\because\ \alpha>0,\ \beta<0)$

따라서 $f(x)=(x-3)^3(x+1)+27$이므로

$f(\alpha+1)=f(4)=32$

답 32

241 조건 ㈎, ㈏를 만족시키는 함수 $y=f'(x)$의 그래프와 $y=f(x)$의 그래프는 다음 그림과 같다.

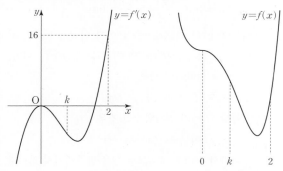

ㄱ. 함수 $y=f'(x)$의 그래프와 x축은 열린구간 $(k,\ 2)$에서 만난다.

즉, 방정식 $f'(x)=0$은 열린구간 $(0,\ 2)$에서 한 개의 실 근을 갖는다. (참)

ㄴ. 함수 $y=f(x)$의 그래프에서 함수 $f(x)$는 극댓값을 갖지 않는다. (거짓)

ㄷ. $f(0)=0$이면 최고차항의 계수가 1인 사차함수 $f(x)$는

$f(x)=x^3(x-a)$ $(a>0$인 상수$)$

로 놓을 수 있다.

이때 $f'(x)=3x^2(x-a)+x^3=x^2(4x-3a)$이고 조건 ㈎

에서 $f'(2)=16$이므로

$f'(2)=4(8-3a)=16$ ∴ $a=\dfrac{4}{3}$

따라서 $f(x)=x^3\left(x-\dfrac{4}{3}\right)$,

$f'(x)=x^2(4x-4)=4x^2(x-1)$이므로 $f'(x)=0$에서

$x=0$ 또는 $x=1$

함수 $f(x)$의 증가와 감소를 표로 나타내면 다음과 같다.

x	$\cdots$	0	$\cdots$	1	$\cdots$
$f'(x)$	$-$	0	$-$	0	$+$
$f(x)$	$\searrow$		$\searrow$	극소	$\nearrow$

따라서 함수 $f(x)$는 $x=1$에서 극소이면서 최소이므로

$f(x)\geq f(1)=-\dfrac{1}{3}$ (참)

따라서 옳은 것은 ㄱ, ㄷ이다.

답 ③

242 조건 ㈏에서 $\alpha<\beta<4$이면 $\beta-\alpha>0$이므로

$\dfrac{f(\beta)-f(\alpha)}{\beta-\alpha}<0$에서 $f(\beta)-f(\alpha)<0$이다.

즉, $\alpha<\beta<4$인 임의의 두 실수 α, β에 대하여 $f(\beta)<f(\alpha)$

이므로 함수 $f(x)$는 열린구간 $(-\infty,\ 4)$에서 감소한다.

또, 조건 ㈎에서 $f'(0)=0$이므로 조건 ㈎, ㈏를 만족시키는

도함수 $y=f'(x)$의 그래프와 함수 $y=f(x)$의 그래프는 다음

그림과 같다.

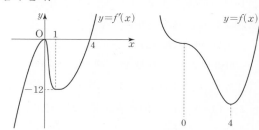

따라서 함수 $f(x)$는 최고차항의 계수가 1인 사차함수이므로

$f(x)-f(0)=x^3(x-k)$ $(k$는 상수$)$

로 놓을 수 있다.

이때 $f'(x)=3x^2(x-k)+x^3=x^2(4x-3k)$이고 조건 ㈎에서

$f'(1)=-12$이므로

$4-3k=-12$ ∴ $k=\dfrac{16}{3}$

따라서 $f(x)=x^3\left(x-\dfrac{16}{3}\right)+30$,

$f'(x)=x^2(4x-16)=4x^2(x-4)$이므로 $f'(x)=0$에서

$x=0$ 또는 $x=4$

함수 $f(x)$의 증가와 감소를 표로 나타내면 다음과 같다.

x	$\cdots$	0	$\cdots$	4	$\cdots$
$f'(x)$	$-$	0	$-$	0	$+$
$f(x)$	$\searrow$		$\searrow$	극소	$\nearrow$

따라서 함수 $f(x)$는 $x=4$에서 극소이면서 최소이므로 구하

는 최솟값은

$f(4)=64\times\left(-\dfrac{4}{3}\right)+30=-\dfrac{166}{3}$

답 ④

243 조건 ㉮의 $4x-8 \leq f(x) \leq 2x^3-8x^2+12x-8$에 $x=2$를 대입하면

$f(2)=0$

$x>2$일 때, $x-2>0$이므로

$$\frac{4(x-2)}{x-2} \leq \frac{f(x)}{x-2} \leq \frac{2(x-2)(x^2-2x+2)}{x-2}$$

$\displaystyle\lim_{x \to 2+}\frac{4(x-2)}{x-2}=4$, $\displaystyle\lim_{x \to 2+}\frac{2(x-2)(x^2-2x+2)}{x-2}=4$이므로

함수의 극한의 대소 관계에 의하여

$$\lim_{x \to 2+}\frac{f(x)}{x-2}=\lim_{x \to 2+}\frac{f(x)-f(2)}{x-2}=4$$

이때 함수 $f(x)$는 다항함수이므로 실수 전체의 집합에서 미분가능하다.

$\therefore f'(2)=\displaystyle\lim_{x \to 2+}\frac{f(x)-f(2)}{x-2}=4$ ······ ㉠

조건 ㉯에서 $x \to 2$일 때 (분모)$\to 0$이고 극한값이 존재하므로 (분자)$\to 0$이어야 한다.

$\therefore \displaystyle\lim_{x \to 2}\{f'(x)f(x-2)\}=f'(2)f(0)=0$

㉠에서 $f'(2) \neq 0$이므로 $f(0)=0$ ······ ㉢

다항함수 $f(x)$의 차수가 4 이상이면

$\displaystyle\lim_{x \to \infty}\{f(x)-(2x^3-8x^2+12x-8)\}=\infty$이므로 조건 ㉮에 모순이다.

따라서 다항함수 $f(x)$의 차수는 4 미만이다.

(i) 함수 $f(x)$가 일차함수인 경우

$f(2)=0$이므로 $f(x)=x-2$

따라서 $f'(2)=1$이므로 ㉠에 모순이다.

(ii) 함수 $f(x)$가 이차함수인 경우

$f(x)=x^2+ax+b$ (a, b는 상수)로 놓으면

$f'(x)=2x+a$

$f(2)=0$, $f'(2)=4$에서

$4+2a+b=0$, $4+a=4$

위의 두 식을 연립하여 풀면 $a=0$, $b=-4$

따라서 $f(x)=x^2-4$에서 $f(0)=-4$이므로 ㉢에 모순이다.

(iii) 함수 $f(x)$가 삼차함수인 경우

$f(x)=x^3+ax^2+bx+c$ (a, b, c는 상수)로 놓으면

$f'(x)=3x^2+2ax+b$

$f(0)=0$, $f(2)=0$, $f'(2)=4$에서

$c=0$ ······ ㉢

$8+4a+2b+c=0$ ······ ㉣

$12+4a+b=4$ ······ ㉤

㉢을 ㉣에 대입하면

$8+4a+2b=0$ ······ ㉥

㉤, ㉥을 연립하여 풀면 $a=-2$, $b=0$

$\therefore f(x)=x^3-2x^2$

(i), (ii), (iii)에 의하여

$f(x)=x^3-2x^2=x^2(x-2)$

따라서

$$\begin{aligned}\lim_{x \to 2}\frac{f'(x)f(x-2)}{x-2}&=\lim_{x \to 2}\frac{f'(x)(x-2)^2(x-4)}{x-2}\\&=\lim_{x \to 2}\{f'(x)(x-2)(x-4)\}\\&=f'(2) \times 0 \times (-2)=0\end{aligned}$$

이므로 $k=0$

$\therefore f(k+1)=f(1)=-1$　　　　　　**답** -1

244 조건 ㉮의 $4x-4 \leq f(x) \leq x^4-1$에 $x=1$을 대입하면

$f(1)=0$

$x>1$일 때, $x-1>0$이므로

$$\frac{4(x-1)}{x-1} \leq \frac{f(x)}{x-1} \leq \frac{(x-1)(x+1)(x^2+1)}{x-1}$$

$\displaystyle\lim_{x \to 1+}\frac{4(x-1)}{x-1}=4$, $\displaystyle\lim_{x \to 1+}\frac{(x-1)(x+1)(x^2+1)}{x-1}=4$이므로

함수의 극한의 대소 관계에 의하여

$$\lim_{x \to 1+}\frac{f(x)}{x-1}=4$$

또한, $0<x<1$일 때, $x-1<0$이므로

$$\frac{4(x-1)}{x-1} \geq \frac{f(x)}{x-1} \geq \frac{(x-1)(x+1)(x^2+1)}{x-1}$$

$\displaystyle\lim_{x \to 1-}\frac{4(x-1)}{x-1}=4$, $\displaystyle\lim_{x \to 1-}\frac{(x-1)(x+1)(x^2+1)}{x-1}=4$이므로

함수의 극한의 대소 관계에 의하여

$$\lim_{x \to 1-}\frac{f(x)}{x-1}=4$$

$\therefore f'(1)=\displaystyle\lim_{x \to 1}\frac{f(x)-f(1)}{x-1}=\lim_{x \to 1}\frac{f(x)}{x-1}=4$ ······ ㉠

한편, $f(x)$의 최고차항을 x^n이라 하면 $f'(x)$의 최고차항은 nx^{n-1}이므로 $f(x)f'(x)$의 최고차항은 nx^{2n-1}이다.

조건 ㉯에 의하여

$2n-1<7$　　$\therefore n<4$

(i) 함수 $f(x)$가 일차함수인 경우

$f(1)=0$이므로 $f(x)=x-1$

따라서 $f'(1)=1$이므로 ㉠을 만족시키지 않는다.

(ii) 함수 $f(x)$가 이차함수인 경우

$f(1)=0$이므로 $f(x)=(x-1)(x+a)$ (a는 상수)로 놓으면

$f'(x)=2x+a-1$

$f'(1)=4$이므로

$a+1=4$　　$\therefore a=3$

$\therefore f(x)=(x-1)(x+3)$, $f'(x)=2x+2$

이때 $\displaystyle\lim_{x \to 0}\frac{f(x)f'(x)}{x}$의 값이 존재하지 않으므로 조건 ㉰를 만족시키지 않는다.

(iii) 함수 $f(x)$가 삼차함수인 경우

$f(1)=0$이므로 $f(x)=(x-1)(x^2+ax+b)$ (a, b는 상수)로 놓으면

$$f'(x)=x^2+ax+b+(x-1)(2x+a)$$
$$=3x^2+(2a-2)x+b-a$$
$f'(1)=4$이므로
$$3+2a-2+b-a=4 \qquad \therefore b=3-a$$
$$\therefore f(x)=(x-1)(x^2+ax+3-a)$$
$$f'(x)=3x^2+(2a-2)x-2a+3$$

한편, 조건 ㈐의 $\displaystyle\lim_{x\to 0}\dfrac{f(x)f'(x)}{x}=k$에서 $x\to 0$일 때

(분모)$\to 0$이고 극한값이 존재하므로 (분자)$\to 0$이어야 한다.

즉, $\displaystyle\lim_{x\to 0}f(x)f'(x)=0$이므로
$$f(0)f'(0)=0$$
그런데 조건 ㈎에서 $-4\le f(0)\le -1$이므로
$$f'(0)=0$$
따라서 $-2a+3=0$이므로
$$a=\frac{3}{2}$$
$$\therefore f(x)=(x-1)\left(x^2+\frac{3}{2}x+\frac{3}{2}\right)$$

(i), (ii), (iii)에 의하여 $f(x)=(x-1)\left(x^2+\dfrac{3}{2}x+\dfrac{3}{2}\right)$

$$\therefore k=\lim_{x\to 0}\frac{f(x)f'(x)}{x}$$
$$=\lim_{x\to 0}\frac{(x-1)\left(x^2+\frac{3}{2}x+\frac{3}{2}\right)(3x^2+x)}{x}$$
$$=\lim_{x\to 0}(x-1)\left(x^2+\frac{3}{2}x+\frac{3}{2}\right)(3x+1)$$
$$=-\frac{3}{2}$$

답 $-\dfrac{3}{2}$

245 직선 AB의 기울기는 $\dfrac{2-(-1)}{1-(-1)}=\dfrac{3}{2}$이고, 선분 AB의 중점의 좌표는 $\left(\dfrac{-1+1}{2},\ \dfrac{-1+2}{2}\right)$, 즉 $\left(0,\ \dfrac{1}{2}\right)$이므로 두 점 A$(-1,\ -1)$, B$(1,\ 2)$로부터 거리가 같은 점의 자취의 방정식은 $y=-\dfrac{2}{3}x+\dfrac{1}{2}$

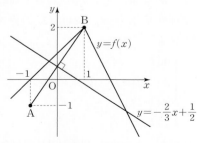

직선 $y=-\dfrac{2}{3}x+\dfrac{1}{2}$과 함수 $y=f(x)$의 그래프의 교점의 x좌표는

$-\dfrac{2}{3}x+\dfrac{1}{2}=x+1$에서 $x=-\dfrac{3}{10}$

$-\dfrac{2}{3}x+\dfrac{1}{2}=-2x+4$에서 $x=\dfrac{21}{8}$

$x<-\dfrac{3}{10}$ 또는 $x\ge\dfrac{21}{8}$일 때, 점 B보다 점 A까지의 거리가 작거나 같으므로

$$g(x)=(x+1)^2+\{f(x)+1\}^2$$

$-\dfrac{3}{10}\le x<\dfrac{21}{8}$일 때, 점 A보다 점 B까지의 거리가 작거나 같으므로

$$g(x)=(x-1)^2+\{f(x)-2\}^2$$

$$\therefore g(x)=\begin{cases}(x+1)^2+(x+2)^2 & \left(x<-\dfrac{3}{10}\right)\\[2mm](x-1)^2+(x-1)^2 & \left(-\dfrac{3}{10}\le x<1\right)\\[2mm](x-1)^2+(-2x+2)^2 & \left(1\le x<\dfrac{21}{8}\right)\\[2mm](x+1)^2+(-2x+5)^2 & \left(x\ge\dfrac{21}{8}\right)\end{cases}$$

$$=\begin{cases}2x^2+6x+5 & \left(x<-\dfrac{3}{10}\right)\\[2mm]2x^2-4x+2 & \left(-\dfrac{3}{10}\le x<1\right)\\[2mm]5x^2-10x+5 & \left(1\le x<\dfrac{21}{8}\right)\\[2mm]5x^2-18x+26 & \left(x\ge\dfrac{21}{8}\right)\end{cases}$$

$$g'(x)=\begin{cases}4x+6 & \left(x<-\dfrac{3}{10}\right)\\[2mm]4x-4 & \left(-\dfrac{3}{10}<x<1\right)\\[2mm]10x-10 & \left(1<x<\dfrac{21}{8}\right)\\[2mm]10x-18 & \left(x>\dfrac{21}{8}\right)\end{cases}$$

따라서 함수 $g(x)$는 $x=-\dfrac{3}{10}$, $x=\dfrac{21}{8}$에서 미분가능하지 않으므로

$$p=-\frac{3}{10}+\frac{21}{8}=\frac{93}{40}$$

$$\therefore 80p=80\times\frac{93}{40}=186$$

답 186

246 직선 AB의 기울기는 $\dfrac{5-7}{2-0}=-1$

선분 AB의 중점의 좌표는 $\left(\dfrac{0+2}{2},\ \dfrac{7+5}{2}\right)$, 즉 $(1,\ 6)$

따라서 두 점 A$(0,\ 7)$, B$(2,\ 5)$로부터 거리가 같은 점의 자취의 방정식은

$$y=x+5$$

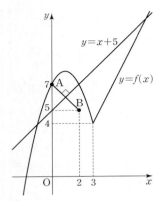

직선 $y=x+5$와 함수 $y=f(x)$의 그래프의 교점의 x좌표는

$x+5=-x^2+2x+7$에서

$x^2-x-2=0$, $(x+1)(x-2)=0$

$\therefore x=-1$ 또는 $x=2$

$x+5=2x-2$에서 $x=7$

$x<-1$ 또는 $2\le x<7$일 때, 점 A보다 점 B까지의 거리가 작거나 같으므로

$g(x)=(x-2)^2+\{f(x)-5\}^2$

$-1\le x<2$ 또는 $x\ge 7$일 때, 점 B보다 점 A까지의 거리가 작거나 같으므로

$g(x)=x^2+\{f(x)-7\}^2$

$$\therefore g(x)=\begin{cases}(x-2)^2+(-x^2+2x+2)^2 & (x<-1)\\ x^2+(-x^2+2x)^2 & (-1\le x<2)\\ (x-2)^2+(-x^2+2x+2)^2 & (2\le x<3)\\ (x-2)^2+(2x-7)^2 & (3\le x<7)\\ x^2+(2x-9)^2 & (x\ge 7)\end{cases}$$

$$=\begin{cases}x^4-4x^3+x^2+4x+8 & (x<-1)\\ x^4-4x^3+5x^2 & (-1\le x<2)\\ x^4-4x^3+x^2+4x+8 & (2\le x<3)\\ 5x^2-32x+53 & (3\le x<7)\\ 5x^2-36x+81 & (x\ge 7)\end{cases}$$

$$g'(x)=\begin{cases}4x^3-12x^2+2x+4 & (x<-1)\\ 4x^3-12x^2+10x & (-1<x<2)\\ 4x^3-12x^2+2x+4 & (2<x<3)\\ 10x-32 & (3<x<7)\\ 10x-36 & (x>7)\end{cases}$$

따라서 함수 $g(x)$는 $x=-1$, $x=2$, $x=3$, $x=7$에서 미분 가능하지 않으므로 모든 a의 값의 합은

$(-1)+2+3+7=11$

답 ⑤

247 $f(x)=x^4-6x^2+8x$에서

$f'(x)=4x^3-12x+8$

$\qquad =4(x+2)(x-1)^2$

$f'(x)=0$에서 $x=-2$ 또는 $x=1$

함수 $f(x)$의 증가와 감소를 표로 나타내면 다음과 같다.

x	$\cdots$	-2	$\cdots$	1	$\cdots$
$f'(x)$	$-$	0	$+$	0	$+$
$f(x)$	$\searrow$	-24	$\nearrow$	3	$\nearrow$

따라서 함수 $y=f(x)$의 그래프는 다음 그림과 같다.

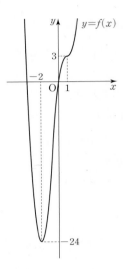

함수 $y=g(x)$의 그래프는 $y=f(x)$의 그래프에서 $f(x)<k$인 부분을 직선 $y=k$에 대하여 대칭이동한 것이므로 다음 그림과 같다.

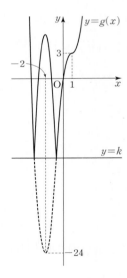

따라서 $h(k)$의 값은 함수 $y=f(x)$의 그래프와 직선 $y=k$의 교점 중에서 두 점 $(-2, -24)$, $(1, 3)$을 제외한 점의 개수와 같으므로

$$h(k)=\begin{cases}0 & (k\le -24)\\ 2 & (-24<k<3)\\ 1 & (k=3)\\ 2 & (k>3)\end{cases}$$

따라서 $h(k)=h(-k)$를 만족시키는 자연수 k의 값은

$1, 2, 4, 5, 6, \cdots, 23$

의 22개이다.

답 22

248 $f(x)=x^4+\dfrac{4}{3}x^3-12x^2+34$ 에서

$$f'(x)=4x^3+4x^2-24x$$
$$=4x(x+3)(x-2)$$

$f'(x)=0$ 에서 $x=-3$ 또는 $x=0$ 또는 $x=2$

함수 $f(x)$ 의 증가와 감소를 표로 나타내면 다음과 같다.

x	$\cdots$	-3	$\cdots$	0	$\cdots$	2	$\cdots$
$f'(x)$	$-$	0	$+$	0	$-$	0	$+$
$f(x)$	$\searrow$	-29	$\nearrow$	34	$\searrow$	$\dfrac{38}{3}$	$\nearrow$

따라서 함수 $y=f(x)$ 의 그래프는 다음 그림과 같다.

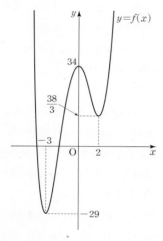

함수 $y=g(x)$ 의 그래프는 $y=f(x)$ 의 그래프에서 $f(x)<k$ 인 부분을 직선 $y=k$ 에 대하여 대칭이동한 것이므로 다음 그림과 같다.

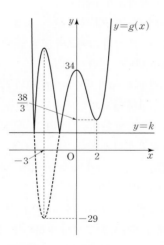

따라서 $h(k)$ 의 값은 함수 $y=f(x)$ 의 그래프와 직선 $y=k$ 의 교점 중에서 세 점 $(-3,\ -29)$, $(0,\ 34)$, $\left(2,\ \dfrac{38}{3}\right)$ 을 제외한 점의 개수와 같으므로

$$h(k)=\begin{cases}0\ (k\le-29)\\[4pt] 2\left(-29<k\le\dfrac{38}{3}\right)\\[4pt] 4\left(\dfrac{38}{3}<k<34\right)\\[4pt] 2\ (k\ge34)\end{cases}$$

즉, 함수 $y=h(k)$ 의 그래프는 다음 그림과 같다.

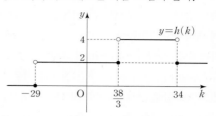

$h(k)+h(-k)=4$ 이려면 양수 k 에 대하여

$h(k)=h(-k)=2$ 또는 $h(k)=4$, $h(-k)=0$

이어야 하므로

$0<k\le\dfrac{38}{3}$ 또는 $29\le k<34$

따라서 자연수 k 의 값은

$1,\ 2,\ 3,\ \cdots,\ 12,\ 29,\ 30,\ 31,\ 32,\ 33$

의 17개이다. **답** 17

249 $f(x)=-3x^4+4x^3+12x^2+4$ 에서

$$f'(x)=-12x^3+12x^2+24x$$
$$=-12x(x+1)(x-2)$$

$f'(x)=0$ 에서 $x=-1$ 또는 $x=0$ 또는 $x=2$

함수 $f(x)$ 의 증가와 감소를 표로 나타내면 다음과 같다.

x	$\cdots$	-1	$\cdots$	0	$\cdots$	2	$\cdots$
$f'(x)$	$+$	0	$-$	0	$+$	0	$-$
$f(x)$	$\nearrow$	9	$\searrow$	4	$\nearrow$	36	$\searrow$

따라서 함수 $y=f(x)$ 의 그래프는 다음 그림과 같다.

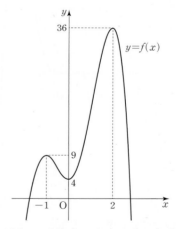

조건 ㈎에서 함수 $y=|f(x)-a|$ 의 그래프와 직선 $y=b$ $(b>0)$ 의 교점의 개수가 4이므로

$|f(x)-a|=b$, 즉 $f(x)=a\pm b$

의 서로 다른 실근의 개수가 4이다.

따라서 함수 $y=f(x)$ 의 그래프와 두 직선 $y=a+b$, $y=a-b$ 의 교점의 개수의 합이 4이다.

한편, 함수 $y=|g(x)-b|$, 즉 $y=||f(x)-a|-b|$ 의 그래 프는 $y=f(x)$ 의 그래프를 y축의 방향으로 $-a$만큼 평행이동

한 다음 $y<0$인 부분을 x축에 대하여 대칭이동하고, 다시 y축의 방향으로 $-b$만큼 평행이동한 다음 $y<0$인 부분을 x축에 대하여 대칭이동한 것이다.

따라서 함수 $y=|g(x)-b|$의 그래프는 $f(x)=a$, $f(x)=a+b$, $f(x)=a-b$인 점에서 미분가능하지 않을 수 있으므로 함수 $y=f(x)$의 그래프와 세 직선 $y=a$, $y=a+b$, $y=a-b$의 교점 중에서 극값인 점을 제외한 점에서 미분가능하지 않다.

조건 ㈐에 의하여 세 직선 $y=a$, $y=a+b$, $y=a-b$와 함수 $y=f(x)$의 그래프의 교점 중 네 점은 접하지 않고 만나는 점이어야 하고, 나머지 점은 함수 $y=f(x)$의 그래프와 접해야 한다.

따라서 이를 모두 만족시키는 세 직선 $y=a$, $y=a+b$, $y=a-b$의 위치는 다음 두 그림과 같다.

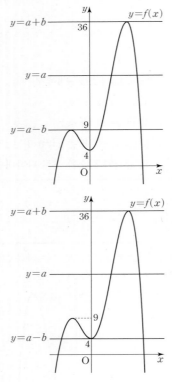

$\therefore a+b=36$

답 36

250 $f(x)=x^4+8x^3+18x^2-27$에서

$f'(x)=4x^3+24x^2+36x$

$\qquad =4x(x+3)^2$

$f'(x)=0$에서 $x=-3$ 또는 $x=0$

함수 $f(x)$의 증가와 감소를 표로 나타내면 다음과 같다.

x	$\cdots$	-3	$\cdots$	0	$\cdots$
$f'(x)$	$-$	0	$-$	0	$+$
$f(x)$	$\searrow$	0	$\searrow$	-27	$\nearrow$

따라서 함수 $y=f(x)$의 그래프는 다음 그림과 같다.

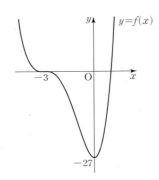

조건 ㈎에서 $g(x)=0$, 즉 $|f(x)+a|=0$의 서로 다른 실근의 개수가 2이므로 함수 $y=f(x)$의 그래프와 직선 $y=-a$가 두 점에서 접하지 않고 만나야 한다.

즉, $-27<-a<0$이므로 $0<a<27$

따라서 자연수 a의 값은

$1, 2, 3, \cdots, 26$

한편, 함수 $y=|g(x)-b|$, 즉 $y=||f(x)+a|-b|$의 그래프는 $y=f(x)$의 그래프를 y축의 방향으로 a만큼 평행이동한 다음 $y<0$인 부분을 x축에 대하여 대칭이동하고, 다시 y축의 방향으로 $-b$만큼 평행이동한 다음 $y<0$인 부분을 x축에 대하여 대칭이동한 것이다.

따라서 함수 $y=|g(x)-b|$의 그래프는 $f(x)=-a$, $f(x)=-a+b$, $f(x)=-a-b$인 점에서 미분가능하지 않을 수 있으므로 함수 $y=f(x)$의 그래프와 세 직선 $y=-a$, $y=-a+b$, $y=-a-b$의 교점 중에서 극값인 점을 제외한 점에서 미분가능하지 않다.

조건 ㈐에 의하여 세 직선 $y=-a$, $y=-a+b$, $y=-a-b$와 함수 $y=f(x)$의 그래프의 교점 중 다섯 개의 점에서는 접하지 않고 만나야 한다.

이때 직선 $y=-a$가 함수 $y=f(x)$의 그래프와 서로 다른 두 점에서 접하지 않고 만나므로 두 직선 $y=-a+b$, $y=-a-b$와 함수 $y=f(x)$의 그래프의 교점 중 세 점에서 접하지 않고 만나야 한다. $\cdots\cdots$ ㉠

(i) 직선 $y=-a-b$가 함수 $y=f(x)$의 그래프와 접하거나 만나지 않는 경우

직선 $y=-a+b$와 함수 $y=f(x)$의 그래프의 교점 중 세 점에서 접하지 않고 만나야 하는데 이는 불가능하다.

(ii) 직선 $y=-a-b$가 함수 $y=f(x)$의 그래프와 서로 다른 두 점에서 접하지 않고 만나는 경우

$-27<-a-b<0$이므로 $0<a+b<27$

또, 직선 $y=-a+b$에서 $-a+b\neq0$이면 두 직선 $y=-a+b$, $y=-a-b$와 함수 $y=f(x)$의 그래프가 서로 다른 네 점에서 접하지 않고 만나므로 ㉠에 모순이다.

즉, $-a+b=0$이므로 $a=b$

(i), (ii)에 의하여 $0<a+b<27$, $a=b$

따라서 $a=b=13$일 때 $a+b$의 최댓값은 26이다.

답 26

251 조건 ㈎에서 최고차항의 계수가 -1인 사차함수 $f(x)$가 $x=-2$, $x=2$에서 극댓값을 가지려면 $-2 < x < 2$에서 극솟값을 가져야 한다.

또, 조건 ㈏에 의하여 함수 $g(t)$는 $t=0$에서 미분가능하지 않다.

이때 $f(-2)$와 $f(2)$의 값의 대소 관계에 따라 함수 $y=f(x)$의 그래프의 개형은 다음과 같이 나눌 수 있다.

(i) $f(-2) > f(2)$일 때

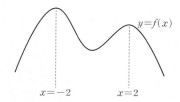

함수 $y=f(x)$의 그래프의 개형은 위의 그림과 같으므로

$$g(t) = \begin{cases} f(t) & (t \leq -2) \\ f(-2) & (t > -2) \end{cases}$$

$$\therefore g'(t) = \begin{cases} f'(t) & (t < -2) \\ 0 & (t > -2) \end{cases}$$

따라서 함수 $g(t)$는 $t=0$에서 미분가능하므로 조건 ㈏를 만족시키지 않는다.

(ii) $f(-2) = f(2)$일 때

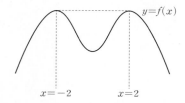

함수 $y=f(x)$의 그래프의 개형은 위의 그림과 같으므로

$$g(t) = \begin{cases} f(t) & (t \leq -2) \\ f(-2) & (t > -2) \end{cases}$$

따라서 (i)과 마찬가지로 함수 $g(t)$는 $t=0$에서 미분가능하므로 조건 ㈏를 만족시키지 않는다.

(iii) $f(-2) < f(2)$일 때

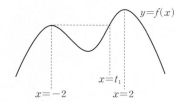

위의 그림과 같이 함수 $y=f(x)$의 그래프와 직선 $y=f(-2)$의 교점 중에서 $-2 < x < 2$인 점의 x좌표를 t_1이라 하면

$$g(t) = \begin{cases} f(t) & (t \leq -2) \\ f(-2) & (-2 < t \leq t_1) \\ f(t) & (t_1 < t \leq 2) \\ f(2) & (t > 2) \end{cases}$$

$$\therefore g'(t) = \begin{cases} f'(t) & (t < -2) \\ 0 & (-2 < t < t_1) \\ f'(t) & (t_1 < t < 2) \\ 0 & (t > 2) \end{cases}$$

조건 ㈏에 의하여 함수 $g(t)$는 $t=0$에서 미분가능하지 않아야 하므로

$$t_1 = 0$$

(i), (ii), (iii)에 의하여 두 함수 $y=f(x)$와 $y=g(x)$의 그래프의 개형은 다음 그림과 같다.

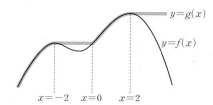

한편, 함수 $y=|g(t)-k|$의 그래프는 $y=g(t)$의 그래프에서 $g(t) < k$인 부분을 직선 $y=k$에 대하여 대칭이동한 것이다.

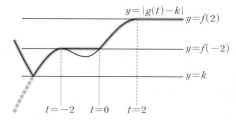

따라서 함수 $|g(t)-k|$는 $t=0$에서 미분가능하지 않고, $t=-2$, $t=2$에서 미분가능하므로

$$h(k) = \begin{cases} 2 & (k < f(-2)) \\ 1 & (k = f(-2)) \\ 2 & (f(-2) < k < f(2)) \\ 1 & (k \geq f(2)) \end{cases}$$

따라서 함수 $h(k)$의 불연속점의 개수는 2이다. **답** 2

252 조건 ㈎에서 최고차항의 계수가 1인 사차함수 $f(x)$가 $x=1$, $x=5$에서 극솟값을 가지려면 $1 < x < 5$에서 극댓값을 가져야 한다. 이때 $f(1)$과 $f(5)$의 값의 대소 관계에 따라 함수 $y=f(x)$의 그래프의 개형을 다음과 같이 나눌 수 있다.

(i) $f(1) < f(5)$일 때

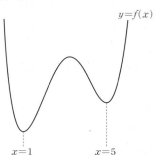

함수 $y=f(x)$의 그래프의 개형은 위의 그림과 같으므로

$$g(t)=\begin{cases} f(t) & (t\le 1) \\ f(1) & (t>1) \end{cases}$$

$$\therefore g'(t)=\begin{cases} f'(t) & (t<1) \\ 0 & (t>1) \end{cases}$$

따라서 함수 $g(t)$는 $t=3$에서 미분가능하므로 조건 (나)를 만족시키지 않는다.

(ii) $f(1)=f(5)$일 때

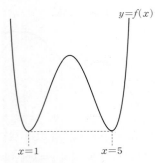

$y=f(x)$

$x=1$ $x=5$

함수 $y=f(x)$의 그래프의 개형은 위의 그림과 같으므로

$$g(t)=\begin{cases} f(t) & (t\le 1) \\ f(1) & (t>1) \end{cases}$$

따라서 (i)과 마찬가지로 함수 $g(t)$는 $t=3$에서 미분가능하므로 조건 (나)를 만족시키지 않는다.

(iii) $f(1)>f(5)$일 때

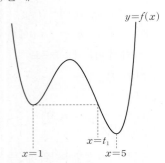

$y=f(x)$

$x=t_1$
$x=1$ $x=5$

위의 그림과 같이 함수 $y=f(x)$의 그래프와 직선 $y=f(1)$의 교점 중에서 $1<x<5$인 점의 x좌표를 t_1이라 하면

$$g(t)=\begin{cases} f(t) & (t\le 1) \\ f(1) & (1<t\le t_1) \\ f(t) & (t_1<t\le 5) \\ f(5) & (t>5) \end{cases}$$

$$\therefore g'(t)=\begin{cases} f'(t) & (t<1) \\ 0 & (1<t<t_1) \\ f'(t) & (t_1<t<5) \\ 0 & (t>5) \end{cases}$$

조건 (나)에 의하여 함수 $g(t)$는 $t=3$에서 미분가능하지 않으므로

$$t_1=3$$

(i), (ii), (iii)에 의하여

$$f(1)>f(5),\ f(1)=f(3)$$

$x>3$에서 $f(x)=f(1)$을 만족시키는 x의 값을 $\alpha\ (\alpha>3)$라 하면

$$f(x)-f(1)=(x-1)^2(x-3)(x-\alpha)$$

$$\therefore f'(x)=2(x-1)(x-3)(x-\alpha)$$
$$+(x-1)^2(x-\alpha)+(x-1)^2(x-3)$$

이때 조건 (가)에 의하여 $f'(5)=0$이므로

$$16(5-\alpha)+16(5-\alpha)+32=0,\ 192=32\alpha$$

$$\therefore \alpha=6$$

따라서

$$f'(x)=2(x-1)(x-3)(x-6)+(x-1)^2(x-6)$$
$$+(x-1)^2(x-3)$$

이므로

$$f'(6)=75$$

답 75

1. 부정적분

>> 본문 170~180쪽

253 $(x-3)f(x)$의 부정적분 중 하나가 x^3-4x^2-3x+3이므로

$$\int (x-3)f(x)\,dx=x^3-4x^2-3x+3$$

위의 식의 양변을 x에 대하여 미분하면

$$(x-3)f(x)=3x^2-8x-3$$
$$=(3x+1)(x-3)$$

따라서 $f(x)=3x+1$이므로

$$f(3)=3\times 3+1=10$$

답 ④

254 $F(x)-G(x)=k$ (k는 상수)로 놓으면

$$k=F(0)-G(0)=1-(-2)=3$$

이므로

$$G(x)=F(x)-k$$
$$=x^3+x^2-2x+1-3$$
$$=x^3+x^2-2x-2$$

$$\therefore G(2)=8+4-4-2=6$$

답 ①

255 $f(x)g(x)=2x^4-2x^3-2x^2+2x$에서 함수 $f(x)$가 이차함수이므로 함수 $g(x)$도 이차함수이다.

즉, $g(x)=\int \{2x^2-f(x)\}\,dx$가 이차식이므로 $f(x)$는 최고차항의 계수가 2인 이차식이어야 한다.

$f(x)=2x^2+ax+b$ (a, b는 상수)로 놓으면

$$g(x)=\int \{2x^2-(2x^2+ax+b)\}\,dx$$

$$=\int (-ax-b)\,dx$$

$$=-\frac{a}{2}x^2-bx+C \text{ (단, } C\text{는 적분상수)}$$

$$f(x)g(x)=(2x^2+ax+b)\left(-\frac{a}{2}x^2-bx+C\right)$$

$$=-ax^4-\left(\frac{a^2}{2}+2b\right)x^3+\left(2C-\frac{3ab}{2}\right)x^2$$
$$+(aC-b^2)x+bC$$

$$=2x^4-2x^3-2x^2+2x$$

$$\therefore a=-2, b=0, C=-1$$

따라서 $g(x)=x^2-1$이므로

$$g(2)=4-1=3$$

답 ③

256 $g(x)=\dfrac{d}{dx}\displaystyle\int (x^2+1)f(x)\,dx$

$$=(x^2+1)f(x)$$
$$=(x^2+1)(4x+2)$$

$$\therefore g(2)=(2^2+1)(4\times 2+2)$$
$$=5\times 10=50$$

답 ③

257 $\displaystyle\int \left\{\dfrac{d}{dx}f(x)\right\}dx=f(x)+C$ (C는 적분상수)이므로

$$g(x)=x^2-3x+C$$

$\dfrac{d}{dx}\displaystyle\int f(x)\,dx=f(x)$이므로

$$h(x)=x^2-3x$$

한편, $g(-1)=5$이므로

$$1+3+C=5 \qquad \therefore C=1$$

따라서 $g(x)=x^2-3x+1$이므로

$$g(1)+h(-2)=-1+10=9$$

답 ①

258 $f(x)=\displaystyle\int xg(x)\,dx$의 양변을 x에 대하여 미분하면

$$f'(x)=xg(x) \qquad\qquad \cdots\cdots \text{㉠}$$

$\dfrac{d}{dx}\{f(x)-g(x)\}=8x^3+4x$에서

$$f'(x)-g'(x)=8x^3+4x \qquad\qquad \cdots\cdots \text{㉡}$$

㉠을 ㉡에 대입하면

$$xg(x)-g'(x)=8x^3+4x \qquad\qquad \cdots\cdots \text{㉢}$$

즉, 함수 $g(x)$는 최고차항의 계수가 8인 이차함수이므로

$$g(x)=8x^2+ax+b \text{ (}a\text{, }b\text{는 상수)}$$

로 놓으면

$$g'(x)=16x+a$$

이를 ㉢에 대입하면

$$x(8x^2+ax+b)-(16x+a)=8x^3+4x$$

$$\therefore 8x^3+ax^2+(b-16)x-a=8x^3+4x$$

따라서 $a=0$, $b-16=4$이므로

$$a=0, b=20$$

즉, $g(x)=8x^2+20$이므로

$$g(3)=8\times 9+20=92$$

답 ③

259 $\displaystyle\int \left[\dfrac{d}{dx}\int \left\{\dfrac{d}{dx}f(x)\right\}dx\right]dx=\int \left[\dfrac{d}{dx}\{f(x)+C_1\}\right]dx$

$$=f(x)+C_2$$

$$\text{(단, } C_1, C_2\text{는 적분상수)}$$

이므로

$$F(x)=30x^{30}+28x^{28}+\cdots+4x^4+2x^2+C_2$$

$$\therefore C_2=3 \ (\because F(0)=3)$$

따라서 $F(x)=30x^{30}+28x^{28}+\cdots+4x^4+2x^2+3$이므로

$$F(1)=30+28+\cdots+4+2+3$$
$$=2\times(15+14+\cdots+2+1)+3$$
$$=2\times\frac{15\times16}{2}+3=243$$
답 243

260 $f(x)=\int(x^3+3x^2+3)\,dx-\int(x^3+2x+2)\,dx$
$$=\int\{(x^3+3x^2+3)-(x^3+2x+2)\}\,dx$$
$$=\int(3x^2-2x+1)\,dx$$
$$=x^3-x^2+x+C\ (단,\ C는\ 적분상수)$$
이때 $f(0)=4$이므로 $C=4$
따라서 $f(x)=x^3-x^2+x+4$이므로
$$f(1)=1-1+1+4=5$$
답 ⑤

261 $f(x)=\int\frac{x^4}{x^2+1}\,dx-\int\left(3+\frac{1}{x^2+1}\right)dx$
$$=\int\frac{x^4-3x^2-4}{x^2+1}\,dx$$
$$=\int\frac{(x^2+1)(x^2-4)}{x^2+1}\,dx$$
$$=\int(x^2-4)\,dx$$
$$=\frac{1}{3}x^3-4x+C\ (단,\ C는\ 적분상수)$$
$f'(x)=x^2-4=(x+2)(x-2)$이므로 $f'(x)=0$에서
$x=2\ (\because\ 0\le x\le4)$
$0\le x\le4$에서 함수 $f(x)$의 증가와 감소를 표로 나타내면 다음과 같다.

x	0	$\cdots$	2	$\cdots$	4
$f'(x)$		$-$	0	$+$	
$f(x)$		$\searrow$	극소	$\nearrow$	

닫힌구간 $[0,\,4]$에서 함수 $f(x)$는 $x=2$에서 극소이면서 최소이므로
$$f(2)=\frac{8}{3}-8+C=\frac{1}{3}\qquad\therefore C=\frac{17}{3}$$
따라서 $f(x)=\frac{1}{3}x^3-4x+\frac{17}{3}$이므로
$$f(1)=\frac{1}{3}-4+\frac{17}{3}=2$$
답 2

262 $F_n(x)=\sum_{k=1}^{n}\left\{(k+1)\int x^{2k+1}\,dx\right\}$
$$=\sum_{k=1}^{n}\left\{\frac{1}{2}x^{2k+2}+(k+1)C\right\}$$
$$=\sum_{k=1}^{n}\frac{1}{2}x^{2k+2}+\sum_{k=1}^{n}(k+1)C$$
$$=\frac{1}{2}(x^4+x^6+x^8+\cdots+x^{2n+2})+\frac{n(n+3)}{2}C$$
(단, C는 적분상수)

$F_n(0)=0$에서 $C=0\ (\because\ n>0)$
따라서 $F_n(x)=\frac{1}{2}(x^4+x^6+x^8+\cdots+x^{2n+2})$이므로
$$F_n(-1)=\frac{1}{2}\underbrace{(1+1+1+\cdots+1)}_{n개}=\frac{n}{2}$$
답 ②

263 $f'(x)=6x^2+4$에서
$$f(x)=\int(6x^2+4)\,dx=2x^3+4x+C\ (단,\ C는\ 적분상수)$$
이때 함수 $y=f(x)$의 그래프가 점 $(0,\,6)$을 지나므로
$$f(0)=C=6$$
따라서 $f(x)=2x^3+4x+6$이므로
$$f(1)=2+4+6=12$$
답 12

264 $\int\left\{f(x)+\frac{1}{2}g(x)\right\}dx=f(x)-g(x)$의 양변을 x에 대하여 미분하면
$$f(x)+\frac{1}{2}g(x)=f'(x)-g'(x)$$
$$\frac{1}{2}g(x)+g'(x)=-f(x)+f'(x)$$
$f(x)=x^2+2x+6$에서 $f'(x)=2x+2$이므로
$$\frac{1}{2}g(x)+g'(x)=-x^2-4\qquad\cdots\cdots\ ㉠$$
즉, 함수 $g(x)$는 최고차항의 계수가 -2인 이차함수이므로
$$g(x)=-2x^2+ax+b\ (a,\ b는\ 상수)$$
로 놓으면
$$g'(x)=-4x+a$$
이를 ㉠에 대입하여 정리하면
$$-x^2+\left(\frac{1}{2}a-4\right)x+\frac{1}{2}b+a=-x^2-4$$
따라서 $\frac{1}{2}a-4=0,\ \frac{1}{2}b+a=-4$이므로
$$a=8,\ b=-24$$
즉, $g(x)=-2x^2+8x-24$이므로
$$g(1)=-2+8-24=-18$$
답 ①

265 주어진 함수 $y=f'(x)$의 그래프에서 $f'(1)=0,\ f'(4)=0$이므로
$$f'(x)=a(x-1)(x-4)\ (a<0)$$
로 놓을 수 있다.
또한, $y=f'(x)$의 그래프에서 $f'(0)=-8$이므로
$$a=-2$$
$$\therefore\ f'(x)=-2(x-1)(x-4)=-2x^2+10x-8$$
$$\therefore\ f(x)=\int f'(x)\,dx$$
$$=\int(-2x^2+10x-8)\,dx$$
$$=-\frac{2}{3}x^3+5x^2-8x+C\ (단,\ C는\ 적분상수)$$

이때 $f(0)=4$이므로 $C=4$

$\therefore f(x)=-\dfrac{2}{3}x^3+5x^2-8x+4$

한편, 방정식 $f(x)=k$가 서로 다른 세 실근을 가지려면 곡선 $y=f(x)$와 직선 $y=k$가 세 점에서 만나야 하므로 k의 값이 함수 $f(x)$의 극솟값보다 크고 극댓값보다 작아야 한다.

함수 $y=f'(x)$의 그래프에서 함수 $f(x)$는 $x=1$에서 극소, $x=4$에서 극대이므로

$f(1)<k<f(4)$

이때 $f(1)=\dfrac{1}{3}$, $f(4)=\dfrac{28}{3}$이므로

$\dfrac{1}{3}<k<\dfrac{28}{3}$

따라서 자연수 k는 1, 2, 3, $\cdots$, 9의 9개이다. **답** ④

266 $F(x)=xf(x)-2x^3+9x^2$의 양변을 x에 대하여 미분하면

$f(x)=f(x)+xf'(x)-6x^2+18x$

$xf'(x)=6x^2-18x$

$\therefore f'(x)=6x-18$

$\therefore f(x)=\displaystyle\int f'(x)\,dx$

$\qquad =\displaystyle\int (6x-18)\,dx$

$\qquad =3x^2-18x+C$ (단, C는 적분상수)

이때 $f(1)=2$이므로

$3-18+C=2$ $\quad\therefore C=17$

따라서 $f(x)=3x^2-18x+17=3(x-3)^2-10$이므로 함수 $f(x)$는 $x=3$에서 최솟값 -10을 갖는다. **답** ④

267 $f'(x)g(x)+f(x)g'(x)=\dfrac{d}{dx}\{f(x)g(x)\}$이므로 조건 ㈎의 양변을 x에 대하여 적분하면

$f(x)g(x)=3x^3-6x^2-3x+C_1$ (단, C_1은 적분상수) $\qquad\cdots\cdots$ ㉠

이때 $f(0)=-1$, $g(0)=-6$이므로 ㉠에 $x=0$을 대입하면

$(-1)\times(-6)=6=C_1$

$\therefore f(x)g(x)=3x^3-6x^2-3x+6$

$\qquad\qquad\quad =3(x+1)(x-1)(x-2)$ $\qquad\cdots\cdots$ ㉡

조건 ㈏에서 $g'(x)=3$이므로

$g(x)=\displaystyle\int 3\,dx=3x+C_2$ (단, C_2는 적분상수)

이때 $g(0)=-6$이므로 $C_2=-6$

$\therefore g(x)=3x-6$

따라서 ㉡에서

$f(x)=(x+1)(x-1)$

$\therefore f(3)+g(4)=4\times2+6=14$ **답** ②

268 곡선 $y=f(x)$ 위의 점 $(t, f(t))$에서의 접선의 방정식은

$y-f(t)=f'(t)(x-t)$ $\qquad\cdots\cdots$ ㉠

㉠에 $x=0$을 대입하면

$y=f(t)-tf'(t)$

즉, 직선 ㉠의 y절편이 $f(t)-tf'(t)$이므로

$2f(t)-f'(t)-3t^2=f(t)-tf'(t)$

$\therefore f(t)+(t-1)f'(t)=3t^2$ $\qquad\cdots\cdots$ ㉡

이때 $f(t)+(t-1)f'(t)=\dfrac{d}{dt}\{(t-1)f(t)\}$이므로 ㉡의 양변을 t에 대하여 적분하면

$(t-1)f(t)=t^3+C$ (단, C는 적분상수) $\qquad\cdots\cdots$ ㉢

㉢에 $t=1$을 대입하면 $C=-1$

따라서 $(t-1)f(t)=t^3-1$이므로

$f(2)=8-1=7$ **답** ①

다른풀이

㉡에서 함수 $f(t)$는 이차함수이므로

$f(t)=at^2+bt+c$ (a, b, c는 상수, $a\neq0$)

로 놓으면 $f'(t)=2at+b$

이를 ㉡에 대입하면

$at^2+bt+c+(t-1)(2at+b)=3t^2$

$\therefore 3at^2+(2b-2a)t+c-b=3t^2$

따라서 $3a=3$, $2b-2a=0$, $c-b=0$이므로

$a=1$, $b=1$, $c=1$

즉, $f(t)=t^2+t+1$이므로

$f(2)=4+2+1=7$

269 $f'(x)=\begin{cases} 4x & (x<1) \\ x^2+3x & (x\geq1) \end{cases}$ 에서

$f(x)=\begin{cases} 2x^2+C_1 & (x<1) \\ \dfrac{1}{3}x^3+\dfrac{3}{2}x^2+C_2 & (x\geq1) \end{cases}$ (단, C_1, C_2는 적분상수)

이때 $f(0)=-\dfrac{1}{6}$이므로 $C_1=-\dfrac{1}{6}$

한편, 함수 $f(x)$가 실수 전체의 집합에서 미분가능하므로 $x=1$에서 연속이다.

즉,

$\displaystyle\lim_{x\to1+}f(x)=\lim_{x\to1+}\left(\dfrac{1}{3}x^3+\dfrac{3}{2}x^2+C_2\right)$

$\qquad\qquad =\dfrac{1}{3}+\dfrac{3}{2}+C_2=\dfrac{11}{6}+C_2$

$\displaystyle\lim_{x\to1-}f(x)=\lim_{x\to1-}\left(2x^2-\dfrac{1}{6}\right)=2-\dfrac{1}{6}=\dfrac{11}{6}$

이므로 $\dfrac{11}{6}+C_2=\dfrac{11}{6}$ $\quad\therefore C_2=0$

따라서 $f(x)=\begin{cases} 2x^2-\dfrac{1}{6} & (x<1) \\ \dfrac{1}{3}x^3+\dfrac{3}{2}x^2 & (x\geq1) \end{cases}$ 이므로

$f(6)=\dfrac{1}{3}\times6^3+\dfrac{3}{2}\times6^2=126$ **답** 126

270 $f'(x)=\begin{cases} 2x & (x<1) \\ 2 & (x>1) \end{cases}$ 에서

$f(x)=\begin{cases} x^2+C_1 & (x<1) \\ 2x+C_2 & (x\geq1) \end{cases}$ (단, C_1, C_2는 적분상수)

이때 함수 $y=f(x)$의 그래프가 점 $(0, 1)$을 지나므로

$f(0)=1$ $\therefore C_1=1$

또한, 함수 $f(x)$는 실수 전체의 집합에서 연속이므로 $x=1$에서 연속이다.

즉,

$\lim_{x\to1+}(2x+C_2)=2+C_2$

$\lim_{x\to1+}f(x)=\lim_{x\to1-}(x^2+1)=2$

이므로 $2+C_2=2$ $\therefore C_2=0$

따라서 $f(x)=\begin{cases} x^2+1 & (x<1) \\ 2x & (x\geq1) \end{cases}$ 이므로

$f(-4)=(-4)^2+1=17$, $f(4)=2\times4=8$

$\therefore f(-4)+f(4)=17+8=25$ 답 ⑤

271 $\lim_{h\to0}\dfrac{f(2+h)-f(2-h)}{h}$

$=\lim_{h\to0}\dfrac{\{f(2+h)-f(2)\}-\{f(2-h)-f(2)\}}{h}$

$=\lim_{h\to0}\dfrac{f(2+h)-f(2)}{h}+\lim_{h\to0}\dfrac{f(2-h)-f(2)}{-h}$

$=f'(2)+f'(2)$

$=2f'(2)$

이때 $f(x)=\int(x^2+2x)\,dx$에서 $f'(x)=x^2+2x$이므로

$2f'(2)=2\times(4+4)=16$ 답 ②

272 $\lim_{h\to0}\dfrac{F(1+h)}{h}=0$에서 $h\to0$일 때 (분모)$\to0$이고 극한값이 존재하므로 (분자)$\to0$이어야 한다.

즉, $\lim_{h\to0}F(1+h)=0$이므로 $F(1)=0$ …… ㉠

$\therefore \lim_{h\to0}\dfrac{F(1+h)}{h}=\lim_{h\to0}\dfrac{F(1+h)-F(1)}{h}$

$=F'(1)$

$=f(1)=0$ …… ㉡

㉠, ㉡에서 $F(x)$는 $(x-1)^2$을 인수로 갖고, $f(x)$의 최고차항의 계수가 3이므로

$F(x)=(x-1)^2(x-a)$ (a는 상수)

로 놓을 수 있다.

이때 $F(2)=0$이므로 $a=2$

따라서 $F(x)=(x-1)^2(x-2)$이므로

$f(x)=F'(x)=2(x-1)(x-2)+(x-1)^2$

$\therefore f(4)=2\times3\times2+3^2=21$ 답 21

다른풀이

㉡에 의하여 $f(x)=(x-1)(3x-a)$ (a는 상수)로 놓으면

$F(x)=\int(x-1)(3x-a)\,dx$

$=\int\{3x^2-(a+3)x+a\}\,dx$

$=x^3-\dfrac{a+3}{2}x^2+ax+C$ (단, C는 적분상수)

$F(1)=0$에서 $\dfrac{1}{2}a+C-\dfrac{1}{2}=0$

$F(2)=0$에서 $C=-2$

따라서 $\dfrac{1}{2}a-2-\dfrac{1}{2}=0$이므로 $a=5$

즉, $f(x)=(x-1)(3x-5)$이므로

$f(4)=3\times7=21$

273 조건 (나)에서 $f(x+y)=f(x)+f(y)+xy$이므로 이 식의 양변에 $x=0$, $y=0$을 대입하면

$f(0)=f(0)+f(0)+0$

$\therefore f(0)=0$ …… ㉠

한편, 조건 (가)에서 $f'(0)=2$이므로

$f'(0)=\lim_{h\to0}\dfrac{f(0+h)-f(0)}{h}$

$=\lim_{h\to0}\dfrac{f(0)+f(h)+0-f(0)}{h}$ ($\because$ 조건 (나))

$=\lim_{h\to0}\dfrac{f(h)}{h}=2$ …… ㉡

도함수의 정의에 의하여

$f'(x)=\lim_{h\to0}\dfrac{f(x+h)-f(x)}{h}$

$=\lim_{h\to0}\dfrac{f(x)+f(h)+xh-f(x)}{h}$ ($\because$ 조건 (나))

$=\lim_{h\to0}\dfrac{f(h)+xh}{h}$

$=\lim_{h\to0}\dfrac{f(h)}{h}+x=2+x$ ($\because$ ㉡)

$\therefore f(x)=\int f'(x)\,dx$

$=\int(x+2)\,dx$

$=\dfrac{1}{2}x^2+2x+C$ (단, C는 적분상수)

㉠에서 $f(0)=0$이므로 $C=0$

따라서 $f(x)=\dfrac{1}{2}x^2+2x$이므로

$f(2)=2+4=6$ 답 ①

274 ㄱ. $f(x+y)=f(x)+f(y)+3xy(x+y)-4$의 양변에 $x=0$, $y=0$을 대입하면

$f(0)=f(0)+f(0)-4$

$\therefore f(0)=4>0$ (참)

ㄴ. 도함수의 정의에 의하여

$$f'(x) = \lim_{h \to 0} \frac{f(x+h)-f(x)}{h}$$
$$= \lim_{h \to 0} \frac{f(x)+f(h)+3xh(x+h)-4-f(x)}{h}$$
$$= \lim_{h \to 0} \frac{f(h)-4}{h} + \lim_{h \to 0} 3x(x+h)$$
$$= \lim_{h \to 0} \frac{f(h)-f(0)}{h} + 3x \lim_{h \to 0}(x+h) \ (\because ㄱ)$$
$$= f'(0) + 3x^2$$

따라서 $f'(x)$의 차수가 2이므로 $f(x)$의 차수는 3이다.

(참)

ㄷ. 함수 $f(x)$가 $x=1$에서 극값을 가지므로 $f'(1)=0$
ㄴ에 $x=1$을 대입하면 $f'(0)+3=0$
$\therefore f'(0)=-3$
즉, $f'(x)=3x^2-3$이므로
$$f(x) = \int (3x^2-3) dx = x^3-3x+C \ (단, C는 적분상수)$$
ㄱ에서 $f(0)=4$이므로 $C=4$
$\therefore f(x)=x^3-3x+4$
한편, $f'(x)=3x^2-3=3(x+1)(x-1)=0$에서
$x=-1$ 또는 $x=1$
따라서 함수 $f(x)$는 $x=-1$에서 극댓값 $f(-1)=6$,
$x=1$에서 극솟값 $f(1)=2$를 가지므로 모든 극값의 합은
$6+2=8$ (참)

따라서 ㄱ, ㄴ, ㄷ 모두 옳다.

답 ⑤

275 $f(x+y)=f(x)+f(y)+2xy-1$ ...... ㉠
㉠의 양변에 $x=0$, $y=0$을 대입하면
$f(0)=f(0)+f(0)-1$ $\therefore f(0)=1$
도함수의 정의에 의하여

$$f'(x) = \lim_{h \to 0} \frac{f(x+h)-f(x)}{h}$$
$$= \lim_{h \to 0} \frac{f(x)+f(h)+2xh-1-f(x)}{h} \ (\because ㉠)$$
$$= \lim_{h \to 0} \frac{f(h)-1+2xh}{h}$$
$$= \lim_{h \to 0} \frac{f(h)-1}{h} + 2x$$
$$= \lim_{h \to 0} \frac{f(h)-f(0)}{h} + 2x \ (\because f(0)=1)$$
$$= f'(0)+2x$$

$f'(0)=k$ (k는 상수)로 놓으면 $f'(x)=2x+k$이고
$F(x)=\int (x-10)f'(x) dx$이므로
$$F(x)=\int (x-10)(2x+k) dx$$
위의 식의 양변을 x에 대하여 미분하면
$$F'(x)=(x-10)(2x+k)$$
$$=2x^2+(k-20)x-10k$$

이때 함수 $F(x)$의 극값이 존재하지 않으므로 이차방정식
$F'(x)=0$이 중근 또는 허근을 가져야 한다.
방정식 $F'(x)=0$의 판별식을 D라 하면
$$D=(k-20)^2+80k \leq 0$$
$$(k+20)^2 \leq 0 \quad \therefore k=-20$$
즉, $f'(x)=2x-20$이므로
$$f(x)=\int (2x-20) dx = x^2-20x+C \ (단, C는 적분상수)$$
이때 $f(0)=1$이므로 $C=1$
따라서 $f(x)=x^2-20x+1$이므로
$$f(10)=100-200+1=-99$$

답 ④

276 삼차함수 $f(x)$가 $x=2$에서 극값을 갖고, 함수 $y=f(x)$의 그래프가 원점에 대하여 대칭이므로 함수 $f(x)$는 $x=-2$에서도 극값을 갖는다.
따라서
$$f'(x)=a(x+2)(x-2)=a(x^2-4) \ (a는 0이 아닌 상수)$$
로 놓으면
$$f(x)=\int f'(x) dx = a\int (x^2-4) dx$$
$$= a\left(\frac{1}{3}x^3-4x\right)+C \ (단, C는 적분상수)$$
이때 함수 $y=f(x)$의 그래프는 원점에 대하여 대칭이므로 함수 $y=f(x)$의 그래프가 원점을 지난다.
즉, $f(0)=0$에서 $C=0$
$$\therefore f(x)=a\left(\frac{1}{3}x^3-4x\right)=\frac{a}{3}x(x+2\sqrt{3})(x-2\sqrt{3})$$
따라서 함수 $y=f(x)$의 그래프와 x축과의 교점의 x좌표 중에서 양수인 것은 $2\sqrt{3}$이다.

답 ④

277 $f'(x)=a(x+1)(x-2)=a(x^2-x-2) \ (a>0인 상수)$
로 놓으면
$$f(x)=\int f'(x) dx = \int a(x^2-x-2) dx$$
$$= \frac{1}{3}ax^3 - \frac{1}{2}ax^2 - 2ax + C \ (단, C는 적분상수)$$
함수 $y=f'(x)$의 그래프에서 함수 $f(x)$는 $x=-1$에서 극대, $x=2$에서 극소이므로
$$f(-1)=-\frac{1}{3}a-\frac{1}{2}a+2a+C=6$$
$$\therefore \frac{7}{6}a+C=6 \quad ...... ㉠$$
$$f(2)=\frac{8}{3}a-2a-4a+C=-21$$
$$\therefore -\frac{10}{3}a+C=-21 \quad ...... ㉡$$
㉠, ㉡을 연립하여 풀면 $a=6$, $C=-1$
따라서 $f(x)=2x^3-3x^2-12x-1$이므로
$$f\left(-\frac{1}{2}\right)=-\frac{1}{4}-\frac{3}{4}+6-1=4$$

답 4

278 $f(x) = \int f'(x)\,dx$

$$= \begin{cases} x+C_1 & (x \le -2) \\ 2x^2+C_2 & (-2<x<2) \\ -x+C_3 & (x \ge 2) \end{cases}$$

(단, C_1, C_2, C_3은 적분상수)

이때 함수 $f(x)$가 모든 실수 x에 대하여 연속이므로

$x=-2$, $x=2$에서 연속이다.

따라서 $\lim\limits_{x \to -2+}(2x^2+C_2) = \lim\limits_{x \to -2-}(x+C_1)$에서

$8+C_2 = -2+C_1$ $\therefore C_1 = C_2+10$

$\lim\limits_{x \to 2+}(-x+C_3) = \lim\limits_{x \to 2-}(2x^2+C_2)$에서

$-2+C_3 = 8+C_2$ $\therefore C_3 = C_2+10$

즉, $C_1 = C_3$, $C_2 = C_1-10$이므로

$$f(x) = \begin{cases} x+C_1 & (x \le -2) \\ 2x^2+C_1-10 & (-2<x<2) \\ -x+C_1 & (x \ge 2) \end{cases}$$

따라서 함수 $y=f(x)$의 그래프의 개형은 다음 그림과 같다.

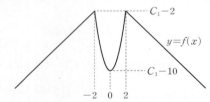

ㄱ. 함수 $f(x)$는 $x=-2$에서 극댓값을 갖는다. (참)

ㄴ. 함수 $y=f(x)$의 그래프가 y축에 대하여 대칭이므로 모든 실수 x에 대하여

  $f(x)=f(-x)$ (참)

ㄷ. $f(0)=4$이면 $C_1-10=4$

  $\therefore C_1=14$

  이때 함수 $f(x)$의 최댓값은 $C_1-2=12$ (참)

따라서 ㄱ, ㄴ, ㄷ 모두 옳다.   **답** ⑤

2. 정적분

》 본문 182~194쪽

279 $\int_0^1 (3a^2x^2-6ax-4)\,dx$

$= \Big[a^2x^3-3ax^2-4x \Big]_0^1$

$= a^2-3a-4$

$= \Big(a-\dfrac{3}{2}\Big)^2 - \dfrac{25}{4}$

따라서 구하는 최솟값은 $-\dfrac{25}{4}$이다.   **답** ②

280 조건 ㈎에서

$\lim\limits_{x \to 1} \dfrac{f(x)-f(1)}{x^2-1} = \lim\limits_{x \to 1}\left\{ \dfrac{f(x)-f(1)}{x-1} \times \dfrac{1}{x+1} \right\}$

$\qquad\qquad\qquad = \dfrac{1}{2}f'(1) = -4$

$\therefore f'(1) = -8$

이때 $f(x)=ax^2+bx$에서 $f'(x)=2ax+b$이므로

$f'(1)=2a+b=-8$ $\cdots\cdots$ ㉠

조건 ㈏에서

$\int_0^1 f(x)\,dx = \int_0^1 (ax^2+bx)\,dx$

$\qquad\qquad = \Big[\dfrac{a}{3}x^3 + \dfrac{b}{2}x^2 \Big]_0^1$

$\qquad\qquad = \dfrac{a}{3} + \dfrac{b}{2} = 1$

$\therefore 2a+3b=6$ $\cdots\cdots$ ㉡

㉠, ㉡을 연립하여 풀면

$a=-\dfrac{15}{2}$, $b=7$

따라서 $f(x)=-\dfrac{15}{2}x^2+7x$이므로

$f(2)=-30+14=-16$ **답** ④

281 $\int_0^{10}(x+1)^2\,dx - \int_0^{10}(x-1)^2\,dx = \int_0^{10} 4x\,dx$

$\qquad\qquad\qquad\qquad = \Big[2x^2 \Big]_0^{10}$

$\qquad\qquad\qquad\qquad = 200$ **답** 200

282 두 함수 $y=f(x)$, $y=g(x)$의 그래프가 두 점 $(0, 3)$, $(3, 8)$에서 만나므로

$f(0)=g(0)=3$, $f(3)=g(3)=8$

$\therefore \int_0^3 f'(x)g(x)\,dx + \int_0^3 f(x)g'(x)\,dx$

$= \int_0^3 \{ f'(x)g(x)+f(x)g'(x) \}\,dx$

$= \int_0^3 \{ f(x)g(x) \}'\,dx$

$= \Big[f(x)g(x) \Big]_0^3$

$= f(3)g(3)-f(0)g(0)$

$= 64-9 = 55$ **답** 55

283 $\int_0^4 f(x)\,dx - \int_2^4 f(y)\,dy = \int_0^4 f(x)\,dx - \int_2^4 f(x)\,dx$

$\qquad\qquad\qquad\qquad = \int_0^2 f(x)\,dx$

또, $f(|x|)=f(|-x|)$이고, $0 \le x \le 2$에서

$f(|x|)=f(x)$이므로

$\int_{-2}^2 f(|s|)\,ds = 2\int_0^2 f(|s|)\,ds = 2\int_0^2 f(x)\,dx$

$$\therefore \int_0^4 f(x)\,dx - \int_2^4 f(y)\,dy + \int_{-2}^2 f(|s|)\,ds$$

$$= \int_0^2 f(x)\,dx + 2\int_0^2 f(x)\,dx$$

$$= 3\int_0^2 f(x)\,dx$$

$$= 3\int_0^2 (x^2 - 4x + 1)\,dx$$

$$= 3\left[\frac{1}{3}x^3 - 2x^2 + x\right]_0^2$$

$$= 3 \times \left(-\frac{10}{3}\right) = -10 \qquad \text{답 ①}$$

284 $\int_{-1}^1 f(x)\,dx = \int_{-1}^0 f(x)\,dx + \int_0^1 f(x)\,dx$이므로

$$\int_{-1}^1 f(x)\,dx = \int_0^1 f(x)\,dx = \int_{-1}^0 f(x)\,dx = 0$$

$f(0) = -1$이므로 $f(x) = ax^2 + bx - 1$ (a, b는 상수, $a \neq 0$)
로 놓으면

$$\int_0^1 f(x)\,dx = \int_0^1 (ax^2 + bx - 1)\,dx$$

$$= \left[\frac{a}{3}x^3 + \frac{b}{2}x^2 - x\right]_0^1$$

$$= \frac{a}{3} + \frac{b}{2} - 1 = 0$$

$$\therefore 2a + 3b = 6 \qquad \cdots\cdots \text{㉠}$$

$$\int_{-1}^0 f(x)\,dx = \int_{-1}^0 (ax^2 + bx - 1)\,dx$$

$$= \left[\frac{a}{3}x^3 + \frac{b}{2}x^2 - x\right]_{-1}^0$$

$$= -\left(-\frac{a}{3} + \frac{b}{2} + 1\right) = 0$$

$$\therefore 2a - 3b = 6 \qquad \cdots\cdots \text{㉡}$$

㉠, ㉡을 연립하여 풀면

$a = 3$, $b = 0$

따라서 $f(x) = 3x^2 - 1$이므로

$$f(2) = 12 - 1 = 11 \qquad \text{답 ①}$$

285 $k\int_a^c x\,dx - \int_a^c x^2\,dx = \int_c^b x^2\,dx - k\int_c^b x\,dx$에서

$$k\left(\int_a^c x\,dx + \int_c^b x\,dx\right) = \int_a^c x^2\,dx + \int_c^b x^2\,dx$$

$$k\int_a^b x\,dx = \int_a^b x^2\,dx$$

$$k\left[\frac{1}{2}x^2\right]_a^b = \left[\frac{1}{3}x^3\right]_a^b$$

$$\therefore \frac{k}{2}(b^2 - a^2) = \frac{1}{3}(b^3 - a^3)$$

이때 $a = 3 - \sqrt{5}$, $b = 3 + \sqrt{5}$이므로

$a + b = 6$, $ab = 4$

$$\therefore k = \frac{2}{3} \times \frac{a^2 + ab + b^2}{a + b} \ (\because a \neq b)$$

$$= \frac{2}{3} \times \frac{(a+b)^2 - ab}{a+b}$$

$$= \frac{2}{3} \times \frac{6^2 - 4}{6} = \frac{32}{9} \qquad \text{답 ④}$$

다른풀이

$$k\int_a^c x\,dx - \int_a^c x^2\,dx = \int_c^b x^2\,dx - k\int_c^b x\,dx$$에서

$$\int_a^c (kx - x^2)\,dx = \int_c^b (x^2 - kx)\,dx$$

$$\left[\frac{k}{2}x^2 - \frac{1}{3}x^3\right]_a^c = \left[\frac{1}{3}x^3 - \frac{k}{2}x^2\right]_c^b$$

$$\frac{k}{2}c^2 - \frac{1}{3}c^3 - \frac{k}{2}a^2 + \frac{1}{3}a^3 = \frac{1}{3}b^3 - \frac{k}{2}b^2 - \frac{1}{3}c^3 + \frac{k}{2}c^2$$

$$\frac{1}{3}(a^3 - b^3) = \frac{k}{2}(a^2 - b^2)$$

$$2(a-b)(a^2 + ab + b^2) = 3k(a+b)(a-b)$$

$$\therefore k = \frac{2(a^2 + ab + b^2)}{3(a+b)} = \frac{32}{9} \ (\because a \neq b)$$

286 $\int_0^3 f(x)\,dx = \int_0^2 (x-1)\,dx + \int_2^3 (3x^2 - 6x + 1)\,dx$

$$= \left[\frac{1}{2}x^2 - x\right]_0^2 + \left[x^3 - 3x^2 + x\right]_2^3$$

$$= 0 + 5 = 5 \qquad \text{답 ⑤}$$

287 (i) $3x < 0$, 즉 $x < 0$일 때

$0 < t < 1$에서 $2t > 6x$이므로

$$f(x) = \int_0^1 |2t - 6x|\,dt$$

$$= \int_0^1 (2t - 6x)\,dt = \left[t^2 - 6xt\right]_0^1$$

$$= 1 - 6x$$

(ii) $0 \leq 3x < 1$, 즉 $0 \leq x < \frac{1}{3}$일 때

$$f(x) = \int_0^1 |2t - 6x|\,dt$$

$$= \int_0^{3x} (6x - 2t)\,dt + \int_{3x}^1 (2t - 6x)\,dt$$

$$= \left[6xt - t^2\right]_0^{3x} + \left[t^2 - 6xt\right]_{3x}^1$$

$$= (18x^2 - 9x^2) + (1 - 6x) - (9x^2 - 18x^2)$$

$$= 18x^2 - 6x + 1$$

(iii) $3x \geq 1$, 즉 $x \geq \frac{1}{3}$일 때

$0 < t < 1$에서 $2t \leq 6x$이므로

$$f(x) = \int_0^1 |2t - 6x|\,dt$$

$$= \int_0^1 (6x - 2t)\,dt = \left[6xt - t^2\right]_0^1$$

$$= 6x - 1$$

(i), (ii), (iii)에 의하여

$$f(x) = \begin{cases} 1-6x & (x<0) \\ 18x^2-6x+1 & \left(0 \le x < \dfrac{1}{3}\right) \\ 6x-1 & \left(x \ge \dfrac{1}{3}\right) \end{cases}$$

$$\therefore \int_0^1 f(x)\,dx$$

$$= \int_0^{\frac{1}{3}} (18x^2-6x+1)\,dx + \int_{\frac{1}{3}}^1 (6x-1)\,dx$$

$$= \Big[6x^3-3x^2+x \Big]_0^{\frac{1}{3}} + \Big[3x^2-x \Big]_{\frac{1}{3}}^1$$

$$= \frac{2}{9}+2 = \frac{20}{9}$$

답 ④

288

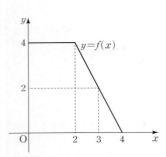

$f(x) = \begin{cases} 4 & (0 \le x < 2) \\ -2x+8 & (2 \le x \le 4) \end{cases}$ 이므로

$$f(f(x)) = \begin{cases} 4 & (0 \le f(x) < 2) \\ -2f(x)+8 & (2 \le f(x) \le 4) \end{cases}$$

$$= \begin{cases} -2 \times 4+8 & (0 \le x < 2) \\ -2(-2x+8)+8 & (2 \le x < 3) \\ 4 & (3 < x \le 4) \end{cases}$$

$$= \begin{cases} 0 & (0 \le x < 2) \\ 4x-8 & (2 \le x < 3) \\ 4 & (3 < x \le 4) \end{cases}$$

$$\therefore \int_1^4 f(f(x))\,dx$$

$$= \int_1^2 0\,dx + \int_2^3 (4x-8)\,dx + \int_3^4 4\,dx$$

$$= \Big[2x^2-8x \Big]_2^3 + \Big[4x \Big]_3^4$$

$$= 2+4 = 6$$

답 6

289 $f(x) = x^3-3x-1$ 에서

$f'(x) = 3x^2-3 = 3(x+1)(x-1)$

$f'(x)=0$ 에서 $x=-1$ 또는 $x=1$

함수 $f(x)$의 증가와 감소를 표로 나타내면 다음과 같다.

x	$\cdots$	-1	$\cdots$	1	$\cdots$	2	$\cdots$
$f'(x)$	$+$	0	$-$	0	$+$	$+$	$+$
$f(x)$	$\nearrow$	1	$\searrow$	-3	$\nearrow$	1	$\nearrow$

따라서 두 함수 $y=f(x)$, $y=|f(x)|$의 그래프는 다음 그림과 같다.

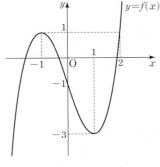

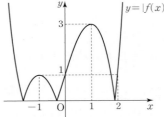

따라서 $-1 \le t < 0$일 때, $g(t)=f(-1)=1$

$0 \le t < 1$일 때, $g(t)=|f(t)|=-t^3+3t+1$

$1 \le t \le 2$일 때, $g(t)=3$

$$\therefore \int_{-1}^2 g(t)\,dt = \int_{-1}^0 1\,dt + \int_0^1 (-t^3+3t+1)\,dt + \int_1^2 3\,dt$$

$$= \Big[t \Big]_{-1}^0 + \Big[-\frac{1}{4}t^4+\frac{3}{2}t^2+t \Big]_0^1 + \Big[3t \Big]_1^2$$

$$= 1+\frac{9}{4}+3 = \frac{25}{4}$$

답 ④

290 $\displaystyle\int_{-k}^k (x^3+6x^2+3x+4)\,dx = 2\int_0^k (6x^2+4)\,dx$

$$= 2\Big[2x^3+4x \Big]_0^k$$

$$= 4k^3+8k$$

즉, $4k^3+8k=12$이므로

$k^3+2k-3=0$, $(k-1)(k^2+k+3)=0$

$\therefore k=1$

답 ①

참고 $k^2+k+3 = \left(k+\dfrac{1}{2}\right)^2 + \dfrac{11}{4} > 0$

이므로 모든 실수 k에 대하여 $k^2+k+3 > 0$

291 함수 $f(x)$가 모든 실수 x에 대하여 $f(-x)=-f(x)$를 만족시키므로 양수 k에 대하여

$$\int_{-k}^k f(x)\,dx = 0 \qquad \therefore \int_{-k}^0 f(x)\,dx = -\int_0^k f(x)\,dx$$

$$\int_{-3}^2 f(x)\,dx = \int_{-3}^0 f(x)\,dx + \int_0^2 f(x)\,dx$$이므로 조건 ㈎, ㈏에 의하여

$$2b = -a + \int_0^2 f(x)\,dx \qquad \therefore \int_0^2 f(x)\,dx = 2b+a$$

$$\therefore \int_{-4}^{2} f(x)\,dx = \int_{-4}^{0} f(x)\,dx + \int_{0}^{2} f(x)\,dx$$
$$= -c + 2b + a \ (\because \text{조건 (대)})$$
답 ③

292 $h(-x) = f(-x)g(-x) = -f(x)g(x) = -h(x)$
이므로 다항함수 $y = h(x)$의 그래프는 원점에 대하여 대칭이다.

또, $f(0) = -f(0)$에서 $f(0) = 0$이므로
$$h(0) = f(0)g(0) = 0 \quad \cdots\cdots \ \text{⊙}$$
따라서
$$h(x) = a_{2n+1}x^{2n+1} + a_{2n-1}x^{2n-1} + \cdots + a_1 x$$
$$(a_{2n+1}, a_{2n-1}, \cdots, a_1\text{은 상수}, n\text{은 자연수})$$
라 하면
$$h'(x) = (2n+1)a_{2n+1}x^{2n} + (2n-1)a_{2n-1}x^{2n-2} + \cdots + a_1$$
이므로 $h'(-x) = h'(x)$
따라서 $(-x)h'(-x) = -xh'(x)$이므로
$$\int_{-3}^{3} (x+5)h'(x)\,dx = \int_{-3}^{3} \{xh'(x) + 5h'(x)\}\,dx$$
$$= 2\int_{0}^{3} 5h'(x)\,dx$$
$$= 10\Big[h(x) \Big]_{0}^{3}$$
$$= 10\{h(3) - h(0)\}$$
즉, $10\{h(3) - h(0)\} = 10$이므로
$$h(3) = h(0) + 1 = 0 + 1 = 1 \ (\because \text{⊙})$$
답 ①

293 $h(x) = f(x)g(x)$로 놓으면 조건 (개)에 의하여
$$h(-x) = f(-x)g(-x)$$
$$= -f(x)g(x) = -h(x)$$
즉, $h(-x) = -h(x)$이므로
$$\int_{-k}^{k} h(x)\,dx = 0 \ (k\text{는 양수}) \quad \cdots\cdots \ \text{⊙}$$
또, 조건 (내)에 의하여
$$h(x+6) = f(x+6)g(x+6)$$
$$= f(x)g(x+3)$$
$$= f(x)g(x) = h(x)$$
즉, $h(x)$는 주기가 6인 주기함수이다. $\quad \cdots\cdots \ \text{ⓛ}$
한편, $\int_{0}^{3} f(x)g(x)\,dx = 10$에서 $\int_{0}^{3} h(x)\,dx = 10$
$$\therefore \int_{-6}^{15} f(x)g(x)\,dx = \int_{-6}^{15} h(x)\,dx$$
$$= \int_{-6}^{6} h(x)\,dx + \int_{6}^{15} h(x)\,dx$$
$$= 0 + \int_{6}^{15} h(x)\,dx \ (\because \text{⊙})$$
$$= \int_{6}^{9} h(x)\,dx + \int_{9}^{15} h(x)\,dx$$
$$= \int_{0}^{3} h(x)\,dx + \int_{-3}^{3} h(x)\,dx \ (\because \text{ⓛ})$$
$$= 10 \ (\because \text{⊙})$$
답 10

294 $\int_{0}^{1} f(t)\,dt = k \ (k\text{는 상수}) \quad \cdots\cdots \ \text{⊙}$
로 놓으면 $f(x) = 6x^2 + 2kx - 3k$
이를 ⊙에 대입하면
$$k = \int_{0}^{1} (6t^2 + 2kt - 3k)\,dt$$
$$= \Big[2t^3 + kt^2 - 3kt \Big]_{0}^{1}$$
$$= 2 + k - 3k$$
즉, $k = 2 - 2k$이므로 $k = \dfrac{2}{3}$
따라서 $f(x) = 6x^2 + \dfrac{4}{3}x - 2$이므로
$$f(3) = 54 + 4 - 2 = 56$$
답 ③

295 $\int_{0}^{2} f'(t)\,dt = k \ (k\text{는 상수}) \quad \cdots\cdots \ \text{⊙}$
로 놓으면 $f(x) = 4x^3 + 2x^2 + kx$이므로
$$f'(x) = 12x^2 + 4x + k$$
이를 ⊙에 대입하면
$$k = \int_{0}^{2} (12t^2 + 4t + k)\,dt$$
$$= \Big[4t^3 + 2t^2 + kt \Big]_{0}^{2}$$
$$= 32 + 8 + 2k$$
즉, $k = 40 + 2k$이므로 $k = -40$
따라서
$$f(x) = 4x^3 + 2x^2 - 40x, \ xf'(x) = 12x^3 + 4x^2 - 40x$$
이므로
$$xf'(x) - 2f(x) = 4x^3 + 40x$$
$$\therefore \int_{0}^{1} \{xf'(x) - 2f(x)\}\,dx = \int_{0}^{1} (4x^3 + 40x)\,dx$$
$$= \Big[x^4 + 20x^2 \Big]_{0}^{1} = 21$$
답 21

296 $\int_{-2}^{2} f(t)\,dt = a$, $\int_{-2}^{2} g(t)\,dt = b \ (a, b\text{는 상수})$로 놓으면
$$f(x) = x^3 + b, \ g(x) = -x^2 + a\text{이므로}$$
$$a = \int_{-2}^{2} f(t)\,dt = \int_{-2}^{2} (t^3 + b)\,dt$$
$$= 2\int_{0}^{2} b\,dt = 2\Big[bt \Big]_{0}^{2}$$
$$= 4b$$
$$\therefore a = 4b \quad \cdots\cdots \ \text{⊙}$$
$$b = \int_{-2}^{2} g(t)\,dt = \int_{-2}^{2} (-t^2 + a)\,dt$$
$$= 2\int_{0}^{2} (-t^2 + a)\,dt = 2\Big[-\dfrac{1}{3}t^3 + at \Big]_{0}^{2}$$
$$= 2 \times \left(-\dfrac{8}{3} + 2a \right) = -\dfrac{16}{3} + 4a$$
$$\therefore b = -\dfrac{16}{3} + 4a \quad \cdots\cdots \ \text{ⓛ}$$

⊙, ⓒ을 연립하여 풀면

$$a=\frac{64}{45},\ b=\frac{16}{45}$$

따라서 $f(x)=x^3+\frac{16}{45}$, $g(x)=-x^2+\frac{64}{45}$이므로

$$\int_{-2}^{2}f(x)\,dx+\int_{-2}^{2}xg(x)\,dx=a+\int_{-2}^{2}\left(-x^3+\frac{64}{45}x\right)dx$$

$$=\frac{64}{45}+0=\frac{64}{45}\qquad\text{답 ①}$$

297 $\int_{x}^{a}f(t)\,dt=3x^2-2x-8$에서

$$\int_{a}^{x}f(t)\,dt=-3x^2+2x+8\qquad\cdots\cdots\ ⊙$$

⊙의 양변에 $x=a$를 대입하면

$$0=-3a^2+2a+8,\ (a-2)(3a+4)=0$$

$$\therefore a=2\ (\because a>0)$$

⊙의 양변을 x에 대하여 미분하면

$$f(x)=-6x+2$$

$$\therefore f(a)=f(2)=-6\times2+2=-10\qquad\text{답 ④}$$

298 $f(x)=\int_{0}^{x}(|t-2|-4)\,dt$에서 $f(0)=0$

또한, $f(x)=\int_{0}^{x}(|t-2|-4)\,dt$의 양변을 x에 대하여 미분하면

$$f'(x)=|x-2|-4$$

$f'(x)=0$에서 $x=-2$ 또는 $x=6$

함수 $f(x)$의 증가와 감소를 표로 나타내면 다음과 같다.

x	$\cdots$	-2	$\cdots$	6	$\cdots$
$f'(x)$	$+$	0	$-$	0	$+$
$f(x)$	↗	극대	↘	극소	↗

따라서 함수 $f(x)$는 $x=-2$에서 극대, $x=6$에서 극소이고, $f(0)=0$이므로 함수 $y=f(x)$의 그래프는 다음 그림과 같다.

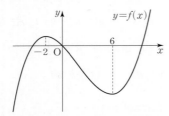

따라서 방정식 $f(x)=0$의 서로 다른 실근의 개수는 3이다.

답 ③

299 $x\{f(x)+x^2\}=\int_{0}^{x}f(t)\,dt-x^3\int_{0}^{1}f'(t)+3x^4$에서

$$xf(x)+x^3=\int_{0}^{x}f(t)\,dt-x^3\int_{0}^{1}f'(t)\,dt+3x^4$$

위의 식의 양변을 x에 대하여 미분하면

$$f(x)+xf'(x)+3x^2=f(x)-3x^2\int_{0}^{1}f'(t)\,dt+12x^3$$

$$xf'(x)=12x^3-3x^2-3x^2\int_{0}^{1}f'(t)\,dt$$

$$\therefore f'(x)=12x^2-3x-3x\int_{0}^{1}f'(t)\,dt$$

이때 $\int_{0}^{1}f'(t)\,dt=k$ (k는 상수)로 놓으면

$f'(x)=12x^2-3x-3kx$이므로

$$k=\int_{0}^{1}f'(t)\,dt=\int_{0}^{1}(12t^2-3t-3kt)\,dt$$

$$=\left[4t^3-\frac{3}{2}t^2-\frac{3k}{2}t^2\right]_{0}^{1}$$

$$=4-\frac{3}{2}-\frac{3k}{2}$$

즉, $k=\frac{5}{2}-\frac{3k}{2}$이므로

$$\frac{5}{2}k=\frac{5}{2}\qquad\therefore k=1$$

$$\therefore f'(x)=12x^2-6x$$

$$\therefore f(x)=\int f'(x)\,dx=\int(12x^2-6x)\,dx$$

$$=4x^3-3x^2+C\ (\text{단, }C\text{는 적분상수})$$

이때 $f(0)=2$이므로 $C=2$

즉, $f(x)=4x^3-3x^2+2$이므로

$$f(3)=108-27+2=83\qquad\text{답 83}$$

300 조건 ㈎의 $\lim_{x\to2}\dfrac{f(x)-4}{x-2}=0$에서 $x\to2$일 때 (분모)→0이고 극한값이 존재하므로 (분자)→0이어야 한다.

즉, $\lim_{x\to2}\{f(x)-4\}=0$이므로 $f(2)=4$

$$\therefore \lim_{x\to2}\frac{f(x)-4}{x-2}=\lim_{x\to2}\frac{f(x)-f(2)}{x-2}$$

$$=f'(2)=0$$

조건 ㈏에 의하여 방정식 $\int_{a}^{x}f'(t)\,dt=0$, 즉

$f(x)-f(a)=0$의 서로 다른 실근의 개수가 2이므로 함수 $f(x)$는 $x=2$에서 극값을 갖는다.

따라서 조건 ㈏를 만족시키는 함수 $y=f(x)$의 그래프의 개형은 [그림 1] 또는 [그림 2]와 같다.

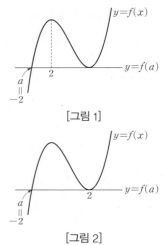

[그림 1]

[그림 2]

이때 $f'(1)<0$에서 $x=1$에서의 접선의 기울기가 음수이므로 삼차함수 $y=f(x)$의 그래프의 개형은 [그림 2]와 같다.

한편, $f(-2)=f(2)=4$이므로

$f(x)-4=(x+2)(x-2)^2$

따라서 $f(x)=(x-2)^2(x+2)+4$이므로

$f(3)=5+4=9$

답 9

301 $g(x)=\displaystyle\int_0^x (x-t)f(t)\,dt$

$\qquad =x\displaystyle\int_0^x f(t)\,dt-\int_0^x tf(t)\,dt$ ...... ㉠

㉠의 양변을 x에 대하여 미분하면

$g'(x)=\displaystyle\int_0^x f(t)\,dt+xf(x)-xf(x)$

$\qquad =\displaystyle\int_0^x f(t)\,dt$

$\qquad =\displaystyle\int_0^x (t^2-4t)\,dt$

$\qquad =\left[\dfrac{1}{3}t^3-2t^2\right]_0^x$

$\qquad =\dfrac{1}{3}x^3-2x^2$

$\therefore g'(3)=9-18=-9$

또, $g'(x)=\dfrac{1}{3}x^3-2x^2$에서

$g(x)=\displaystyle\int\left(\dfrac{1}{3}x^3-2x^2\right)dx=\dfrac{1}{12}x^4-\dfrac{2}{3}x^3+C$

(단, C는 적분상수)

㉠에서 $g(0)=0$이므로 $C=0$

따라서 $g(x)=\dfrac{1}{12}x^4-\dfrac{2}{3}x^3$이므로

$g(2)=\dfrac{4}{3}-\dfrac{16}{3}=-4$

$\therefore g(2)+g'(3)=-4-9=-13$

답 ②

302 $\displaystyle\int_2^x (x-t)f(t)\,dt=\int_{-2}^x (t^3+at^2+bt+1)\,dt$ ...... ㉠

㉠의 양변에 $x=2$를 대입하면

$0=\displaystyle\int_{-2}^2 (t^3+at^2+bt+1)\,dt$

$\qquad =2\displaystyle\int_0^2 (at^2+1)\,dt$

$\qquad =2\left[\dfrac{a}{3}t^3+t\right]_0^2$

$\qquad =\dfrac{16}{3}a+4$

즉, $\dfrac{16}{3}a=-4$이므로 $a=-\dfrac{3}{4}$ ...... ㉡

또, ㉠에서

$x\displaystyle\int_2^x f(t)\,dt-\int_2^x tf(t)\,dt=\int_{-2}^x (t^3+at^2+bt+1)\,dt$

위의 식의 양변을 x에 대하여 미분하면

$\displaystyle\int_2^x f(t)\,dt+xf(x)-xf(x)=x^3+ax^2+bx+1$

$\therefore \displaystyle\int_2^x f(t)\,dt=x^3+ax^2+bx+1$ ...... ㉢

㉢의 양변에 $x=2$를 대입하면

$0=8+4a+2b+1$ ...... ㉣

㉡을 ㉣에 대입하면

$0=8-3+2b+1$ $\therefore b=-3$

㉢의 양변을 x에 대하여 미분하면

$f(x)=3x^2+2ax+b$

$\qquad =3x^2-\dfrac{3}{2}x-3$

$\therefore f\left(\dfrac{b}{a}\right)=f\left((-3)\times\left(-\dfrac{4}{3}\right)\right)=f(4)$

$\qquad\qquad =48-6-3=39$

답 39

303 주어진 등식의 양변을 x에 대하여 미분하면

$f'(x)=3x^2-12x+9$

$\qquad =3(x-1)(x-3)$

$f'(x)=0$에서 $x=1$ 또는 $x=3$

함수 $f(x)$의 증가와 감소를 표로 나타내면 다음과 같다.

x	$\cdots$	1	$\cdots$	3	$\cdots$
$f'(x)$	$+$	0	$-$	0	$+$
$f(x)$	↗	극대	↘	극소	↗

따라서 함수 $f(x)$는 $x=1$에서 극대, $x=3$에서 극소이므로 구하는 극솟값은

$f(3)=\displaystyle\int_1^3 (3t^2-12t+9)\,dt$

$\qquad =\left[t^3-6t^2+9t\right]_1^3$

$\qquad =0-4=-4$

답 ③

304 주어진 함수 $y=f(x)$의 그래프에서

$f(x)=\begin{cases} x+2 & (x<0) \\ -\dfrac{1}{2}x+2 & (x\geq 0) \end{cases}$

한편, $g(x)=\displaystyle\int_{-1}^x f(t)\,dt$의 양변을 x에 대하여 미분하면

$g'(x)=f(x)$

$g'(x)=0$에서 $f(x)=0$

함수 $y=f(x)$의 그래프에서 $f(-2)=0$, $f(4)=0$이므로 $g'(x)=0$의 근은

$x=-2$ 또는 $x=4$

함수 $g(x)$의 증가와 감소를 표로 나타내면 다음과 같다.

x	$\cdots$	-2	$\cdots$	4	$\cdots$
$g'(x)$	$-$	0	$+$	0	$-$
$g(x)$	↘	극소	↗	극대	

따라서 함수 $g(x)$는 $x=-2$에서 극소이고 $x=4$에서 극대이므로 구하는 극댓값과 극솟값의 합은

$g(-2)+g(4)$

$=\displaystyle\int_{-1}^{-2} f(t)\,dt + \int_{-1}^{4} f(t)\,dt$

$=\displaystyle\int_{-1}^{-2}(t+2)\,dt + \int_{-1}^{0}(t+2)\,dt + \int_{0}^{4}\left(-\frac{1}{2}t+2\right)dt$

$=\left[\dfrac{1}{2}t^2+2t\right]_{-1}^{-2}+\left[\dfrac{1}{2}t^2+2t\right]_{-1}^{0}+\left[-\dfrac{1}{4}t^2+2t\right]_{0}^{4}$

$=-\dfrac{1}{2}+\dfrac{3}{2}+4=5$　　　　　　　　답 5

305 $f(x)=\displaystyle\int_{0}^{x}(at^2+2bt+a)\,dt$　　……㉠

㉠의 양변에 $x=0$을 대입하면

$f(0)=0$

㉠의 양변을 x에 대하여 미분하면

$f'(x)=ax^2+2bx+a$

이때 함수 $f(x)$가 극값을 갖지 않아야 하므로 방정식 $f'(x)=0$의 판별식을 D라 하면

$\dfrac{D}{4}=b^2-a^2\le 0$　　　　……㉡

또, $f(1)=1$이므로 ㉠의 양변에 $x=1$을 대입하면

$1=\displaystyle\int_{0}^{1}(at^2+2bt+a)\,dt$

$=\left[\dfrac{a}{3}t^3+bt^2+at\right]_{0}^{1}$

$=\dfrac{a}{3}+b+a=\dfrac{4}{3}a+b$

$\therefore b=1-\dfrac{4}{3}a$　　　　……㉢

㉢을 ㉡에 대입하여 정리하면

$\dfrac{7}{9}a^2-\dfrac{8}{3}a+1\le 0,\ 7a^2-24a+9\le 0$

$(7a-3)(a-3)\le 0$

$\therefore \dfrac{3}{7}\le a\le 3$

이때 $a+b=1-\dfrac{a}{3}$이므로

$0\le 1-\dfrac{a}{3}\le \dfrac{6}{7}$

따라서 $a+b$의 최댓값은 $M=\dfrac{6}{7}$이므로

$7M=7\times\dfrac{6}{7}=6$　　　　　　　답 6

306 $\displaystyle\int_{0}^{x}(x-t)f(t)\,dt=\dfrac{1}{2}x^4+\dfrac{1}{2}x^2$에서

$x\displaystyle\int_{0}^{x}f(t)\,dt-\int_{0}^{x}tf(t)\,dt=\dfrac{1}{2}x^4+\dfrac{1}{2}x^2$

위의 식의 양변을 x에 대하여 미분하면

$\displaystyle\int_{0}^{x}f(t)\,dt+xf(x)-xf(x)=2x^3+x$

$\therefore \displaystyle\int_{0}^{x}f(t)\,dt=2x^3+x$

위의 식의 양변을 다시 x에 대하여 미분하면

$f(x)=6x^2+1$

따라서 함수 $f(x)$는 $x=0$일 때 최솟값 1을 갖는다.　　답 1

307 $(x-t)|x-t|=g(t)$로 놓으면

$g(t)=\begin{cases}(t-x)^2 & (x\ge t)\\ -(t-x)^2 & (x<t)\end{cases}$

이때 $-3<x<0$이므로

$f(x)=\displaystyle\int_{-3}^{x}(t-x)^2\,dt+\int_{x}^{0}\{-(t-x)^2\}\,dt$

$=\left[\dfrac{1}{3}(t-x)^3\right]_{-3}^{x}+\left[-\dfrac{1}{3}(t-x)^3\right]_{x}^{0}$

$=\dfrac{1}{3}(x+3)^3+\dfrac{1}{3}x^3$

$=\dfrac{2}{3}x^3+3x^2+9x+9$

$\therefore f'(x)=2x^2+6x+9$

$=2\left(x+\dfrac{3}{2}\right)^2+\dfrac{9}{2}$ (단, $-3<x<0$)

따라서 함수 $f'(x)$는 $x=-\dfrac{3}{2}$에서 최솟값 $\dfrac{9}{2}$를 갖는다.

답 ②

308 함수 $y=F(x)$의 그래프에서

$F(x)=ax(x-2)=ax^2-2ax$ ($a>0$인 상수)

로 놓을 수 있다.

$F(x)=\displaystyle\int_{2}^{x}f(t)\,dt$의 양변을 x에 대하여 미분하면

$F'(x)=f(x)$

$\therefore f(x)=2ax-2a$

이때 함수 $y=f(x)$의 그래프가 점 $(3, 2)$를 지나므로

$f(3)=2$

즉, $6a-2a=2$이므로 $a=\dfrac{1}{2}$

따라서 $f(x)=x-1$이므로

$f(4)=3$　　　　　　　　답 ③

309 ㄱ. $h(x)=\displaystyle\int_{3}^{x}\{f(t)-g(t)\}\,dt$의 양변에 $x=3$을 대입하면

$h(3)=0$ (참)

ㄴ. $h(x)=\displaystyle\int_{3}^{x}\{f(t)-g(t)\}\,dt$의 양변을 x에 대하여 미분하면

$h'(x)=f(x)-g(x)$

이때 $f(\alpha)=g(\alpha)$, $f(\gamma)=g(\gamma)$이므로

$h'(x)=0$에서 $x=\alpha$ 또는 $x=\gamma$

함수 $h(x)$의 증가와 감소를 표로 나타내면 다음과 같다.

x	$\cdots$	α	$\cdots$	γ	$\cdots$
$h'(x)$	$+$	0	$-$	0	$+$
$h(x)$	↗	극대	↘	극소	↗

따라서 함수 $h(x)$는 $x=\alpha$에서 극대, $x=\gamma$에서 극소이다. (참)

ㄷ. ㄱ에서 $h(3)=0$이고 ㄴ에 의하여 함수 $y=h(x)$의 그래프의 개형은 다음 그림과 같다.

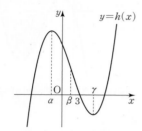

따라서 방정식 $h(x)=0$은 양수인 근 두 개와 음수인 근 한 개를 가지므로 모든 실근의 곱은 음수이다. (참)

따라서 ㄱ, ㄴ, ㄷ 모두 옳다.   답 ⑤

310 $f(x)=4x-x^2$으로 놓고, 함수 $f(x)$의 한 부정적분을 $F(x)$라 하면

$$\int_{3-h}^{3+h}(4x-x^2)\,dx=\int_{3-h}^{3+h}f(x)\,dx$$
$$=\Big[F(x)\Big]_{3-h}^{3+h}$$
$$=F(3+h)-F(3-h)$$

$$\therefore \lim_{h\to 0}\frac{1}{h}\int_{3-h}^{3+h}(4x-x^2)\,dx$$
$$=\lim_{h\to 0}\frac{F(3+h)-F(3-h)}{h}$$
$$=\lim_{h\to 0}\frac{\{F(3+h)-F(3)\}-\{F(3-h)-F(3)\}}{h}$$
$$=\lim_{h\to 0}\frac{F(3+h)-F(3)}{h}+\lim_{h\to 0}\frac{F(3-h)-F(3)}{-h}$$
$$=F'(3)+F'(3)$$
$$=2f(3)$$
$$=2\times(12-9)=6 \qquad \text{답 ②}$$

311 $(x-2)f(x)=(x-2)^2+\int_{-2}^{x}f(t)\,dt \quad \cdots\cdots\ \ominus$

㉠의 양변에 $x=-2$를 대입하면
$$-4f(-2)=16$$
$$\therefore f(-2)=-4$$

㉠의 양변을 x에 대하여 미분하면
$$f(x)+(x-2)f'(x)=2(x-2)+f(x)$$
$$(x-2)f'(x)=2(x-2)$$
$$\therefore f'(x)=2$$

$$\therefore f(x)=\int 2\,dx=2x+C \ (\text{단, } C\text{는 적분상수})$$

이때 $f(-2)=-4$이므로 $C=0$
$$\therefore f(x)=2x$$

한편, 함수 $f(x)$의 한 부정적분을 $F(x)$라 하면
$$\int_{6}^{x+6}f(t)\,dt=\Big[F(t)\Big]_{6}^{x+6}$$
$$=F(x+6)-F(6)$$
$$\therefore \lim_{x\to 0}\frac{1}{x}\int_{6}^{x+6}f(t)\,dt=\lim_{x\to 0}\frac{F(x+6)-F(6)}{x}$$
$$=F'(6)=f(6)$$
$$=2\times 6=12 \qquad \text{답 ④}$$

312 삼각형 APQ와 삼각형 ABC는 서로 닮음이므로 삼각형 APQ도 정삼각형이다.

따라서 사각형 PBCQ의 넓이 $S(x)$는
$$S(x)=\frac{\sqrt{3}}{4}(8^2-x^2)$$
$$=-\frac{\sqrt{3}}{4}x^2+16\sqrt{3} \ (\text{단, } 0<x<8)$$

한편, 함수 $S(x)$의 한 부정적분을 $F(x)$라 하면
$$\int_{4}^{x}S(t)\,dt=\Big[F(t)\Big]_{4}^{x}$$
$$=F(x)-F(4)$$

$$\therefore \lim_{x\to 4}\frac{3x+4}{x^2-16}\int_{4}^{x}S(t)\,dt$$
$$=\lim_{x\to 4}\frac{(3x+4)\{F(x)-F(4)\}}{(x+4)(x-4)}$$
$$=\lim_{x\to 4}\frac{3x+4}{x+4}\times\lim_{x\to 4}\frac{F(x)-F(4)}{x-4}$$
$$=2F'(4)=2S(4)$$
$$=2\times(-4\sqrt{3}+16\sqrt{3})=24\sqrt{3} \qquad \text{답 ④}$$

313 $f(x)=x^{12}+9x+1$에서
$$f'(x)=12x^{11}+9 \qquad \cdots\cdots\ \ominus$$

한편,
$$\lim_{x\to 0}\frac{1}{x^2+3x}\int_{0}^{x}(x-t-1)f'(t)\,dt$$
$$=\lim_{x\to 0}\frac{1}{x(x+3)}\Big\{x\int_{0}^{x}f'(t)\,dt-\int_{0}^{x}(t+1)f'(t)\,dt\Big\}$$
$$=\lim_{x\to 0}\Big\{\int_{0}^{x}f'(t)\,dt\times\frac{1}{x+3}\Big\}$$
$$\quad -\lim_{x\to 0}\Big\{\frac{1}{x}\int_{0}^{x}(t+1)f'(t)\,dt\times\frac{1}{x+3}\Big\} \qquad \cdots\cdots\ \ominus\ominus$$

이때
$$\lim_{x\to 0}\int_{0}^{x}f'(t)\,dt=\lim_{x\to 0}\Big[f(t)\Big]_{0}^{x}=\lim_{x\to 0}\{f(x)-f(0)\}=0$$

이고, $F'(x)=(x+1)f'(x)$라 하면

$$\lim_{x \to 0}\frac{1}{x}\int_0^x (t+1)f'(t)\,dt = \lim_{x \to 0}\frac{1}{x}\Big[F(t)\Big]_0^x$$
$$=\lim_{x \to 0}\frac{F(x)-F(0)}{x-0}$$
$$=F'(0)=f'(0)$$

따라서 ⓛ에서

$$\lim_{x \to 0}\frac{1}{x^2+3x}\int_0^x (x-t-1)f'(t)\,dt$$
$$=0 \times \frac{1}{3}-f'(0)\times\frac{1}{3}=-9\times\frac{1}{3} \ (\because \ ㉠)$$
$$=-3$$

답 ③

3. 정적분의 활용

≫ 본문 196~208쪽

314 $y=-x^2+4x=-(x-2)^2+4$

곡선 $y=-(x-2)^2+4$와 직선 $y=k$가 접하므로

$k=4$

두 직선 $x=4$, $y=4$와 곡선 $y=-x^2+4x$로 둘러싸인 부분은 다음 그림에서 색칠된 영역이다.

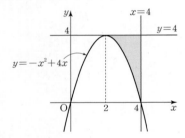

따라서 구하는 넓이는

$$\int_2^4 \{4-(-x^2+4x)\}\,dx=\Big[4x+\frac{1}{3}x^3-2x^2\Big]_2^4$$
$$=\frac{16}{3}-\frac{8}{3}=\frac{8}{3}$$

답 ③

315 두 곡선 $y=x^3-2x^2$과 $y=x^2$의 교점의 x좌표는

$x^3-2x^2=x^2$, 즉 $x^3-3x^2=0$에서

$x^2(x-3)=0$

$\therefore x=0$ 또는 $x=3$

따라서 구하는 넓이는

$$\int_0^3 |x^3-3x^2|\,dx=\int_0^3 (3x^2-x^3)\,dx$$
$$=\Big[x^3-\frac{1}{4}x^4\Big]_0^3$$
$$=27-\frac{81}{4}=\frac{27}{4}$$

답 ②

316 곡선 $f(x)=x^3-(a+1)x^2+ax$와 x축과의 교점의 x좌표는

$x^3-(a+1)x^2+ax=0$에서

$x\{x^2-(a+1)x+a\}=0$

$x(x-1)(x-a)=0$

$\therefore x=0$ 또는 $x=1$ 또는 $x=a$

이때 $a>1$이므로 곡선 $y=f(x)$는 다음 그림과 같다.

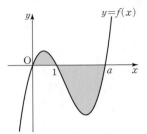

곡선 $y=f(x)$와 x축으로 둘러싸인 두 도형의 넓이의 합이 $\frac{37}{12}$이므로

$$\int_0^a |f(x)|\,dx=\int_0^1 f(x)\,dx+\int_1^a \{-f(x)\}\,dx$$
$$=\int_0^1 \{x^3-(a+1)x^2+ax\}\,dx$$
$$\quad +\int_1^a \{-x^3+(a+1)x^2-ax\}\,dx$$
$$=\Big[\frac{1}{4}x^4-\frac{a+1}{3}x^3+\frac{a}{2}x^2\Big]_0^1$$
$$\quad +\Big[-\frac{1}{4}x^4+\frac{a+1}{3}x^3-\frac{a}{2}x^2\Big]_1^a$$
$$=\Big(\frac{a}{6}-\frac{1}{12}\Big)+\Big(\frac{a^4}{12}-\frac{a^3}{6}+\frac{a}{6}-\frac{1}{12}\Big)$$
$$=\frac{a^4}{12}-\frac{a^3}{6}+\frac{a}{3}-\frac{1}{6}=\frac{37}{12}$$

즉, $a^4-2a^3+4a-2=37$이므로

$a^4-2a^3+4a-39=0$

$(a-3)(a^3+a^2+3a+13)=0$

$a>1$에서 $a^3+a^2+3a+13>0$이므로

$a=3$

답 3

317 $f(x)=-x^2+2$로 놓으면

$f'(x)=-2x$

$f'(2)=-4$이므로 점 $(2, -2)$에서의 접선의 방정식은

$y=-4(x-2)-2$, 즉 $y=-4x+6$

따라서 구하는 넓이는

$$\int_0^2 \{-4x+6-(-x^2+2)\}\,dx$$
$$=\int_0^2 (x^2-4x+4)\,dx$$
$$=\Big[\frac{1}{3}x^3-2x^2+4x\Big]_0^2$$
$$=\frac{8}{3}$$

답 $\frac{8}{3}$

318 $f(x)=x^3-2x^2-4x+16$으로 놓으면

$f'(x)=3x^2-4x-4$

$f'(2)=0$이므로 점 $(2, 8)$에서의 접선의 방정식은

$y=8$

이때 곡선 $y=x^3-2x^2-4x+16$과 직선 $y=8$의 교점의 x좌

표는 $x^3-2x^2-4x+16=8$에서

$x^3-2x^2-4x+8=0$, $(x+2)(x-2)^2=0$

$\therefore x=-2$ 또는 $x=2$

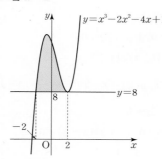

따라서 구하는 넓이는

$\displaystyle\int_{-2}^{2}\{(x^3-2x^2-4x+16)-8\}\,dx$

$=\displaystyle\int_{-2}^{2}(x^3-2x^2-4x+8)\,dx$

$=2\displaystyle\int_{0}^{2}(-2x^2+8)\,dx$

$=2\left[-\dfrac{2}{3}x^3+8x\right]_{0}^{2}$

$=2\times\dfrac{32}{3}=\dfrac{64}{3}$

답 ③

319 구하는 도형의 넓이를 S라 하면

$S=\displaystyle\int_{0}^{2}\{g(x)-f(x)\}\,dx$

함수 $g(x)-f(x)$는 최고차항의 계수가 3이고 삼차방정식

$g(x)-f(x)=0$은 한 실근 0과 중근 2를 가지므로

$g(x)-f(x)=3x(x-2)^2$

$\therefore S=\displaystyle\int_{0}^{2}3x(x-2)^2\,dx$

$=\displaystyle\int_{0}^{2}(3x^3-12x^2+12x)\,dx$

$=\left[\dfrac{3}{4}x^4-4x^3+6x^2\right]_{0}^{2}$

$=4$

답 ③

320 $A=B$이므로

$\displaystyle\int_{0}^{1}\left(ax^3-\dfrac{1}{4}x\right)dx=0$

$\left[\dfrac{1}{4}ax^4-\dfrac{1}{8}x^2\right]_{0}^{1}=\dfrac{1}{4}a-\dfrac{1}{8}=0$

$\therefore a=\dfrac{1}{2}$

답 ⑤

321 다음 그림과 같이 곡선 $y=x^2-2x+2$와 직선 $x=k$, 직선 $y=2$로 둘러싸인 영역 중 A와 이웃하는 영역을 C라 하자.

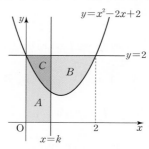

$(A$의 넓이$)=(B$의 넓이$)$

이므로

$(A$의 넓이$)+(C$의 넓이$)=(B$의 넓이$)+(C$의 넓이$)$

이때

$(A$의 넓이$)+(C$의 넓이$)=2k$,

$(B$의 넓이$)+(C$의 넓이$)=\displaystyle\int_{0}^{2}\{2-(x^2-2x+2)\}\,dx$

$=\displaystyle\int_{0}^{2}\{-x(x-2)\}\,dx$

$=\dfrac{1}{6}(2-0)^3=\dfrac{4}{3}$

이므로 $2k=\dfrac{4}{3}$

$\therefore k=\dfrac{2}{3}$

답 ②

참고 포물선 $y=a(x-\alpha)(x-\beta)$ $(a\neq0, \alpha<\beta)$와 x축으로 둘러

싸인 도형의 넓이 S는

$S=\displaystyle\int_{\alpha}^{\beta}|a(x-\alpha)(x-\beta)|\,dx$

$=\dfrac{|a|(\beta-\alpha)^3}{6}$

다른풀이

A의 넓이는

$\displaystyle\int_{0}^{k}(x^2-2x+2)\,dx=\left[\dfrac{1}{3}x^3-x^2+2x\right]_{0}^{k}$

$=\dfrac{1}{3}k^3-k^2+2k$

B의 넓이는

$\displaystyle\int_{k}^{2}\{2-(x^2-2x+2)\}\,dx=\left[-\dfrac{1}{3}x^3+x^2\right]_{k}^{2}$

$=\dfrac{4}{3}+\dfrac{1}{3}k^3-k^2$

A, B의 넓이가 같으므로

$\dfrac{1}{3}k^3-k^2+2k=\dfrac{1}{3}k^3-k^2+\dfrac{4}{3}$

$2k=\dfrac{4}{3}$ $\qquad\therefore k=\dfrac{2}{3}$

322 $f(x)=-x^2+4x-a=-(x-2)^2-a+4$

로 놓으면 곡선 $y=f(x)$는 직선 $x=2$에 대하여 대칭이다.

이때 곡선 $y=f(x)$와 x축의 교점의 x좌표를 α, β $(\alpha<\beta)$라

하면

$$\int_a^2 f(x)\,dx = \int_2^\beta f(x)\,dx \quad \cdots\cdots \ \ominus$$

$$\therefore S_A = \int_0^\alpha |f(x)|\,dx$$

$$S_B = \int_\alpha^\beta f(x)\,dx = 2\int_\alpha^2 f(x)\,dx \ (\because \ominus)$$

이때 $S_A : S_B = 1 : 2$에서 $2S_A = S_B$, 즉 $S_A = \dfrac{1}{2}S_B$이므로

$$\int_0^\alpha f(x)\,dx = -\int_\alpha^2 f(x)\,dx$$

$$\int_0^\alpha f(x)\,dx + \int_\alpha^2 f(x)\,dx = 0$$

따라서 $\int_0^2 f(x)\,dx = 0$이므로

$$\int_0^2 (-x^2 + 4x - a)\,dx = \left[-\frac{1}{3}x^3 + 2x^2 - ax \right]_0^2$$
$$= \frac{16}{3} - 2a = 0$$

$$\therefore a = \frac{8}{3}$$

따라서 $p=3$, $q=8$이므로
$p+q=11$ \qquad **답** 11

323 $x \ge 0$일 때, 곡선 $y = ax^2 \left(a > \dfrac{1}{4} \right)$과 직선 $y=4$의 교점의 x

좌표는 $ax^2 = 4$에서 $x^2 = \dfrac{4}{a}$

$$\therefore x = \frac{2}{\sqrt{a}} \ (\because x \ge 0)$$

또한, 곡선 $y = \dfrac{1}{16}x^2$과 직선 $y=4$의 교점의 x좌표는

$\dfrac{1}{16}x^2 = 4$에서 $x^2 = 64$

$$\therefore x = 8 \ (\because x \ge 0)$$

이때 두 곡선 $y = ax^2$, $y = \dfrac{1}{16}x^2$은 각각 y축에 대하여 대칭이
므로 다음 그림과 같다.

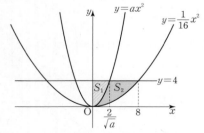

$x>0$에서 곡선 $y=ax^2$과 y축 및 직선 $y=4$로 둘러싸인 도형
의 넓이를 S_1, 곡선 $y = \dfrac{1}{16}x^2$과 y축 및 직선 $y=4$로 둘러싸
인 도형의 넓이를 S_2라 하면
$3S_1 = S_2$

즉, $3\int_0^{\frac{2}{\sqrt{a}}} (4 - ax^2)\,dx = \int_0^8 \left(4 - \dfrac{1}{16}x^2 \right)dx$이므로

$$3\left[4x - \frac{a}{3}x^3 \right]_0^{\frac{2}{\sqrt{a}}} = \left[4x - \frac{1}{48}x^3 \right]_0^8$$

$$\frac{16}{\sqrt{a}} = \frac{64}{3}, \ \sqrt{a} = \frac{3}{4}$$

$$\therefore a = \frac{9}{16}$$

따라서 $p=16$, $q=9$이므로
$p+q=25$ \qquad **답** 25

324 $x<1$일 때, $g(x) = -x$이므로 $\dfrac{1}{3}x(4-x) = -x$에서

$$4x - x^2 = -3x$$
$$x^2 - 7x = 0, \ x(x-7) = 0$$
$$\therefore x = 0 \ (\because x < 1)$$

$x>1$일 때, $g(x) = x-2$이므로 $\dfrac{1}{3}x(4-x) = x-2$에서

$$4x - x^2 = 3x - 6$$
$$x^2 - x - 6 = 0, \ (x+2)(x-3) = 0$$
$$\therefore x = 3 \ (\because x > 1)$$

두 함수 $y = f(x)$, $y = g(x)$의 그래프는 다음 그림과 같다.

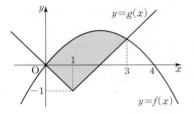

따라서

$$S = \int_0^1 \{f(x) - g(x)\}\,dx + \int_1^3 \{f(x) - g(x)\}\,dx$$

$$= \int_0^1 \left\{ \frac{1}{3}x(4-x) - (-x) \right\}dx$$
$$\qquad\qquad + \int_1^3 \left\{ \frac{1}{3}x(4-x) - (x-2) \right\}dx$$

$$= \int_0^1 \left(-\frac{1}{3}x^2 + \frac{7}{3}x \right)dx + \int_1^3 \left(-\frac{1}{3}x^2 + \frac{1}{3}x + 2 \right)dx$$

$$= \left[-\frac{1}{9}x^3 + \frac{7}{6}x^2 \right]_0^1 + \left[-\frac{1}{9}x^3 + \frac{1}{6}x^2 + 2x \right]_1^3$$

$$= \frac{19}{18} + \left(\frac{9}{2} - \frac{37}{18} \right) = \frac{7}{2}$$

이므로

$$4S = 4 \times \frac{7}{2} = 14$$ \qquad **답** 14

325 다음 그림에서 $\angle OAB = 90°$이므로 선분 OB는 원 C의 지름
이고, $\overline{OB} = \sqrt{t^2 + t^4}$이다.

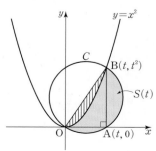

이때 점 O와 점 B를 지나는 직선의 방정식은 $y=tx$이고 곡선 $y=x^2$과 직선 $y=tx$의 교점의 x좌표가 0, t이므로

$S(t)=$(반원의 넓이)$-$(빗금 친 부분의 넓이)

$$=\frac{1}{2}\times\pi\times\left(\frac{\sqrt{t^2+t^4}}{2}\right)^2-\int_0^t (tx-x^2)\,dx$$

$$=\frac{\pi}{8}(t^2+t^4)-\frac{(t-0)^3}{6}$$

$$=\frac{\pi}{8}t^4-\frac{1}{6}t^3+\frac{\pi}{8}t^2$$

즉, $S'(t)=\frac{\pi}{2}t^3-\frac{1}{2}t^2+\frac{\pi}{4}t$이므로

$$S'(1)=\frac{3\pi-2}{4}$$

따라서 $p=3$, $q=-2$이므로

$p^2+q^2=9+4=13$

답 13

326 곡선 $y=\frac{1}{2}x^2$과 직선 $y=ax$의 교점의 x좌표는

$\frac{1}{2}x^2=ax$에서

$x^2-2ax=0$, $x(x-2a)=0$

$\therefore x=0$ 또는 $x=2a$

$$\therefore S=\int_0^{2a}\left(ax-\frac{1}{2}x^2\right)dx$$

$$=\left[\frac{a}{2}x^2-\frac{1}{6}x^3\right]_0^{2a}$$

$$=\frac{2}{3}a^3$$

$$T=\int_{2a}^2\left(\frac{1}{2}x^2-ax\right)dx$$

$$=\left[\frac{1}{6}x^3-\frac{a}{2}x^2\right]_{2a}^2$$

$$=\frac{2}{3}a^3-2a+\frac{4}{3}$$

$f(a)=S+T$로 놓으면

$$f(a)=\frac{4}{3}a^3-2a+\frac{4}{3}$$

$f'(a)=4a^2-2=0$에서

$a^2=\frac{1}{2}$ $\quad\therefore a=\frac{\sqrt{2}}{2}$ ($\because 0<a<1$)

$0<a<1$에서 함수 $f(a)$의 증가와 감소를 표로 나타내면 다음과 같다.

a	(0)	$\cdots$	$\frac{\sqrt{2}}{2}$	$\cdots$	(1)
$f'(a)$		$-$	0	$+$	
$f(a)$		$\searrow$	극소	$\nearrow$	

따라서 함수 $f(a)$는 $a=\frac{\sqrt{2}}{2}$에서 극소이면서 최소이므로

$f(a)$, 즉 $S+T$의 값이 최소가 되도록 하는 실수 a의 값은 $\frac{\sqrt{2}}{2}$이다.

답 ⑤

327 방정식 $f(x)=g(x)$에서

$x^2(x-4)=ax(x-4)$, $x(x-4)(x-a)=0$

$\therefore x=0$ 또는 $x=a$ 또는 $x=4$

따라서 두 곡선 $y=f(x)$, $y=g(x)$는 다음 그림과 같다.

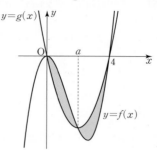

두 곡선 $y=f(x)$, $y=g(x)$로 둘러싸인 부분의 넓이를 $h(a)$라 하면

$h(a)$

$$=\int_0^4 |f(x)-g(x)|\,dx$$

$$=\int_0^a \{f(x)-g(x)\}\,dx+\int_a^4 \{g(x)-f(x)\}\,dx$$

$$=\int_0^a \{x^3-(a+4)x^2+4ax\}\,dx$$

$$\qquad\qquad +\int_a^4 \{-x^3+(a+4)x^2-4ax\}\,dx$$

$$=\left[\frac{1}{4}x^4-\frac{a+4}{3}x^3+2ax^2\right]_0^a+\left[-\frac{1}{4}x^4+\frac{a+4}{3}x^3-2ax^2\right]_a^4$$

$$=\left(-\frac{1}{12}a^4+\frac{2}{3}a^3\right)+\left\{\left(-\frac{32}{3}a+\frac{64}{3}\right)-\left(\frac{1}{12}a^4-\frac{2}{3}a^3\right)\right\}$$

$$=-\frac{1}{6}a^4+\frac{4}{3}a^3-\frac{32}{3}a+\frac{64}{3}$$

$$\therefore h'(a)=-\frac{2}{3}a^3+4a^2-\frac{32}{3}=-\frac{2}{3}(a^3-6a^2+16)$$

$$=-\frac{2}{3}(a-2)(a^2-4a-8)$$

$h'(a)=0$에서 $a=2$ ($\because 0<a<4$)

$0<a<4$에서 함수 $h(a)$의 증가와 감소를 표로 나타내면 다음과 같다.

a	(0)	$\cdots$	2	$\cdots$	(4)
$h'(a)$		$-$	0	$+$	
$h(a)$		$\searrow$	극소	$\nearrow$	

따라서 함수 $h(a)$는 $a=2$에서 극소이면서 최소이므로 구하는 넓이의 최솟값은

$$h(2)=-\frac{8}{3}+\frac{32}{3}-\frac{64}{3}+\frac{64}{3}=8$$

답 ③

328 조건 ㈎에 의하여 함수 $f(x)$는 주기가 3인 함수이다.

즉, $\int_5^6 f(x)\,dx=\int_2^3 f(x)\,dx$이므로 조건 ㈐에서

$$\int_0^2 f(x)\,dx+\int_2^3 f(x)\,dx=\int_0^3 f(x)\,dx=0 \qquad\cdots\cdots\;\bigcirc$$

조건 (나)에 의하여 $\int_2^3 f(x)\,dx=3$이므로 ㉠에서

$$\int_0^2 f(x)\,dx=-3$$

조건 (가)와 ㉠에 의하여 $\int_{-3}^6 f(x)\,dx=0$이므로

$$\int_{-3}^8 f(x)\,dx=\int_{-3}^6 f(x)\,dx+\int_6^8 f(x)\,dx$$
$$=0+\int_0^2 f(x)\,dx$$
$$=-3$$

답 ①

329 조건 (가)에 의하여 함수 $y=f(x)$의 그래프와 함수 $y=f(x)$의 그래프를 x축의 방향으로 2만큼, y축의 방향으로 3만큼 평행이동한 그래프가 일치한다.

또한, 조건 (나)에서 $\int_0^4 f(x)\,dx=0$이므로

$$\int_0^4 f(x)\,dx=\int_0^2 f(x)\,dx+\int_2^4 f(x)\,dx$$
$$=\int_0^2 f(x)\,dx+\int_2^4 \{f(x-2)+3\}\,dx$$
$$=\int_0^2 f(x)\,dx+\int_0^2 \{f(x)+3\}\,dx$$
$$=2\int_0^2 f(x)\,dx+\int_0^2 3\,dx=0$$

이때 $\int_0^2 3\,dx=\Big[3x\Big]_0^2=6$이므로

$$\int_0^2 f(x)\,dx=-3 \qquad \therefore \int_2^4 f(x)\,dx=3$$

따라서 구하는 넓이는

$$\int_4^6 f(x)\,dx=\int_4^6 \{f(x-2)+3\}\,dx$$
$$=\int_2^4 \{f(x)+3\}\,dx$$
$$=\int_2^4 f(x)\,dx+\int_2^4 3\,dx$$
$$=\int_2^4 f(x)\,dx+\Big[3x\Big]_2^4$$
$$=3+6=9$$

답 ①

330 $g(4)=a$라 하면 $f(a)=4$이므로
$a^3+2a-8=4$, $a^3+2a-12=0$
$(a-2)(a^2+2a+6)=0$
$\therefore a=2 \ (\because a^2+2a+6>0)$
또, $g(25)=b$라 하면 $f(b)=25$이므로
$b^3+2b-8=25$, $b^3+2b-33=0$
$(b-3)(b^2+3b+11)=0$
$\therefore b=3 \ (\because b^2+3b+11>0)$
따라서 함수 $y=f(x)$의 그래프는 두 점 $(2,\,4)$, $(3,\,25)$를 지나고, 함수 $y=g(x)$의 그래프는 함수 $y=f(x)$의 그래프를 직선 $y=x$에 대하여 대칭이동한 것과 같으므로 다음 그림과 같다.

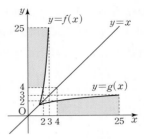

이때 색칠한 두 부분의 넓이는 같으므로

$$\int_4^{25} g(x)\,dx=3\times25-2\times4-\int_2^3 f(x)\,dx$$
$$=75-8-\int_2^3 (x^3+2x-8)\,dx$$
$$=67-\Big[\frac{1}{4}x^4+x^2-8x\Big]_2^3$$
$$=67-\Big\{\frac{21}{4}-(-8)\Big\}$$
$$=\frac{215}{4}$$

답 ⑤

331 두 함수 $y=f(x)$, $y=g(x)$의 그래프의 교점의 좌표가 $(1,\,1)$, $(2,\,2)$이므로
$f(1)=a+b=1$, $f(2)=4a+b=2$
따라서 $a=\dfrac{1}{3}$, $b=\dfrac{2}{3}$이므로

$$f(x)=\frac{1}{3}x^2+\frac{2}{3}$$

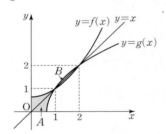

위의 그림과 같이 두 곡선 $y=f(x)$와 $y=g(x)$는 직선 $y=x$에 대하여 대칭이므로

$$A-B=2\int_0^2 \Big(\frac{1}{3}x^2+\frac{2}{3}-x\Big)\,dx$$
$$=2\Big[\frac{1}{9}x^3-\frac{1}{2}x^2+\frac{2}{3}x\Big]_0^2$$
$$=2\times\frac{2}{9}=\frac{4}{9}$$

답 ④

332 $f(x)=x^3+x^2+2x$에서

$$f'(x)=3x^2+2x+2=3\Big(x+\frac{1}{3}\Big)^2+\frac{5}{3}>0$$

이므로 함수 $y=f(x)$의 그래프는 실수 전체의 집합에서 증가한다.

이때 두 곡선 $y=f(x)$, $y=g(x)$는 직선 $y=x$에 대하여 대칭이고 곡선 $y=f(x)$와 직선 $y=-x+5$의 교점의 x좌표는 방정식 $x^3+x^2+2x=-x+5$의 실근과 같으므로

$x^3+x^2+3x-5=0$에서

$(x-1)(x^2+2x+5)=0$

$\therefore x=1 \ (\because x^2+2x+5>0)$

따라서 두 곡선 $y=f(x)$, $y=g(x)$와 두 직선 $y=-x+5$, $y=x$는 다음 그림과 같다.

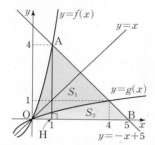

곡선 $y=f(x)$와 직선 $y=-x+5$의 교점을 A, 직선 $y=-x+5$와 x축의 교점을 B, 점 A에서 x축에 내린 수선의 발을 H라 하면 S_1+S_2의 값은 곡선 $y=f(x)$와 x축 및 직선 $x=1$로 둘러싸인 부분의 넓이와 삼각형 AHB의 넓이의 합과 같으므로

$$S_1+S_2=\int_0^1 f(x)\,dx+\frac{1}{2}\times 4\times 4$$

$$=\int_0^1 (x^3+x^2+2x)\,dx+8$$

$$=\left[\frac{1}{4}x^4+\frac{1}{3}x^3+x^2\right]_0^1+8=\frac{115}{12}$$

따라서 $p=12$, $q=115$이므로

$p+q=127$

답 127

333 $f(x)=x^2-tx+4t$에서 $f(x)=\left(x-\dfrac{t}{2}\right)^2-\dfrac{t^2}{4}+4t$

즉, 축의 방정식은 $x=\dfrac{t}{2}$

(i) $\dfrac{t}{2}<0$일 때

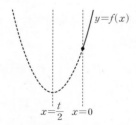

즉, 닫힌구간 $[0,3]$에서 함수 $f(x)$의 최솟값은

$f(0)=4t$

(ii) $0\le\dfrac{t}{2}<3$일 때

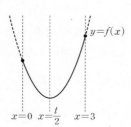

즉, 닫힌구간 $[0,3]$에서 함수 $f(x)$의 최솟값은

$f\left(\dfrac{t}{2}\right)=-\dfrac{t^2}{4}+4t$

(iii) $\dfrac{t}{2}\ge 3$일 때

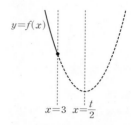

즉, 닫힌구간 $[0,3]$에서 함수 $f(x)$의 최솟값은

$f(3)=t+9$

(i), (ii), (iii)에 의하여

$$g(t)=\begin{cases} 4t & (t<0) \\ -\dfrac{t^2}{4}+4t & (0\le t<6) \\ t+9 & (t\ge 6) \end{cases}$$

즉, 곡선 $y=g(x)$와 x축 및 두 직선 $x=-1$, $x=4$로 둘러싸인 부분은 다음 그림과 같다.

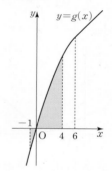

따라서 구하는 넓이는

$$\int_{-1}^4 |g(x)|\,dx=\frac{1}{2}\times 1\times 4+\int_0^4\left(-\frac{1}{4}x^2+4x\right)dx$$

$$=2+\left[-\frac{1}{12}x^3+2x^2\right]_0^4$$

$$=2+\left(-\frac{16}{3}+32\right)=\frac{86}{3}$$

답 ①

334 $f(x)=\displaystyle\int_0^1 t|t-x|\,dt$에서 x의 값의 범위에 따른 함수 $f(x)$는 다음과 같다.

(i) $x<0$일 때

$0<t<1$에서 $t-x>0$이므로

$$f(x)=\int_0^1 t|t-x|\,dt=\int_0^1 (t^2-xt)\,dt$$

$$=\left[\frac{1}{3}t^3-\frac{x}{2}t^2\right]_0^1$$

$$=-\frac{1}{2}x+\frac{1}{3}$$

(ii) $0\le x<1$일 때

$0<t<x$에서 $t-x<0$, $x<t<1$에서 $t-x>0$이므로

$$f(x) = \int_0^1 t|t-x|\,dt$$
$$= \int_0^x (-t^2 + xt)\,dt + \int_x^1 (t^2 - xt)\,dt$$
$$= \left[-\frac{1}{3}t^3 + \frac{x}{2}t^2 \right]_0^x + \left[\frac{1}{3}t^3 - \frac{x}{2}t^2 \right]_x^1$$
$$= \frac{1}{6}x^3 + \left\{ \left(\frac{1}{3} - \frac{x}{2} \right) - \left(-\frac{1}{6}x^3 \right) \right\}$$
$$= \frac{1}{3}x^3 - \frac{1}{2}x + \frac{1}{3}$$

(iii) $x \geq 1$일 때

$0 < t < 1$에서 $t - x < 0$이므로

$$f(x) = \int_0^1 t|t-x|\,dt = \int_0^1 (-t^2 + xt)\,dt$$
$$= \left[-\frac{1}{3}t^3 + \frac{x}{2}t^2 \right]_0^1$$
$$= \frac{1}{2}x - \frac{1}{3}$$

(i), (ii), (iii)에 의하여

$$f(x) = \begin{cases} -\frac{1}{2}x + \frac{1}{3} & (x < 0) \\ \frac{1}{3}x^3 - \frac{1}{2}x + \frac{1}{3} & (0 \leq x < 1) \\ \frac{1}{2}x - \frac{1}{3} & (x \geq 1) \end{cases}$$

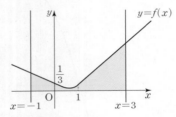

따라서 곡선 $y = f(x)$와 x축 및 두 직선 $x = -1$, $x = 3$으로 둘러싸인 도형의 넓이는

$$\int_{-1}^3 f(x)\,dx$$
$$= \int_{-1}^0 \left(-\frac{1}{2}x + \frac{1}{3} \right) dx + \int_0^1 \left(\frac{1}{3}x^3 - \frac{1}{2}x + \frac{1}{3} \right) dx$$
$$+ \int_1^3 \left(\frac{1}{2}x - \frac{1}{3} \right) dx$$
$$= \left[-\frac{1}{4}x^2 + \frac{1}{3}x \right]_{-1}^0 + \left[\frac{1}{12}x^4 - \frac{1}{4}x^2 + \frac{1}{3}x \right]_0^1$$
$$+ \left[\frac{1}{4}x^2 - \frac{1}{3}x \right]_1^3$$
$$= -\left(-\frac{7}{12} \right) + \frac{1}{6} + \frac{5}{4} - \left(-\frac{1}{12} \right)$$
$$= \frac{25}{12}$$

답 ③

335 속도가 $v(t) = 40 - 10t\,(\text{m/s})$인 로켓이 최고 높이에 도달하는 순간의 속도는 0이므로 $v(t) = 0$에서

$$40 - 10t = 0$$
$$10t = 40 \qquad \therefore t = 4$$

이때 지상 $50\,\text{m}$ 높이에서 로켓을 쏘아 올렸으므로 구하는 최고 높이는

$$50 + \int_0^4 (40 - 10t)\,dt = 50 + \left[40t - 5t^2 \right]_0^4$$
$$= 50 + 80$$
$$= 130\,(\text{m})$$

답 $130\,\text{m}$

336 시각 t에서의 점 P의 위치를 $x(t)$라 하면 점 P가 시각 $t = 0$일 때 원점에서 출발하므로

$$x(t) = \int_0^t v(t)\,dt$$
$$= \begin{cases} t^3 - 3t^2 & (0 \leq t < 2) \\ t^2 - 4t & (t \geq 2) \end{cases}$$

이때 $x(t) = 0$에서

(i) $0 < t < 2$일 때

$$t^3 - 3t^2 = t^2(t - 3) \neq 0$$

(ii) $t \geq 2$일 때

$$t^2 - 4t = t(t - 4) = 0$$
$$\therefore t = 4 \ (\because t \geq 2)$$

(i), (ii)에 의하여 점 P가 다시 원점으로 돌아오는 시각은 $t = 4$

답 ④

337 시각 $t\,(t \geq 0)$에서 두 점 P, Q의 위치를 각각 $x_1(t)$, $x_2(t)$라 하면 $t = 0$에서 두 점의 위치가 모두 0이므로

$$x_1(t) = \int_0^t (2t^2 - 8t + 9)\,dt = \frac{2}{3}t^3 - 4t^2 + 9t$$
$$x_2(t) = \int_0^t (-t^2 + at)\,dt = -\frac{1}{3}t^3 + \frac{a}{2}t^2$$

$t = 3$에서 두 점 P, Q의 위치가 같으므로 $x_1(3) = x_2(3)$에서

$$18 - 36 + 27 = -9 + \frac{9}{2}a \qquad \therefore a = 4$$

따라서 $v_2(t) = -t^2 + 4t$이므로 $t = 0$에서 $t = 5$까지 점 Q가 움직인 거리는

$$\int_0^5 |-t^2 + 4t|\,dt = \int_0^4 (-t^2 + 4t)\,dt + \int_4^5 (t^2 - 4t)\,dt$$
$$= \left[-\frac{1}{3}t^3 + 2t^2 \right]_0^4 + \left[\frac{1}{3}t^3 - 2t^2 \right]_4^5$$
$$= \frac{32}{3} + \left\{ \left(-\frac{25}{3} \right) - \left(-\frac{32}{3} \right) \right\}$$
$$= 13$$

답 13

338 시각 $t\,(t \geq 0)$에서의 두 점 P, Q의 위치를 각각 $x_1(t)$, $x_2(t)$라 하면 $t = 0$에서 두 점의 위치가 모두 0이므로

$$x_1(t) = \int_0^t (4t^2 - 2t - 2)\,dt = \frac{4}{3}t^3 - t^2 - 2t$$
$$x_2(t) = \int_0^t (t^2 + 4t - 4)\,dt = \frac{1}{3}t^3 + 2t^2 - 4t$$

두 점 P, Q가 만나려면 $x_1(t)=x_2(t)$에서

$\frac{4}{3}t^3-t^2-2t=\frac{1}{3}t^3+2t^2-4t$

$t^3-3t^2+2t=0$, $t(t-1)(t-2)=0$

$\therefore t=0$ 또는 $t=1$ 또는 $t=2$

따라서 두 점 P, Q는 시각 $t=2$일 때 출발 후 두 번째로 만난다.

한편, $v_1(t)=0$에서

$4t^2-2t-2=0$, $2t^2-t-1=0$

$(2t+1)(t-1)=0$ $\therefore t=1$ ($\because t\geq0$)

따라서 점 P는 출발 후 시각 $t=1$일 때 운동 방향을 바꾸므로 점 P가 출발 후 $t=2$까지 움직인 거리는

$\int_0^2 |4t^2-2t-2|\,dt$

$=\int_0^1 (-4t^2+2t+2)\,dt+\int_1^2 (4t^2-2t-2)\,dt$

$=\left[-\frac{4}{3}t^3+t^2+2t\right]_0^1+\left[\frac{4}{3}t^3-t^2-2t\right]_1^2$

$=\frac{5}{3}+\left\{\frac{8}{3}-\left(-\frac{5}{3}\right)\right\}=6$

답 6

339 $t=0$에서의 점 P의 위치를 x_0이라 하면 $t=3$에서의 점 P의 위치는 $x_0+\int_0^3 v(t)\,dt$이므로

$x_0+\frac{1}{2}\times3\times(-a)=-5$

$\therefore x_0-\frac{3}{2}a=-5$ ...... ㉠

$t=3$에서 $t=4$까지의 위치의 변화량과 $t=6$에서 $t=8$까지의 위치의 변화량은 각각 0이고, $t=8$에서의 점 P의 위치는 $x_0+\int_0^8 v(t)\,dt$이므로

$x_0+\frac{1}{2}\times3\times(-a)+2\times a=1$

$\therefore x_0+\frac{a}{2}=1$ ...... ㉡

㉠, ㉡을 연립하여 풀면 $x_0=-\frac{1}{2}$, $a=3$

따라서 $t=10$에서의 점 P의 위치는

$x_0+\int_0^{10} v(t)\,dt$

$=-\frac{1}{2}+\frac{1}{2}\times3\times(-3)+2\times3+\frac{1}{2}\times2\times(-3)$

$=-2$

답 -2

340 ㄱ. $t=0$에서 $t=c$까지 이 물체가 움직인 거리는

$\int_0^c |v(t)|\,dt$

$=\int_0^a |v(t)|\,dt+\int_a^b |v(t)|\,dt+\int_b^c |v(t)|\,dt$

$=2+3+20=25$ (참)

ㄴ. $t=0$에서 $t=c$까지 이 물체의 위치의 변화량은

$\int_0^c v(t)\,dt=\int_0^a v(t)\,dt+\int_a^b v(t)\,dt+\int_b^c v(t)\,dt$

$=-2+3+(-20)=-19$ (참)

ㄷ. $t=c$일 때, 이 물체의 위치는

$2+\int_0^c v(t)\,dt=2+(-19)$ ($\because$ ㄴ)

$=-17$ (참)

따라서 ㄱ, ㄴ, ㄷ 모두 옳다. 답 ⑤

341 $\int_0^2 v(t)\,dt=\int_2^5 |v(t)|\,dt$에서

$\int_0^2 v(t)\,dt=-\int_2^4 v(t)\,dt+\int_4^5 v(t)\,dt$

$\int_0^2 v(t)\,dt+\int_2^4 v(t)\,dt=\int_4^5 v(t)\,dt$

$\therefore \int_0^4 v(t)\,dt=\int_4^5 v(t)\,dt$ ...... ㉠

또, $t=3$일 때 점 P의 위치가 4이므로

$\int_0^3 v(t)\,dt=4$ ...... ㉡

따라서 $t=3$에서 $t=5$까지 점 P가 움직인 거리는

$\int_3^5 |v(t)|\,dt=-\int_3^4 v(t)\,dt+\int_4^5 v(t)\,dt$

$=-\int_3^4 v(t)\,dt+\int_0^4 v(t)\,dt$ ($\because$ ㉠)

$=\int_0^3 v(t)\,dt$

$=4$ ($\because$ ㉡) 답 ①

스페셜 특강 SPECIAL

>> 본문 213~222쪽

342 조건 ㈏에서

$f(x)=-(x-1)^2+1$

이므로 함수 $y=f(x)$의 그래프는 직선 $x=1$에 대하여 대칭이다.

$\therefore \int_0^2 f(x)\,dx=2\int_1^2 f(x)\,dx$ ($\because$ 대칭성)

$=2\int_1^2 \{-(x-1)^2+1\}\,dx$

$=2\int_0^1 (-x^2+1)\,dx$ ($\because$ 평행이동)

$=2\left[-\frac{1}{3}x^3+x\right]_0^1$

$=\frac{4}{3}$ ...... ㉠

$$g(2)=\int_{-3}^{2}f(t)\,dt$$
$$=\int_{-3}^{-2}f(t)\,dt+\int_{-2}^{2}f(t)\,dt$$
$$=\int_{1}^{2}f(t)\,dt+2\int_{0}^{2}f(t)\,dt\ (\because \text{조건 ⑺})$$
$$=\int_{1}^{2}f(t)\,dt+\frac{8}{3}\ (\because \ㄱ)$$
$$g(4)=\int_{-3}^{4}f(t)\,dt$$
$$=\int_{-3}^{-2}f(t)\,dt+\int_{-2}^{4}f(t)\,dt$$
$$=\int_{1}^{2}f(t)\,dt+3\int_{0}^{2}f(t)\,dt\ (\because \text{조건 ⑺})$$
$$=\int_{0}^{1}f(t)\,dt+4\ (\because \text{대칭성},\ ㄱ)$$
$$\therefore g(2)+g(4)=\left\{\int_{1}^{2}f(t)\,dt+\frac{8}{3}\right\}+\left\{\int_{0}^{1}f(t)\,dt+4\right\}$$
$$=\int_{0}^{2}f(t)\,dt+\frac{20}{3}=8\ (\because \ㄱ)$$
답 ①

343 조건 ⑼에 의하여 함수 $f(a)$는 $x=2$에서 변곡점을 가지므로 함수 $y=f(x)$의 그래프는 점 $(2,\,f(2))$에 대하여 대칭이다.

$$\therefore \int_{2-p}^{2+p}f(x)\,dx=2p\times f(2)$$

이때 조건 ⑺에 의하여
$2p\times f(2)=-2p$이므로 $f(2)=-1$
한편, 삼차함수 $f(x)$의 최고차항의 계수가 1이므로 $f'(x)$는 최고차항의 계수가 3인 이차함수이다.
조건 ⑼에 의하여
$$f'(x)=3(x-2)^2-3$$
$$\therefore f(x)=(x-2)^3-3(x-2)+C\ (단,\ C는\ 적분상수)$$
이때 $f(2)=-1$이므로 $C=-1$
$$\therefore f(x)=(x-2)^3-3(x-2)-1$$
$$\therefore \int_{0}^{6}\{f(x)+f(1)\}\,dx=\int_{0}^{6}\{(x-2)^3-3(x-2)\}\,dx$$
$$=\int_{-2}^{4}(x^3-3x)\,dx\ (\because \text{평행이동})$$
$$=\left[\frac{1}{4}x^4-\frac{3}{2}x^2\right]_{-2}^{4}$$
$$=(64-24)-(4-6)$$
$$=42$$
답 ⑤

참고 삼차함수 $f(x)$에 대하여 $f'(x)=g(x)$라 할 때, 방정식 $g'(x)=0$의 실근이 변곡점의 x좌표이고, 함수 $y=f(x)$의 그래프는 변곡점 $(k,\,f(k))$에 대하여 대칭이다.

344 곡선 $y=x^2-2x$와 직선 $y=ax$의 교점의 x좌표는
$x^2-2x=ax$에서 $x^2-(2+a)x=0$
$x\{x-(2+a)\}=0$
$$\therefore x=0\ 또는\ x=a+2$$

따라서 곡선 $y=x^2-2x$와 직선 $y=ax$로 둘러싸인 부분의 넓이는
$$\frac{1}{6}(a+2)^3$$
또한, 곡선 $y=x^2-2x$와 x축의 교점의 x좌표는 $x=0$ 또는 $x=2$이므로 곡선 $y=x^2-2x$와 x축으로 둘러싸인 부분의 넓이는 $\frac{1}{6}\times(2-0)^3=\frac{4}{3}$
따라서 $\frac{1}{6}(a+2)^3=\frac{4}{3}\times8$이므로
$(a+2)^3=64,\ a+2=4$
$$\therefore a=2$$
답 2

345 두 곡선의 교점의 x좌표는
$x^2-ax=-x^2+ax$에서 $2x(x-a)=0$
$$\therefore x=0\ 또는\ x=a$$
따라서 두 곡선 $y=x^2-ax,\ y=-x^2+ax$로 둘러싸인 부분의 넓이가 9이므로
$$\frac{|1-(-1)|}{6}\times(a-0)^3=\frac{1}{3}a^3=9$$
$a^3=27$　　$\therefore a=3$
답 ③

346 곡선 $y=2(x-1)(x-3)(x-5)$를 x축의 방향으로 -3만큼 평행이동한 식은
$$x=2x(x+2)(x-2)$$
따라서 구하는 넓이는
$$\int_{-2}^{2}|2x(x+2)(x-2)|\,dx=\frac{|2|}{2}\times2^4=16$$
답 ③

347 함수 $(x+1)f(x)$는 사차함수이고, $f(2)=0$이므로 조건 ⑺에 의하여
$$(x+1)f(x)=(x+1)^2(x-2)^2$$
$$\therefore f(x)=(x+1)(x-2)^2$$
한편, 조건 ⑼에 의하여
$$g(x)=(x+1)^3(x+k)\ (k는\ 상수)$$
로 놓으면
$$g'(x)=3(x+1)^2(x+k)+(x+1)^3$$
조건 ⑽에서
$g'(0)=3k+1=-5$　　$\therefore k=-2$
$$\therefore g(x)=(x+1)^3(x-2)$$
방정식 $f(x)=g(x)$에서
$$(x+1)(x-2)^2=(x+1)^3(x-2)$$
$$(x+1)(x-2)\{(x+1)^2-(x-2)\}=0$$
$$(x+1)(x-2)(x^2+x+3)=0$$
이때 이차방정식 $x^2+x+3=0$의 판별식을 D라 하면
$D=1-12=-11<0$
이므로 방정식 $f(x)=g(x)$의 실근은
$x=-1$ 또는 $x=2$

따라서 두 함수 $y=f(x)$, $y=g(x)$의 그래프는 다음 그림과 같다.

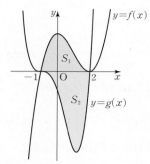

이때 곡선 $y=f(x)$와 x축으로 둘러싸인 부분의 넓이를 S_1, 곡선 $y=g(x)$와 x축으로 둘러싸인 부분의 넓이를 S_2라 하면

$$S_1=\int_{-1}^{2}f(x)\,dx=\int_{-1}^{2}(x+1)(x-2)^2\,dx$$

$$=\int_{0}^{3}x(x-3)^2\,dx\ (\because \text{평행이동})$$

$$=\frac{|1|}{12}\times3^4=\frac{27}{4}$$

$$S_2=\int_{-1}^{2}|g(x)|\,dx=\int_{-1}^{2}|(x+1)^3(x-2)|\,dx$$

$$=\frac{|1|}{20}\times|2-(-1)|^5=\frac{243}{20}$$

따라서 구하는 넓이는

$$S_1+S_2=\frac{27}{4}+\frac{243}{20}=\frac{189}{10}$$

답 $\dfrac{189}{10}$

킬링 파트

KILLING PART

≫ 본문 224~247쪽

348 주어진 조건에 의하여

$$f(x)=x(x-\alpha)^2$$

조건 ㈎에서 $g'(x)=\{xf(x)\}'$이므로

$$g(x)=xf(x)+C$$

$$=x^2(x-\alpha)^2+C\ (\text{단, } C\text{는 적분상수})$$

$$\therefore g'(x)=2x(x-\alpha)^2+2x^2(x-\alpha)$$

$$=2x(x-\alpha)(2x-\alpha)$$

$g'(x)=0$에서 $x=0$ 또는 $x=\dfrac{\alpha}{2}$ 또는 $x=\alpha$

함수 $g(x)$의 증가와 감소를 표로 나타내면 다음과 같다.

x	$\cdots$	0	$\cdots$	$\dfrac{\alpha}{2}$	$\cdots$	α	$\cdots$
$g'(x)$	$-$	0	$+$	0	$-$	0	$+$
$g(x)$	$\searrow$	극소	$\nearrow$	극대	$\searrow$	극소	$\nearrow$

따라서 함수 $g(x)$는 $x=0$, $x=\alpha$에서 극솟값, $x=\dfrac{\alpha}{2}$에서 극댓값을 가지므로 조건 ㈏에 의하여

$$g\left(\frac{\alpha}{2}\right)=81,\ g(0)=g(\alpha)=0$$

$g(0)=0$에서 $C=0$

$g\left(\dfrac{\alpha}{2}\right)=81$에서 $\dfrac{\alpha^2}{4}\times\dfrac{\alpha^2}{4}=81$

$\alpha^4=2^4\times3^4$ $\therefore \alpha=6\ (\because \alpha>0)$

따라서 $g(x)=x^2(x-6)^2$이므로

$$g\left(\frac{\alpha}{3}\right)=g(2)=4\times16=64$$

답 ⑤

349 조건 ㈎에서 $g'(x)=\{x^2f(x)\}'$이므로

$$g(x)=x^2f(x)+C$$

$$=x^2(x-\alpha)^2+C\ (\text{단, } C\text{는 적분상수})$$

$$\therefore g'(x)=2x(x-\alpha)^2+2x^2(x-\alpha)$$

$$=2x(x-\alpha)(2x-\alpha)$$

$g'(x)=0$에서 $x=0$ 또는 $x=\dfrac{\alpha}{2}$ 또는 $x=\alpha$

함수 $g(x)$의 증가와 감소를 표로 나타내면 다음과 같다.

x	$\cdots$	0	$\cdots$	$\dfrac{\alpha}{2}$	$\cdots$	α	$\cdots$
$g'(x)$	$-$	0	$+$	0	$-$	0	$+$
$g(x)$	$\searrow$	극소	$\nearrow$	극대	$\searrow$	극소	$\nearrow$

따라서 함수 $g(x)$는 $x=0$, $x=\alpha$에서 극솟값, $x=\dfrac{\alpha}{2}$에서 극댓값을 가지므로 조건 ㈏에 의하여

$$g\left(\frac{\alpha}{2}\right)=21,\ g(0)=g(\alpha)=5$$

$g(0)=5$에서 $C=5$

$g\left(\dfrac{\alpha}{2}\right)=21$에서 $\dfrac{\alpha^2}{4}\times\dfrac{\alpha^2}{4}+5=21$

$\alpha^4=4^4$ $\therefore \alpha=4\ (\because \alpha>0)$

따라서 $g(x)=x^2(x-4)^2+5$이므로

$$g\left(\frac{3}{2}\alpha\right)=g(6)=36\times4+5=149$$

답 ④

350 함수 $g(x)$가 실수 전체의 집합에서 미분가능하고 $g(0)=0$이므로

$$\lim_{x\to0+}\frac{g(x)}{x}=\lim_{x\to0-}\frac{g(x)}{x}\text{에서}$$

$$\lim_{x\to0+}\frac{g(x)}{x}=\lim_{x\to0+}\frac{xf(x)}{x}=f(0),$$

$$\lim_{x\to0-}\frac{g(x)}{x}=\lim_{x\to0-}\frac{-xf(x)}{x}=-f(0)$$

이므로 $f(0)=-f(0)$ $\therefore f(0)=0$

이때 $f(x)$는 최고차항의 계수가 4인 삼차함수이므로

$$f(x)=4x^3+ax^2+bx\ (a,\ b\text{는 상수})$$

로 놓을 수 있다.

$x>0$에서 $g(x)=xf(x)$이므로

$g'(x)=f(x)+xf'(x)$

조건 ⑰에 의하여

$g'(1)=f(1)+f'(1)=16$

$f'(x)=12x^2+2ax+b$이므로

$(4+a+b)+(12+2a+b)=16$

$\therefore 3a+2b=0$ $\qquad$ ...... ㉠

한편,

$F(x)=\displaystyle\int (4x^3+ax^2+bx)\,dx$

$\qquad =x^4+\dfrac{a}{3}x^3+\dfrac{b}{2}x^2+C$ (단, C는 적분상수)

조건 ⑭에 의하여 $F(0)=-2$이므로 $C=-2$

$F(1)=9$이므로 $\dfrac{a}{3}+\dfrac{b}{2}=10$ $\qquad$ ...... ㉡

㉠, ㉡을 연립하여 풀면 $a=-24$, $b=36$

따라서 $f(x)=4x^3-24x^2+36x$이므로

$f'(x)=12x^2-48x+36=12(x-1)(x-3)$

$f'(x)=0$에서 $x=1$ 또는 $x=3$

$-1 \le x \le 3$에서 함수 $f(x)$의 증가와 감소를 표로 나타내면 다음과 같다.

x	-1	$\cdots$	1	$\cdots$	3
$f'(x)$		$+$	0	$-$	0
$f(x)$	-64	↗	16	↘	0

따라서 닫힌구간 $[-1, 3]$에서 함수 $f(x)$의 최댓값은 16, 최솟값은 -64이므로 구하는 차는

$16-(-64)=80$ $\qquad$ 답 80

351 조건 ⑰에서 함수 $g(x)$가 실수 전체의 집합에서 미분가능하고 $g(-1)=0$, $g(1)=0$이므로

$\displaystyle\lim_{x\to-1+}\dfrac{g(x)}{x+1}=\lim_{x\to-1-}\dfrac{g(x)}{x+1}$에서

$\displaystyle\lim_{x\to-1+}\dfrac{g(x)}{x+1}=\lim_{x\to-1+}\dfrac{-(x+1)(x-1)f(x)}{x+1}=2f(-1)$,

$\displaystyle\lim_{x\to-1-}\dfrac{g(x)}{x+1}=\lim_{x\to-1-}\dfrac{(x+1)(x-1)f(x)}{x+1}=-2f(-1)$

이므로 $2f(-1)=-2f(-1)$ $\quad\therefore f(-1)=0$

또, $\displaystyle\lim_{x\to1+}\dfrac{g(x)}{x-1}=\lim_{x\to1-}\dfrac{g(x)}{x-1}$이므로

$\displaystyle\lim_{x\to1+}\dfrac{g(x)}{x-1}=\lim_{x\to1+}\dfrac{(x+1)(x-1)f(x)}{x-1}=2f(1)$,

$\displaystyle\lim_{x\to1-}\dfrac{g(x)}{x-1}=\lim_{x\to1-}\dfrac{-(x+1)(x-1)f(x)}{x-1}=-2f(1)$

에서 $2f(1)=-2f(1)$ $\quad\therefore f(1)=0$

따라서 $f(x)=(x-1)(x+1)(ax+b)$ (a, b는 상수, $a\ne0$)로 놓으면

$g(x)=|x^2-1|(x-1)(x+1)(ax+b)$

조건 ⑰에서 $\displaystyle\lim_{x\to1-}\dfrac{g(x)}{(x-1)^2}=-16$이므로

$\displaystyle\lim_{x\to1-}\dfrac{-(x-1)^2(x+1)^2(ax+b)}{(x-1)^2}=-16$

$\therefore a+b=4$ $\qquad$ ...... ㉠

한편,

$F(x)=\displaystyle\int (x-1)(x+1)(ax+b)\,dx$

$\qquad =\displaystyle\int (ax^3+bx^2-ax-b)\,dx$

$\qquad =\dfrac{a}{4}x^4+\dfrac{b}{3}x^3-\dfrac{a}{2}x^2-bx+C$ (단, C는 적분상수)

조건 ⑭에 의하여 $F(0)=2$이므로 $C=2$

$F(-2)=2$이므로 $2a-\dfrac{2}{3}b=0$

$\therefore b=3a$ $\qquad$ ...... ㉡

㉠, ㉡을 연립하여 풀면 $a=1$, $b=3$

따라서 $f(x)=x^3+3x^2-x-3$이므로

$f'(x)=3x^2+6x-1$

한편, $x<-1$일 때 $g(x)=(x^2-1)f(x)$이므로

$g'(x)=2xf(x)+(x^2-1)f'(x)$

$\therefore g'(-2)=-4f(-2)+3f'(-2)$

$\qquad\qquad =-4\times3+3\times(-1)=-15$ $\qquad$ 답 ④

352 조건 ⑰에 의하여

$F_1(x)=\displaystyle\int (-x+1)\,dx$

$\qquad =-\dfrac{1}{2}x^2+x+C_1$ (단, C_1은 적분상수)

$F_1(0)=-1$이므로 $C_1=-1$

$\therefore F_1(x)=-\dfrac{1}{2}x^2+x-1$

조건 ⑭에 의하여

$F_2(x)=\displaystyle\int \left(-\dfrac{1}{2}x^2+x-1\right)dx$

$\qquad =-\dfrac{1}{2\times3}x^3+\dfrac{1}{2}x^2-x+C_2$ (단, C_2는 적분상수)

$F_2(0)=1$이므로 $C_2=1$

$\therefore F_2(x)=-\dfrac{1}{2\times3}x^3+\dfrac{1}{2}x^2-x+1$

같은 방법으로 하면

$F_3(x)=\displaystyle\int \left(-\dfrac{1}{2\times3}x^3+\dfrac{1}{2}x^2-x+1\right)dx$

$\qquad =-\dfrac{1}{2\times3\times4}x^4+\dfrac{1}{2\times3}x^3-\dfrac{1}{2}x^2+x+C_3$

$\qquad\qquad\qquad\qquad\qquad$ (단, C_3은 적분상수)

$F_3(0)=-1$이므로 $C_3=-1$

$\therefore F_3(x)=-\dfrac{1}{2\times3\times4}x^4+\dfrac{1}{2\times3}x^3-\dfrac{1}{2}x^2+x-1$

$\qquad\qquad\vdots$

$\therefore F_n(x)=-\dfrac{1}{2\times3\times\cdots\times(n+1)}x^{n+1}+\dfrac{1}{2\times3\times\cdots\times n}x^n$

$\qquad\qquad +\cdots+\dfrac{(-1)^n}{2}x^2+(-1)^{n+1}x+(-1)^n$

이때 $G_n(x) = F_n(x) + F_{n+1}(x)$이므로

$$G_1(x) = F_1(x) + F_2(x) = -\frac{1}{2 \times 3} x^3$$

$$G_2(x) = F_2(x) + F_3(x) = -\frac{1}{2 \times 3 \times 4} x^4$$

$$\vdots$$

$$\therefore G_n(x) = F_n(x) + F_{n+1}(x)$$
$$= -\frac{1}{2 \times 3 \times \cdots \times (n+2)} x^{n+2}$$

따라서 $G_n'(x) = -\frac{1}{2 \times 3 \times \cdots \times (n+1)} x^{n+1}$이므로

$$\frac{G_{98}'(1)}{G_{98}(1)} = \frac{-\dfrac{1}{2 \times 3 \times \cdots \times 99}}{-\dfrac{1}{2 \times 3 \times \cdots \times 100}} = 100$$ 답 100

353 조건 ㈎에 의하여

$$F_1(x) = \int \left(\frac{1}{2} x^2 + x + 1 \right) dx$$
$$= \frac{1}{2 \times 3} x^3 + \frac{1}{2} x^2 + x + C_1 \ (단, C_1은 적분상수)$$

$F_1(0) = 1$이므로 $C_1 = 1$

$$\therefore F_1(x) = \frac{1}{2 \times 3} x^3 + \frac{1}{2} x^2 + x + 1$$

조건 ㈏에 의하여

$$F_2(x) = \int \left(\frac{1}{2 \times 3} x^3 + \frac{1}{2} x^2 + x + 1 \right) dx$$
$$= \frac{1}{2 \times 3 \times 4} x^4 + \frac{1}{2 \times 3} x^3 + \frac{1}{2} x^2 + x + C_2$$

(단, C_2는 적분상수)

조건 ㈐에 의하여
$F_2(0) = 1$이므로 $C_2 = 1$

$$\therefore F_2(x) = \frac{1}{2 \times 3 \times 4} x^4 + \frac{1}{2 \times 3} x^3 + \frac{1}{2} x^2 + x + 1$$

같은 방법으로 하면

$$F_3(x) = \int \left(\frac{1}{2 \times 3 \times 4} x^4 + \frac{1}{2 \times 3} x^3 + \frac{1}{2} x^2 + x + 1 \right) dx$$
$$= \frac{1}{2 \times 3 \times 4 \times 5} x^5 + \frac{1}{2 \times 3 \times 4} x^4 + \frac{1}{2 \times 3} x^3$$
$$+ \frac{1}{2} x^2 + x + C_3$$

(단, C_3은 적분상수)

$F_3(0) = 1$이므로 $C_3 = 1$

$$\therefore F_3(x) = \frac{1}{2 \times 3 \times 4 \times 5} x^5 + \frac{1}{2 \times 3 \times 4} x^4 + \frac{1}{2 \times 3} x^3$$
$$+ \frac{1}{2} x^2 + x + 1$$

$$\vdots$$

$$\therefore F_n(x) = \frac{1}{2 \times 3 \times \cdots \times (n+1) \times (n+2)} x^{n+2}$$
$$+ \frac{1}{2 \times 3 \times \cdots \times n \times (n+1)} x^{n+1} + \cdots + \frac{1}{2} x^2 + x + 1$$

이때 $G_n(x) = F_{n+1}(x) - F_n(x)$이므로

$$G_1(x) = F_2(x) - F_1(x) = \frac{1}{2 \times 3 \times 4} x^4$$

$$G_2(x) = F_3(x) - F_2(x) = \frac{1}{2 \times 3 \times 4 \times 5} x^5$$

$$\vdots$$

$$\therefore G_n(x) = F_{n+1}(x) - F_n(x)$$
$$= \frac{1}{2 \times 3 \times \cdots \times (n+2) \times (n+3)} x^{n+3}$$

$$\therefore \frac{G_{50}(2)}{G_{51}(2)} = \frac{\dfrac{1}{2 \times 3 \times \cdots \times 52 \times 53} \times 2^{53}}{\dfrac{1}{2 \times 3 \times \cdots \times 53 \times 54} \times 2^{54}} = 27$$ 답 27

354 $h(x) = \displaystyle\int_0^x f(t)\, dt$라 하면 $h'(x) = f(x)$

이때 $f(x)$가 삼차함수이므로 $h(x)$는 사차함수이다.
또, $h'(0) = f(0) < 0$이고 $g(x) = |h(x)|$이므로 $y = g(x)$의
그래프에서 함수 $y = h(x)$의 그래프는 다음 그림과 같다.

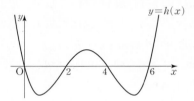

한편,

$$\int_m^{m+1} f(x)\, dx = \Big[h(x) \Big]_m^{m+1} = h(m+1) - h(m)$$

이므로 $\displaystyle\int_m^{m+1} f(x)\, dx > 0$에서 $h(m+1) - h(m) > 0$

$$\therefore h(m+1) > h(m)$$

$y = h(x)$의 그래프에서
$h(2) > h(1)$, $h(3) > h(2)$, $h(4) < h(3)$, $h(5) < h(4)$,
$h(6) > h(5)$, $h(7) > h(6)$
이므로 부등식을 만족시키는 $1 \le m \le 6$인 자연수 m의 값은
1, 2, 5, 6
따라서 구하는 합은
$1 + 2 + 5 + 6 = 14$ 답 14

355 $h(x) = \displaystyle\int_0^x f(t)\, dt$라 하면 $h'(x) = f(x)$

이때 $f(x)$가 삼차함수이므로 $h(x)$는 사차함수이다.
또, $h'(0) = f(0) > 0$이고 $g(x) = |h(x)|$이므로 $y = g(x)$의
그래프에서 함수 $y = h(x)$의 그래프는 다음 그림과 같다.

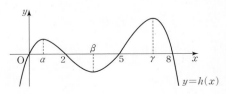

ㄱ. $y=h(x)$의 그래프에서
$$h'(\alpha)=h'(\beta)=h(\gamma)=0$$
이라 하면 $f(\alpha)=f(\beta)=f(\gamma)=0$이므로 방정식
$f(x)=0$은 서로 다른 3개의 실근을 갖는다. (참)

ㄴ. 함수 $y=f(x)$의 그래프는 다음 그림과 같으므로
$$f'(0)<0 \text{ (참)}$$

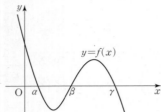

ㄷ. $\displaystyle\int_m^{m+2} f(x)\,dx=\Big[\,h(x)\,\Big]_m^{m+2}=h(m+2)-h(m)$

이므로 $\displaystyle\int_m^{m+2} f(x)\,dx>0$에서 $h(m+2)-h(m)>0$

$\therefore h(m+2)>h(m)$

함수 $y=h(x)$의 그래프에서

$h(3)<h(1)$, $h(4)<h(2)$, $h(5)>h(3)$, $h(6)>h(4)$,

$h(7)>h(5)$, $h(8)<h(6)$, $h(9)<h(7)$

$m\geq8$이면 $h(m+2)<h(m)$

따라서 조건을 만족시키는 자연수 m은

3, 4, 5

의 3개이다. (참)

따라서 ㄱ, ㄴ, ㄷ 모두 옳다.　　　　　　　　　　**답** ⑤

356 $|t-x|=\begin{cases} t-x & (t\geq x) \\ -t+x & (t<x) \end{cases}$이므로

(i) $x\leq0$일 때

$t\geq x$이므로

$f(x)=\displaystyle\int_0^4 (t-x)\,dt$

$\quad=\Big[\dfrac{1}{2}t^2-xt\Big]_0^4$

$\quad=-4x+8$

(ii) $0<x<4$일 때

$f(x)=\displaystyle\int_0^x (-t+x)\,dt+\int_x^4 (t-x)\,dt$

$\quad=\Big[-\dfrac{1}{2}t^2+xt\Big]_0^x+\Big[\dfrac{1}{2}t^2-xt\Big]_x^4$

$\quad=x^2-4x+8$

(iii) $x\geq4$일 때

$t<x$이므로

$f(x)=\displaystyle\int_0^4 (-t+x)\,dt$

$\quad=\Big[-\dfrac{1}{2}t^2+xt\Big]_0^4$

$\quad=4x-8$

(i), (ii), (iii)에 의하여 함수 $y=f(x)$의 그래프는 다음 그림과 같다.

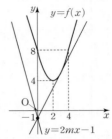

$x\leq0$에서 함수 $y=f(x)$의 그래프는 기울기가 -4인 직선이므로 직선 $y=2mx-1$과 $y=f(x)$의 그래프가 만나지 않으려면

$2m\geq-4$　　$\therefore m\geq-2$　　…… ㉠

직선 $y=2mx-1$과 함수 $y=x^2-4x+8$의 그래프가 접하려면

방정식 $x^2-4x+8=2mx-1$, 즉 $x^2-2(m+2)x+9=0$이

중근을 가져야 한다.

이 이차방정식의 판별식을 D라 하면

$\dfrac{D}{4}=(m+2)^2-9=0$, $(m+2)^2=9$

$\therefore m=1 \ (\because m>0)$

따라서 $x>0$에서 직선 $y=2mx-1$과 $y=f(x)$의 그래프가

만나지 않으려면

$m<1$　　　　　　…… ㉡

㉠, ㉡에서 $-2\leq m<1$

즉, $\alpha=-2$, $\beta=1$이므로 $|\alpha+\beta|=1$　　**답** 1

357 $|t^2-x^2|=\begin{cases} t^2-x^2 & (t^2\geq x^2) \\ x^2-t^2 & (t^2<x^2) \end{cases}$이므로

(i) $0\leq x\leq1$일 때

$f(x)$

$=\displaystyle\int_{-1}^{-x} (t^2-x^2)\,dt+\int_{-x}^{x} (x^2-t^2)\,dt+\int_{x}^{1} (t^2-x^2)\,dt$

$=\Big[\dfrac{1}{3}t^3-x^2t\Big]_{-1}^{-x}+\Big[x^2t-\dfrac{1}{3}t^3\Big]_{-x}^{x}+\Big[\dfrac{1}{3}t^3-x^2t\Big]_{x}^{1}$

$=\Big(\dfrac{2}{3}x^3-x^2+\dfrac{1}{3}\Big)+\dfrac{4}{3}x^3+\Big(\dfrac{2}{3}x^3-x^2+\dfrac{1}{3}\Big)$

$=\dfrac{8}{3}x^3-2x^2+\dfrac{2}{3}$

(ii) $x>1$일 때

$f(x)=\displaystyle\int_{-1}^{1} (x^2-t^2)\,dt$

$\quad=\Big[x^2t-\dfrac{1}{3}t^3\Big]_{-1}^{1}$

$\quad=2x^2-\dfrac{2}{3}$

(i), (ii)에 의하여

$f(x)=\begin{cases} \dfrac{8}{3}x^3-2x^2+\dfrac{2}{3} & (0\leq x\leq1) \\ 2x^2-\dfrac{2}{3} & (x>1) \end{cases}$

이때 $f(-x)=\int_{-1}^{1}|t^2-x^2|\,dt$에서 $f(x)=f(-x)$이므로

$$f(x)=\begin{cases} 2x^2-\dfrac{2}{3} & (x<-1) \\[2mm] -\dfrac{8}{3}x^3-2x^2+\dfrac{2}{3} & (-1\le x<0) \\[2mm] \dfrac{8}{3}x^3-2x^2+\dfrac{2}{3} & (0\le x\le 1) \\[2mm] 2x^2-\dfrac{2}{3} & (x>1) \end{cases}$$

$g(x)=-\dfrac{8}{3}x^3-2x^2+\dfrac{2}{3}$, $h(x)=\dfrac{8}{3}x^3-2x^2+\dfrac{2}{3}$로 놓으면

$g'(x)=-8x^2-4x=-4x(2x+1)$,

$h'(x)=8x^2-4x=4x(2x-1)$

$-\dfrac{1}{4}\le x<0$에서 $g'(x)>0$

$h'(x)=0$에서 $x=0$ 또는 $x=\dfrac{1}{2}$

$-\dfrac{1}{4}\le x\le 1$에서 함수 $f(x)$의 증가와 감소를 표로 나타내면 다음과 같다.

x	$-\dfrac{1}{4}$	$\cdots$	0	$\cdots$	$\dfrac{1}{2}$	$\cdots$	1
$f'(x)$		$+$	0	$-$	0	$+$	
$f(x)$	$\dfrac{7}{12}$	$\nearrow$	$\dfrac{2}{3}$	$\searrow$	$\dfrac{1}{2}$	$\nearrow$	$\dfrac{4}{3}$

따라서 닫힌구간 $\left[-\dfrac{1}{4},\,1\right]$에서 함수 $f(x)$는 $x=\dfrac{1}{2}$에서 최솟값, $x=1$에서 최댓값을 가지므로

$\alpha=f\left(\dfrac{1}{2}\right)=\dfrac{1}{2}$, $\beta=f(1)=\dfrac{4}{3}$

$\therefore \alpha+\beta=\dfrac{11}{6}$ 　　　　　　　답 $\dfrac{11}{6}$

358 모든 실수 x에 대하여 $\{f(x)+x^2-1\}^2\ge 0$, $f(x)\ge 0$이므로 정적분 $\int_{-1}^{2}\{f(x)+x^2-1\}^2\,dx$의 값이 최소가 되기 위한 함수 $f(x)$는 다음과 같다.

(i) $-1\le x\le 1$일 때
$x^2-1\le 0$이므로 $f(x)=-x^2+1$

(ii) $1<x\le 2$일 때
$x^2-1>0$이므로 $f(x)=0$

(i), (ii)에 의하여 $f(x)=\begin{cases} -x^2+1 & (-1\le x\le 1) \\ 0 & (1<x\le 2) \end{cases}$

이때 $f(x+3)=f(x)$이므로 함수 $y=f(x)$의 그래프는 다음 그림과 같다.

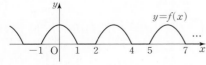

따라서 $\int_{-1}^{2}f(x)\,dx=\int_{2}^{5}f(x)\,dx=\cdots=\int_{23}^{26}f(x)\,dx$이므로

$$\int_{-1}^{26}f(x)\,dx=9\int_{-1}^{2}f(x)\,dx=9\int_{-1}^{1}(-x^2+1)\,dx$$

$$=18\int_{0}^{1}(-x^2+1)\,dx$$

$$=18\left[-\dfrac{1}{3}x^3+x\right]_{0}^{1}$$

$$=18\times\dfrac{2}{3}=12$$ 　　　　　　답 12

359 모든 실수 x에 대하여 $\{f(x)-(x-2)(x-3)\}^2\ge 0$, $f(x)\le 0$이므로 정적분 $\int_{-2}^{3}\{f(x)-(x-2)(x-3)\}^2\,dx$의 값이 최소가 되기 위한 함수 $f(x)$는 다음과 같다.

(i) $-2\le x\le 2$일 때
$(x-2)(x-3)\ge 0$이므로 $f(x)=0$

(ii) $2<x\le 3$일 때
$(x-2)(x-3)\le 0$이므로
$f(x)=(x-2)(x-3)=x^2-5x+6$

(i), (ii)에 의하여 $f(x)=\begin{cases} 0 & (-2\le x\le 2) \\ x^2-5x+6 & (2<x\le 3) \end{cases}$

이때 $f(x+5)=f(x)$이므로 함수 $y=f(x)$의 그래프는 다음 그림과 같다.

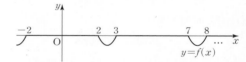

따라서 $\int_{-2}^{3}|f(x)|\,dx=\int_{3}^{8}|f(x)|\,dx=\cdots=\int_{53}^{58}|f(x)|\,dx$ 이므로

$$\int_{-2}^{58}|f(x)|\,dx=12\int_{-2}^{3}|f(x)|\,dx$$

$$=12\int_{2}^{3}(-x^2+5x-6)\,dx$$

$$=12\left[-\dfrac{1}{3}x^3+\dfrac{5}{2}x^2-6x\right]_{2}^{3}$$

$$=12\times\dfrac{1}{6}=2$$ 　　　　　　답 2

360 모든 실수 t에 대해서 $|f'(t)|\ge 0$

그런데 $g(a)=\int_{0}^{a}|f'(t)|\,dt=-8<0$이므로 $a<0$

$x\ge -3$에서 $|f'(x)|\ge 0$이므로 함수 $g(x)=\int_{0}^{x}|f'(t)|\,dt$는 증가한다.

삼차함수 $f(x)$는 $x=-3$과 $x=a$ $(a>-3)$에서 극값을 가지므로 $f(x)$의 최고차항의 계수가 양수이면 $x<-3$에서 $f(x)$는 증가한다.

즉, 함수 $g(x)$는 실수 전체의 집합에서 증가하므로 극솟값을 갖지 않는다.

따라서 삼차함수 $f(x)$의 최고차항의 계수는 음수이므로
$x=-3$에서 극소, $x=a$에서 극대이다.

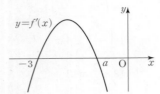

(ⅰ) $x<-3$일 때
$g(x)=f(x)$

(ⅱ) $-3\leq x<a$일 때
$-3\leq t<a$에서 $f'(t)>0$, $a\leq t<0$에서 $f'(t)\leq0$이므로
$$g(x)=\int_0^a \{-f'(t)\}\,dt+\int_a^x f'(t)\,dt$$
$$=-\Big[f(t)\Big]_0^a+\Big[f(t)\Big]_a^x$$
$$=f(x)+f(0)-2f(a)$$

(ⅲ) $x\geq a$일 때
$0\leq t\leq x$에서 $f'(t)<0$이므로
$$g(x)=\int_0^x \{-f'(t)\}\,dt$$
$$=-\Big[f(t)\Big]_0^x$$
$$=-f(x)+f(0)$$

(ⅰ), (ⅱ), (ⅲ)에 의하여
$$g(x)=\begin{cases} f(x) & (x<-3) \\ f(x)+f(0)-2f(a) & (-3\leq x<a) \\ -f(x)+f(0) & (x\geq a) \end{cases}$$

조건 ㈏에 의하여 함수 $g(x)$는 $x=-3$에서 연속이므로
$$\lim_{x\to-3+} g(x)=\lim_{x\to-3-} g(x)=g(-3)$$
$$\lim_{x\to-3+} \{f(x)+f(0)-2f(a)\}=\lim_{x\to-3-} f(x)$$
$$=f(-3)+f(0)-2f(a)$$
$f(-3)+f(0)-2f(a)=f(-3)$
$\therefore f(0)=2f(a)$ ...... ㉠
조건 ㈎에서 $g(a)=-8$이므로
$-f(a)+f(0)=-8$ ...... ㉡
㉠, ㉡을 연립하여 풀면 $f(0)=-16$, $f(a)=-8$
한편,
$f'(x)=k(x+3)(x-a)=k\{x^2+(3-a)x-3a\}$ $(k<0)$
로 놓으면
$$f(x)=\int f'(x)\,dx$$
$$=k\int \{x^2+(3-a)x-3a\}\,dx$$
$$=k\Big(\frac{1}{3}x^3+\frac{3-a}{2}x^2-3ax\Big)-16\ (\because f(0)=-16)$$
$f(-3)=g(-3)=-16$이므로
$$\frac{9}{2}k(a+1)-16=-16$$
$k\neq0$이므로 $a=-1$

$$\therefore g(x)=\begin{cases} f(x) & (x<-1) \\ -f(x)-16 & (x\geq-1) \end{cases}$$

따라서
$$\int_a^4 \{f(x)+g(x)\}\,dx=\int_{-1}^4 \{f(x)+g(x)\}\,dx$$
$$=\int_{-1}^4 (-16)\,dx$$
$$=\Big[-16x\Big]_{-1}^4$$
$$=-16\times5=-80$$
이므로
$$\left|\int_a^4 \{f(x)+g(x)\}\,dx\right|=80$$
답 80

361 삼차함수 $f(x)$가 $x=0$, $x=a$에서 극값을 가지므로
$f'(x)=kx(x-a)$ (k는 0이 아닌 상수)
로 놓을 수 있다.
이때 $k>0$이면
$x\leq0$ 또는 $x\geq a$에서 $f'(x)\geq0$
$0<x<a$에서 $f'(x)<0$
$$\therefore g(x)=\begin{cases} f(x) & (x\leq0\ \text{또는}\ x\geq a) \\ \int_0^x |f'(t)|\,dt & (0<x<a) \end{cases}$$
$0<x<a$에서
$$\int_0^x |f'(t)|\,dt=\int_0^x \{-f'(t)\}\,dt$$
$$=-\Big[f(t)\Big]_0^x$$
$$=f(0)-f(x)$$
조건 ㈎에 의하여 함수 $g(x)$가 $x=0$, $x=a$에서 연속이므로
$f(0)=0$, $f(a)=0$
이때 삼차함수 $f(x)$는 극값을 갖지 않으므로 조건을 만족시키지 않는다.
따라서 $k<0$이므로
$$g(x)=\begin{cases} f(x) & (0\leq x\leq a) \\ \int_0^x |f'(t)|\,dt & (x<0\ \text{또는}\ x>a) \end{cases}$$

(ⅰ) $x<0$일 때
$x\leq t\leq0$에서 $f'(t)<0$이므로
$$\int_0^x |f'(t)|\,dt=\int_0^x \{-f'(t)\}\,dt$$
$$=-\Big[f(x)\Big]_0^x$$
$$=-f(x)+f(0)$$

(ⅱ) $x>a$일 때
$$\int_0^x |f'(t)|\,dt=\int_0^a f'(t)\,dt+\int_a^x \{-f'(t)\}\,dt$$
$$=\Big[f(t)\Big]_0^a-\Big[f(t)\Big]_a^x$$
$$=-f(x)+2f(a)-f(0)$$

(i), (ii)에 의하여

$$g(x)=\begin{cases} -f(x)+f(0) & (x<0) \\ f(x) & (0\le x\le a) \\ -f(x)+2f(a)-f(0) & (x>a) \end{cases}$$

조건 (가)에 의하여 함수 $g(x)$는 $x=0$에서 연속이므로

$\lim\limits_{x\to 0+}g(x)=\lim\limits_{x\to 0-}g(x)=g(0)$

$\lim\limits_{x\to 0+}f(x)=\lim\limits_{x\to 0-}\{-f(x)+f(0)\}=f(0)$

$\therefore f(0)=0$

$f'(x)=kx(x-a)=k(x^2-ax)$에서

$f(x)=k\displaystyle\int (x^2-ax)\,dx$

$\qquad =k\left(\dfrac{1}{3}x^3-\dfrac{a}{2}x^2\right)\ (\because f(0)=0)$

조건 (나)에 의하여

$\displaystyle\int_0^a g(x)\,dx=\int_0^a f(x)\,dx$

$\qquad =k\displaystyle\int_0^a\left(\dfrac{1}{3}x^3-\dfrac{a}{2}x^2\right)dx$

$\qquad =k\left[\dfrac{1}{12}x^4-\dfrac{a}{6}x^3\right]_0^a$

$\qquad =-\dfrac{k}{12}a^4$

$f\left(\dfrac{a}{2}\right)=-\dfrac{k}{12}a^3$이므로

$-\dfrac{k}{12}a^4=2\times\left(-\dfrac{k}{12}a^3\right)$

$\therefore a=2\ (\because a>0)$

따라서 $g(x)=\begin{cases} -f(x) & (x<0) \\ f(x) & (0\le x\le 2) \\ -f(x)+2f(2) & (x>2) \end{cases}$이므로

$g'(3)=-f'(3)$

$3=-3k \qquad \therefore k=-1$

즉, $f(x)=-\dfrac{1}{3}x^3+x^2$이므로

$\displaystyle\int_1^4 \{f(x)+g(x)\}\,dx=\int_1^2 2f(x)\,dx+\int_2^4 2f(2)\,dx$

$\qquad =\displaystyle\int_1^2\left(-\dfrac{2}{3}x^3+2x^2\right)dx+\int_2^4 \dfrac{8}{3}\,dx$

$\qquad =\left[-\dfrac{1}{6}x^4+\dfrac{2}{3}x^3\right]_1^2+2\times\dfrac{8}{3}$

$\qquad =\dfrac{13}{6}+\dfrac{16}{3}=\dfrac{15}{2}$

답 ②

362 조건 (가)에서 $f(x)-f(0)=2x^3-9x^2+12x$의 양변을 x에 대하여 미분하면

$f'(x)=6x^2-18x+12=6(x-1)(x-2)$

$f'(x)=0$에서 $x=1$ 또는 $x=2$

즉, 함수 $f(x)$는 $x=1$에서 극댓값을 가지므로 조건 (나)에 의하여

$f(1)=3$

이때 $f(1)-f(0)=3-f(0)=5$이므로

$f(0)=-2 \qquad\cdots\cdots\ \bigcirc$

한편,

$\displaystyle\int_0^x (x-t)g'(t)\,dt=x\int_0^x g'(t)\,dt-\int_0^x tg'(t)\,dt$

이므로 조건 (다)의 식의 양변을 x에 대하여 미분하면

$g(x)-g(0)+(x-1)g'(x)$

$=f'(x)+\displaystyle\int_0^x g'(t)\,dt+xg'(x)-xg'(x)$

이때 $\displaystyle\int_0^x g'(t)\,dt=\Big[g(t)\Big]_0^x=g(x)-g(0)$이므로

$(x-1)g'(x)=f'(x)$

$\therefore g'(x)=\dfrac{f'(x)}{x-1}$

$\qquad =6x-12$

$\therefore g(x)=\displaystyle\int (6x-12)\,dx$

$\qquad =3x^2-12x+C$ (단, C는 적분상수)

조건 (다)의 식의 양변에 $x=0$을 대입하면

$0=f(0)+\displaystyle\int_0^2 g(t)\,dt$

$\therefore \displaystyle\int_0^2 g(t)\,dt=2\ (\because \bigcirc)$

즉, $\displaystyle\int_0^2 (3x^2-12x+C)\,dx=2$이므로

$\Big[x^3-6x^2+Cx\Big]_0^2=2$

$2C-16=2$

$\therefore C=9$

따라서 $g(x)=3x^2-12x+9$이므로

$g(4)=48-48+9=9$

답 ⑤

363 조건 (가)의 식의 양변에 $x=1$을 대입하면

$0=f(1)+\displaystyle\int_0^1 g(t)\,dt$

$\therefore f(1)=-\displaystyle\int_0^1 g(t)\,dt \qquad\cdots\cdots\ \bigcirc$

또한,

$\displaystyle\int_1^x (x-t)g'(t)\,dt=x\int_1^x g'(t)\,dt-\int_1^x tg'(t)\,dt$

이므로 조건 (가)의 식의 양변을 x에 대하여 미분하면

$g(x)-g(1)+(x-1)g'(x)$

$=f'(x)+\displaystyle\int_1^x g'(t)\,dt+xg'(x)-xg'(x)$

이때 $\displaystyle\int_1^x g'(t)\,dt=\Big[g(t)\Big]_1^x=g(x)-g(1)$이므로

$f'(x)=(x-1)g'(x) \qquad\cdots\cdots\ \bigcirc$

$f(x)$는 최고차항의 계수가 1인 삼차함수이므로 $f'(x)$는 최고차항의 계수가 3인 이차함수이다.

따라서 $g'(x)=3x+a$ (a는 상수)로 놓으면

$f'(x)=(x-1)(3x+a)$

$h(x)=f'(x)g'(x)$라 하면

$h(x)=(x-1)(3x+a)^2$

$\qquad =9x^3+(6a-9)x^2+(a^2-6a)x-a^2$

$\therefore h'(x)=27x^2+6(2a-3)x+a(a-6)$

$\qquad =(3x+a)(9x+a-6)$

$h'(x)=0$에서 $x=-\dfrac{a}{3}$ 또는 $x=\dfrac{6-a}{9}$

조건 ㈏에 의하여 $-\dfrac{a}{3}=2$ 또는 $\dfrac{6-a}{9}=2$

$\therefore a=-6$ 또는 $a=-12$

(ⅰ) $a=-6$일 때

$\qquad h'(x)=0$의 해는 $x=\dfrac{4}{3}$ 또는 $x=2$

$\qquad h(x)$의 최고차항의 계수가 양수이므로 함수 $h(x)$는 $x=2$에서 극솟값을 갖는다.

(ⅱ) $a=-12$일 때

$\qquad h'(x)=0$의 해는 $x=2$ 또는 $x=4$

$\qquad h(x)$의 최고차항의 계수가 양수이므로 함수 $h(x)$는 $x=2$에서 극댓값을 갖는다.

(ⅰ), (ⅱ)에 의하여 $a=-6$

따라서 $f'(x)=(x-1)(3x-6)=3x^2-9x+6$이므로

$f(x)=\displaystyle\int (3x^2-9x+6)\,dx$

$\qquad =x^3-\dfrac{9}{2}x^2+6x+C_1$ (단, C_1은 적분상수)

$f(0)=-3$에서 $C_1=-3$

$\therefore f(x)=x^3-\dfrac{9}{2}x^2+6x-3$

또, $g'(x)=3x-6$이므로

$g(x)=\displaystyle\int (3x-6)\,dx$

$\qquad =\dfrac{3}{2}x^2-6x+C_2$ (단, C_2는 적분상수)

㉠에 의하여

$-\displaystyle\int_0^1 \left(\dfrac{3}{2}x^2-6x+C_2\right)dx=-\dfrac{1}{2}$

$\left[\dfrac{1}{2}x^3-3x^2+C_2x\right]_0^1=\dfrac{1}{2}$

$C_2-\dfrac{5}{2}=\dfrac{1}{2}$

$\therefore C_2=3$

따라서 $g(x)=\dfrac{3}{2}x^2-6x+3$이므로

$g(4)=24-24+3=3$　　　　　　　　　　　답 ②

364 조건 ㈎에서

$\displaystyle\int_a^b f'(x)\,dx=\Big[f(x)\Big]_a^b$

$\qquad\qquad\qquad =f(b)-f(a)=2$

$\therefore f(b)=f(a)+2$ ……㉠

함수 $y=f'(x)$의 그래프가 x축과 만나는 두 점의 x좌표를 각각 $\alpha,\ \beta\ (\alpha<\beta)$라 하면 함수 $f(x)$는 $x=\alpha$에서 극댓값, $x=\beta$에서 극솟값을 가지므로 조건 ㈐에 의하여

$f(\alpha)=4,\ f(\beta)=-6$

$\therefore A=\displaystyle\int_a^\alpha f'(x)\,dx=\Big[f(x)\Big]_a^\alpha$

$\qquad =f(\alpha)-f(a)=4-f(a)$

$\quad B=\displaystyle\int_\alpha^\beta \{-f'(x)\}\,dx=\Big[-f(x)\Big]_\alpha^\beta$

$\qquad =-f(\beta)+f(\alpha)=10$

조건 ㈏에 의하여

$\{4-f(a)\}:10=1:2,\ 8-2f(a)=10$

$\therefore f(a)=-1$

㉠에 의하여 $f(b)=1$이므로 $a\leq x\leq b$에서 함수 $y=f(x)$의 그래프는 다음 그림과 같다.

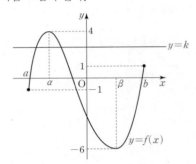

방정식 $f(x)=k$의 서로 다른 실근의 개수가 2이려면 함수 $y=f(x)$의 그래프와 직선 $y=k$가 두 점에서 만나야 하므로

$-6<k<-1$ 또는 $1<k<4$

따라서 정수 k는 $-5,\ -4,\ -3,\ -2,\ 2,\ 3$의 6개이다.　답 6

365 조건 ㈎에서

$\displaystyle\int_c^b f'(x)\,dx=-A+B-C=4$

$\displaystyle\int_a^d f'(x)\,dx=B-C+D=8$ ……㉠

조건 ㈏에서

$\displaystyle\int_c^0 f'(x)\,dx=-A+B=3A$

$\therefore 4A=B$ ……㉡

$\displaystyle\int_0^d f'(x)\,dx=-C+D=0$

$\therefore C=D$ ……㉢

㉢을 ㉠에 대입하면 $B=8$

$B=8$을 ㉡에 대입하면 $A=2$

따라서 조건 ㈏에서 $\displaystyle\int_c^0 f'(x)\,dx=6$이므로

$f(0)-f(c)=6$ $\therefore f(c)=f(0)-6$

$\displaystyle\int_0^d f'(x)\,dx=0$에서

$f(d)-f(0)=0$ $\therefore f(0)=f(d)$

한편, 함수 $f(x)$는 최고차항의 계수가 양수이고 $x=a$, $x=b$에서 극솟값을 가지므로 조건 (다)에 의하여

$f(a)=-5$ 또는 $f(b)=-5$

조건 (가)에 의하여

$$\int_c^b f'(x)\,dx=f(b)-f(c)=4 \qquad \therefore f(b)=4+f(c)$$

$$\int_a^d f'(x)\,dx=f(d)-f(a)=8 \qquad \therefore f(a)=f(d)-8$$

$f(b)>f(c)$에서 $f(b)$는 최솟값이 될 수 없으므로

$f(a)=-5$

$\therefore f(0)=f(d)=3,\ f(c)=-3,\ f(b)=1$

따라서 함수 $y=f(x)$의 그래프는 다음 그림과 같다.

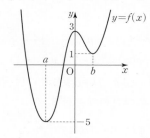

방정식 $f(x)=k$의 서로 다른 실근의 개수가 3이려면 함수 $y=f(x)$의 그래프와 직선 $y=k$가 세 점에서 만나야 하므로

$k=1$ 또는 $k=3$

따라서 모든 k의 값의 합은

$1+3=4$

답 4

366 함수 $g(x)$가 실수 전체에서 연속이고, 방정식 $g(x)=0$의 실근이 -1, 3뿐이므로 $x\neq-1$, $x\neq3$일 때,

$g(x)\neq0$, 즉 $f(x)-f(-1)\neq0$

ㄱ. $x=3$에서 함수 $g(x)$가 연속이므로

$$\lim_{x\to3}\frac{f(x)-f(-1)}{x+1}=g(3),\ f(3)-f(-1)=0$$

$\therefore f(3)=f(-1)$ (참)

ㄴ. 함수 $g(x)$는 $x=-1$에서 연속이므로

$$\lim_{x\to-1}\frac{f(x)-f(-1)}{x+1}=g(-1)$$

$\therefore f'(-1)=0$

따라서 함수 $f(x)-f(-1)$은 $(x+1)^2(x-3)$을 인수로 갖는다.

이때 $f(x)-f(-1)=0$의 실근이 -1과 3뿐이고, 함수 $f(x)-f(-1)$은 최고차항의 계수가 1인 사차함수이므로

$f(x)-f(-1)=(x+1)^2(x-3)^2$ 또는

$f(x)-f(-1)=(x+1)^3(x-3)$

$\therefore g(x)=(x+1)(x-3)^2$ 또는 $g(x)=(x+1)^2(x-3)$

이때 $g(x)=(x+1)(x-3)^2$이면

$g(x)=x^3-5x^2+3x+9$에서

$g'(x)=3x^2-10x+3$

$\therefore g'(-1)=16$ (거짓)

ㄷ. ㄴ에 의하여 $g(x)=(x+1)(x-3)^2$이면

$g'(x)=3x^2-10x+3$

$\therefore g'\left(\dfrac{5}{3}\right)=-\dfrac{16}{3}$

$g(x)=(x+1)^2(x-3)$이면

$g(x)=x^3-x^2-5x-3$에서

$g'(x)=3x^2-2x-5$

$\therefore g'\left(\dfrac{5}{3}\right)=0$

따라서 $g(x)=(x+1)^2(x-3)$이므로

$f(x)=(x+1)^3(x-3)+f(-1)$

즉, 함수 $f(x)$의 그래프와 직선 $y=f(-1)$은 다음 그림과 같으므로 구하는 넓이는

$$\int_{-1}^3 |(x+1)^3(x-3)|\,dx$$

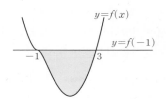

이때 함수 $y=f(x)$의 그래프를 x축의 방향으로 1만큼 평행이동하여도 넓이는 변하지 않으므로 구하는 넓이는

$$\int_0^4 |x^3(x-4)|\,dx=\int_0^4(-x^4+4x^3)\,dx$$

$$=\left[-\dfrac{1}{5}x^5+x^4\right]_0^4$$

$$=\dfrac{256}{5}\ (\text{참})$$

따라서 옳은 것은 ㄱ, ㄷ이다.

답 ③

367 함수 $g(x)$는 실수 전체의 집합에서 연속인 함수이므로 $x=0$에서 연속이다.

즉, $\lim_{x\to0}\dfrac{f(x)-f(2)}{x-2}=\dfrac{f(0)-f(2)}{-2}=f(0)$이므로

$f(2)=3f(0)$

또, $x=2$에서 연속이므로

$$\lim_{x\to2}\frac{f(x)-f(2)}{x-2}=f'(2)=f(2)$$

이때 조건 (가)에 의하여 $f'(2)=0$이므로

$f(0)=f(2)=f'(2)=0$

따라서 $f(x)=x(x-2)^2(x-k)$ (k는 상수)로 놓으면 함수 $f(x)$가 $x=2$에서 극댓값을 가지므로

$k>2$

또한, $x\neq0$, $x\neq2$일 때,

$g(x)=\dfrac{f(x)-f(2)}{x-2}$

$\quad=\dfrac{x(x-2)^2(x-k)}{x-2}$

$\quad=x(x-2)(x-k)$

한편, $h(x)=\int_0^x g(t)\,dt$로 놓으면

$$h(x)=\int_0^x t(t-2)(t-k)\,dt$$

$$=\int_0^x \{t^3-(k+2)t^2+2kt\}\,dt$$

$$=\left[\frac{1}{4}t^4-\frac{1}{3}(k+2)t^3+kt^2\right]_0^x$$

$$=\frac{1}{4}x^4-\frac{1}{3}(k+2)x^3+kx^2$$

$$=\frac{1}{12}x^2\{3x^2-4(k+2)x+12k\}$$

조건 (나)에 의하여 방정식 $h(x)=0$은 서로 다른 두 실근을 가지므로 이차방정식 $3x^2-4(k+2)x+12k=0$은 $x=0$과 $x=\alpha\ (\alpha\neq0)$를 두 근으로 갖거나 $x=\alpha\ (\alpha\neq0)$를 중근으로 가져야 한다.

그런데 $k>2$이므로 $x\neq0$

따라서 이차방정식 $3x^2-4(k+2)x+12k=0$은 중근을 가지므로 판별식을 D라 하면

$$\frac{D}{4}=4(k+2)^2-36k=0$$

$$k^2-5k+4=0,\ (k-1)(k-4)=0$$

$$\therefore k=4\ (\because k>2)$$

따라서 $f(x)=x(x-2)^2(x-4)$이므로 곡선 $y=f(x)$와 x축으로 둘러싸인 부분은 다음 그림과 같다.

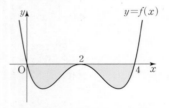

따라서 곡선 $y=f(x)$와 x축으로 둘러싸인 부분의 넓이는

$$\int_0^4 |x(x-2)^2(x-4)|\,dx=\int_0^4 \{-x(x-2)^2(x-4)\}\,dx$$

$$=-2\int_0^2 (x^4-8x^3+20x^2-16x)\,dx$$

$$=-2\left[\frac{1}{5}x^5-2x^4+\frac{20}{3}x^3-8x^2\right]_0^2$$

$$=-2\times\left(-\frac{64}{15}\right)$$

$$=\frac{128}{15}$$

답 $\dfrac{128}{15}$

다른풀이

$g(x)=x(x-2)(x-k)\ (k>2)$에서 함수 $y=g(t)$의 그래프는 다음 그림과 같다.

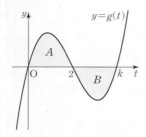

조건 (나)에서 방정식 $\int_0^x g(t)\,dt=0$의 서로 다른 실근의 개수가 2이어야 하므로 곡선 $y=g(t)$와 t축으로 둘러싸인 두 부분 A와 B의 넓이가 같아야 한다.

즉, $\int_0^2 g(t)\,dt=-\int_2^k g(t)\,dt$이므로 삼차함수의 대칭성에 의하여

$$k=4$$

참고 $A>B$이면 방정식 $\int_0^x g(t)\,dt=0$의 실근의 개수는 1이고, $A<B$이면 방정식 $\int_0^x g(t)\,dt=0$의 실근의 개수는 3이다.

368 조건 (가)에 의하여

$$f(x)=(x-1)^2(x-p)\ (p\text{는 상수}),\ g(x)=-(x-1)^2$$

$$\therefore f(x)-g(x)=(x-1)^2(x-p+1)$$

따라서 두 곡선 $y=f(x),\ y=g(x)$의 교점의 x좌표가 1, $p-1$이므로 조건 (나)에 의하여

$$\left|\int_1^{p-1}\{f(x)-g(x)\}\,dx\right|=\frac{27}{4}$$

한편, $y=(x-1)^2(x-p+1)$의 그래프와 x축으로 둘러싸인 부분의 넓이는 $\dfrac{(p-2)^4}{12}$이므로

$$\frac{(p-2)^4}{12}=\frac{27}{4},\ (p-2)^4=81$$

$$p-2=\pm3$$

$$\therefore p=-1\ \text{또는}\ p=5$$

따라서 $f(x)=(x-1)^2(x+1)$ 또는 $f(x)=(x-1)^2(x-5)$이므로

$$f(2)=3\ \text{또는}\ f(2)=-3$$

$$\therefore \alpha^2+\beta^2=3^2+(-3)^2=18$$

답 18

참고 삼차함수 $y=a(x-\alpha)^2(x-\beta)\ (a\neq0,\ \alpha<\beta)$의 그래프와 x축으로 둘러싸인 부분의 넓이는

$$\frac{|a|}{12}\times(\beta-\alpha)^4$$

369 $g(1)=g(2)=k\ (k>3)$라 하면

$$f(1)-g(1)=3-k,\ f(2)-g(2)=3-k$$

조건 (나)에 의하여 $f'(1)-g'(1)=0$

또한, 함수 $f(x)$는 최고차항의 계수가 2인 삼차함수이고, 함수 $g(x)$는 최고차항의 계수가 1인 삼차함수이므로 함수 $f(x)-g(x)$는 최고차항의 계수가 1인 삼차함수이다.

따라서 $f(x)-g(x)=(x-1)^2(x-2)+3-k$이므로 곡선 $y=f(x)-g(x)$는 다음 그림과 같다.

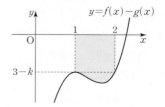

조건 ㈐에 의하여 $\int_1^2 \{f(x)-g(x)\}\,dx=-1$

$\int_1^2 \{(x-1)^2(x-2)+3-k\}\,dx$

$=\int_1^2 (x^3-4x^2+5x-k+1)\,dx$

$=\left[\dfrac{1}{4}x^4-\dfrac{4}{3}x^3+\dfrac{5}{2}x^2+(-k+1)x\right]_1^2$

$=\dfrac{35}{12}-k$

이므로 $\dfrac{35}{12}-k=-1$ $\therefore k=\dfrac{47}{12}$

$\therefore g(1)=k=\dfrac{47}{12}$ <답 $\dfrac{47}{12}$>

370 $x(0)=0$, $x(1)=0$이므로 $t=0$, $t=1$일 때, 점 P의 위치는 원점이다.

또한, $\int_0^1 |v(t)|\,dt=2$이므로 시각 $t=0$에서 $t=1$까지 점 P가 움직인 거리는 2이다.

ㄱ. $v(t)$의 한 부정적분이 $x(t)$이므로

$\int_0^1 v(t)\,dt=\Big[x(t)\Big]_0^1=x(1)-x(0)=0$ (참)

ㄴ. $|x(t_1)|>1$이면 $t=t_1$일 때 점 P와 원점 사이의 거리가 1보다 크므로

$\int_0^1 |v(t)|\,dt>2$ (거짓)

ㄷ. $0\le t\le1$인 모든 시각 t에서 점 P와 원점 사이의 거리가 1보다 작고, 점 P가 시각 $t=0$에서 $t=1$까지 움직인 거리가 2이므로 점 P는 $0<t<1$에서 적어도 한 번 원점을 지나간다. 따라서 $x(t_2)=0$인 t_2가 열린구간 $(0,\ 1)$에 존재한다. (참)

따라서 옳은 것은 ㄱ, ㄷ이다.   <답 ③>

371 $0<a\le b$, $k>0$이므로 조건 ㈎에 의하여 함수 $y=x(t)$의 그래프의 개형은 다음 그림과 같다.

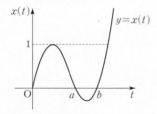

조건 ㈏에 의하여 시각 $t=0$에서 $t=2$까지 점 P가 움직인 거리가 2이고, 시각 $t=0$에서 $t=a$까지 점 P가 움직인 거리가 2이므로

$a=2$

한편, $b>2$이면 점 P는 원점을 두 번 지나게 되므로 조건 ㈐를 만족시키지 않는다.

$\therefore b=2$

따라서 $x(t)=kt(t-2)^2$이므로

$v(t)=x'(t)=k(t-2)^2+2kt(t-2)$

$\qquad =k(t-2)(3t-2)$

$v(t)=0$에서 $t=\dfrac{2}{3}$ 또는 $t=2$

따라서 $x(t)$는 $t=\dfrac{2}{3}$일 때 극댓값 1을 가지므로

$x\left(\dfrac{2}{3}\right)=1$, 즉 $\dfrac{2}{3}k\times\left(-\dfrac{4}{3}\right)^2=1$

$\therefore k=\dfrac{27}{32}$

또, $t>2$에서 $v(t)>0$이므로

$\int_0^p |v(t)|\,dt=\int_0^2 |v(t)|\,dt+\int_2^p v(t)\,dt$

$\qquad =2+x(p)-x(2)$

$\qquad =2+x(p)=3$

즉, $x(p)=1$이므로 $\dfrac{27}{32}p(p-2)^2=1$

$27p^3-108p^2+108p-32=0$

$(3p-2)^2(3p-8)=0$ $\therefore p=\dfrac{8}{3}$ <답 ②>

다른풀이

$x(t)=kt(t-2)^2$이므로 함수 $y=x(t)$의 그래프의 개형은 다음 그림과 같다.

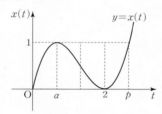

이때 $x=\alpha$에서 극댓값을 갖는다고 하면 삼차함수의 비율 관계에 의하여

$\alpha:(2-\alpha)=1:2$

$2\alpha=2-\alpha$ $\therefore \alpha=\dfrac{2}{3}$

$\int_0^p |v(t)|\,dt=\int_0^2 |v(t)|\,dt+\int_2^p |v(t)|\,dt$

$\qquad =2+\int_2^p v(t)\,dt$

이므로

$\int_2^p v(t)\,dt=1$

즉, $x(p)=1$이므로 삼차함수의 비율 관계에 의하여

$(p-2):\left(2-\dfrac{2}{3}\right)=1:2$

$2p-4=\dfrac{4}{3}$ $\therefore p=\dfrac{8}{3}$

시험직전

R

Rehearsal